Fachberichte Simulation
Herausgegeben von D. Möller und B. Schmidt
Band 17

Jörg Biethahn · Wilhelm Hummeltenberg
Bernd Schmidt (Hrsg.)

Simulation als betriebliche Entscheidungshilfe

Band 3

Springer-Verlag
Berlin Heidelberg New York
London Paris Tokyo
Hong Kong Barcelona Budapest

Wissenschaftlicher Beirat:
M. Birkle, J. Biethahn, P. Schmitz, H.W. Schüßler, A. Storr, M. Thoma

Herausgeber der Reihe

Dr. D. Möller
Physiologisches Institut
Universität Mainz
Saarstraße 21
6500 Mainz

Prof. Dr. B. Schmidt
Lehrstuhl für Operations Research
und Systemtheorie
Universität Passau
Postfach 2540
8390 Passau

Herausgeber des Bandes

Prof. Dr. J. Biethahn
Abt. Wirtschaftsinformatik
Georg-August Universität
Platz der Göttinger Sieben 7
3400 Göttingen

Prof. Dr. W. Hummeltenberg
Fachbereich Wirtschaftswissenschaften
Universität Hamburg
Von-Melle-Park 5
2000 Hamburg

Prof. Dr. B. Schmidt
Lehrstuhl für Operations Research
und Systemtheorie
Universität Passau
Postfach 2540
8390 Passau

ISBN 978-3-540-54666-5   ISBN 978-3-642-88184-8 (eBook)
DOI 10.1007/978-3-642-88184-8

Dieses Werk ist urheberrechtlich geschützt. Die dadurch begründeten Rechte, insbesondere die der Übersetzung, des Nachdrucks, des Vortrags, der Entnahme von Abbildungen und Tabellen, der Funksendung, der Mikroverfilmung oder der Vervielfältigung auf anderen Wegen und der Speicherung in Datenverarbeitungsanlagen bleiben, auch bei nur auszugsweiser Verwertung, vorbehalten. Eine Vervielfältigung dieses Werkes oder von Teilen dieses Werkes ist auch im Einzelfall nur in den Grenzen der gesetzlichen Bestimmungen des Urheberrechtsgesetzes der Bundesrepublik Deutschland vom 9. September 1965 in der jeweils gültigen Fassung zulässig. Sie ist grundsätzlich vergütungspflichtig. Zuwiderhandlungen unterliegen den Strafbestimmungen des Urheberrechtsgesetzes.

© Springer-Verlag Berlin Heidelberg 1992

Die Wiedergabe von Gebrauchsnamen, Handelsnamen, Warenbezeichnungen usw. in diesem Werk berechtigt auch ohne besondere Kennzeichnung nicht zu der Annahme, daß solche Namen im Sinne der Warenzeichen- und Markenschutz-Gesetzgebung als frei zu betrachten wären und daher von jedermann benutzt werden dürften.

Sollte in diesem Werk direkt oder indirekt auf Gesetze, Vorschriften oder Richtlinien (z.B. DIN, VDI, VDE) Bezug genommen oder aus ihnen zitiert worden sein, so kann der Verlag keine Gewähr für Richtigkeit, Vollständigkeit oder Aktualität übernehmen. Es empfiehlt sich, gegebenenfalls für die eigenen Arbeiten die vollständigen Vorschriften oder Richtlinien in der jeweils gültigen Fassung hinzuzuziehen.

Satz: Reproduktionsfertige Vorlage der Herausgeber

Vorwort

Die rasche Entwicklung auf dem Gebiet der Systemsimulation macht es erforderlich, ständig den Entwicklungsstand in Forschung und betrieblicher Praxis neu zu bestimmen und zu dokumentieren. Der vorliegende Band der Reihe Simulation als betriebliche Entscheidungshilfe dient diesem Ziel.

In jüngster Zeit sind Fortschritte der Systemsimulation vor allem in folgenden Bereichen zu beobachten:

- **Modellerstellung**
  Es werden integrierte Modellentwicklungsumgebungen angeboten, die alle Projektphasen einer Simulationsstudie unterstützen.

- **Modellbeschreibung**
  Objektorientierte, deklarative Modellbeschreibungssprachen gestatten eine schnelle und fehlerarme Modellierung. Der objektorientierte Ansatz erhöht die Transparenz der Strukturen und Beziehungen zwischen System und Modell. Er verbessert das Modellverständnis und erleichtert Modellpflege und -wartung.

- **Graphik-Editoren**
  Graphik-Editoren erlauben, die Modellelemente und -beziehungen durch graphische Symbole zu spezifizieren. Aus der graphischen Darstellung des Bildschirms läßt sich die textuelle Modellbeschreibung generieren.

- **Neue Einsatzgebiete**
  In den Wirtschaftswissenschaften ist die Simulation ein lange erprobtes und bewährtes Instrument. Traditionelle Anwendungsfelder bilden besonders die Planung und Steuerung von Produktionsanlagen und -prozessen. Als neue Gebiete kündigen sich an: Deterministisches Chaos, Selbsorganisation und neuronale Netze.

Die neuen Eigenschaften der Simulationssysteme führen dazu, daß die Simulation in verstärktem Maß dem Planer, Entwickler oder Entscheidungsträger als leicht zu bedienendes Instrument an seinem Arbeitsplatz zur Verfügung steht. Dies erleichtert die Akzeptanz der Simulation durch den Anwender. Der Simulationsexperte wird für die Lösung der konkret anstehenden Aufgaben immer entbehrlicher. Er konzentriert sich auf die Weiterentwicklung, Integration und Pflege der Systeme.

Prof. Dr. J. Biethahn	Prof. Dr. W. Hummeltenberg	Prof. Dr. B. Schmidt
Universität Göttingen	Universität Hamburg	Universität Passau

Inhaltsverzeichnis

Optimierung mit Hilfe von Simulationsmodellen
Soewarto Hardhienata, István Molnár 1

Mensch-Maschine-Kommunikation in der Standortoptimierung
Konrad Boenchendorf, Andreas Klose, Hans Mayerhofer, Paul Stähly 17

Simulation und Optimierung einer flexiblen Fertigungslinie zur Bestückung von Elektronikflachbaugruppen
Petra Bauer 37

PROSIMO - die datengetriebene Simulation in der Bewährung einer Großreparaturwerkstatt
Jutta Brockhage, Thomas Witte 51

Neuronale Netze als Hilfsmittel für Aufgabenstellungen im betriebswirtschaftlichen Bereich
Matthias Schumann 65

Simulation komplexer Fertigungssysteme mit Petri-Netzen zur Unterstützung von Investitionsentscheidungen
Christian Schmidt 94

Simulation und Reihenfolgebildung in der Automobilindustrie
Rainer Roos 109

Simulation von leitungsvermittelten Telekommunikationsnetzen
Wolfgang Koops 119

Entwurf eines Simulationsmodells zur Abbildung des Trailerzug-Systems
Gert W. Schade 128

Objektorientierte Simulation mit AMADEUS
Christa Wendelin 147

Integration der Fabrikplanung durch Simulation
Joachim Noblé 156

Die Modellierung von Produktionsanlagen (Die SIMPLEX Modellbank ISIS)
Bernd Schmidt, Chengyan Shi 168

Wissensbasierte Generierung komplexer Simulationsmodelle
Thomas Kretschmar 182

Zeitdynamische Simulation zur Fertigungsdisposition unterstützt
durch Expertensysteme (Praxisbeispiel)
Günther Schmidt-Weinmar, Kent R. Snyder, Manfred Wirbel 198

Tabellenfunktionen in SIMPLEX-II
Norbert Grebe 213

Möglichkeiten zur Unterstützung der Simulation durch wissensbasierte
Systeme
Wolfgang Fenske, Harry Mucksch 226

Die Simulation von Losgrößen- und Reihenfolgeproblemen unter
Einsatz der Lagrange-Relaxation exakter Optimierungsmodelle
Wilhelm Hummeltenberg 247

Unternehmensplanspiel EPUS - eine experimentell ausgerichtete
Unternehmenssimulation
Jürgen Bloech, Herbert Rüscher 268

Unternehmenssimulation für Produktionssysteme als Ausbildungsinstrument
Jürgen Bloech, Hannelore Goertzen, Uwe Maurer 283

Informationssysteme in heterogenen Computernetzwerken
Jorge Cendales 304

Anwendung der Simulationsmodelle 'Reservekapazität und -volumina
im Erdgassystem BEB' als Hilfsmittel für strategische Investitionsentscheidungen
Veit Kolar, Dieter Sieber 313

Index 330

Autorenverzeichnis

Bauer, Petra, Dipl.-Kfm.
Universität Köln
Institut für Informatik
Pohligstr. 1
5000 Köln 51

Biethahn, Jörg, Prof. Dr.
Abt. Wirtschaftsinformatik
Georg–August Universität
Platz der Göttinger Sieben 7
3400 Göttingen

Bloech, Jürgen, Prof. Dr.
Universität Göttingen
Institut für betriebswirtschaftliche Produktions-
und Investitionsforschung
Platz der Göttinger Sieben 3
3400 Göttingen

Boenchendorf, Konrad, Dr.
Universität St. Gallen
Bodanstr. 6
CH-9000 St. Gallen

Brockhage, Jutta, Dipl.-Kfm.
Universität Osnabrück -BWL
Rolandstr. 8
4500 Osnabrück

Cendales, Jorge, Dipl.-Bauing.
Schulrain 36
CH-5503 Schafisheim

Fenske, Wolfgang, Dipl.-Kfm.
Universität Göttingen
Abt. Wirtschaftsinformatik I
Platz der Göttinger Sieben 7
3400 Göttingen

Goertzen, Hannelore
Siemens AG
8000 München

Grebe, Norbert, Dipl.-Inf.
Universität Passau
Lehrstuhl für Operations Research
und Systemtheorie
Postfach 2540
8390 Passau

Hardhienata, Soewarto	Universität Erlangen Institut für Informatik IV 8520 Erlangen
Hummeltenberg, Wilhelm, Prof. Dr.	Universität Hamburg SAB/EDV von-Melle-Park 5 2000 Hamburg 13
Klose, Andreas	Universität St. Gallen Bodanstr. 6 CH-9000 St. Gallen
Kolar, Veit, Dipl.-Ing.	BEB Erdgas und Erdöl GmbH Riethorst 12 3000 Hannover
Koops, Wolfgang, Dipl.-Ing.	DBP Telekom Forschungsinstitut Am Kavalleriesand 6100 Darmstadt
Kretschmar, Thomas, Dr.	AXON EDV-Unternehmensberatung GmbH Hannoversche Str. 53a 3400 Göttingen
Maurer, Uwe, Dipl.-Kfm.	Graduiertenkolleg Goßlerstr. 12a 3400 Göttingen
Noblé, Joachim, Dipl.-Ing.	Simflex GmbH Westfälische Str. 39 1000 Berlin 31
Mayrhofer, Hans	Universität St. Gallen Bodanstr. 6 CH-9000 St. Gallen

Autorenverzeichnis

Molnár, István, Dr.	Universität Passau Lehrstuhl für Operations Research und Systemtheorie Postfach 2540 8390 Passau
Mucksch, Harry, Dr.	Abt. Wirtschaftsinformatik Georg–August Universität Platz der Göttinger Sieben 7 3400 Göttingen
Preiß, Peter, Dipl.-Hdl.	Abt. Wirtschaftsinformatik Georg–August Universität Platz der Göttinger Sieben 7 3400 Göttingen
Roos, Rüdiger	Großversandhaus Quelle ORG + DV-Organisation Hundingstr. 11b 8500 Nürnberg 80
Rüscher, H., Dipl.-Kfm.	Abt. Wirtschaftsinformatik Georg–August Universität Platz der Göttinger Sieben 3 3400 Göttingen
Schade, Gert W.	TH Darmstadt Institut für BWL Hochschulstr. 1 6100 Darmstadt
Schmidt, Christian, Dipl.-Volkswirt	Indramat GmbH BGM Dr. Nebel-Str. 2 8770 Lohr/Main
Schmidt, Bernd, Prof. Dr.	Universität Passau Lehrstuhl für Operations Research und Systemtheorie Innstraße 33, D-8390 Passau
Schmidt-Weinmar, Hein-Günther, Prof. Dr.	ExperTeam Sim Tec GmbH Pappenstr. 36 4100 Duisburg 1

Schumann, Matthias, Prof. Dr.	Universität Göttingen Abt. Wirtschaftsinformatik II Platz der Göttinger Sieben 7 3400 Göttingen
Shi, Chengyan, Dipl.-Inf.	Universität Passau Lehrstuhl für Operations Research und Sytsemtheorie Postfach 2540 8390 Passau
Sieber, Dieter, Dipl.-Ing.	BEB Erdgas und Erdöl GmbH Riethorst 12 3000 Hannover
Snyder, Kent R.	ExperTeam Sim Tec GmbH Pappenstr. 36 4100 Duisburg 1
Staehly, Paul, Prof. Dr.	Universität St. Gallen Bodanstr. 6 CH-9000 St. Gallen
Wall, Friederike, Dipl.-Kfm.	Universität Göttingen Abt. Wirtschaftsinformatik I Platz der Göttinger Sieben 7 3400 Göttingen
Wendelin, Christa, Dr.	Universität Wien Institut für Statistik und Informatik Universitätsstraße 5/9 A-1010 Wien
Wirbel, Manfred	ExperTeam Sim Tec GmbH Pappenstr. 36 4100 Duisburg 1
Witte, Thomas, Prof. Dr.	Universität Osnabrück Postfach 4469 4500 Osnabrück

1 Optimierung mit Hilfe von Simulationsmodellen

Soewarto Hardhienata, István Molnár

Zusammenfassung:

Es werden die drei Methoden Box-Verfahren (BOX-Mod), das modifizierte Evolutionsverfahren (EVOL) und das COMBI–Verfahren, das die Vorteile von beiden Verfahren in sich vereinigt, vorgestellt.

Alle drei Methoden wurden in GPSS-FORTRAN Version 3 implementiert und anhand ausgewählter Funktionen und Simulationsmodelle getestet. Teile dieser Testergebnisse werden vorgestellt.

1.1 Einleitung

Die Simulation ist keine Optimierungsmethode. Sie ermöglicht es aber, gezielt Experimente durchzuführen, wobei Entscheidungsvariablenwerte festgestellt werden können, die zu Extrema (Minimum oder Maximum) gewisser Zielfunktion gehören.

Jedoch gelangt man trotz stetig steigender Leistung und Kapazität moderner Anlagen bald bei Effizienzproblemen an. Der Kern dieser Probleme ist die Methode, die die Optimasuche und damit das Bestimmen von neuen Entscheidungsvariablenwerten steuert. Da man schon bei der Auswertung der zu den Entscheidungsvariablen gehörenden einzelnen Zielfunktionswerte mindestens einen Simulationslauf braucht, wird diese Problematik noch eindeutiger, wenn man stochastisch gestörte Zielfunktionen und eventuell mehrere Zielfunktionen in Betrachtung zieht. (siehe Bild 1)

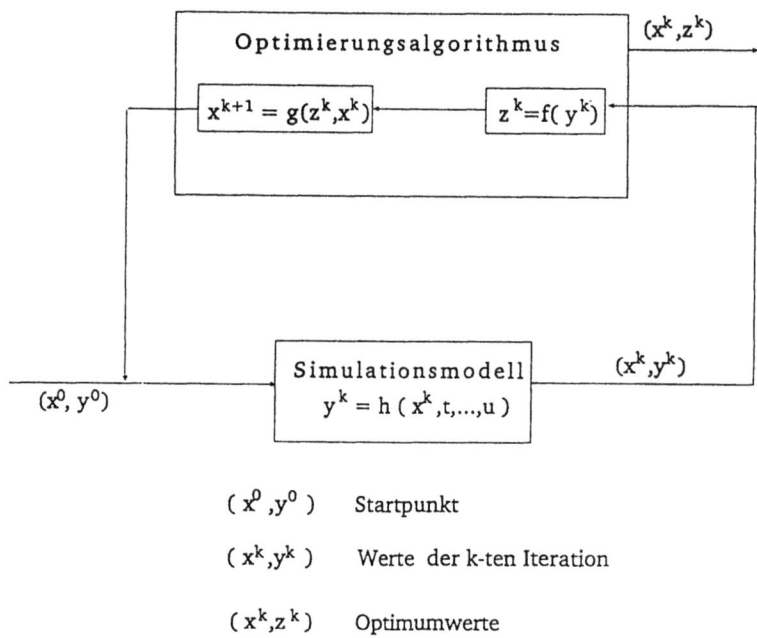

(x^0, y^0)   Startpunkt

(x^k, y^k)   Werte der k-ten Iteration

(x^k, z^k)   Optimumwerte

Bild 1: Optimierung mit Hilfe von Simulationsmodellen

Das Bestimmen der Entscheidungsvariablen, die zu globalen Extrema gehören, ist mit der Tätigkeit eines Menschen zu vergleichen (siehe Bild 2), der in der Hügellandschaft eines Gebirges deren Gipfel bestimmen möchte.

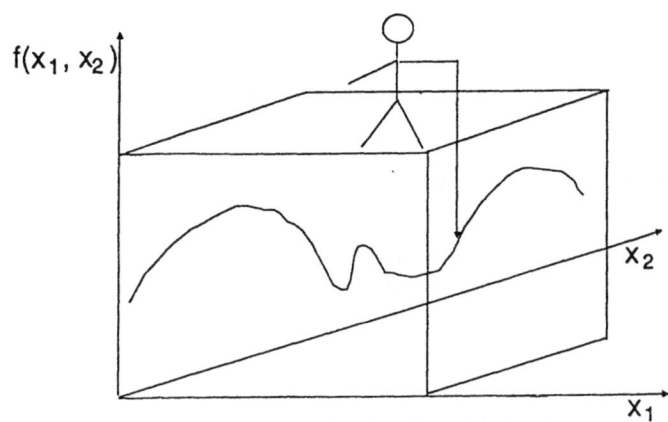

Bild 2: Suche in der Hügellandschaft

Die menschlichen Fähigkeiten, wie Intelligenz und Glück, sind bei gesteuerten Simulationsexperimenten durch einen Algorithmus zu ersetzen, der auf einem heuristischen Suchverfahren basiert.

Das Problem der Optimierung kann wie folgt formuliert werden:

Maximiere die Funktion $f(x)$, wobei

$$f(x) = f(x_1, x_2, \ldots x_n)$$

unter Restriktionen

$$g_j(x) = g_j(x_1, x_2, \ldots x_n) \leq 0 \qquad j = 1, 2, \ldots m$$

mit

$$x_i \geq 0 \qquad i = 1, 2, \ldots n$$

und

$$x_i \in M$$

der zulässigen Punktmenge M.

$f(x)$ wird als Zielfunktion und x_i als Entscheidungsvariable bezeichnet.

Minimaprobleme sind in Maximaprobleme durch

$$\max f(x) = -\min -f(x)$$

zu überführen. Ähnlich kann man bei den Restriktionen vorgehen.

Die Voraussetzungen für die Anwendung der Optimierung sind dabei folgende:

- für einen gegebenen Entscheidungsvariablensatz muß die Ausgabe ermittelbar sein und
- mindestens eine der Entscheidungsvariablen muß veränderbar sein.

Für die Simulation kombinierter Systeme wird nach einem Optimierungsalgorithmus gesucht, der die folgenden Anforderungen erfüllt, und dadurch möglichst universell einsetzbar ist:

- Allgemeine Anwendungsmöglichkeit
  Keine Einschränkung der Zielfunktion bezüglich:
    - minimieren - maximieren
    - linear - nichtlinear
    - mittelbare oder unmittelbare Funktion der unabhängigen Variablen
    - deterministisch - probabilistisch
    - kontinuierlich - diskret
    - stetig - unstetig
    - differenzierbar - nichtdifferenzierbar
    - partielle Ableitungen 1. bzw. 2. Ordnung sind bekannt - unbekannt

  Keine Einschränkung der Restriktionen bezüglich:
    - Nebenbedingungen sind vorhanden - nicht vorhanden
    - explizit - implizit
    - linear - nichtlinear
    - konvex - konkav
    - stetig - unstetig
    - differenzierbar - nicht differenzierbar

- Hohe Wahrscheinlichkeit der Konvergenz zum globalen Optimum

- Hohe Konvergenzgeschwindigkeit

- Benutzerfreundlichkeit
  - einfache Anwendbarkeit
  - wenige Steuerparameter
- Geringer Rechenaufwand

1.2 Die Grundalgorithmen

Um den oben erwähnten Anforderungen gerecht zu werden, haben wir zwei Algorithmen untersucht.

1. BOX–MOD [1] der auf den Algorithmen von Nelder–Mead [2] und BOX [3] basiert und modifiziert wurden [4].

   Der Grundalgorithmus lautet: (Siehe Bild 3)

   a) Wähle einen Punkt $X1 \in M$ als Startpunkt.

   b) Wähle eine Eckzahl k mit $n + 1 \leq k \leq 2n$, wobei n = Anzahl der Entscheidungsvariablen.

   c) Generiere einen Anfangssimplex mit k Ecken
      * Ausgehend von $X1$, erzeuge die restliche $k - 1$ Punkte durch eine Zufallsprozeß mit
      $$X_{sj} = G_j + R_{sj}(H_j - G_j) \quad j = 1, 2, 3, \ldots, n$$
      X_{sj} ist die j-te Koordinate des Punktes S,
      R_{sj} sind die gleichverteilten Zufallszahlen im Intervall (0,1),
      G_j ist die untere Schranke der expliziten Nebenbedingung des Parameters X_j,
      H_j ist die obere Schranke der expliziten Nebenbedingung des Parameters X_j.
      * Überprüfe, ob X_s die implizite Nebenbedingung verletzt. Wenn ja, ändere X_s, solange, bis alle Bedingungen erfüllt sind. Wenn alle Bedingungen erfüllt sind,

   d) berechne für jeden Eckpunkt des Simplexs den Zielfunktionswert.

   e) Bestimme den Eckpunkt X_s mit dem schlechtesten Zielfunktionswert.

   f) Verbessere X_s durch Überreflektion
      $$X_s = X_s + \alpha(X_{zent} - X_s)$$

   wobei $\alpha \geq 1$,
   X_{zent} = Zentrum des Simplexs ohne X_s,
   X_s = der schlechteste Punkt

* ist X_s nach der Überreflektion noch der schlechteste Punkt, verschiebe ihn durch partielle Kontraktion

$$X_s = 0.5(X_s + X_{zent})$$

stufenweise zum Zentrum, bis die Maßnahmen erfolgreich werden.
* Überprüfe, ob X_s die expliziten und impliziten Nebenbedingungen verletzt. Wenn das der Fall ist, ändere X_s solange, bis alle Bedingungen erfüllt sind. Wenn alle Bedingungen erfüllt sind,

g) überprüfe, ob das Abbruchskriterium

$$F(x_b) - F(x_s) \leq \beta$$

γ mal erfüllt ist. ($\gamma \geq 1, \beta$ ist eine hinreichend kleine Zahl.) Wenn ja, so ist $F(x_b)$ das Optimum. Setze ansonsten die Iteration fort.

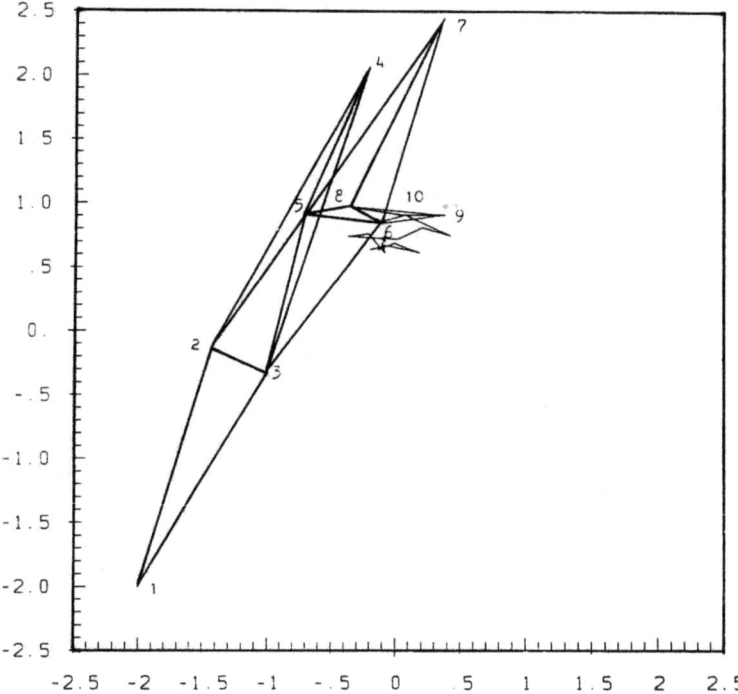

Bild 3

2. EVOL der auf dem Algorithmus von Rechenberg und Schwefel [4] basiert und ebenfalls modifiziert wurde.

Der Grundalgorithmus lautet: (Siehe Bild 4)

a) Gib einen sogenannten Elternpunkt $E(o)$ an, der als Startpunkt verwendet wird, mit

$$X_E^{(0)} = \left\{ X_{E,i}^{(0)} \mid i = 1, 2, \ldots, n \right\}^T$$

Es gelten die folgenden Restriktionen:

$$G_j(X_E^{(0)}) \geq 0$$

für alle $j = 1, 2, \ldots m$.

b) Erzeuge nach den Regeln Nachfolgepunkte

$$X_N^{(g)} = X_E^{(g)} + z^{(g)}$$

mit den Komponenten

$$X_{N,i}^{(g)} = x_{E,i}^{(g)} + z_i^{(g)}$$

für alle $i = 1, 2, \ldots n$.

c) Bestimme $X_E^{(g+1)}$ wie folgt: $X_N^{(g)}$, wenn

$$X_E^{(g+1)} = \begin{cases} F(X_N^{(g)}) \geq F(X_E^{(g)}) \wedge G_j(X_N^{(g)}) \geq \emptyset & : \; j = 1, \ldots, m \\ X_E^{(g)} & : \; sonst \end{cases}$$

Dann erhöhe $g \leftarrow g + 1$ und gehe zu Schritt a).

Der Algorithmus wird abgebrochen, wenn

$$x_E^{(g)} - x_E^{(g-1)} \leq \epsilon,$$

wobei ϵ eine hinreichend kleine Zahl ist.

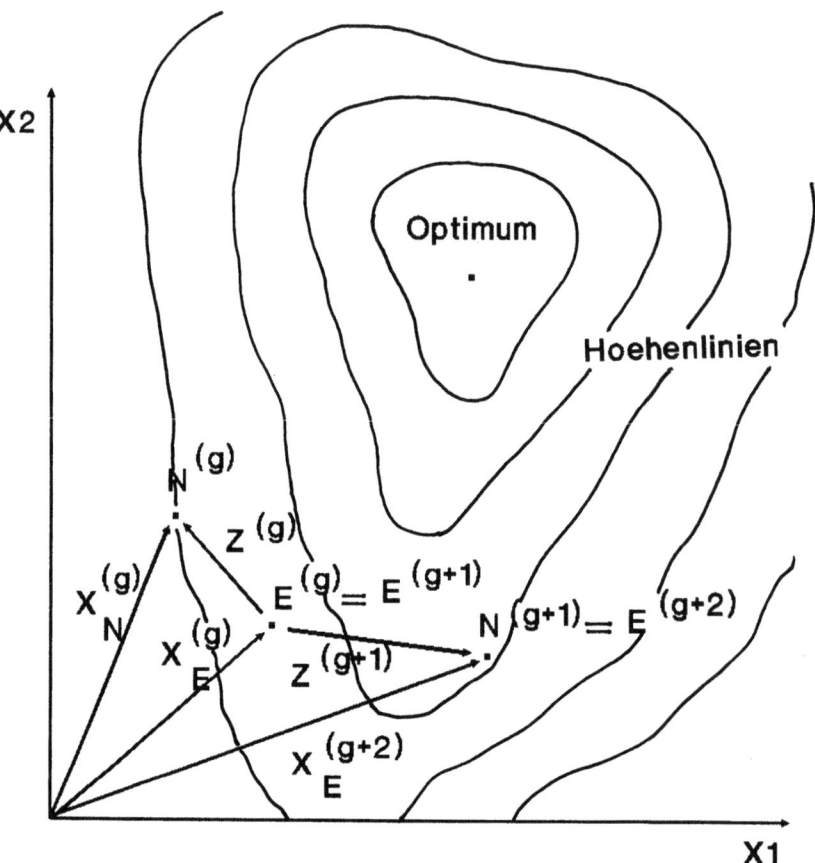

E : Vorfahre   N : Nachkomme   (g) : Mutationszaehler

Bild 4: Beispiel für zweigliedrige Evolutionsstrategie

1.3 Positive Eigenschaften der Algorithmen

- partielle Ableitungen werden nicht benötigt,
- die Zielfunktion muß nicht explizit vorliegen,
- beliebige konvexe/nichtkonvexe Restriktionen werden berücksichtigt,
- robust gegen Funktionswertschwankungen und Rundungsfehler,
- Probleme mit/ohne Nebenbedinungen werden berücksichtigt.

1.3.1 BOX–MOD Algorithmus

Vorteile

- Relativ hohe Konvergenzgeschwindigkeit

- Die Steuerparameter sind nicht empfindlich

Nachteile

- Bei mehreren lokalen Optima ist die Wahrscheinlichkeit gering, das globale Optimum zu finden

1.3.2 EVOL Algorithmus

Vorteile

- bei mehreren lokalen Optima ist die Wahrscheinlichkeit hoch, das globale Optimum zu finden

Nachteile

- geringe Konvergenzgeschwindigkeit

- die Steuerparameter sind sehr empfindlich

Wenn man die Vor- und Nachteile der beiden Grundalgorithmen betrachtet, erscheint es naheliegend, zu versuchen, die Vorteile der beiden Algorithmen in einem zu vereinigen.

1.4 Der COMBI Algorithmus

Der COMBI–Algorithmus entsteht durch mehrmaliges Hintereinanderschalten von BOX–MOD und EVOL–Algorithmen (Bild 5).

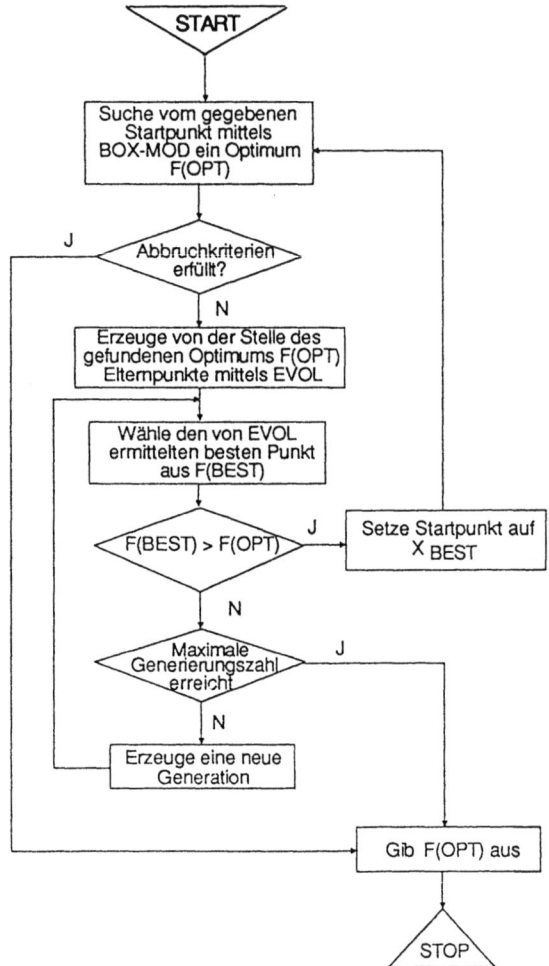

Bild 5: Abflußdiagramm des COMBI-Algorithmus

Optimierung mit Hilfe von Simulationsmodellen 11

Das Verhalten des COMBI-Algorithmus wird anhand einer Zielfunktion von Branin (Siehe auch im Anhang als T-5) vorgestellt. Das zweidimensionale Höhenlinienbild und die zwei Optimierungsläufe werden in den Bildern 6-8 vorgestellt.

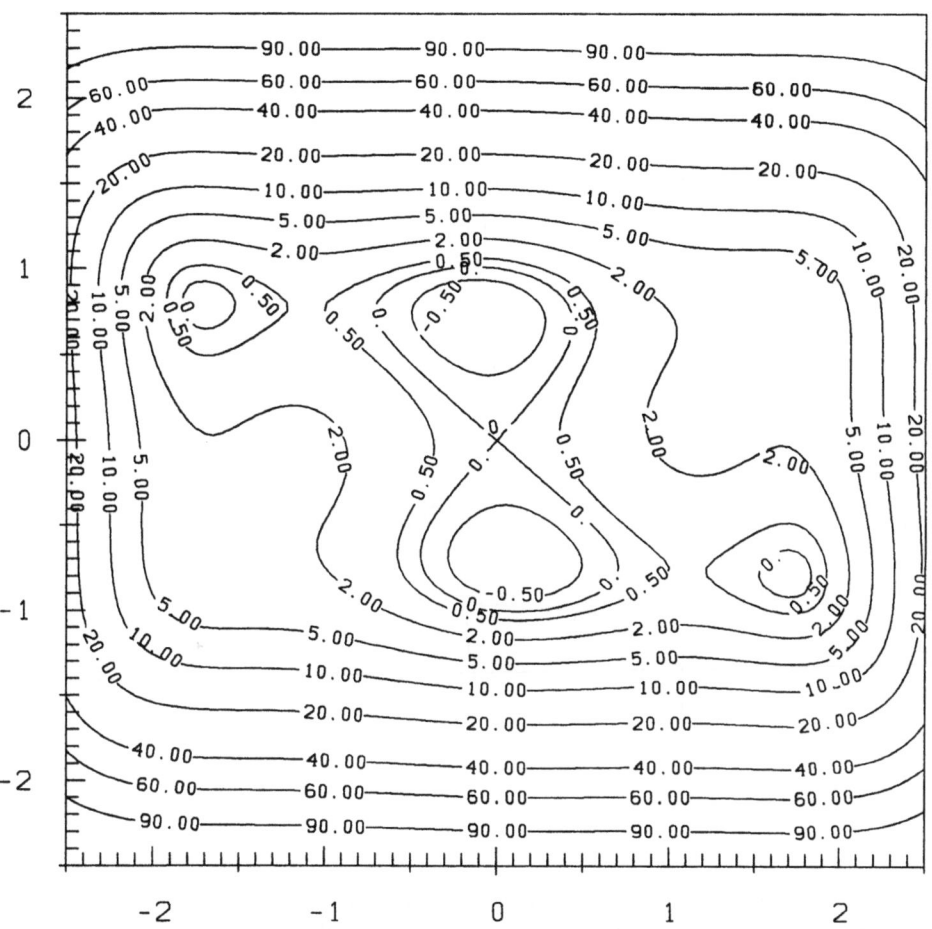

Bild 6: Das Höhenlinienbild der Testfunktion von Branin

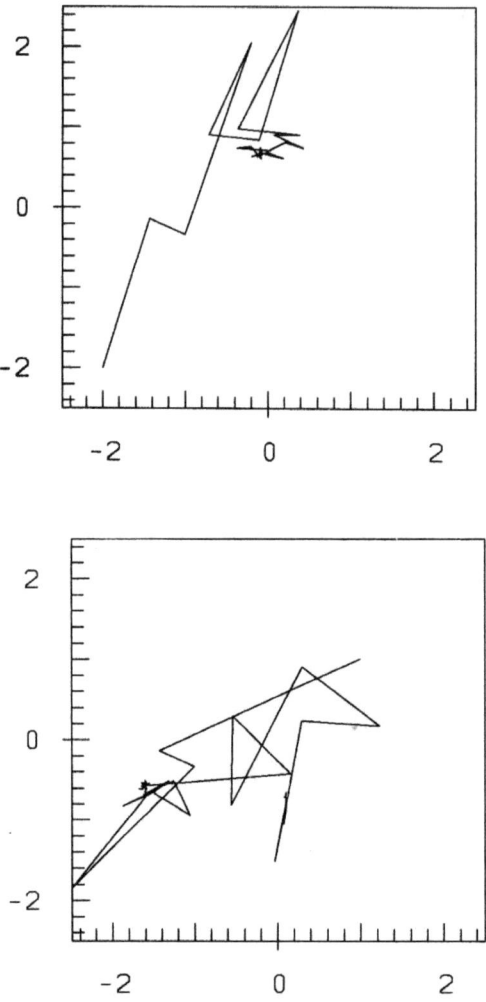

Bild 7–8: Optimumsuche bei der Testfunktion von Branin
(Anzahl Simplexecken: 3 , Gefundenes Optimum: -1.03612)

Optimierung mit Hilfe von Simulationsmodellen

Den Bildern 7 und 8 ist eindeutig zu entnehmen, daß der COMBI-Algorithmus hinsichtlich der Konvergenz zum globalen Optimum wesentliche Vorteile bietet (siehe Tabelle 1):

- Für Aufgaben mit mehreren lokalen Optima ist die Wahrscheinlichkeit das globale Optimum zu finden mindestens so hoch wie bei EVOL,
- die Konvergenzgeschwindigkeit ist wesentlich höher als bei EVOL

Der COMBI-Algorithmus wurde mit Hilfe von 25 Funktionen [5] und Aufgaben von Simulationsanwendungen (implementiert in GPSS-F. Version 3) wie Ampelkreuzung, Refinery und Stock control [6] getestet. Eine kurze Zusammenfassung ausgewählter Testfunktionen und Ergebnisse stellen die Tabelle 1, Anhang 1 und Anhang 2 vor.

1.5 Anhang 1: Probleme ohne Nebenbedingungen

T1: **Rosenbrock**

$$\min : F(x) = 100(x_1^2 - x_2)^2 + (1 - x_1)^2$$
$$X^{(0)} = (-1.2, 1.0)^T$$
$$X^* = (1.0, 1.0)^T$$
$$F(X^*) = 0.0$$

T2: **Engvall**

$$\min : F(x) = \sum_{j=1}^{5} f_j^2(x)$$
$$f_1(x) = x_1^2 + x_2^2 + x_3^2 - 1$$
$$f_2(x) = x_1^2 + x_2^2 + (x_3 - 2)^2 - 1$$
$$f_3(x) = x_1 + x_2 + x_3 - 1$$
$$f_4(x) = x_1 + x_2 - x_3 + 1$$
$$f_5(x) = x_1^3 + 3x_2^2 + (5x_3 - x_1 + 1)^2 - 36$$
$$X^{(0)} = (1.0, 2.0, 0.0)^T$$
$$X^* = (0.0, 0.0, 1.0)^T$$
$$F(X^*) = 0.0$$

T3: **Box**

$$\min : F(x) = \sum_{j=1}^{10} (e^{-x_1 t_j} + e^{-x_2 t_j} + e^{-t_j} + e^{-10.0 t_j})^2$$
$$mit \quad t_j = 0.1j \quad ; \quad j = 1, 2, \ldots, 10$$
$$X^{(0)} = (5.0, 0.0)^T$$
$$X^* = (1.0, 10.0)^T$$
$$F(X^*) = 0.0$$

1.6 Anhang 2: Probleme mit Nebenbedingungen

T4: Goldstein-Price

$$\min : F(x) = (1 + (x_1 + x_2 + 1)^2 (19 - 14x_1 + 3x_1^2 - 14x_2 + 6x_1 x_2 + 3x_2^2))$$
$$(30 + (2x_1 - 3x_2)^2$$
$$(18 - 32x_1 + 12x_1^2 + 48x_2 - 36x_1 x_2 + 27x_2^2))$$

$$Restr. : \quad -2.0 \leq x_j \leq 2.0 \quad ; \quad j = 1, 2$$

$F(x_1, x_2)$ besitzt 3 lokale Minima und das folgende globale Maximum:

$$X^* = (0.0, -1.0)^T$$
$$F(X^*) = 3.0$$

T5: Branin

$$min : f(x) = 4x_1^2 - 2.1x_1^4 + \frac{1}{3}x_1^6 + x_1 x_2 - 4x_2^2 + 4x_2^4$$

$$Restr. : \quad -2.5 \leq x_j \leq 2.5 \quad ; \quad j = 1, 2$$

$F(x_1, x_2)$ besitzt 4 lokale Minima und die folgenden globalen Minima:

$$\left. \begin{array}{l} X^*_{(1)} = (0.0898, -0.7126)^T \\ X^*_{(2)} = (-0.0898, 0.7126)^T \end{array} \right\} \quad F(x^*) = -1.031629$$

T-6 Shekel

$$\min : f(x) = -\sum_{j=1}^{10} \frac{1}{f_j}$$

$$f_1 = (x_1 - 4)^2 + (x_2 - 4)^2 + (x_3 - 4)^2 + (x_4 - 4)^2 + 0.1$$
$$f_2 = (x_1 - 1)^2 + (x_2 - 1)^2 + (x_3 - 1)^2 + (x_4 - 1)^2 + 0.2$$
$$f_3 = (x_1 - 8)^2 + (x_2 - 8)^2 + (x_3 - 8)^2 + (x_4 - 8)^2 + 0.2$$
$$f_4 = (x_1 - 6)^2 + (x_2 - 6)^2 + (x_3 - 6)^2 + (x_4 - 6)^2 + 0.4$$
$$f_5 = (x_1 - 3)^2 + (x_2 - 7)^2 + (x_3 - 3)^2 + (x_4 - 7)^2 + 0.4$$
$$f_6 = (x_1 - 2)^2 + (x_2 - 9)^2 + (x_3 - 2)^2 + (x_4 - 9)^2 + 0.6$$
$$f_7 = (x_1 - 5)^2 + (x_2 - 5)^2 + (x_3 - 3)^2 + (x_4 - 3)^2 + 0.3$$

Optimierung mit Hilfe von Simulationsmodellen

$$f_8 = (x_1 - 8)^2 + (x_2 - 1)^2 + (x_3 - 8)^2 + (x_4 - 1)^2 + 0.7$$
$$f_9 = (x_1 - 6)^2 + (x_2 - 2)^2 + (x_3 - 6)^2 + (x_4 - 2)^2 + 0.5$$
$$f_{10} = (x_1 - 7)^2 + (x_2 - 3.6)^2 + (x_3 - 7)^2 + (x_4 - 3.6)^2 + 0.5$$

$$Restr. : 0.0 \leq x_j \leq 10.0 \quad ; \quad j = 1, 2, \ldots, 10$$

$F(x_1, \ldots, x_4)$ besitzt neun lokale Minima und das folgende globale Minimum:

$$X^* = (4.0, 4.0, 4.0, 4.0)^T$$
$$F(X^*) = -10.5363$$

1.7 Tabelle 1:

TESTERGEBNISSE

Testfunktionen ohne Nebenbedingungen			
Name der Testfunktion	BOX - MOD	EVOL	COMBI
Rosenbrock	10 (295)	10 (3057)	10 (419)
Engvall	5 (325)	10 (3010)	10 (608)
Box	10 (119)	10 (1924)	10 (306)

10 Tests mit verschiedenen Zufallsvariablen
y Anzahl der erfolgreichen Lokalization der globalen Optima
(z) Anzahl den Funktionsauswertungen

Testfunktionen mit Nebenbedingungen			
Name der Testfunktion	BOX - MOD	EVOL	COMBI
Goldstein-Price	3 (175)	10 (1045)	10 (334)
Branin	7 (138)	10 (1020)	10 (278)
Shekel	2 (493)	6 (1788)	8 (978)

10 Tests mit verschiedenen Startpunkten
y Anzahl der erfolgreichen Lokalization der globalen Optima
(z) Anzahl der Funktionsauswertungen

Literaturverzeichnis

[1] Krechel-Mohr, K.J./ Molnár, I.: Ein universelles Optimierungsmodul zur Lösung von Entscheidungsproblemen in der Simulation in: Möller, D.P.F. (Hrsg.) Simulationstechnik Proceedings Informatik-Fachberichte 109, Berlin/Heidelberg/New York/Tokio, S. 290-296, 1985

[2] Nelder, F.A./Mead, R.: A simplex method for function minimization, Computer Journal, Vol. 7, 1964

[3] Box, M.J.: A new method of constrained optimization and a comparison with other methods, Computer Journal, Vol. 8, S. 42- 52, 1965

[4] Dörnhöfer, K.: Lösung von Optimierungsproblemen durch Simulation, in: Biethahn, J./Schmidt,B. (Hrsg.) Simulation als betriebswirtschaftliche Entscheidungshilfe, Berlin/Heidelberg/New York/Tokio, S. 61-69, 1987

[5] Schwefel, H.P.: Numerische Optimierung von Computermodellen mittels der Evolutionsstrategie, Birkhäuser-Verlag, Basel/Stuttgart, 1977

[6] Pritsker, A.A.B./Pedgen, C.D.: Introduction to Simulation and SLAM, John Wiley & Sohn, Inc., New York, 1979

2 Mensch-Maschine-Kommunikation in der Standortoptimierung

K.Boenchendorf, A.Klose, H.Mayrhofer, P.Stähly

Zusammenfassung:

Es wird über theoretische und empirische Untersuchungen zu zwei Modellfamilien der Standortplanung, das p-Median-Problem der kombinatorischen Optimierung und das p-Median-Problem in der euklidischen Ebene, berichtet. Im Zentrum steht die Aufbereitung von Optimierungsinformation in Form von Bildschirmgraphiken auf einem Personal Computer, um es so dem Benutzer zu ermöglichen, suboptimale Lösungen zu erzeugen, welche nicht im Modell enthaltene Zielvorstellungen berücksichtigen. Das zugehörige Projekt umfaßt im Kern die Entwicklung und Implementation geeigneter Interaktionsmöglichkeiten zwischen Benutzer und PC sowie Untersuchungen bezüglich Unterschieden zwischen euklidischer und Realentfernung in der Schweiz, Sensitivität und Lagrange-Multiplikatoren.

2.1 Einleitung

Methoden der optimalen Gestaltung von Distributionssystemen sollen einen Beitrag zum Problem leisten, die Standorte einer vorgegebenen, parametrisierbaren Anzahl von Versorgungszentren (VZ) (evtl. zusätzlich zu bestehenden) so zu wählen, dass jeweils in Verbindung mit der Zuteilung von Kunden (K), die auf vorgegebene Orte verteilt sind, ein grösstmöglicher Servicegrad gewährleistet wird. In vielen Fällen ist die Summe der Entfernungen bzw. Fahrtzeiten zwischen Versorgungszentren und zugeordneten Kunden ein brauchbares Mass für den Servicegrad. Dieses Standortproblem stellt sich etwa bei Reparaturwerkstätten bzw. Verkaufstellen (VZ) für Fahrzeuge (K: Lastwagen, PW), Grossmärkte bzw. Auslieferungsstellen (VZ) für Gewerbetreibende (K : Detailhändler, Gastgewerbe, Handwerker etc.) oder VZ bzw. Sammelstellen (landwirtschaftliche Genossenschaften) für Landwirte (K). (Eine Gewichtungsmöglichkeit der Kunden wird im folgenden auch ohne explizite Erwähnung berücksichtigt.)

Für das Problem erscheinen zwei Modelle bzw. Modellfamilien aus der Gruppe der "p-Median-Probleme" geeignet :

- Bei den p-Median-Modellen in der Ebene (pMPE) werden Kunden und Versorgungszentren durch Koordinaten von Punkten in der Ebene dargestellt. Zur Messung der Entfernungen bieten sich je nach geographischen Gegebenheiten eine Reihe unterschiedlicher Masse aus einer bestimmten Klasse an, als deren einfachstes Beispiel die Länge der Verbindungslinien genannt werden kann.

- Bei den p-Median-Modellen der kombinatorischen Optimierung (pMPK) steht eine Menge potentieller Standorte fest und die Informationen über Standorte und Entfernungen sind in einer Matrix zusammengefasst. Die verwendbaren Entfernungsmasse sind dadurch nicht mehr auf ein bestimmte Klasse beschränkt. Ferner wird in erweiterten Modellen unterschiedlichen Beschränkungen (maximal erlaubte Entfernungen, Kapazitätsbeschränkungen, Fixkosten) und verschiedenen Konfigurationen des Distributionssystems (einstufige oder mehrstufige Systeme im Einprodukt- oder Mehrproduktfall) Rechnung getragen.

Da die Probleme (pMPE) nichtkonvexe nichtlineare, die aus der Klasse (pMPK) NP-vollständige kombinatorische Optimierungsprobleme darstellen, bereitet die Lösung umfangreicher Probleme theoretische Schwierigkeiten. Personal Computer (PC) besitzen jedoch den Vorteil leicht zugänglicher und preiswerter Graphikmöglichkeiten, so dass sich neuartige Chancen ergeben, diese Schwierigkeiten durch Mensch-Maschine-Interaktion mittels einer Graphik- und Benutzerschnittstelle im Sinne entscheidungsunterstützender Systeme zu überwinden. Um der Leistungsfähigkeit eines PC gerecht zu werden und die Lösung grosser Probleme nicht von vornherein auszuschliessen, stehen dabei heuristische Verfahren im Vordergrund.

Im Bereich des Operations Research (OR) hat sich in letzter Zeit zunehmend die Auffassung durchgesetzt, dass die Aufgabe von OR- Anwendungen nicht in der Ermittlung automatisch generierter "Black-Box"-Lösungen liegen kann, sondern vielmehr in der Bereitstellung entscheidungsunterstützender Informationen mittels "harter Methoden" und

Einbeziehung des Entscheidungsträgers in den Lösungsprozess, um dadurch zu Lösungen und Lösungsalternativen zu gelangen, die die starre Modellwelt und Modelloptimalität überwinden und realen Problemstellungen adäquat sind. "The purpose of mathematical programming is insight, not numbers" [10]. Ziel der Forschung im Bereich der Standortoptimierung am Institut für Unternehmensforschung in St. Gallen ist daher, durch Interaktion von PC und Fachleuten unter Ausnutzung interpretativ aufbereiteter, algorithmisch gewonnener Information sowie geographischer Besonderheiten, bspw. jener der Schweiz, die problemimmanenten Schwierigkeiten soweit unter Kontrolle zu bringen, dass Entscheidungsträger die erforderlichen Erkenntnisse über eine optimale Wahl von Standorten für Versorgungszentren und Zuteilung der Kunden auf diese gewinnen können. Besondere Bedeutung kommt dabei dem Aspekt der Flexibilität von Lösungen zu. Diese Flexibilität betrifft einerseits die Ausschöpfung der Variationsbreite suboptimaler Lösungen und andererseits den bewussten Verzicht auf die Einhaltung bestimmter Nebenbedingungen auf der Basis von Informationen über den Nutzen der "Auflockerung" der betreffenden Restriktionen.

2.2 Beschreibung der Datengrundlage

Grundlage für das Programmpaket ist eine Datenbank, die sämtliche zur Standortplanung entscheidungsrelevanten geographischen Informationen beinhaltet. Diese Datenbank setzt sich aus folgenden Teilen zusammen:

- Kundendatei: Abbildung der Städte und Gemeinden und deren wichtigste Informationen, repräsentiert durch die X- und Y- Koordinaten. Der Umfang dieser Datei beträgt für die Schweiz z.Zt. ca. 4850 Datensätze.

- Verkehrsknotendatei: Diese Datei beinhaltet die z.Zt. erfassten wichtigsten Verkehrsknotenpunkte des Verkehrsnetzes (Städte, Gemeinden und Kreuzungspunkte) und ist eine Obermenge der Kundendatei. Der Umfang dieser Datei beträgt für die Schweiz z.Zt. ca. 6650 Datensätze.

- Verkehrskantendatei: Abbildung der Strassenverbindungen in Form von Kanteninformationen. Die Datenstruktur für eine Kante beinhaltet die zugehörigen Anfangs- und Endknoten einer Kante und das Kantengewicht als tatsächliche Strassenkilometerentfernung zwischen den zugehörigen Randknoten. Diese Datei beinhaltet für die Schweiz z.Zt. ca. 8600 Datensätze.

Exemplarisch wurden aus der Datei der schweizerischen Städte und Gemeinden folgende Testdaten generiert:

Selektion nach Kantonskriterien		
Dateiname	Kantone	Anzahl Kunden
XAGK	AG	297
XARK	AI,AR	54
XBEK	BE	683
XBSK	BS,BL	85
XFRK	FR	339
XGEK	GE	80
XGRK	GR	381
XSGK	SG	229
XTIK	TI	401
XZHK	ZH	403

Selektion nach regionaler Aufteilung			
Dateiname	Region	Anzahl Kunden	Anzahl selektiert
YNWK	X <= 6600 Y > 1900	1303	229 (Einw. > 1000)
YNOK	X > 6600 Y > 1900	1427	265 (Einw. > 1000)
YSWK	X <= 6600 Y <= 1900	1358	116 (Einw. > 1000)
YSOK	X > 6600 Y < 1900	768	90 (Einw. > 500)
[(X,Y) = Koordinaten in 100m]			

Selektion Gesamtschweiz nach Einwohnerzahl > 4000		
Dateiname	Anzahl Kunden	Anzahl selektiert
YCHK	4853	174

Bild 1: Selektion von Untersuchungsdaten

2.3 Softwarepaket

Projektbegleitend wurde ein graphikunterstütztes Softwarepaket zur Standortplanung auf Personal Computern basierend in der Programmiersprache Turbo-Pascal V. 5.0 entwickelt. Das Hauptprogramm setzt sich momentan aus vier Modulen zusammen, die im folgenden detailliert beschrieben werden:

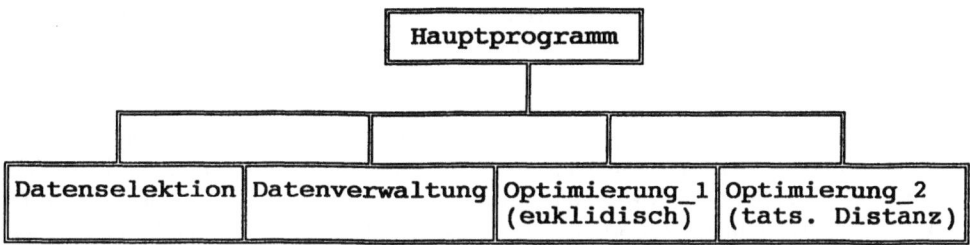

2.3.1 Datenselektionsmodul

Als Datenschnittstelle zu kommerziellen Benutzerdaten dient im gegenwärtigen Projektstand ein Datenselektionsmodul, mit dessen Hilfe aus der in Abschnitt 2.2 beschriebenen Kundendatei für die Schweiz problemrelevante Teildatenbestände nach folgenden Kriterien selektiert werden können:

- Koordinaten in 100m $(z.B. 4000 < X < 5000 u. 2000 < Y < 2500)$
- Kantone $(z.B. SG, ZH, ...)$
- Einwohnerzahlen $(z.B. 2000 < \#Einwohner < 3000)$
- geograph. Höhe $(z.B. geogr. Höhe > 1200m)$
- Begrenzungslinien (Menge von Koordinatenbegrenzungen)

Selektionskriterien dieser Art können logisch durch Schnitt- und Vereinigungsmengenbildung verknüpft werden.

Neben dieser Datenschnittstelle sind im weiteren auch Anpassungsmöglichkeiten zu unternehmensspezifischen Datenbeständen (z.B. Tabellenkalkulatoren,...) vorgesehen.

2.3.2 Datenverwaltungsmodul

Das Datenverwaltungsmodul hat die Aufgabe, die mit dem Selektionsmodul erzeugten Ausgangsdaten entsprechend anwendungsspezifischen Notwendigkeiten aufzubereiten. So bestehen beispielsweise folgende Möglichkeiten:

- Erzeugung von verschiedenen Kundengewichtungen bei den einzelnen Datensätzen (Optimierungskriterien)
- Erweiterung bisheriger Datenbestände durch Neuaufnahme weiterer Kunden
- Löschen vorhandener Teildatenbestände
- Manipulation von Kundendaten (z.B. Korrektur des tatsächlichen Kundenstandorts gegenüber dem aus den Ausgangsdaten der Kundendatei)

2.3.3 Optimierungsmodul_1 (PMP-Ebene)

Zur Bestimmung optimaler Verteilzentren zu einer gegebenen Kundenmenge wurde ein graphikunterstützes Programmodul implementiert, das zum Ziel hat, mit dem Benutzer interaktiv Lösungen zu erarbeiten. D.h. dem Anwender werden nicht in Form einer "Black-Box" nach Datenübergabe Optimierungsergebnisse bereitgestellt, sondern die Optimierungsvorgänge werden benutzergeführt. Diese Benutzerunterstützung erfolgt durch graphische Darstellung der zugrundeliegenden Problemstellung und ständige Überwachung der entscheidungsrelevanten Zwischenergebnisse. Die Problematik der lokalen Optima bei p-Median-Problemen kann somit durch Experimentierprozesse des Benutzers leicht überwunden werden. Während der Interaktionsprozesse hat der Benutzer Eingriffsmöglichkeiten in folgender Weise:

- Optimierung eines Zentrums (globales Optimum)
- Simultane Optimierung aller Zentren (lokales Optimum)
- manuelle Verschiebung von Zentren (wichtig vor allem für die Überwindung lokaler Optima)
- vorübergende Fixierung von Zentren (unveränderliche Standorte)
- vorübergehende Inaktivierung von Zentren (vorhandene Zentren werden situativ aus dem Entscheidungskalkül entfernt).

2.3.4 Optimierungsmodul_2 (tats. Entfernungen)

Darüberhinaus wurde ein Optimierungsmodul implementiert, das ausgehend von den Ergebnissen des PMP in der Ebene (Optimierungsmodul_1) tatsächliche Entfernungen zwischen Kunden und potentiellen Verteilzentren errechnet. Der Optimierungsvorgang erfolgt in folgenden Schritten:

- Aufbauend auf den Ergebnissen des PMP in der Ebene werden für je p Zentren alle potentiellen Standorte der Verkehrskantendatei als potentielle Zentren, die in einem zu spezifizierenden Radius von maximal 20 km liegen, ausgewählt.
- Von diesen potentiellen Standorten wählt der Anwender seine für ihn relevanten potentiellen Zentren aus.
- Nach dem Prinzip der vollständigen Enumeration werden für alle Kunden-Zentrum-Konstellationen die tatsächlichen kürzesten Entfernungen berechnet und zur Kunden-Zentren-Distanzmatrix zusammengefasst.
- Jedem Kunden wird das Zentrum mit der minimalen Entfernung zugeordnet.
- Die Visualisierung der Ergebnisse erfolgt durch eine graphische Benutzeroberfläche.

Weiterhin kann sich der Benutzer noch die Marschrouten zwischen den einzelnen Kunden und ihrem jeweiligen entfernungsoptimalen Zentrum anzeigen und ausgeben lassen. Die Rechenzeit dieses Optimierungsmoduls ist ausgesprochen hoch, da der gesamte Graph (Knoten, Kanten) des Strassennetzwerkes in den Zentralspeicher geladen werden muss und die kürzeste-Wege- Algorithmen, bedingt durch die grosse Problemstellung, rechenzeitintensiv sind. Bezogen auf den Zentralspeicherplatzbedarf liegt diese Implementation an der oberen Grenze für MS/DOS- basierende Applikationen ("640-K Grenze").

Diese Vorgehensweise kann einerseits als Versuch gewertet werden, die Ergebnisse der kontinuierlichen Problemstellung (PMP- Ebene) in natürliche Weise auf eine diskrete Situation zu erweitern bzw. anzupassen. Andererseits stellt sie eine Möglichkeit der Vorausplanung "potentieller Standorte" für eine spätere diskrete Analyse dar. Auf direkte Ansätze zu solchen kombinatorischen Standortproblemen sei in Abschnitt 5 kurz eingegangen.

2.4 Simulationsergebnisse

2.4.1 Sensitivitätsanalyse

2.4.1.1 Graphische Untersuchung der Zielfunktion des "p-Median Modells in der Ebene"

Zur Analyse des Zielfunktionswertverhaltens der euklidschen Entfernungen um einen bestimmten Punkt, im besonderen um einen Punkt in der Nähe des Optimums, wurde ein Programm zur graphischen Darstellung der Höhenlinien der Entfernungen zwischen Zentrum und einer gegebenen Kundenstruktur implementiert. Die Ergebnisse hierzu können folgendermassen, wobei zwischen 1- und p-Median-Problem abgegrenzt wird, zusammengefasst werden:

1-Median Problem

Bezüglich des 1-Median-Problems wurde für verschiedene Kundenkonstellationen das Sensitivitätsverhalten der Zielfunktion in der Nähe des tatsächlichen Optimums untersucht. Der 5%-Radius der Zielfunktion um das Optimum erwies sich in den Untersuchungen grösser als erwartet. Die Form des 5%-Radius und damit seine Länge in den jeweiligen Richtungen ist sehr stark von der Kundenkonstellation abhängig. Die folgende Untersuchung dient der Verdeutlichung des Einflusses der Kundenstruktur auf den 5%- Zielfunktionswertradius:

Für n äquidistante aber strukturell verschieden angeordnete Kunden (vgl.Abb.2) werden ausgehend vom jeweiligen Optimum mit festgelegter Schrittweite in einer Richtung die relativen Zielfunktionswertänderungen ZF^i/ZF^{opt} errechnet, wobei ZF^i dem aktuellen Zielfunktionswert und ZF^{opt} dem optimalen Zielfunktionswert entspricht. Die Veränderungen der Zielfunktionswerte in der jeweiligen Richtung geben Aufschluss über die Sensitivität der Kundenstruktur. Für die Untersuchungen wurden folgende Kundenkonstellationen mit Variation des Anordnungswinkels zwischen 0 und 90° betrachtet, wobei die Anzahl der Kunden auf den einzelnen Ästen so festgelegt wurde, dass das Optimum in etwa im Verzweigungspunkt lag.

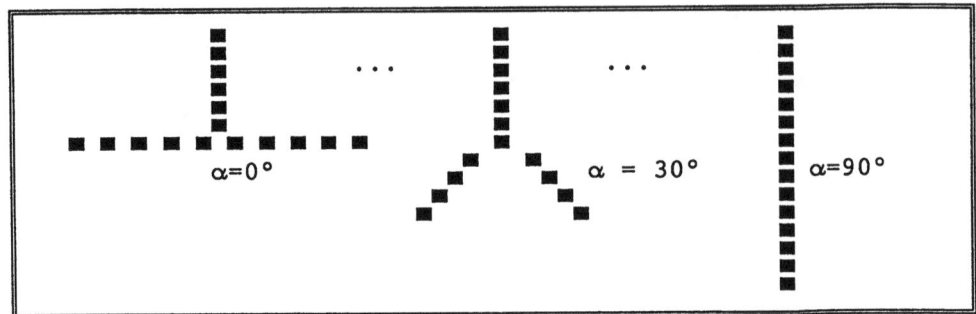

Bild 2: Kundenkonstellationen bei unterschiedlichen Winkeln

p-Median Problem

Analog zum 1-Median-Problem besteht die Möglichkeit, die Höhenlinien des p-Median-Problems darzustellen. Dies erfolgt in der Form, dass zu p-1 bestehenden Zentren die Zielfunktion bei punktueller Verschiebung eines p-ten Zentrums durch farbliche Differenzierung abgebildet wird. Die 5%-Radien hängen wiederum sehr stark von der Kundenstruktur und darüberhinaus von den Standorten der p-1 bestehenden Zentren ab. Darüberhinaus ist die Position des 5%-Radius nicht unbedingt eindeutig, da bei Vorliegen lokaler Optima verschiedene Lösungen möglich sein können.

2.4.1.2 Abschätzung der Sensitivität

In einer Vorarbeit für eine analytische Untersuchung der Sensitivität wurde untersucht, ob es möglich ist, durch eine Verschiebung der einzelnen Kunden in fest strukturierter Weise und unter der Voraussetzung, dass die Verschiebung nur zu einer Erhöhung der Zielfunktionswerte führt, genauere Aussagen zur Sensitivität abzuleiten. Hierzu wurde eine gegebene Kundenstruktur mit einem Raster in der Form einer Windrose (8 Richtungen, deren Schnittpunkte in der Mitte einer festen Anzahl konzentrischer Kreise liegen) überdeckt. Jeder Kunde wurde zum nächstgelegenen Kreuzungspunkt des Rasters hin verschoben, unter der Voraussetzung, dass die Positionsänderung zu einer minimalen Zielfunktionswertverschlechterung führt. Als Resultat erhält man eine Kundenstruktur, bei der sämtliche Kunden auf den vier Hauptachsen der Windrose liegen. Aufbauend auf dieser modifizierten Kundenstruktur können analytische Verfahren zur Sensitvitätsanalyse durchgeführt werden. Die Ergebnisse einer Abweichungsanalyse zwischen ursprünglicher und verschobener Kundenstruktur zeigen jedoch, dass selbst bei einer sehr hohen Radiendichte die Abweichungen der Zielfunktionsänderungen zwischen ausgehender und verschobener Kundenstruktur so gross sind, dass diese Approximation wenig aussagekräftig ist.

2.4.2 Der Spezialfall vieler bestehender und wenig neu zu planender Versorgungszentren

Fragestellungen über Standortplanungen bei bereits vorhandenen und geographisch fixierten Versorgungszentren stellen sich aus zwei Gründen:

- Erstens gibt es in praktischen Problemstellungen Aufgaben der Art, dass Erweiterungsplanungen zu einer bereits vorhandenen Infrastruktur an Versorgungszentren notwendig sind. Dies bedeutet, dass zu fixiert angenommenen bestehenden Zentren zusätzliche Standorte entfernungsoptimal hinzugeplant werden sollen.
- Zweitens stellt sich die Frage, ob es ohne grössere Ergebnisabweichungen möglich ist, statt einer Simultanplanung aller Zentren die Verteilzentren sequentiell zu planen.

2.4.2.1 Problemstellung

Untersuchungen zur Beantwortung der obigen Fragen erfordern einen Vergleich der Zielfunktionswerte der beiden unterschiedlichen Planungsansätze. Für ein p-Median-Problem bedeutet dies, dass für $p' < p$ optimal existierende Zentren (p-p') Zentren zusätzlich zu planen sind. Es stellt sich hierbei die Frage, wie sich die Relationen der Zielfunktionswerte in Abhängigkeit von p und p' verändern.

2.4.2.2 Versuchsaufbau

Für gegebene repräsentative Testdaten (vgl. Datenbeschreibung, Kap. 2.2) werden p Zentren simultan optimal geplant, z.B. p = 1,...,10. Die daraus resultierenden Zielfunktionswerte sind die globalen Optima der p-Median-Probleme (p = 1,...,10) und dienen somit als Referenz zur Beurteilung sequentieller Zentrenplanungen. Im Vergleich dazu werden für p' (p' = 1,...,10) bereits optimal existierende Zentren sequentiell p" (p" = 0,...,p-p') Zentren eingeplant. Als Ergebnis erhält man eine obere Dreiecksmatrix der Zielfunktionswerte, deren Spaltenindex die Anzahl Zentren, die simultan geplant worden sind und deren Zeilenindex die Anzahl sequentiell dazugeplanter Zentren angibt.

		═══> simultan ═══>					
# bestehender Z.		1	2	3	4	...	p'
# neuzuplanender Z.	0	1MP	2MP	3MP	4MP	...	p'MP
	1	2MP	3MP	4MP	5MP	...	
	2	3MP	4MP	5MP	6MP		
	3						
	4						
	:						
	p'-1	p'MP					

Bild 3: Zielfunktionswerte bei simultaner und sequentieller Zentrenplanung

In Bild 3 können die Zielfunktionswerte für die PMP (P = 1..p') abgelesen werden. Diagonal stehen die unterschiedlichen Zielfunktionswerte bei konstantem p für die verschiedenen Probleme.

2.4.2.3 Versuchsergebnisse

Für die Testdaten können folgende Versuchsergebnisse festgestellt werden:

Die Zielfunktionswerte bei sequentieller Planung konvergieren mit der Erhöhung der Anzahl geplanter Zentren gegen die Referenzwerte der Simultanplanung. Eine Erhöhung der Anzahl bereits optimal existierender Zentren führt tendenziell zu einer Verringerung der Zielfunktionswertabweichung gegenüber dem Referenzwert der Simultanplanung. D.h. bei p' simultan geplanten Zentren und sequentieller Planung von p" (p' + p" = p) erhöht sich der ZF-Wert in Abhängigkeit der Erhöhung von p". Hiervon sind jedoch in Einzelfällen Abweichungen möglich.

2.4.3 Unterschiede zwischen euklidischer Entferung und Strassennetzentfernung

Im folgenden werden zwei Untersuchungen für den Vergleich zwischen euklidischer und Strassennetzentfernung durchgeführt. Zuerst wird versucht, bezogen auf die schweizerischen Daten, Distanzmultiplikatoren (evtl. regionsabhängig) für die Unterschiede zwischen tatsächlicher Strassennetz- und euklidischer Entfernung zu finden.

2.4.3.1. Voruntersuchungen zur Bestimmung von Distanzmultiplikatoren

Ziel dieser Projektteilaufgabe war die Beantwortung der Frage, ob es möglich ist, bezogen auf die geographischen Verhältnisse in der Schweiz, Multiplikatoren für eine Approximation der tatsächlichen Entfernungen durch die Summe euklidischer Distanzen zu finden. Hierzu wurden folgende Untersuchungen angestellt:

Für 1330 geographisch gleichmässig verteilte Knoten des Strassennetzwerks der Schweiz wurden jeweils alle umliegenden Knoten und Kanten, die in einem 5, 10, bzw. 20 km Radius um den Untersuchungspunkt liegen, selektiert. Für jede dieser Teilmengen des Gesamtstrassennetzwerks wurden folgende Informationen errechnet:

1. n : Anzahl Knoten (nodes)
2. e : Anzahl Kanten (edges)
3. $\sum ZF^r$: tatsächlicher gesamter Zielfunktionswert
4. $\sum ZF^e$: euklidscher gesamter Zielfunktionswert
5. $\sum ZF^r / \sum ZF^e$: Quotient aus gesamter tats. Entfernung und eukl. Entfernung
6. $min[ZF^r/ZF^e]$: Kleinster Quotient
7. $max[ZF^r/ZF^e]$: Grösster Quotient
8. $1/n \sum ZF^r/ZF^e$: Gewichtete Summe aller Einzelquotienten

Bei der Auswertung des Versuchs wurden folgende Ergebnisse erzielt:

- In 65% aller Fälle verhält sich der Quotient 8. streng monoton fallend zum betrachteten Radius, d.h. bei Vergrösserung der Problemstellung (Radius) werden die Einzelquotienten kleiner.

- In 78% aller Fälle verhält sich die Standardabweichung des Quotienten 8. streng monoton fallend zum betrachteten Radius. Diese Ergebnisse deuten darauf hin, dass die Problemgrösse einen Einfluss auf die Güte der Approximation der tatsächlichen Entfernungen durch die euklidischen Distanzen hat.

- Für die Untersuchung wurden folgende Durchschnittsquotienten und Standardabweichungen für 8. in Abhängigkeit vom Radius ermittelt:

Radius	Quotient (8.)	Standardabweichung
5	2.043	1.001
10	1.911	0.786
20	1.762	0.699

Bild 4: Abhängigkeit zwischen Quotient und Radius

Zusammenfassend kann festgestellt werden, dass die Unterschiede zwischen tatsächlicher und euklidischer Entfernung bezogen auf Problemstellungen dieser Grössenordnung (Radius < 20 km) grösser als erwartet sind und darüberhinaus nur sehr bedingt Aussagen über regionale Verteilungen getroffen werden können.

2.4.3.2. Euklidische versus tatsächliche Standortoptimierung

Zur Durchführung von Vergleichsuntersuchungen zwischen dem "p- Median-Modell in der Ebene" und der Standortoptimierung nach tatsächlichen Entfernungen und damit zur Beantwortung der Frage, ob die tatsächlichen Entfernungen durch euklidische Entfernungen ausreichend approximiert werden können, wurden folgende Untersuchungen durchgeführt:

1. Für ausgewählte Datenkonstellationen wurde das PMP in der Ebene gelöst.

2. Die resultierenden Zentrenkoordinaten aus 1. dienen als Ausgangslösungen für die Standortoptimierung mit tatsächlichen Entfernungen. D.h. für jedes Zentrum wird die nächstgelegene tatsächlich existierende Gemeinde (Knoten im Strassennetz) gesucht und der zugehörige Zielfunktionswert $Z_{(0)}^r$ gemäss tatsächlicher Entfernung errechnet.

3. Solange Zielfunktionswertverbesserungen möglich sind, werden für alle Zentren sequentiell die Nachbarknoten ermittelt (Knoten für die Kantenverbindung zum Zentrum existieren) und die Zielfunktionswerte $ZF_{(1)}^r$ ermittelt. Falls für ein Zentrum $ZF_{(1)}^r < ZF_{(0)}^r$ gilt, wird der entsprechende Nachbarknoten zum neuen Zentrum.

4. Schritt 3 wird solange durchgeführt, wie an mindestens einem Zentrum noch Verbesserungen möglich sind.

Anmerkung: Die Implementierung eines anderen Verfahrens, das garantiert zum globalen Optimum der tatsächlichen Entfernungen führt, würde aufgrund der Komplexität der Problemstellung (NP-Vollständigkeit) den Aufwand zur Ermittlung der Zielfunktionsquotienten unverhältnismäßig erhöhen. D.h. die letztendlich resultierenden Ergebnisse sind i.d.R. suboptimal.

Für das oben dargestellte Verfahren wurden bezogen auf die in 2. beschriebenen Datensätze folgende Ergebnisse erzielt: (Die Matrixelemente sind Quotienten $ZF^r_{(1)}/ZF^r_{(0)}$, entsprechen also den Quotienten der tatsächlichen Entfernungen zwischen bestem Ergebnis und Ausgangslösung.

Anzahl Zentren Datei	1	2	3	4	5	6
XAGK	1.0461	1.1083	1.0659	1.0734	1.0366	1.0349
XARK	1.0011	1.0002	1.1207	1.0703	1.0000	1.0684
XBEK	1.0781	1.0726	1.0024	1.1271	1.0642	1.1216
XBSK	1.2187	1.1505	1.2749	1.1344	1.0775	1.0413
XFRK	1.0717	1.1353	1.1595	1.1353	1.1160	1.0698
XGEK	1.1646	1.0719	1.1350	1.1398	1.2627	1.2266
XGRK	1.1126	1.4387	1.1680	1.1393	1.1261	1.1251
XSGK	1.0181	1.0643	1.0935	1.1911	1.2386	1.0722
XZHK	1.0230	1.0324	1.1834	1.0739	1.1113	1.0832
XTIK	1.0703	1.0494	1.0086	1.0070	1.0000	1.0085
YCHK	1.0114	1.0578	1.0418	1.0813	1.0879	1.0639
YNWK	1.0107	1.0136	1.0502	1.0238	1.0279	1.0285
YNOK	1.0321	1.0314	1.0317	1.0436	1.0383	1.0314
YSWK	1.0507	1.0393	1.0208	1.0405	1.1097	1.1215
YSOK	1.0366	1.0705	1.1861	1.0710	1.0108	1.0740

Bild 5: Quotienten der Zielfunktionswerte

Ergebnisse:

- Mit der Ausnahme von wenigen Untersuchungsdaten liegen die Abweichungen der Ausgangslösung von der gefundenen Lösung unter 10%. Hohe Quotienten wurden vorwiegend im Kanton Graubünden mit seiner vergleichsweise geringen Strasseninfrastruktur und Grenznähe sowie im Kanton Basel-Stadt (Grenznähe) ermittelt.

- Im Vergleich zu den Untersuchungsergebnissen über die Distanzmultiplikatoren sind die hier erzielten Ergebnisse der Unterschiede zwischen tatsächlicher und euklidischer Entfernung besser. Eine mögliche Ursache der Ergebnisunterschiede ist in den Grössenunterschieden der zugrundeliegenden Problemstellungen (max. 20 km Radius im Vergleich zu regionalen Grössen) zu sehen. Die Resultate erlauben die Aussage, dass die tatsächlichen Strassennetzentfernungen durch die euklidischen Distanzen approximiert werden können.

- Die ermittelten Ergebnisse entsprechen bei dem verwendeten Verfahren der besten lokal optimalen Lösung, d.h. es kann nicht ausgeschlossen werden, dass bei anderen Ausgangskonstellationen für die potentiellen Zentren bessere Ergebnisse ("globales Optimum") und damit evtl. grössere Abweichungen zwischen den beiden Distanzverfahren erzielt werden können.

2.4.3.3 Zusammenfassung

Die Ergebnisse können im Vergleich zu den Resultaten von Kapitel 2.4.1. als durchwegs befriedigend bezeichnet werden. So können für grössere Problemstellungen euklidische Verfahren als gute Näherungen gegenüber dem rechenzeit- und speicherplatzintensiven Verfahren zur Bestimmung der tatsächlichen Entfernungen betrachtet werden. Die euklidischen Verfahren geben dem Planer Informationen über die Grössenordnung der Zielfunktionswerte bei Variation der Anzahl zu planenden Zentren. Die Kostenrelationen können auf tatsächliche Entfernungen übertragen werden.

2.5 Direkte Ansätze der kombinatorischen Standortoptimierung

Liegt im Gegensatz zur Problemstellung in der Ebene die Menge der Standorte, die als Versorgungszentren in Frage kommen fest, so hat man es mit einem NP-vollständigen kombinatorischen Problem zu tun. Im Sinne einer "Mensch-Maschine-Kommunikation" soll insbesondere auch hier durch Kombination graphischer Aufbereitung, "harten" algorithmischen Methoden und Benutzerintuition die Bestimmung guter suboptimaler Lösungen für Instanzen dieses Problems versucht werden. Basisinformationen für eine heuristisch geleitete Suche nach Lösungen können insbesondere "duale Methoden" liefern. Im Zentrum der algorithmischen Methoden stehen daher "duale" Vorgehensweisen. Duale Methoden führen einerseits zu einer unteren Schranke für den optimalen Zielfunktionswert und somit zu einer Abschätzungsmöglichkeit der Güte von Lösungen, und andererseits liefern sie eine Reihe von Informationen, die sich zur heuristischen, interaktiven Manipulation von Lösungen nutzen lassen.

Im zum kombinatorischen p-Median-Problem gehörigen Dual der LP- Relaxation wird jedem potentiellen Standort ein gleicher "fiktiver Fixkostensatz" M zugeordnet. Die Dualvariable M ist zugleich auch als Lagrange-Multiplikator in der Lagrange-Relaxation hinsichtlich der Restriktion über die Anzahl der Zentren interpretierbar. Die Funktion des fiktiven Fixkostensatzes besteht darin, die "optimale Anzahl" von Zentren zu begrenzen. Gleichermassen müssen in der Terminologie des Duals die Kunden für den Vorteil von einem nahegelegenen Zentrum versorgt zu werden, "bezahlen". Dazu werden die fiktiven Fixkosten M eines jeden potentiellen Standorts gemäss einem bestimmten Verteilungsschlüssel, wonach Kunde i einen Beitrag w_{ij} zur Deckung der "Fixkosten" M des Standorts j trägt, auf die Nachfrager verteilt. Der Kostensatz für jeden Nachfrager beträgt dann $(c_{ij} + w_{ij})$, wobei c_{ij} die Kosten der Versorgung von Kunde i durch Standort j bezeichnet. Die Nachfrager wählen natürlich jeweils den Standort mit dem günstigsten Kostensatz $v_i = min_j(c_{ij}+w_{ij})$. Zu maximieren ist dann die Summe der von den "Kunden gezahlten Preise" abzüglich der fixen Kosten. Die Dualvariable w_{ij} kann darüberhinaus als "Differentialrente" betrachtet werden. Es ist ein Preisaufschlag, den der Kunde i dem Bezugsort j zu gewähren bereit ist. Es kommen dann nur jene Standorte als Verteilzentren in Frage, deren Fixkosten M durch die Summe der Preisaufschläge gedeckt sind. Darüberhinaus erlaubt diese Interpretation eine Veranschaulichung der dualen Lösung durch einen bewerteten Graphen, indem eine Kante den Standort j mit dem Nachfrageort i verbindet, wenn dieser Standort für den Kunden i den günstigsten Kostensatz $min_j(c_{ij} + w_{ij})$ annimmt. Gegenüber allen Standorten, die für den Kunden i diesen günstigsten Kostensatz besitzen, verhält er sich indifferent. Der "duale Graph" sei daher als "Graph indifferenter Zuordnungen" bezeichnet. Die Kantengewichte dieses Graphen bilden die dualen "Preisaufschläge" w_{ij}. Knotengewichte sind für Nachfrageorte die Dualvariablen v_i und für Bezugsorte die Summe der Beiträge w_{ij} zur Deckung der Fixkosten M. Ein Beispiel für einen solchen dualen Graphen zeigt die folgende Abbildung mit Nachfrage- und Bezugsorten aus dem Kanton Aargau.

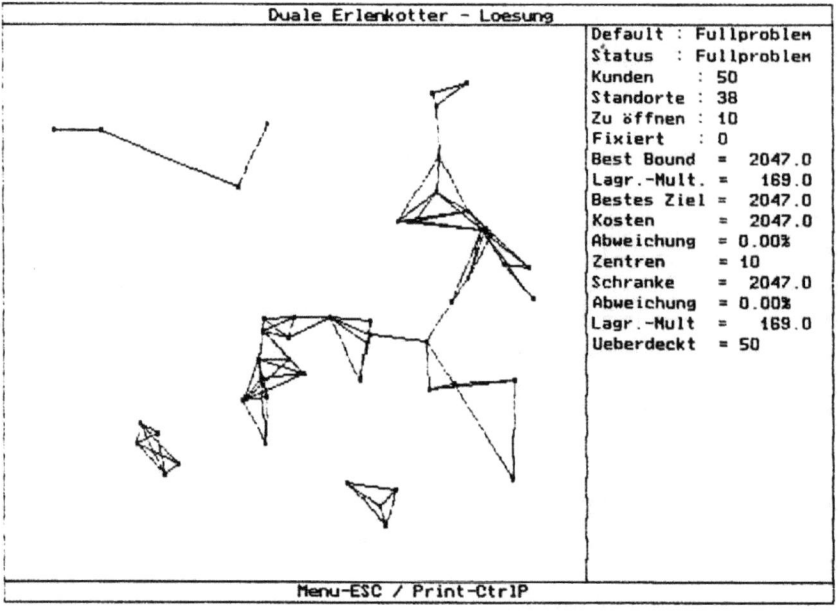

Bild 6: Duale Lösung als Graph

Wie der Graph zeigt, kann eine duale Lösung als unvollständige bzw. unzulässige primale Lösung betrachtet werden, in dem Sinne, dass im dualen Graphen ein Nachfrageort mit meheren Standorten verbunden sein kann. Darüberhinaus gestattet der duale Graph eine anschauliche Interpretation der "komplementären Schlupfbedingungen" für ein primaldual optimales Paar unter Vernachlässigung der Ganzzahligkeitsbedingungen :

Bedingung 1: Wie schon bei der obigen Interpretation des Duals erwähnt, dürfen nur an jenen Standorten Zentren errichtet werden, deren "fiktive Fixkosten" M durch die Summe der Kundenbeiträge w_{ij} gedeckt sind.

Bedinung 2: Die Kunden dürfen in einer primalen Lösung nur jenen Standorten zugeordnet werden, gegenüber denen sie sich in der dualen Lösung indifferent verhalten, d.h. für die der duale Kostensatz $(c_{ij} + w_{ij})$ sein Minimum v_i annimmt. Diese Bedingung drückt sich darin aus, dass die Menge der primalen Verbindungen Teilmenge der Kantenmenge des "dualen Graphen" sein muss. In diesem Sinne könnte versucht werden, die duale Lösung auf eine primale Lösung durch Entfernung von Kanten des dualen Graphen derart zu reduzieren, dass jeder Nachfrageknoten einfach verbunden ist und zugleich eine Überdeckung aller Nachfrageknoten erreicht wird. (Ist die optimale Lösung der LP-Relaxation nicht ganzzahlig, so wird dazu jedoch eine grössere Anzahl als p Zentren benötigt.) Graphisch lässt sich diese Bedingung besser durch einen Teilgraphen veranschaulichen, der nur die dualen Verbindungen der Nachfrageorte zu den in einer primalen Lösung errichteten Verteilzentren zeigt. Ein Beispiel liefert Abbildung 7, die den entsprechenden Ausschnitt bezogen auf den "dualen Graphen" aus Abbildung 6 zeigt:

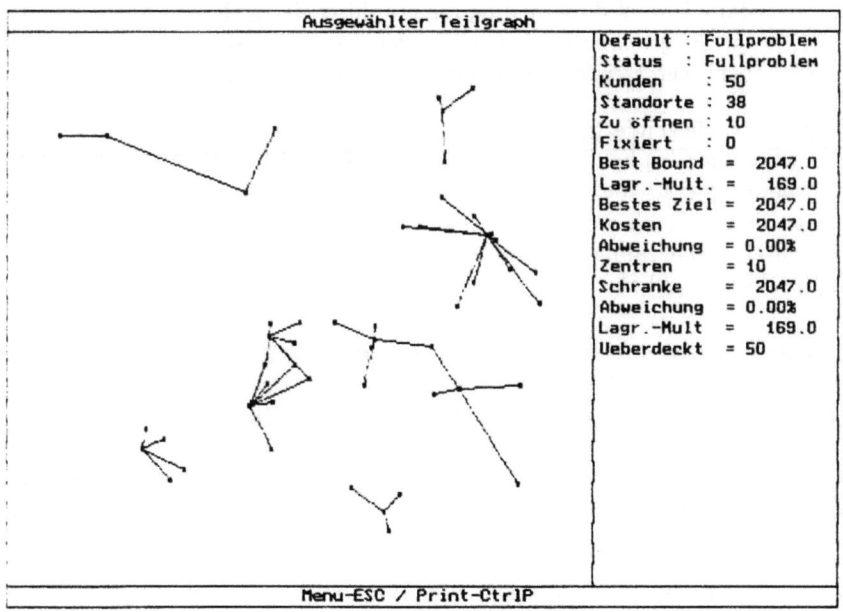

Bild 7: Dualer Teilgraph

Wie aus Abb. 7 ersichtlich, erfüllt die Lösung des Beispiels die Schlupfbedingungen. Die Erfüllung der Bedingung 2 kommt darin zum Ausdruck, dass keine primale Verbindung besteht, die nicht im Teilgraphen vorkommt; letzterer "ähnelt" dem Aussehen einer primalen Lösung.

Bedingung 3: Die letzte Schlupfbedingung kommt schliesslich darin zum Ausdruck, daß die dualen Preisaufschläge w_{ij} für jeden Kunden i nur für einen der Standorte, an denen ein Zentrum errichtet wird, positiv sein dürfen. Dies lässt sich in der Terminologie des Duals wie folgt veranschaulichen : Ein Kunde, der bereit ist für mehr als einen der "geöffneten" Standorte einen Preisaufschlag zur Deckung der (fiktiven) Fixkosten M zu leisten, "zahlt" nur den Preisaufschlag für jenen Standort, der für ihn am günstigsten ist. Damit fehlen die Beiträge zur Fixkostendeckung für jene Zentren, denen er nicht zugeordnet ist. Tatsächlich kann man zeigen, dass - falls die anderen beiden Schlupfbedingungen erfüllt sind - die Differenz zwischen dualem und primalem Zielwert genau durch die Summe jener Preisaufschläge gegeben ist, die die Kunden im Dual jenen Standorten "bezahlen" würden, denen sie nicht zugeordnet sind. Die Preisaufschläge w_{ij} ergeben sich nun als nichtnegative Differenz zwischen dem "Dualgewicht" v_i des Kunden i und der Wegstrecke c_{ij} von Kunde i zum Standort j. Betrachtet man w_{ij} als Bewertung der Kante (i,j) im dualen Graphen, dann kommt diese Bedingung graphisch dadurch zum Ausdruck, dass im Teilgraphen für jeden Kunden i nur eine solche Verbindung mit positiven Gewicht zu einem Standort j existiert.

Bezogen auf eine vorliegende "gute" duale Lösung vermögen die dualen Informationen in Form des bewerteten Graphen und der komplementären Schlupfbedingungen eine grundsätzliche Orientierung für die direkte Erzeugung bzw. Manipulation von Lösungen am Bildschirm zu liefern, auch wenn diese Bedingungen nur dann erfüllbar sind, wenn die LP-Relaxation eine ganzzahlige optimale Lösung aufweist. Dabei sind insbesondere die folgenden Hinweise herzuheben :

- Eine gute Orientierung bietet die den Standorten zugeordnete Summe der "dualen Preisaufschläge" w_{ij}, die als Knotengewichte der Bezugsorte im dualen Graphen betrachtet werden, indem der Benutzer insbesondere jene Standorte "öffnet", deren Dualgewichte mit dem Lagrange-Multiplikator M übereinstimmen; denn dies sind in der dualen Lösung jene Standorte, deren fiktive Fixkosten M durch die Summe der Preisaufschläge gedeckt sind.

- Um die zweite Bedingung weitmöglichst einzuhalten, sollten die Zentren so gewählt werden, dass im dualen Teilgraphen ein hoher Überdeckungsgrad der Nachfrageknoten erreicht wird. Gleichzeitig sollten die entstehenden primalen Verbindungen auch Kanten des dualen Graphen darstellen.

- Darüberhinaus lässt sich duale Information zur heuristischen Reduktion des Problemumfangs nutzen, indem einzelne Standorte gezielt fixiert, d.h. als Standort für ein Verteilzentrum ausgeschlossen oder erzwungen werden. So zeigen die mit einer Reihe von Testproblemen gemachten Erfahrungen, dass die Menge der in einer optimalen Lösung "geöffneten" Standorte häufig eine Teilmenge der Menge jener Standorte darstellt, die in einer guten dualen Lösung maximales Dualgewicht aufweisen, d.h. deren fiktiver Fixkostensatz M durch die Summe der dualen Preisaufschläge w_{ij} gedeckt ist. Zumindest ist die Differenz zwischen diesen beiden Mengen i.d.R. gering. Diese Beobachtung suggeriert folgendes heuristisches Vorgehen:

1. Alle Bezugsorte mit nicht maximalem Dualgewicht werden als Standort für ein Verteilzentrum ausgeschlossen. Das dadurch entstehende "Subproblem" ist damit gegenüber dem ursprünglichen Problem im Umfang stark reduziert. Eventuell können zusätzlich noch Standorte erzwungen werden, die sich nun im Hinblick auf die geographische Lage und die gemachten Fixierungen als Standort für ein Zentrum "aufdrängen".

2. Anschliessend ist für das Subproblem eine gute primale und duale Lösung zu gewinnen. Da der Problemumfang nunmehr stark reduziert ist, kommt auch die Bestimmung einer optimalen Lösung für das Subproblem mittels Branch-and-Bound in Frage.

3. Schliesslich sind die gemachten Fixierungen wieder aufzuheben, damit mittels "Vertauschungs-Verfahren" (lokale Suchverfahren) eine weitere Verbesserung dieser Lösung im Hinblick auf das ursprüngliche Problem erreicht werden kann. Die resultierende Lösung erwies sich häufig als eine sehr gute suboptimale oder gar optimale Lösung für das Gesamtproblem.

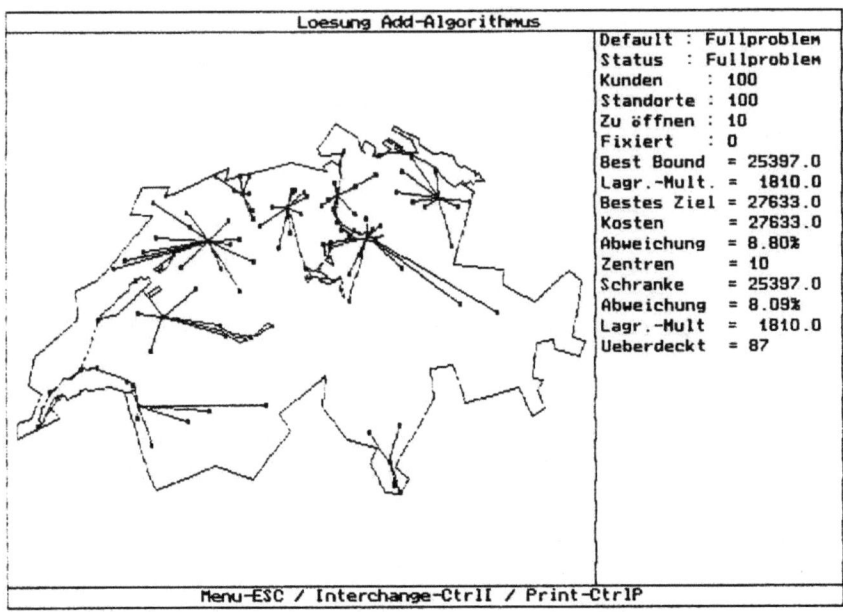

Bild 8: Lösung bei Einsatz des Add-Verfahrens

Dieses heuristisch geleitete interaktive Vorgehen sei an einem Beispiel für die Gesamtschweiz demonstriert. Abbildung 8 zeigt eine mit üblichen heuristischen Verfahren ermittelte Lösung.

Ersichtlich kann diese Lösung nicht zufriedenstellen, da die Nachfrageorte im Kanton Graubünden einen beträchtlichen Weg zu ihren Bezugspunkten aufwenden müssen. Gelingt es nicht eine bessere Lösung zu ermitteln (und durch übliche heuristische Verfahren konnte für dieses Beispiel keine wesentliche Verbesserung erzielt werden), dann besteht die einzige Möglichkeit in einer kostenaufwendigen Verbesserung des Servicegrades durch eine erhöhte Anzahl von Verteilzentren oder im Beibehalten der "Diskriminierung" einzelner Nachfrager. Durch das oben dargestellte interaktive Vorgehen konnte jedoch in sehr kurzer Zeit die in Abbildung 9 dargestellte Lösung erzielt werden, in der insbesondere die Wege für die Nachfrageorte in Graubünden beträchtlich reduziert sind, während sich die Wege für andere Nachfrageorte nur unwesentlich erhöhen und teilweise ebenfalls vermindern.

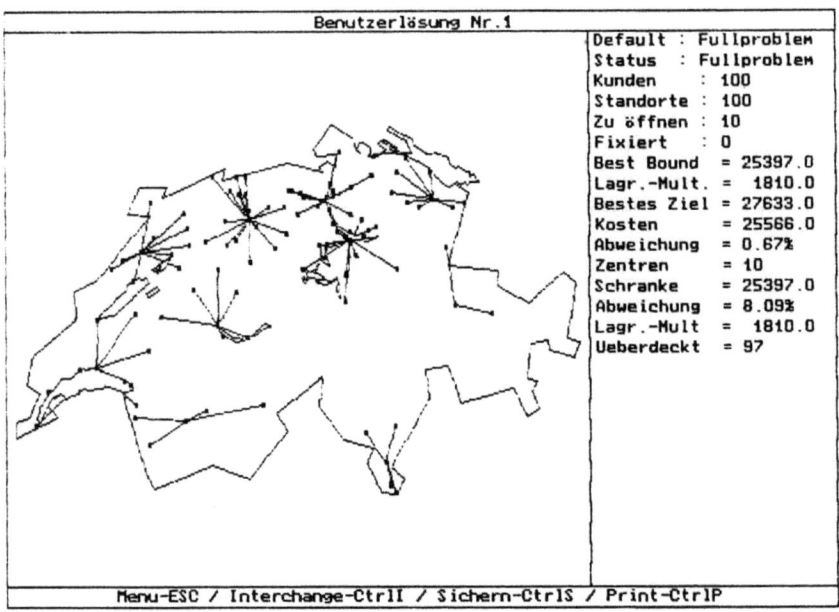

Bild 9: Heuristisch/interaktiv erzeugte Lösung

Die in Abbildung 9 dargestellte Lösung erwies sich innerhalb eines Branch-and-Bound-Algorithmus als optimal. Dies zeigt, dass durch geschickte Ausnutzung dualer Information und heuristische Manipulation auch für relativ grosse Probleme schnell sehr gute suboptimale oder gar optimale Lösungen erzeugt werden können.

Literaturverzeichnis

[1] Bilde,O.; Krarup,J.: "Sharp Lower Bounds and Efficient Algorithms for the Simple Plant Location Problem", Annals of Discrete Mathematics 1 (1977), S.79-97

[2] Cornuejols,G.; Fisher, M.L.; Nemhauser,G.L.: "Location of Bank Accounts to Optimize Float: An Analytic Study of Exact and Approximate Algorithms", MS 23 (1977), S.789-819

[3] Domschke,W.: "Logistik: Standorte", München-Wien 1984

[4] Efroymson,M.A.; Ray,T.L.: "A Branch-and-Bound Algorithm for Plant Location", OR 14 (1966), S.361-368

[5] Erlenkotter,D.: "A Dual Based Procedure for Uncapacitated Facility Location", OR 26 (1978), S.992-1009

[6] Fisher,M.L.: "The Lagrangean Relaxation Method for Solving Integer Programming Problems", MS 27 (1981), S.1-18

[7] Garfinkel,R.S.; Neebe,A.W.; Rao,M.R.: "An Algorithm for the M-Median Plant Location Problem", TS 8 (1974), S.848-856

[8] Garfinkel,R.S.; Neebe,A.W.; Rao,M.R.: "The m-Center Problem : Minimax Facility Location", MS 23 (1977), S. 1133-1142

[9] Geoffrion, A.M.: "The Purpose of Mathematical Programming is Insight, not numbers", Interfaces 7(1976), S.81-92

[10] Geoffrion,A.M.: "Lagrangean Relaxation for Integer Programming", Mathematical Programming Study 2 (1974), S. 82-114

[11] Hansen,P.; Peeters,D.; Weber/Thisse,J.F.: "Constrained Location and the Rawls-Problem"; Annals of Discrete Mathematics 11 (1981), S. 147-166

[12] Hansen,P.: "Public Facility Location Models: A Selective Survey", in: J.F.Thisse, H.G.Zoller: Locational Analysis of Public Facilities, North Holland Publishing Company 1983

[13] Hummeltenberg,W.: "Optimierungsmethoden zur betrieblichen Standortwahl", Würzburg-Wien 1981

[14] Khumawala,B.M.: "An Efficient Branch-and-Bound Algorithm for the Warhouse Location Problem", MS 18 (1972), S. B718-B731

[15] Khumawala,B.M.: "An Efficient Heuristic Procedure for the Uncapacitated Warehouse Location Problem", MS 18 (1972), S. 109-121

[16] Khumawala,B.M.: "An Efficient Heuristic Procedure for the Capacitated Warehouse Location Problem", NRLQ 21 (1974), S.609-623

[17] Krarup,J.; Pruzan,P.M.: "Selected Families of Location Problems", Annals of Discrete Mathematics 5 (1979, S. 327-387

[18] Krarup,J.; Pruzan,P.M.: "The Simple Plant Location Problem: Survey and Extensions", EJOR 12 (1983), S.36-81

[19] Tansel,B.C.; Francis,R.L.; Lowe,T.J.: "Location on Networks: A Survey Part I: The p-Center and p- Median Problem", MS 29 (1983), S.482-497

[20] Van Roy,T.J.: "A Cross Decomposition Algorithm for Capacity Facility Location", OR 32 (1984)

[21] Watson-Gandy,C.D.T.: "The Solution of Distance constrained Mini-Sum Location Problems", OR 33 (1985), S.784-802

[22] Wolsey,L.A.: "Fundamental Properties of Certain Discrete Location Problems", in: J.F.Thisse, H.G.Zoller,a.a.O.

3 Simulation und Optimierung einer flexiblen Fertigungslinie zur Bestückung von Elektronikflachbaugruppen

Petra Bauer

Zusammenfassung:

Die vorliegende Arbeit berichtet über einige Aspekte eines in Zusammenarbeit mit der SIEMENS AG, Werk für Systeme Augsburg, durchgeführten Projekts zur Simulation und Optimierung eines flexiblen Fertigungssystems zur Bestückung von Leiterplatten.

Projektziel war die Erhöhung des Durchsatzes der Fertigungslinie durch Optimierung des Einschleusevorgangs, d. h. durch Bildung einer Reihenfolge für die einzuschleusenden Aufträge.

Es wurden zur Lösung des Problems einerseits Optimierungsheuristiken entworfen und programmiert und andererseits, zur Validierung der Optimierungsverfahren und zur Feinanpassung der Ergebnisse, ein Simulationsverfahren entwickelt und implementiert, das das Fertigungssystem mit hoher Genauigkeit abbildet und es erlaubt, eine Schicht innerhalb weniger Minuten auf einem PC zu simulieren.

Die Arbeit enthält nach einigen einleitenden Bemerkungen zur Simulation und Optimierung flexibler Fertigungssysteme, eine Beschreibung der von uns betrachteten Fertigungslinie, die Formulierung des zu lösenden Problems und, als Kern der Arbeit, die detaillierte Beschreibung der Simulationsmethode.

3.1 Einleitung

Flexible Fertigungssysteme bergen eine Vielfalt diskreter Optimierungsprobleme, die zur Steigerung der Produktivität erheblich beitragen können. Es handelt sich dabei sowohl um Probleme, die die Systemauslegung betreffen, als auch um Fragen der optimalen Steuerung von Bearbeitungsprozessen.

Beispiele hierfür sind etwa

- Festlegung der Systemgröße

- Festlegung der Verknüpfung von Systemkomponenten

- optimale Rüstung von Maschinen

- Optimierung von Bearbeitungsvorgängen wie z. B.

  - Bestückung von Leiterplatten oder
  - Bohren von Leiterplatten

- das Auffinden optimaler Einschleusstrategien etc.

Beim Einsatz von Optimierungsverfahren zur Steigerung der Produktivität flexibler Fertigungssysteme ist man mit der Schwierigkeit konfrontiert, daß zum einen die betrachteten Systeme in der Regel zu komplex sind, um vollständig in einem mathematischen Modell erfaßt werden zu können, und zum anderen die auf dem Modell des Systems zu lösenden Probleme meist zur Klasse der NP-schweren Probleme gehören, so daß man nicht auf schnelle Algorithmen zu deren exakter Lösung hoffen kann.

Betrachtet man z. B. unser Problem der Optimierung des Einschleusevorgangs bei einer Fertigungslinie zur Bestückung von Leiterplatten, so ist es nicht möglich, das gesamte System mit allen seinen Einflußgrößen mathematisch exakt zu beschreiben. Es ist daher erforderlich das System durch ein Modell zu approximieren, das die wesentlichen Aspekte berücksichtigt und zugleich den kontrollierten Einsatz mathematischer Verfahren erlaubt, d. h. es sollte möglich sein, die auf dem realen System zu lösenden Probleme auf dem mathematischen Modell entweder exakt zu lösen oder aber Lösungen von beweisbarer Güte zu bestimmen.

Die Validierung des Lösungsansatzes sowie evtl. eine Feinanpassung der Optimierungsergebnisse kann durch ein Simulationsverfahren, das ein wesentlich genaueres Abbild des Systems darstellt, durchgeführt werden.

Diesen Weg haben wir zur Lösung des uns gestellten Problems beschritten. Im folgenden werden nun die genaue Problemformulierung sowie das Simulationsverfahren vorgestellt. Auf die Optimierungsverfahren wird hier nicht weiter eingegangen.

3.2 Das Fertigungssystem FALKE

3.2.1 Allgemeine Informationen

Mit der flexiblen Montagelinie FALKE (Flexibles Automatisierungslinienkonzept für Elektronikflachbaugruppen) können derzeit etwa 450 verschiedene Auftragstypen bearbeitet werden. Es wird in täglich zwei Schichten zu je 8 Stunden gearbeitet, was einem Tagesdurchsatz von 600 – 800 Fertigungsaufträgen (oder ca. 1500 – 2000 Flachbaugruppen) entspricht. Die unterschiedlichen Auftragstypen können ohne Umrüstaufwand bearbeitet werden, so daß mit einer Losgröße von 1 gefertigt werden kann.

3.2.2 Der Aufbau der FALKE-Linie

Die FALKE-Linie gliedert sich in einen Bestückbereich, einen Lötbereich und einen Prüfbereich. Für unsere Aufgabenstellung ist nur der Bestückbereich von Interesse, so daß im folgenden nur dieser betrachtet wird.

Der Bestückbereich der FALKE-Linie (s. Abbildung 1) besteht aus 6 Zellen, die über Transportbänder miteinander verkettet sind. In der ersten Zelle, dem Streckenkopf, werden die mit Leiterplatten beladenen Werkstückträger (ein Werkstückträger transportiert jeweils 1-10 Flachbaugruppen desselben Typs) in das System eingeschleust. Es schließen sich die Maschinenzellen DIP, AX und RAD/SMD sowie die Handbearbeitungszellen Vormontage (VM) und Hand (HD) an. Innerhalb der Bearbeitungszellen sind die Maschinen bzw. Handbearbeitungsplätze wiederum durch Transportbänder miteinander verbunden. Den Maschinen in den Zellen DIP, AX und RAD sind Puffer mit einer Kapazität von 25 Werkstückträgern vorangestellt, die SMD-Maschinen sowie die Handbearbeitungsplätze werden über das Zuführband (mit einer Kapazität von 2 (SMD,VM) bzw. 1 Werkstückträger (HD)) gepuffert.

3.2.3 Die Durchlaufsteuerung

Nachdem ein Werkstückträger am Streckenkopf eingeschleust wurde, nimmt er je nach aufliegendem Auftragstyp selbständig seinen Weg durch das System. Im Durchschnitt fährt ein Auftrag etwa 2/3 der Maschinen und je einen der Plätze in den Handzellen an, wobei die Reihenfolge, in der die Bearbeitungsstationen angefahren werden müssen, fest vorgegeben ist. Kann eine Bearbeitungseinheit (darunter sei eine Bearbeitungsstation mit vorangestelltem Puffer verstanden) von einem Werkstückträger aus Kapazitätsgründen nicht angefahren werden, so kreist dieser solange im Zellentransportsystem, bzw. bei Überlastung der Zelle im Haupttransportsystem, bis eine Einfahrt in die Bearbeitungseinheit möglich ist.

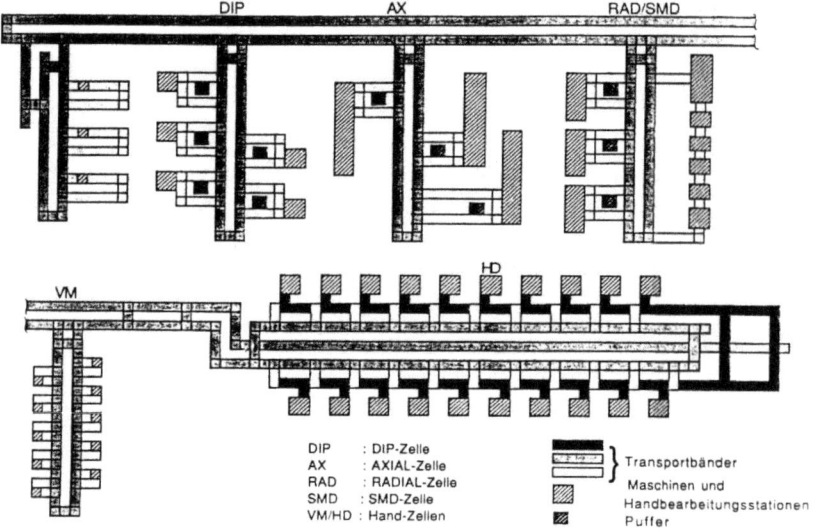

Bild 1:

3.2.4 Die Auftragseinsteuerung

Die Auftragseinsteuerung erfolgt über eine Kombination aus Zufallsauswahl und Prioritätssteuerung, d. h. der als nächster einzuschleusende Auftrag wird zufällig ausgewählt, wobei die Auswahl eines Auftrags umso wahrscheinlicher ist, je höher dessen Priorität ist. Man hofft, durch eine zufällige Auswahl der Aufträge, eine hohe Durchmischung der Auftragstypen zu erreichen, und so auf eine gleichmäßige Verteilung der Arbeitslast hinzuwirken.

Verfahren der mathematischen Optimierung wurden bislang nicht angewandt.

3.2.5 Die Problemstellung

Bei guter Auftragslage, d. h. großem Auftragsvolumen, konnte man vor allem in der DIP-Zelle und im SMD-Bereich der FALKE-Linie einerseits Engpässe, d. h. Überlastung der Zellen, andererseits durch Schieflasten bedingte Maschinen-Stillstandszeiten beobachten. Letztere beliefen sich in der DIP-Zelle auf etwa 20% und im SMD-Bereich auf etwa 30% der gesamten Betriebszeit. Diese durch Schieflasten hervorgerufenen Stillstandszeiten galt es, durch eine Optimierung des Einschleusevorganges, d. h. durch Bestimmung einer 'möglichst guten' Einschleusreihenfolge der vorhandenen Fertigungsaufträge, zu minimieren.

Simulation einer flexiblen Fertigungslinie 41

Die Aufgabe war also, ein mathematisches Modell des Systems zu erstellen und auf der Grundlage dieses Modells ein Optimierungspaket zu entwickeln, das ausgehend vom gegebenen Auftragspool eine 'gute' Einschleusreihenfolge mit garantierter Güte (bezogen auf das mathematische Modell des Systems) liefert.

Um die Optimierungsverfahren anzupassen und die Qualität der Optimierungsergebnisse, nun bezogen auf das reale System, zu verifizieren, sollte weiter ein Simulationsverfahren implementiert werden, das es ermöglicht, eine Fertigungsschicht innerhalb weniger Minuten deterministisch zu simulieren.

3.3 Die Simulationsmethode

Die nachfolgend beschriebene Methode erlaubt es, die FALKE-Linie (und vergleichbare Systeme) detailliert zu modellieren und Fertigungsabläufe deterministisch, aber auch unter Berücksichtigung stochastischer Einflußgrößen, zu simulieren.

Es soll nun parallel sowohl die Vorgehensweise bei der Modellbildung als auch die Arbeitsweise der Simulationsmethode beschrieben werden.

Es wird dabei in erster Linie beabsichtigt, die Grundideen schnell und in verständlicher und übersichtlicher Weise zu vermitteln. Auf eine allzu formale Darstellung wird dabei verzichtet. Dies hat zur Folge, daß die einzelnen Begriffe hauptsächlich im Hinblick auf ein intuitives Verständnis eingeführt werden und daß die einzelnen Abschnitte des Kapitels Überschneidungen aufweisen, so beispielsweise die Beschreibung der Modellierung des physikalischen Aufbaus schon Elemente der Steuerungslogik berücksichtigt.

Nach einer ersten, sehr groben Beschreibung der Methode, die lediglich den Grundgedanken skizzieren soll, folgen allgemeine Bemerkungen zur Modellbildung, Einzeldarstellungen der Modellierungen der wesentlichen Systemkomponenten physikalischer Aufbau, Steuerungslogik und Objekte sowie eine Beschreibung der Arbeitsweise des Verfahrens.

3.3.1 Die Grundidee der Simulationsmethode

Zur Simulation der FALKE-Linie erschien uns die Methode der ereignisorientierten Simulation am geeignetsten. Bei dieser Simulationsmethode orientiert sich der Ablauf im Modell an den Zustandsänderungen des zu simulierenden Systems. Hierzu führt man eine Menge von Ereignispunkten ein, worunter man all diejenigen Punkte des Systems versteht, bei deren Überschreitung durch ein Objekt der Systemzustand in einer für die konkrete Anwendung relevanten Weise verändert wird. Überschreitet ein Objekt einen solchen Ereignispunkt, so findet ein Ereignis statt. Neben der Überschreitung eines Ereignispunktes durch ein Objekt, solche Ereignisse wollen wir im folgenden Streckenereignisse nennen, werden auch andere Vorkommnisse, z.B. das Auftreten von Maschinenstörungen, das Hinzukommen oder das Weggehen einer Bestückerin in einer Handbearbeitungszelle etc. als Ereignisse behandelt. Die Ablaufsteuerung im Modell erfolgt über eine sog. Ereignisliste, die für jedes Objekt das nächste Ereignis und den zugehörigen Ereigniszeitpunkt sowie je einen Satz für alle sonstigen Ereignisse enthält. Die Zustandsänderungen werden von sog. Ereignisroutinen vorgenommen.

Ein Simulationsschritt läuft in der folgenden Weise ab:

- hole nächstes Ereignis aus der Ereignisliste,
- stelle die Simulationsuhr auf den Zeitpunkt des Eintretens dieses Ereignisses,
- rufe eine Ereignisroutine auf, die alle Aktivitäten einleitet, die dieses Ereignis nach sich zieht (Veränderung des Systemzustandes, Aktualisierung der Ereignisliste ...),
- überprüfe, ob die gewünschte Simulationsdauer erreicht oder die Ereignisliste leer ist,

    falls nicht, hole nächstes Ereignis aus der Ereignisliste ...

3.3.2 Beschreibung der Simulationsmethode

Um eine Fertigungslinie zu simulieren, ist es notwendig, die drei wesentlichen Elemente, nämlich den physikalischen Aufbau, die beweglichen Objekte und die logische Steuerung in einer für eine datentechnische Umsetzung geeigneten Weise zu beschreiben.

Der physikalische Aufbau spiegelt sich in den Ereignispunkten und deren Beziehungen untereinander wieder. Die logische Steuerung erfolgt im wesentlichen über die Ereignisroutinen. Die Objekte, dies sind hier die Werkstückträger, werden durch den Verweis auf einen Datensatz beschrieben, der für jeden Objekttyp das Durchlaufprofil, d. h. die Route zusammen mit den Bearbeitungszeiten an den Maschinen und Handplätzen, wiedergibt. Die Identifikation einzelner Objekte erfolgt über Objektnummern.

3.3.2.1 Grundlegendes zur Modellbildung

Zunächst muß bei der Modellbildung entschieden werden, mit welcher Genauigkeit das zu simulierende System abgebildet werden soll.

Dies beinhaltet die Entscheidung darüber, welche Bausteine des physikalischen Systems im Modell nicht weiter zerlegbar sein sollen. Wir wollen diese Bausteine als elementare Komponenten bezeichnen. Weiter muß entschieden werden, welche Elemente der Systemsteuerung für die vorliegende Zielsetzung relevant sind und somit Aufnahme in das Modell finden sollen. Die Festlegung der elementaren Komponenten und die Bestimmung der Steuerungsregeln sind natürlich nicht voneinander zu trennen, sondern müssen parallel erfolgen.

Im Hinblick auf die Objekte muß entschieden werden, welche der elementaren Komponenten die Routen der Objekttypen definieren. Solche Komponenten werden als Knoten bezeichnet. Im allgemeinen werden dies die Bedienstationen sein. Die Objekttypen sind dann durch eine Folge von Knoten und gegebenenfalls durch speziel für diesen Objekttyp den Knoten zugeordenete Zeiten definiert.

3.3.2.2 Der physikalische Aufbau

Elementare Komponenten und Ereignispunkte

Im ersten Schritt wird, wie bereits erwähnt, das zu simulierende System je nach gewünschter Genauigkeit in elementare Komponenten zerlegt. In unserem Fall sind dies im wesentlichen Maschinen, Puffer, Handbearbeitungplätze, Weichen, Lesestationen, Drehvorrichtungen und Aufzüge. Aus der Zerlegung in elementare Komponenten ergibt sich nun die Menge der Ereignispunkte. Diese sind mit den Komponenten jedoch noch nicht eindeutig festgelegt, sondern variieren wiederum je nach der angestrebten Genauigkeit. Zum Beispiel hängt die Menge der sich ergebenden Ereignispunkte davon ab, in welchem Maße Staus vor den Komponenten berücksichtigt werden oder wie genau die Kapazitäten der Transportbandabschnitte aufgenommen werden (die Anzahl der Objekte, die ein Transportbandabschnitt aufnehmen kann ist nicht immer eine ganze Zahl).

Es treten dabei die folgenden Typen von Ereignispunkten auf:

- Punkte, bei deren Überschreitung ein Werkstückträger in eine Komponente eintritt,

- Punkte, bei deren Überschreitung ein Werkstückträger aus einer Komponente austritt,

- Punkte, an denen sich eine Warteschlange bilden kann,

- Punkte, bei deren Überschreitung durch einen Werkstückträger ggf. ein anderer, in einer Warteschlange wartender Werkstückträger wieder aktiviert werden muß.

Aus jeder der elementaren Komponenten ergeben sich mindestens ein Austrittspunkt und ein Eintrittspunkt. Handelt es sich um eine Weiche, so kommt noch ein weiterer Ein- bzw. Austrittspunkt hinzu. Existieren innerhalb der Komponente außerdem noch weitere Punkte, die bei der Verwaltung von Warteschlangen eine Rolle spielen, so kommen noch sogenannte neutrale Punkte hinzu.

Jedem Ereignispunkt ist eine Warteschlange zugeordnet, welche über die Nummer des Ereignispunktes identifiziert wird. Die Warteschlange zu einem Punkt enthält zu jeder Zeit die Sequenz derjenigen Werkstückträger, die zwischen dem Ereignispunkt und dessen Vorgänger (s. u.) im Stau stehen, d. h. die auf den Ereignispunkt zugebucht sind, sich aber in Warteposition befinden.

Zudem tragen die Ereignispunkte nun eine Reihe von Attributen, die die elementaren Komponenten und ihre Verknüpfungen untereinander beschreiben. An dieser Stelle sind die physikalischen und logischen Elemente nur schwer klar voneinander zu trennen, so daß im weiteren auch schon einige der logischen Aspekte Eingang finden.

In einer Ereignisdatei existiert zu jedem Ereignispunkt ein Datensatz, der im wesentlichen die fogenden Angaben enthält:

Ereignisnummer	Identifikation des Ereignispunktes,
Typ:	Jedem Ereignispunkt ist ein Typ zugeordnet. Dieser gibt an, ob es sich um einen Eintrittspunkt, einen Austrittspunkt oder einen neutralen Punkt handelt, wobei bei den Eintrittspunkten wiederum zwei verschiedene Typen unterschieden werden (s. 3.3.2.3).
Komponenten:	Bei Überschreitung eines Ereignispunktes durch ein Objekt müssen die aktuellen Ladungen einiger elementarer oder auch zusammengesetzter Komponenten (etwa Zellen) inkrementiert oder dekrementiert werden. Welche der Komponenten jeweils in welcher Weise davon betroffen sind, ist ebenfalls ein Merkmal eines Ereignispunktes.
Nachfolger:	Jeder Ereignispunkt hat einen oder zwei mögliche unmittelbare Vorgänger bzw. Nachfolger (es wäre auch denkbar mehr als zwei Vorgänger bzw. Nachfolger zuzulassen, dies ist jedoch in der vorliegenden Version des Verfahrens nicht implementiert). Ein unmittelbarer Vorgänger bzw. Nachfolger eines Ereignispunktes ist in der offensichtlichen Weise erklärt, nämlich als ein Element aus der Menge der Ereignispunkte, die ein das System durchlaufendes Objekt zuletzt passiert haben bzw. als nächstes passieren könnte. Es werden nur die Nachfolger eines Ereignispunktes festgehalten.
Zeit:	Zu den Nachfolgern gehört die Information darüber, welche Zeitdauer ein Objekt bei ungestörter Fahrt bzw. Bearbeitung dorthin unterwegs ist oder wie diese Zeit zu ermitteln ist (z. B. variable Bearbeitungszeiten für verschiedene Objekttypen oder Generierung einer zufälligen Zeitdauer).
Kapazität:	Unter der Kapazität eines Ereignispunktes versteht man die Anzahl der Objekte, die sich gleichzeitig auf dem zu diesem Ereignispunkt gehörenden Streckenabschnitt, dies ist der Systemabschnitt zwischen dem betrachteten Ereignispunkt und dessen unmittelbarem Vorgänger, befinden kann. Existieren zwei unmittelbare Vorgänger, so handelt es sich um eine Weiche, und die Kapazität beträgt jeweils 1. Es besteht die Möglichkeit, die Kapazitäten mit einer Genauigkeit von halben Werkstückträgern anzugeben (dies kann bei Transportbandabschnitten wünschenswert sein).
Warteschlangen:	Wird ein Ereignispunkt überschritten, so muß in der Regel ein in eine Warteschlange eingereihtes Objekt wieder aktiviert werden. Welche Warteschlangen davon betroffen sein können, ist ein weiteres Attribut eines Ereignispunktes.

Simulation einer flexiblen Fertigungslinie 45

Sonderfunktionen:	Es gibt Ereignispunkte, vor oder nach deren Überschreitung Sonderfunktionen aufgerufen werden müssen (etwa zur Überprüfung, ob eine Zelle oder Bearbeitungsstation wegen Überfüllung gesperrt ist). In solchen Fällen werden Zeiger auf die aufzurufenden Sonderfunktionen, ggf. Parameter für diese Funktionen und die Angabe darüber, wann diese aufzurufen sind, gespeichert.
Ortsgleichheit:	Oft sind Ereignispunkte am gleichen Ort lokalisiert, was bei der Aktualisierung der Ladungen der Streckenabschnitte beachtet werden muß. Es werden daher Informationen zur Behandlung ortsgleicher Ereignispunkte festgehalten.

Die bisher aufgelisteten Angaben waren unveränderliche Attribute eines Ereignispunktes. Diese Attribute werden bei Programmstart in einen Datensatz geladen, der zusätzlich variable Daten zu den Ereignispunkten enthält. Die variablen Daten sind die Anzahl der aktuell auf den Ereignispunkt zugebuchten Werkstückträger, ein Parameter zur Auffindung der Warteschlange, deren vorderstes Element bei der nächsten Überschreitung des Ereignispunktes durch ein Objekt reaktiviert werden muß, Zeiger auf das erste und letzte Element der diesem Ereignis zugeordneten Warteschlange und ein Wert, der, falls die Kapazitäten auf halbe Werkstückträger genau festgehalten werden, angibt, ob ein Werkstückträger, der bereits einem nachfolgenden Ereignis zugebucht ist, in den zum aktuellen Ereignispunkt gehörenden Streckenabschnitt hereinragt.

Die Beschreibung des physikalischen Aufbaus der Fertigungslinie erfolgt ausschließlich über die Datensätze zu den Ereignispunkten.

3.3.2.3 Die logische Steuerung

Ereignistypen und Ereignisroutinen

Es treten zwei grundsätzlich verschiedene Arten von Ereignissen auf. Zum einen findet ein Ereignis statt, wenn ein Ereignispunkt von einem Objekt überschritten wird. Solche Ereignisse bezeichnen wir als Streckenereignisse. Zum anderen werden Vorkommnisse, wie z. B. Generierung von Objekten, Beginn und Ende von Maschinenstörungen, Hinzukommen von Personal in den Handzellen etc., d. h. alle Vorkommnisse, die den Systemzustand in relevanter Weise verändern, aber nicht in die Kategorie der Streckenereignisse fallen, als Ereignisse behandelt. Die logische Abarbeitung der Ereignisse erfolgt über die Ereignisroutinen, welche erforderlichenfalls Sonderfunktionen aufrufen.

Den Ereignissen sind verschiedene Ereignistypen zugeordnet. Zunächst gibt es 4 Typen von Streckenereignissen, die sich an den Typen von Ereignispunkten orientieren.

Zu den Eintrittspunkten korrespondieren zwei Ereignistypen:

E-Ereignisse: Eintritt eines Werkstückträgers in eine elementare Komponente, sofern es sich bei der Komponente nicht um eine Multifacility (s.u.) handelt;

W-Ereignisse: Eintritt in eine Multifacility; unter einer Multifacility versteht man eine Gruppe von Servicestationen, die eine gemeinsame logische Warteschlange bedienen;
(in unserem Beispiel bilden die Bearbeitungsstationen in einer Handzelle eine Multifacility: das Personal ist nicht an eine Station gebunden, sondern bearbeitet ein Werkstück unabhängig davon, an welcher Station es sich befindet; ein Werkstückträger wird in die Warteschlange vor einer Handbearbeitungsstation eingereiht und wartet auf frei werdendes Personal);

Weitere Streckenereignisse sind:

A-Ereignisse: Austritt eines Werkstückträgers aus einer elementaren Komponente;

N-Ereignisse: ein Werstückträger gelangt an einen Punkt, an dem sich ein Stau bilden kann, bzw. bei dessen Überschreitung ein ggf. wartender Werkstückträger reaktiviert werden muß, wobei dieser Punkt nicht bereits unter eine der ersten drei Kategorien fällt.

Neben den obengenannten vier Typen von Streckenereignissen haben wir noch folgende weitere Ereignistypen eingeführt:

G-Ereignisse: ein Objekt wird generiert, d. h. ein Werkstückträger tritt in das System ein;

Q-Ereignisse: ein Werkstückträger verläßt das System;

S-Ereignisse: Beginn einer Maschinenstörung;

K-Ereignisse: Ende einer Maschinenstörung.

Die Berücksichtigung manueller Eingriffe erfolgt über gesonderte Routinen.

Den o.g. Ereignistypen sind nun Ereignisroutinen zugeordnet, die sämtliche Zustandsänderungen und Objektmanipulationen, die ein Ereignis eines bestimmten Typs nach sich zieht, durchführen. Dazu gehört insbesondere die Aktualisierung des Zustands der Fertigungslinie, die Änderung der objektbezogenen Daten, das Ansetzen weiterer Ereignisse, die Streichung oder Verschiebung bereits geplanter Ereignisse sowie die Aktualisierung der Simulationszeit. Handelt es sich um ein Streckenereignis, so kommt außerdem die Verwaltung der Staus und Warteschlangen hinzu.

Prozedur für Sonderfunktionen

Die an einigen Ereignispunkten speziell durchzuführenden Sonderfunktionen werden von einer einzelnen Prozedur gesteuert, welche von den Ereignisroutinen mit verschiedenen Parametern, die der Beschreibung der Ereignispunkte entnommen werden, aufgerufen wird. Einer der Parameter ist die Einsprungnummer für die Sonderfunktion, die anderen Parameter werden von der Sonderfunktion selbst benötigt.

Simulation einer flexiblen Fertigungslinie 47

Die auszuführende Sonderfunktion ist in manchen Fällen direkt in der steuernden Prozedur und in anderen Fällen gesondert programmiert.

3.3.2.4 Die Objekte

Die sich im System bewegenden Objekte werden über eine Objektnummer identifiziert. Zu jedem Objekt wird bei der Generierung (die zu generierenden Objekte werden einer Auftragsdatei entnommen) ein Datensatz angelegt, der alle erforderlichen Informationen über das Objekt enthält. Dies sind in unserem Fall die Sachnummer der aufliegenden Flachbaugruppe (über diese können aus den Grunddaten die Bearbeitungszeiten entnommen werden), der Werkstückträger-Ident, die Durchlaufroute sowie die aktuelle Position im System.

3.3.2.5 Die Ablaufsteuerung

Die Ablaufsteuerung erfolgt zentral über die schon erwähnte Ereignisliste, in die sog. Ereignisnotizen eingetragen werden. Eine Ereignisnotiz enthält den Zeitpunkt des Eintretens des Ereignisses, den Ereignistyp, ggf. die Ereignisnummer (bei Streckenereignissen), das betroffene Objekt sowie einen Zeiger auf das nächste Ereignis. Mit dem sukzessiven Entfernen der Ereignisnotizen vom Ereignislistenkopf erfolgt die Aktivierung der den einzelnen Ereignistypen zugeordneten Ereignisroutinen, die dann ihrerseits die erforderlichen Aktionen durchführen.

3.4 Die Implementierung

3.4.1 Die Struktur des Simulationspakets

Abbildung 2 (s. nachfolgende Seite) zeigt die wesentlichen Komponenten des Simulationspakets.

Das Paket läßt sich zunächst in die Programmumgebung, dazu gehören Ein- und Ausgabedaten sowie Programme zur Konvertierung von Daten, und das eigentliche Simulationsprogramm einteilen. Das Simulationsprogramm wiederum gliedert sich in den Datenbereich und den Programmbereich.

Die Programmumgebung
Eingabedaten

Als Eingabe benötigt das Simulationsprogramm zum einen Daten, die das System und die Objekttypen beschreiben, also solche Daten, die vom aktuellen Produktionsgeschehen unabhängig sind (z.B. Beschreibung der Ereignispunkte, Routen und Bearbeitungszeiten der Objekte), als auch aktuelle Produktionsdaten (Aufträge, Systemzustand, ggf. Maschinenstörungen etc.).

Die Beschreibung des Systemaufbaus, also der Ereignispunkte, wurde von uns aufgrund von Plänen des FALKE-Systems und zahlreicher Beobachtungen am laufenden System erstellt. Bei jeder Änderung des Systemaufbaus (etwa Hinzukommen neuer Maschinen) müssen diese Daten entsprechend von Hand aktualisiert werden.

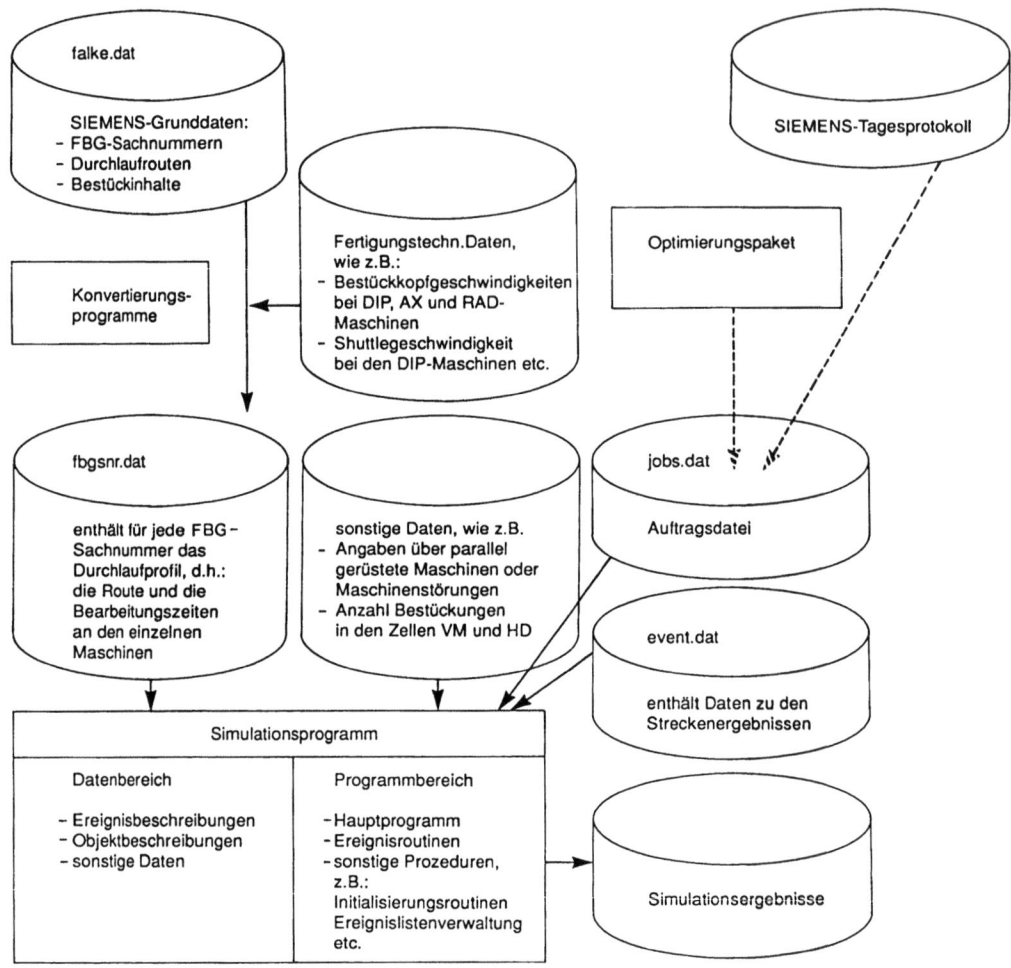

Bild 2:

Die Liste der Objekttypen, deren Routen und die Bearbeitungszeiten an den einzelnen Maschinen und Handbestückplätzen werden nach jeder diese Daten betreffenden Änderung des FALKE-Systems (Umrüstung, neu hinzukommende Objekttypen etc.) mit Hilfe eines Konvertierungsprogrammes aus den von SIEMENS gelieferten Systemdaten neu errechnet. In die Konvertierungsroutine finden Parameter Eingang, die von uns durch Beobachtungen und Messungen an der FALKE-Linie ermittelt wurden. Diese Parameter müssen von Zeit zu Zeit kontrolliert und aktualisiert werden (etwa nach Veränderungen an den Maschinen, die Auswirkungen auf die Bestückzeit haben).

Simulation einer flexiblen Fertigungslinie 49

Ausgabedaten

Die Simulationsergebnisse werden in verschiedenen Ausgabefiles festgehalten.

Das Simulationsprogramm

Der Datenbereich enthält einerseits eine Beschreibung des Systemaufbaus und der Objekttypen sowie andererseits die Informationen zum aktuellen Systemzustand, d.h. zur aktuellen Auftragslage, zum Zustand der einzelnen Systemkomponenten, zu den im System befindlichen Objekten und deren Position sowie zu den kommenden Ereignissen. Die Daten werden zu Beginn eines Simulationslaufes aus den Datenfiles geladen, bzw. während des Simulationslaufes initialisiert und aktualisiert.

Der Programmbereich hat ebenfalls zwei Funktionen zu erfüllen. Der allgemeine Teil des Programmbereichs stellt die Ereignisroutinen und die Programme zur Verwaltung der allgemeinen Datenstrukturen bereit. Der speziell auf das zu simulierende System zugeschnittene Teil enthält Routinen, die eine Nachbildung systemabhängiger Steuerungsregeln gewährleisten.

3.4.2 Einige Daten

Das Simulationspaket wurde auf einem SIEMENS PCD-2 in der Programmiersprache "C" implementiert.

Der **Aufbau des** FALKE-Bestückbereichs wurde mit etwa 500 Ereignispunkten realisiert. Daraus **ergibt sich**, daß zur Simulation einer 8-Stunden-Schicht, bei durchschnittlichem Auftragsvolumen, die Abarbeitung von etwa 120 000 Ereignisssen erforderlich ist.

Um das Simulationsverfahren auszutesten und zu validieren wurden von uns reale Produktionsdaten der FALKE-Linie aufgenommen und anhand dieser Daten Vergleichsläufe durchgeführt.

Untenstehende Tabelle zeigt die Laufzeiten der Vergleichsläufe für die jeweils erste Schicht der Fertigungstage vom 26.2.90 – 2.3.90. Die einzelnen Spalten der Tabelle sind wie folgt zu interpretieren:

DATUM   : Datum des Fertigungstages
#FA   : Anzahl der Aufträge, die während der betrachteten
            Fertigungsschicht eingeschleust wurden
#FA_INIT : Anzahl der Fertigungsaufträge, die sich bei Schichtbeginn
            bereits im System befanden
#ERG   : Anzahl Ereignisse, die während des Simulaitionslaufes
            abgearbeitet wurden
LFZ   : Laufzeit des Simulationsverfahrens (min:sec)

DATUM	#FA	#FA_INIT	#ERG	LFZ	
26.02.90	275	306	105234	10:45	
27.02.90	247	237	87541	8:50	
28.02.90	344	276	82172	7:42	*)
01.03.90	259	294	107499	11:00	
02.03.90	264	290	118952	12:38	

*) am 28.2.90 wurde eine große Anzahl von Aufträgen eines Typs eingeschleust, der relativ wenige Maschinen anfährt; daraus ergibt sich trotz des großen Auftragsvolumens eine relativ kurze Laufzeit des Simulationsverfahrens;

4 PROSIMO - die datengetriebene Simulation in der Bewährung einer Großreparaturwerkstatt

Jutta Brockhage, Thomas Witte

Zusammenfassung:

PROSIMO ist eine objektbasierte Programmbibliothek mit vordefinierten Objektklassen zur Simulation diskreter Produktionssysteme. Physikalische Objektklassen bilden die Sachverhalte gegenständlicher Natur ab, informationelle Objektklassen erfassen Produktionsplanungs- und -steuervorgänge. Lebenspläne aktiver Objekte erzeugen das dynamische Verhalten. Die Simulation wird mit Daten aus einer relationalen Datenbank initialisiert. Im hier beschriebenen Anwendungsfall wird der Simulator zur Planung und Steuerung einer Großreparaturwerkstatt eingesetzt. Durch den dynamischen Ablauf der Lebenspläne werden für vorliegende Reparaturaufträge unterschiedliche Montagepläne aufbauend auf unterschiedlichen Prioritätsregeln erzeugt und bewertet.

4.1 PROSIMO - PROduktions-SImulationssystem in MOdula-2

PROSIMO ist eine objektbasierte Programmbibliothek zur Simulation diskreter Produktionssysteme [1]. Sie wurde an der Universität Osnabrück entwickelt. Bei der Modellierung eines Produktionsbereiches werden alle relevanten Gegenstände und Sachverhalte mit ihren Merkmalen durch Modula-2-Module aus der Programmbibliothek PROSIMO abgebildet. Dazu werden vordefinierte Objektklassen-Module, wie Arbeitsplan, Ressource, Fertigungsleiter und Disponent, benutzt. Mit diesen werden Objekte erzeugt, die anhand von Nachrichten kommunizieren können. Jedes Objekt hat Eigenschaften, die es ausführlich beschreiben. Die objektspezifischen Nachrichten lassen sich in Nachrichten zum Ermitteln der Ausprägung von Eigenschaften, in Nachrichten zum Ändern der Eigenschaften und in Objektklassennachrichten unterscheiden. Die definierten und initialisierten Objekte agieren miteinander. Passive Objekte erhalten nur Nachrichten und reagieren darauf. Aktive Objekte hingegen senden auch Nachrichten. Wann und welche Nachrichten sie senden, wird in Lebensplänen festgelegt. Diese bilden somit das dynamische Verhalten der Objekte ab. Die Lebenspläne unterschiedlicher Objekte z.B. des Fertigungsleiters und des Disponenten laufen parallel ab, gesteuert wird dieses Vorgehen durch Prozesse (Koroutinen in Modula-2). Ein Zeitplaner übernimmt die Koordination der Lebenspläne. Er plant alle Prozesse und koordiniert sie anhand der Simulationszeit, indem er die Prozesse initialisiert, aktiviert, einplant, verzögert, blockiert und beendet. Die Objektklassen lassen sich in physikalische und informationelle Objektklassen unterteilen [2]. Physikalische Objektklassen bilden Sachverhalte gegenständlicher Natur ab, z.B. Werker, Maschinen und Bearbeitungsvorgänge. Informationelle Objektklassen erfassen Planungs- und Steuerungsvorgänge für das Fertigungssystem.

4.2 Simulation mit Ankoppelung an ein Datenbanksystem

Unter datengetriebener Simulation wird eine Vorgehensweise verstanden, ein Simulationsmodell zu initialisieren und mit Daten zu versorgen. Betriebliche Daten, die man für die Simulation einer Werkstattfertigung benötigt, werden häufig schon in Datenbanken von Produktionsplanungs- und -steuerungssystemen nachgehalten [3]. Diese Informationen werden während der Simulation aus der Datenbank gelesen. Sie stellen Objekte mit ihren Eigenschaftsausprägungen dar. Auf diese Weise werden sämtliche Objekte programmgesteuert generiert. Das Simulationsmodell selber bleibt unabhängig vom Inhalt der Daten aus der Datenbank. Damit eine datengetriebene Simulation durchgeführt werden kann, müssen die verwendeten Informationen in systematischer Form gespeichert werden. Dazu wird hier eine relationale Datenbank verwendet. Die Datenstruktur wird durch Tabellen und deren logische Verknüpfungen erfaßt. Für die Abbildung von Produktionsvorgängen in einer Werkstatt müssen in den Tabellen ihr Aufbau und ihre Ausstattung beschrieben werden und auch die ablauf- und auftragsspezifischen Daten. Aufbau und Ausstattung der Werkstatt werden durch Werker-, Maschinen- und Fertigungsbereichstabellen (Läger, Montageplätze) abgebildet, ablauf- und auftragsspezifische Strukturen durch Arbeitsplan-, Arbeitsgang- und Auftragstabellen. Darüberhinaus werden Informationen über Teiledaten und Erzeugnisstrukturen in Teilestamm-, Ober-/Unterteil- und Materialtabellen nachgehalten. Jeder Datensatz in einer Tabelle erzeugt ein Objekt im Simulationsmodell. Dabei entsprechen die Attributsausprägungen eines Tabellensatzes den Ausprägungen der Objekteigenschaften [4].

Die Koppelung eines Simulationsmodells an eine Datenbank hat gegenüber einer konventionellen Simulation mehrere Vorteile:

- Es können die in einer kommerziellen Datenbank vorhandenen standardisierten Eingabe- und Reportmöglichkeiten für die Datenverwaltung genutzt werden.

- Bei Änderungen des Produktionsablaufes werden die Daten in der Datenbank verändert, jedoch nicht das Simulationsmodell; bei ständiger Aktualisierung der Daten (z.B. Auftragsdaten) in der Datenbank kann eine quasiparallele Simulation der Produktionsvorgänge durchgeführt werden, dadurch lassen sich z.B. Engpässe frühzeitig erkennen und regulieren.

- Das erstellte Simulationsmodell ist für unterschiedliche Situationen wiederverwendbar.

Für die Verwaltung der Tabellen und die Koppelung an das Simulationsmodell wird hier das kommerzielle Datenbanksystem "Professional Oracle" Version 5.1 genutzt. Damit hat man auf der Eingabeseite des Simulationssystems die volle Funktionalität (Oberflächen, Reports, Menüsteuerung, SQL-Statements) von ORACLE zur Verfügung. Die für die Simulation notwendigen Datenbestände werden zunächst in der Datenbank erfaßt und verwaltet, um dann automatisch die entsprechenden Objekte im Simulationssystem zu generieren. Die Schnittstelle zum Simulationsmodell wird über die Oracle-spezifische Programmiersprache Pro-C und über C-Module realisiert.

Das hier im folgenden kurz skizzierte Konzept wird gerade einem Praxistest unterzogen. Simuliert wird eine Großreparaturwerkstatt, die Triebwerkswerkstatt der Lufthansa-Werft in Hamburg. Das Simulationsmodell soll dazu dienen, die täglich stattfindenden Konferenzen der Bereichsleiter der Großwerkstatt als Planungsinstrument zu unterstützen. In den Konferenzen werden die in den nächsten 11 Tagen anliegenden Materialbereitstellungen von Baugruppen und die zeitlichen Montageabläufe von Triebwerken in den unterschiedlichen Fertigungsbereichen geplant.

4.3 Anwendungsobjektklassen zur Planung und Steuerung einer Großreparaturwerkstatt

Die Anwendungsobjektklassen sollen planerische und physikalische Vorgänge in der Großreparaturwerkstatt nachbilden. Dort werden unterschiedliche Aggregate (Triebwerke) in Baugruppen und Einzelteile demontiert, repariert und wieder montiert. Neben den physikalischen Vorgängen der Demontage, Reparatur und Montage erfolgen planerische Vorgänge wie die Festlegung der Reparaturaufträge für Baugruppen und Teile, die Zusammenstellung von Materialien zum Wiederaufbau eines Aggregates und die Terminierung von Reparatur- und Montagevorgängen. Das Simulationsmodell soll zunächst nur die Montagevorgänge erfassen. Ein Ziel ist es, durch die Simulation unterschiedlicher Politiken alternative Terminpläne der Montagevorgänge unter Berücksichtigung von Auftragsprioritäten und Kapazitätsauslastungen zu erzeugen und zu bewerten. Ein Triebwerk setzt sich im wesentlichen aus Baugruppen und Teilen zusammen (vgl. Abbildung 1).

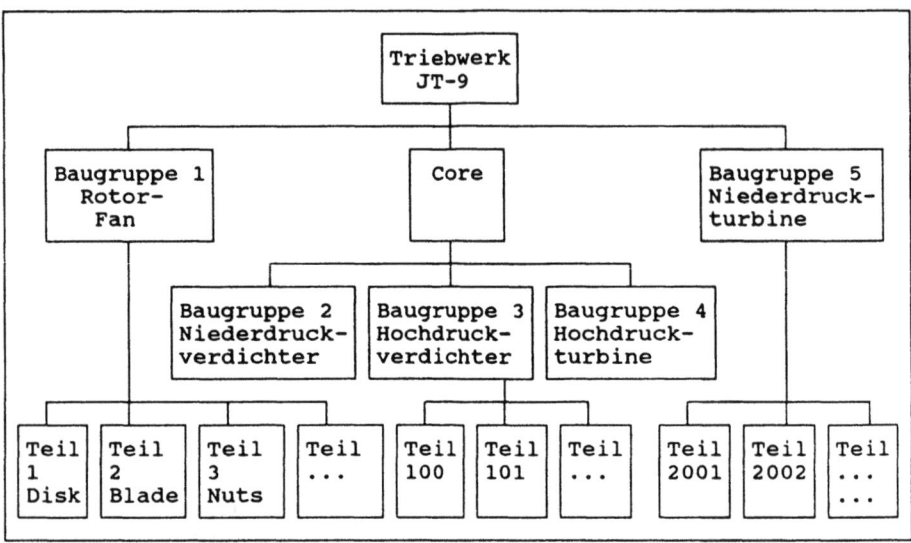

Bild 1: Vereinfachter Aufbau eines Triebwerktypes

Nach der Montage der einzelnen Baugruppen erfolgt der Zusammenbau der Baugruppen zum Core und zum Motor (Abbildung 2).

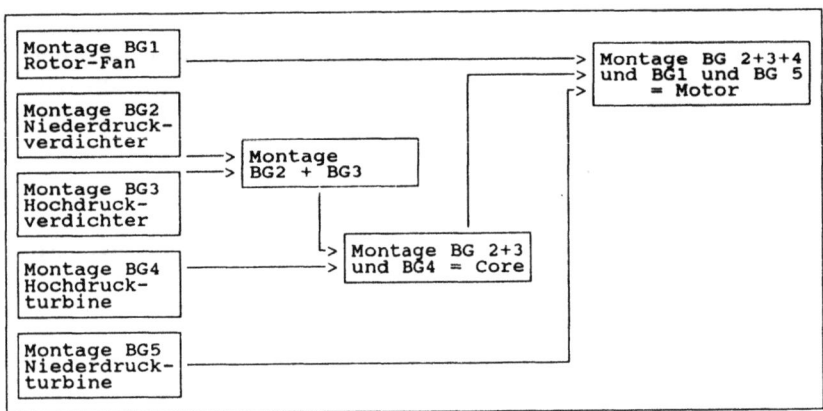

Bild 2: Vereinfachter Montageablauf bei einem Triebwerk

4.3.1 Passive Objektklassen

Für die Montage der Aggregate werden als passive Objektklassen der Arbeitsplan, die Arbeitsgänge, der Auftrag, die Auftragsarbeitsgänge, Wartelisten vor den Fertigungsgruppen und das Material verwaltet. Ein Arbeitsgang legt für einen Vorgang die Bearbeitungszeit und die Fertigungsgruppe fest, in der der Vorgang abgearbeitet werden muß. Außerdem verwaltet der Arbeitsgang die benötigten Materialien, Maschinen und Werker. In ORACLE werden alle Arbeitsgänge in einer Tabelle verwaltet. Die benötigten Materialien, Maschinen und Werker werden in drei Relationstabellen abgebildet. In der Simulation werden die Arbeitsgänge in der Liste Arbeitsgang geführt. Material, Maschinen und Werker werden jeweils in drei Listen verwaltet, die an den Arbeitsgang geknüpft sind (vgl. Tabelle 1).

Tabelle 1: Arbeitsgangliste mit Verbindung zu Material, Werker und Maschinen

Arbeitsgangliste:	Materialliste:	Werkerliste:	Maschinenliste:
Arbeitsgangnummer Arbeitsgangname Bearbeitungszeit Fertigungsgruppe Materialliste Werkerliste Maschinenliste	Materialnummer	Werkernummer Anzahl_Werker Höchstanzahl Abhängigkeit	Maschinennummer Anzahl_Maschinen

Der Arbeitsplan verwaltet die möglichen Reihenfolgen der Arbeitsgänge. Der Arbeitsplan, seine Arbeitsgänge und die Arbeitsgangreihenfolge werden in ORACLE in drei Tabellen verwaltet. In der Simulation hat ein Arbeitsplan die Attribute Arbeitsplannummer, Arbeitsplanname, Materialnummer (bezogen auf den Typ des zu montierenden Aggregates) und jeweils eine Adresse der zugehörigen Arbeitsgänge- und der Nachfolgerliste. In der Arbeitsgängeliste werden alle Arbeitsgangnummern festgehalten, die durchgeführt werden müssen. In der Nachfolgerliste werden die Abhängigkeiten der Arbeitsgänge verwaltet. Vermerkt werden jeweils Vorgängerarbeitsgang und Nachfolgerarbeitsgang.

Die Objektklasse Auftrag erzeugt eine Liste, in der alle Aufträge verwaltet werden, die Objektklasse Auftragsarbeitsgang eine Liste, in der alle Arbeitsgänge eines bestimmten Auftrages geführt werden (vgl. Tabelle 2). Für jeden Auftragsarbeitsgang kann ausgehend vom Endtermin des Auftrages vor der Simulation eine Vorwärts- und Rückwärtsterminierung durchgeführt werden, um früheste und späteste Anfangs- und Endtermine zu bestimmen und terminkritische Aufträge zu erkennen. Das Terminierungsprogramm wurde mit Hilfe der ORACLE-Pro-C-Schnittstelle entwickelt.

Tabelle 2: Auftrags- und Auftragsarbeitsganglisten

Auftragsliste:	Auftragsarbeitsgangliste:
Auftragsnummer Auftragsname Auftragstyp Arbeitsplannummer Eintreffenstermin Liefertermin Priorität Status	Auftragsnummer Arbeitsgangnummer Frühstarttermin Spätstarttermin Frühendetermin Spätendetermin Materialbereitstellungstermin AnzahlVorgänger Priorität Status

In einer Reparaturwerkstatt werden alle einzelnen Aggregate mit ihren Baugruppen und Teilen individuell verwaltet. Soll ein bestimmtes Aggregat wieder montiert werden, so müssen die zugehörigen Teile und Baugruppen repariert und wieder verfügbar sein. Erst dann kann mit der Montage begonnen werden. Alle Baugruppen und Teile werden in der Materialtabelle in ORACLE verwaltet und bei Simulationsbeginn in die durch die Objektklasse Material erzeugte Materialliste mit den Attributen Teilenummer, Materialnummer, Auftragsnummer und Bereitstellungstermin übernommen. Die Feststellung des Wiederbereitstellungsdatums der Baugruppen und Teile und deren Zuordnung zu einem Aggregat erfolgt vor der Simulation in ORACLE.

Mit der Objektklasse Warteliste werden für jede Fertigungsgruppe Listen erzeugt, in der jeweils alle Auftragsarbeitsgänge stehen, die noch auf Fertigungsstellen dieser Fertigungsgruppe bearbeitet werden sollen. Fertigungsgruppen fassen gleichartige Fertigungsstellen zusammen. Werker und Maschinen werden durch die Objektklasse Ressource abgebildet. Die Belegung von Werkern für bestimmte Auftragsarbeitsgänge auf bestimmten Fertigungsstellen wird in der Liste Werkereinsatz festgehalten.

4.3.2 Aktive Objektklassen

Als aktive Objektklassen sind der Materialbereitsteller, der Auftragseinplaner, der Schichtplaner, der Disponent, der Fertigungsleiter und die Fertigungstelle entwickelt worden. Der Materialbereitsteller plant Material ein und gibt die Verfügbarkeit an den Disponenten weiter (Attribute: ID, Status, Nachricht, Process). Der Auftragseinplaner macht den Eingang eines Auftrages dem Disponenten bekannt (Attribute: ID, Status, Nachricht, Process). Der Disponent plant die Aufträge mit den Arbeitsgängen nach bestimmten Regeln in die Wartelisten vor den Fertigungsgruppen ein und erstellt Statistiken über abgeschlossene Aufträge (Attribute: ID, Status, Nachricht, Bearbeitungsregel, Auftragsnummer, Arbeitsgangnummer, Process). Der Fertigungsleiter koordiniert die Werker und Maschinen zur Abarbeitung der Auftragsarbeitsgänge, die vor den Fertigungsgruppen seines Fertigungsbereiches warten (Attribute: ID, Status, Nachricht, Fertigungsgruppe, Werkernummer, Werkeranzahl, Auftragsnummer, Process). Der Schichtplaner plant die Einsatzzeiten von Werkern und gibt den Fertigungsleitern Informationen, wann Werker aktiviert und deaktiviert werden (Attribute: ID, Status, Nachricht, Process). Die Fertigungsstelle führt die

PROSIMO-die datengetriebene Simulation

Arbeitsgänge aus (Attribute: ID, Status, Nachricht, Fertigungsgruppe, Auftragsnummer, Arbeitsgangnummer, Process) und informiert den Fertigungsleiter und den Disponenten über die Fertigstellung.

Die physikalischen und planerischen Vorgänge der Montage von Aggregaten in einer Großreparaturwerkstatt können durch Lebenspläne der sechs unterschiedlichen aktiven Objektklassen abgebildet werden. Während die Objekte Materialbereitsteller, Auftragseinplaner, Schichtplaner und Disponent nur jeweils einmal für die ganze Werkstatt generiert werden, müssen die Objekte Fertigungsleiter und Fertigungsstelle in einer Anzahl verfügbar gemacht werden, die der realen Situation entsprechen.

4.4 Lebenspläne zur Abbildung physikalischer und planerischer Werkstattvorgänge

Im folgenden sollen Typen planerischer Aufgaben und physikalischer Vorgänge durch das Zusammenspiel von Nachrichten senden und Nachrichten empfangen, um daraufhin bestimmte Aktionen auszuführen, erklärt werden. Folgende Aufgaben werden betrachtet: die Materialbereitstellung, der Auftragseingang, die Auftragseinplanung, der Werker-/Maschineneinsatz, die Durchführung von Arbeitsgängen und die Schichtplanung.

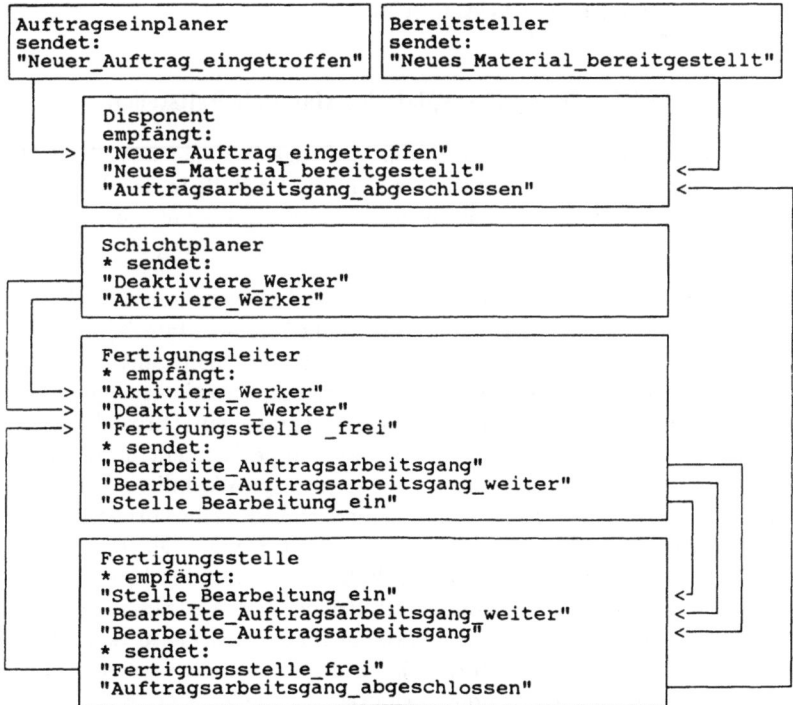

Bild 3: Überblick über die Nachrichtenstruktur der aktiven Objekte

Die Materialbereitstellung führt der Materialbereitsteller aus. Er stellt in einer Liste das nächste zur Verfügung stehende Material fest und sendet dem Disponenten zum entsprechenden Zeitpunkt eine Nachricht, daß neues Material für einen Auftragsarbeitsgang bereitsteht. Der Disponent führt daraufhin die Auftragseinplanung durch.

```
PROCEDURE Bereitsteller_Lebensplan

BEGIN
    LOOP
    IF NOT List.Empty(Materialeingangsliste)
    THEN
        Material := List.First(Materialeingangsliste)
        Differenz := Material^.Bereitstellungstermin - Scheduler.TimeNow
        IF Differenz < 0 THEN Differenz = 0
        Scheduler.DelayProcess(AktiverProcess, Differenz)
        Material.MaterialInMateriallisteEinfügen
        Disponent.SetAuftragsnummer(Material^.Auftragsnummer)
        Disponent.SetArbeitsgangnummer(Material^.Arbeitsgangnummer)
        Disponent.SetNachricht(Neues_Material_bereitgestellt)
        Scheduler.ActivateProcessAtTime(Disponent^.Process, Scheduler.TimeNow)
        List.Out(Materialeingangsliste)
        List.First(Materialeingangsliste)
    ELSE
        Exit
    END
    END LOOP
    Scheduler.TerminateProcess(AktiverProcess);
END Bereitsteller_Lebensplan.
```

Bild 4: Der Lebensplan des Materialbereitstellers

Das Bekanntmachen der Aufträge führt der Auftragseinplaner aus. Sein Verhalten und sein Lebensplan sind dem des Bereitstellers ähnlich. Er stellt in der Auftragseingangsliste den nächsten Auftrag fest, der in das System kommt, und sendet dem Disponenten zum entsprechenden Zeitpunkt eine Nachricht, daß ein neuer Auftrag eingetroffen ist.

Der Disponent hat einen Lebensplan, der durch drei Nachrichten charakterisiert ist (Abbildung 5). Nach Eingang der Bereitstellernachricht "Neues_Material_bereitgestellt" prüft der Disponent, ob alle Materialien für diesen Auftragsarbeitsgang bereitstehen (Prozedur Materialverfügbarkeit_Prüfen) und alle Vorgängerarbeitsgänge abgeschlossen sind, und ordnet bei positivem Ergebnis den Auftragsarbeitsgang ein (Prozedur Auftragsarbeitsgang_Einordnen), indem er zuerst die Fertigungsgruppe feststellt, in der der Arbeitsgang bearbeitet werden muß, und ihn dann in die zugehörige Warteliste der Fertigungsgruppe einfügt. Das Einfügen kann er nach unterschiedlichen Regeln vornehmen, z.B. nach den bekannten Prioritätsregeln FIFO, KOZ oder Schlupfzeitregel [5]. Die Regeln werden erweitert um kombinierte Ansätze, die die Einflußgrößen der realen Problemsituation enthalten. Die Algorithmen Materialverfügbarkeit_Prüfen und Auftragsarbeitsgang_Einordnen sind Objektklassennachrichten der Objektklasse Disponent, die in dem Modul Disponent als Prozeduren abgelegt sind. Weiterhin kann der Disponent vom Auftragseinplaner die Nachricht "Neuer_Auftrag_eingetroffen" erhalten. Für jeden zu diesem Auftrag gehörigen Arbeitsgang prüft er, wie bei der Nachricht "Neues_Material_bereitgestellt", die Materialverfügbarkeit und die Zahl abgeschlossener Vorgänger. Entsprechend ordnet er dann den Auftragsarbeitsgang in die Warteliste der geforderten Fertigungsgruppe ein. Auf die Nachricht einer Fertigungsstelle "Auftragsarbeitsgang_abgeschlossen" prüft er, ob für den Nachfolgearbeitsgang des Auftrages alle Vorgänger abgeschlossen sind und alle Materialien bereitstehen. Falls der Arbeitsgang der letzte des Auftrages war, erstellt er eine Statistik über den Auftrag. Der Lebensplan des Disponenten ist durch diese drei Nachrichtentypen vollständig beschrieben.

```
PROCEDURE Disponent_Lebensplan
BEGIN
Nachricht := Disponent.GetNachricht

LOOP
CASE OF Nachricht

°Neues_Material_bereitgestellt

Auftragsnummer := Disponent.GetAuftragsnummer
Materialnummer := Disponent.GetMaterialnummer
Auftragsarbeitsgang := ErmittleAuftragsarbeitsgang
MaterialVerfuegbar := Disponent.Materialverfügbarkeit_Prüfen
IF MaterialVerfuegbar = TRUE THEN
  Auftragsarbeitsgang.SetMaterialbereitstellungstermin
  IF Auftragsarbeitsgang.AnzahlVorgänger := Sollvorgänger
  THEN Disponent.Auftragsarbeitsgang_Einordnen
  END
END

°Neuer_Auftrag_eingetroffen

....
WHILE Auftragsarbeitsgang < > List.Last
DO
  .... Auftragsarbeitsgang_Einordnen ....
END

°Auftragsarbeitsgang_abgeschlossen

....
Nachfolger := Auftragsarbeitsgang.ErmittleNachfolger
IF Nachfolger < > NIL
THEN
     ...... Auftragsarbeitsgang_Einorden ......
ELSE
     Disponent.Statistik_für_Auftrag_Erstellen(Auftragsnummer)
END

END CASE
Scheduler.BlockProcess(AktiverProzess)
Nachricht := Disponent.GetNachricht
END LOOP
END Disponent_Lebensplan.
```

Bild 5: Ausschnitt des Lebensplans des Disponenten

Die folgende Prozedur zeigt einen Ausschnitt des Algorithmus Auftragsarbeitsgang_Einordnen aus der Objektklasse Disponent.

PROCEDURE Auftragsarbeitsgang_Einordnen
BEGIN
Auftragsnummer := Disponent.GetAuftragsnummer
Arbeitsgangnummer := Disponent.GetArbeitsgangnummer
Auftragsarbeitsgang.ErmittleAuftragarbeitsgang(Auftragsnummer, Arbeitsgangnummer)
Arbeitsgang := Arbeitsgang.ErmittleArbeitsgang(Arbeitsgangnummer)
Warteliste := Fertigungsgruppe.ErmittleWarteliste(Arbeitsgang^.Fertigungsgruppe)
Disponent.ErmittleBearbeitungsregel
Füge_Arbeitsgang_Ein(Warteliste,Auftragsnummer,Arbeitsgangnummer, Bearbeitungsregel);
RETURN   (* zur Nachricht, die die Prozedur ausgelöst hat *)

END Auftragsarbeitsgang_Einordnen.

Bild 6: Ausschnitt aus der Prozedur Auftragsarbeitsgang_Einordnen

Die Zuordnung und Belegung von Werkern und Maschinen für die Durchführung eines Arbeitsganges wird im Lebensplan der Fertigungsleiter festgelegt. Als Informationen haben die Fertigungsleiter unter anderen die vom Disponenten gefüllten und sortierten Wartelisten vor jeder Fertigungsgruppe. Außerdem können sie die jeweils aktuelle Verfügbarkeit der Ressourcen und freien Fertigungsstellen erfragen. Wenn genügend Ressourcen und eine freie Fertigungssstelle für einen Auftragsarbeitsgang zur Verfügung stehen, belegt der Fertigungsleiter die Ressourcen und sendet der Fertigungsstelle eine Nachricht, daß sie mit der Bearbeitung des Arbeitsganges beginnen soll. Somit hat auch jede Fertigungsstelle einen Lebensplan, in dem die Arbeitsgänge ausgeführt werden. Aktiviert werden die Fertigungsleiter, wenn ein Arbeitsgang abgeschlossen ist und somit Ressourcen für die Durchführung weiterer Auftragsarbeitsgänge verfügbar geworden sind.

Vom Schichplaner erfahren die Fertigungsleiter, wann und wieviele Werker von jedem Typ aktiviert (z.B. bei Schichtbeginn) bzw. deaktiviert (z.B. bei Schichtende oder -wechsel) werden müssen. Der Schichtplaner verwaltet einen nach Terminen sortierten Schichtplan, in dem alle Zeitpunkte geführt werden, an denen eine Veränderung einer Anzahl Werker eintritt. Der Fertigungsleiter reagiert entsprechend auf die Nachricht. Gegebenenfalls sendet der Fertigungsleiter an die Fertigungsstellen die Nachricht "Stelle_Bearbeitung_ein", um Werker freizusetzen (z.B. bei Schichtende). Diese eingestellten Auftragsarbeitsgänge müssen dann zum nächstmöglichen Termin (z.B. bei Schichtbeginn) wieder weiterbearbeitet werden. Die Prozeduren "Angefangene_Auftragsarbeitsgänge_Einordnen" und "Bearbeite_Auftragsarbeitsgang_weiter" enthalten die entsprechenden Algorithmen. Die Struktur des Lebensplan des Fertigungsleiters zeigt Abbildung 7.

PROSIMO-die datengetriebene Simulation

```
PROCEDURE Fertigungsleiter_Lebensplan
BEGIN
 Nachricht := Fertigungsleiter.GetNachricht
LOOP
CASE OF Nachricht

°Fertigungsstelle_frei

Fertigungsgruppe := Fertigungsleiter.GetFertigungsgruppe
Angefangene_Auftragsarbeitsgänge_Prüfen
Warteliste := Fertigungsgruppe^.Warteliste
LOOP
 IF NOT List.EMPTY(Warteliste)
 THEN
  Auftragsarbeitsgang := List.First(Warteliste)
  Kapazitätsverfügbarkeit_Prüfen
  IF Kapazitätsverfügbarkeit = TRUE
  THEN Fertigungsstellenverfügbarkeit_Prüfen
   IF Fertigungsstellenverfügbarkeit = TRUE
   THEN Kapazitäten_Belegen
    Auftragsarbeitsgang.SetStatus(InArbeit)
    Fertigungsstelle.SetStatus(Arbeitet)
    Fertigungsstelle.SetNachricht(Bearbeite_Auftragsarbeitsgang)
    Scheduler.ActivateProcessAtTime(Fertigungsstelle^.Process, Scheduler.TimeNow)
    List.Out(Warteliste)
   ELSE Exit
   END
  ELSE Exit
  END
 ELSE Exit
 END
END LOOP

°Deaktiviere_Werker

Werkernummer := Fertigungsleiter.GetWerkernummer
Werkeranzahl := Fertigungsleiter.GetWerkeranzahl
FreizusetzendeWerker := Werkeranzahl - Werker.GetFreieWerker
WHILE FreizusetzendeWerker < FreigesetzteWerker
DO
 Fertigungsstelle := Werkereinsatz.GetFertigungsstelle(Werkernummer)
 Fertigungsstelle.SetNachricht(Fertigungsstelle, Stelle_Bearbeitung_ein)
 Scheduler.ActivateProcessAtTime(Fertigungsstelle, Scheduler.TimeNow)
END

°Aktiviere_Werker

Werkernummer := Fertigungsleiter.GetWerkernummer
Werkeranzahl :=Fertigungsleiter.GetWerkeranzahl
Werker.ErhöheAnzahl(Werkernummer, Werkeranzahl)
Angefangene_Auftragsarbeitsgänge_Prüfen

END CASE
Scheduler.BlockProzess(AktiverProcess, Scheduler.TimeNow)
Nachricht := Fertigungsleiter.GetNachricht
END LOOP
```

Bild 7: Der Lebensplan eines Fertigungsleiters

Der Schichtplaner hat einen ähnlichen Lebensplan wie der Materialbereitsteller und der Auftragseinplaner. Zu den entsprechenden Terminen gibt der Schichtplaner dem zugehörigen Fertigungsleiter eine Nachricht, daß die Anzahl Werker eines Types verringert oder erhöht werden muß.

Die Fertigungsstellen bearbeiten die Auftragsarbeitsgänge, die die Fertigungsleiter ihnen zuweisen und durch eine Nachricht "Bearbeite_Auftragsarbeitsgang" bekanntmachen. Für die Bearbeitungsdauer des Arbeitsganges setzen sie ihren Status auf "Arbeitet" und belegen die zum Arbeitsgang gehörigen Werker und Maschinen. Nach Beendigung geben sie die Ressourcen wieder frei und senden an den Fertigungsleiter die Nachricht "Fertigungsstelle_frei" und an den Disponenten die Nachricht "Auftragsarbeitsgang_abgeschlossen". Von den Fertigungsleitern bekommen sie auch die Nachricht "Stelle_Bearbeitung_ein", wenn z.B. das Schichtende erreicht ist, oder bei Schichtbeginn "Bearbeite_Auftragsarbeitsgang_weiter".

4.5 Ergebnisse

Durch den flexiblen Gebrauch dieses Simulators und die Koppelungsmöglichkeiten an eine Datenbank können zum einen technisches Verhalten und zum anderen ökonomische Bewertungen unterschiedlicher Werkstattsituationen ermittelt werden. Für den vorgestellten Anwendungsfall können durch den dynamischen Ablauf der Lebenspläne für vorliegende Aufträge unterschiedliche Montagepläne aufbauend auf unterschiedlichen Bearbeitungsregeln des Disponenten erzeugt werden. Terminpläne für die Fertigungsgruppen (Abbildung 8) und Zeitpläne für die komplette Montage eines Auftrags werden als Resultate erstellt.

11-Tage-Plan

Fertigungsbereich	Fertigungsgruppe	01.02.91	04.03.91	06.03.90	07.03.91
Rotormontage GE	Warteliste Montage	4711 6023			
	Montage	3012 3466 3976	4711		
	Warteliste Wuchtmaschine	3012	4711		
	Wuchtmaschine	3012	4812 4711		
Modellmontage	Warteliste Montage		4812	4812 4711	
	Montage				

Bild 8: Terminplan der Fertigungsgruppen

Eine Bewertung der alternativen Montagepläne kann über durchschnittliche Durchlaufzeiten der Aufträge, über die Summe der Auftragsverspätungen und Kapazitätauslastungen erfolgen. Generell helfen solche Simulatoren den Produktionsdisponenten bei der Verbesserung der Werkstattplanung und -steuerung.

Literaturverzeichnis

[1] Witte, Th./ Grzybowski, R.: Allgemeine Systembeschreibung des PROduktions-SImulationssystems in MOdula-2 (PROSIMO), in: Beiträge des Fachbereichs Wirtschaftswissenschaften der Universität Osnabrück, Beitrag Nr. 9101, 1991

[2] Witte, Th.: Informationelle Objektklassen zur Simulation von Planungsvorgängen am Beispiel der Produktionsplanung, in: Biethan, J., Schmidt, B. (Hg.): Simulationsmodelle als betriebliche Entscheidungshilfe, Fachberichte Simulation, Berlin 1991 und Witte, Th./Grzybowski, R.: Physical and informational object classes for manufacturing simulations, in: Tucci, S. u.a. (Hg.): Simulation Applied to Manufacturing Energy and Environmental Studies and Electronics and Computer Engineering, SCS International, Seite 51-61, Genf 1989

[3] Scheer, A.-W.: Wirtschaftsinformatik, 3.Aufl., Berlin 1990 und Scheer, A.-W.: CIM - Computer Integrated Manufacturing, 4.Aufl., Berlin 1990

[4] Witte, Th.: Object oriented simulation and relational databases: jobshop driven by manufacturing data: in: Schmidt, B. (Hg.), Modelling and Simulation, SCS Europe, Seite 70-74, 1990

[5] Panwalker, S.S., Iskander, W.: A survey of scheduling rules, in: Operations Research 1977, Vol. 25, S.45-61 und Blackstone, Jr., J.H./Phillips, D.T./ Hogg, G.L.: A state of-the-art survey of dispatching rules for manufacturing job shop operations, in: International Journal of Production Research 1982, Vol. 20, S.27-45.

5 Neuronale Netze als Hilfsmittel für Aufgabenstellungen im betriebswirtschaftlichen Bereich

Matthias Schumann

Zusammenfassung

Teile der Informatik beschäftigen sich in jüngerer Zeit verstärkt mit der Idee, intelligente Maschinen nach dem Vorbild des menschlichen Gehirns zu bauen. Für die sogenannten "Neuronalen Netze" oder auch "Konnektionistischen Systeme" werden der Aufbau und die Einsatzmöglichkeiten untersucht.

Nachfolgend wird analysiert, ob solche Anwendungen auch dazu beitragen können, betriebswirtschaftliche Problemstellungen zu lösen. Eine erste, allerdings noch geringe Zahl an Beispielen liegt mittlerweile vor.

Ausgehend von einer Einführung in Neuronale Netze werden ausgewählte Beispiele des betriebswirtschaftlichen Bereichs skizziert. Für die dabei identifizierten Aufgabenbereiche findet dann eine Abschätzung von Chancen und Grenzen des Neuronalen Netz-Einsatzes statt. Dabei wird auch untersucht, welche Beziehungen zwischen Simulationsmodellen und Neuronalen Netzen bestehen. Schließlich wird versucht, weitere potentielle Einsatzbereiche für Neuronale Netze in der Betriebswirtschaft aufzuzeigen.

5.1 Grundlagen Neuronaler Netze

5.1.1 Begriff und Elemente

Konnektionistische Systeme lassen sich auf Forschungsarbeiten der Neurophysiologie zurückführen, in denen die These vertreten wird, daß die Informationsverarbeitung im Nervensystem im wesentlichen auf der Übertragung von "Erregungen" zwischen sogenannten Neuronen beruht. Die einzelnen Nervenzellen unterscheiden nur wenige Zustände und senden im allgemeinen dann, wenn gewisse Schwellenwerte oder "Erregungszustände" überschritten werden, Reize über die Synapsen an andere Nervenzellen aus, die dort zu Veränderungen des Erregungszustandes führen. Komplex wird dieses Verhalten durch die hohe Zahl der Zellen sowie die Vielzahl der Verknüpfungen zwischen ihnen. So werden aus relativ simplen Einzelelementen äußerst komplexe Gesamtstrukturen.

Konnektionistische Netzwerke der Neuroinformatik versuchen diese Gestaltungsformen aufzugreifen. Interessant ist dabei, daß man auch hier auf einfache Verarbeitungselemente setzt, wobei man die Komplexität durch die Vernetzung zwischen den einzelnen Elementen erzielt. Insbesondere wird versucht, Systeme zu bauen, die durch das Zuführen möglichst vieler Beispielfälle weitgehend selbständig lernen. Außerdem sollen massiv parallele Verarbeitungsprozesse genutzt werden. Erste Ansätze gehen bereits auf das Ende der 40er, Anfang der 50er Jahre zurück. Die Forschungsrichtung wurde dann allerdings vorübergehend nicht weitergeführt, nachdem Minsky, einer der Väter der Künstlichen Intelligenz, sich 1969 in seinem mit Papert herausgegebenen Buch "Perceptrons" kritisch zu den Erfolgsaussichten äußerte [19].

Das Verhalten solcher künstlicher Systeme sowie ihr Aufbau sollen nachfolgend stark vereinfacht an einem kleinen Beispiel erläutert werden:

An der Universität Singapur hat man ein Neuronales Netz zur Berufsberatung von Schul- und Hochschulabsolventen entwickelt [14]. Hintergrund war dabei, daß die Berufsberatung aufgrund der hohen Zahl Ratsuchender völlig überlastet war. Man hatte ein typisches Massenproblem zu lösen.

Auf der Basis einer Befragung des zu Beratenden, in bezug auf seine Interessen, seine Fähigkeiten und seine Ausbildung sowie seine Einstellung zu gewissen Berufsgruppen, unterbreitet das Neuronale Netz einen Vorschlag für die Berufswahl. Dazu werden ca. 85 Faktoren erhoben und aus fast 300 Berufen ausgewählt.

Man mag nun unter sozialen Aspekten viel Negatives in einer solchen Beratungsform sehen. Die Autoren des Systems berichteten jedoch auf einer Konferenz im eigenen Land, wo die Anwendung viel Publizität erlangt hat, von einem erfolgreichen Einsatz.

Für den Anwender stellt sich das System als Black Box dar, für die er sein Profil beschreibt, das weitgehend in der Form von binären Ja/Nein-Entscheidungen in das Netz eingegeben wird. Er erhält dann vom Neuronalen Netz den ermittelten Berufsvorschlag.

Schaut man sich den internen Aufbau des Systems genauer an, so zeigen sich allerdings komplexe Strukturen.

Die Verarbeitungselemente der Neuronalen Netze sind Zellen, Neuronen oder Prozessorelemente. Jedes Element kann Input-Signale empfangen, die im wesentlichen von vorgelagerten Zellen stammen. Netzabhängig können diese Signale die Werte 0/1 oder einen kontinuierlichen Wert innerhalb eines vorgegebenen Intervalls annehmen. Ein Prozessorelement gibt dabei genau ein Signal aus, welches an andere Elemente weitergeleitet wird. Abbildung 1 beschreibt die Grundstruktur.

Die Neuronen sind in einzelnen Schichten angeordnet, die neben der Ein- und Ausgabeschicht auch aus zusätzlichen Zwischenschichten bestehen können. Die Eingabe- und Ausgabeschichten kommunizieren mit der Umwelt. Verbindungen bestehen nur zwischen Neuronen verschiedener Schichten. Die Stärke jeder Verbindung wird in dem künstlichen Netz durch ein sogenanntes "Verbindungsgewicht" festgelegt. Eingabeinformationen werden von der Eingabeschicht über die Zwischenschichten in die Ausgabeschicht und die zugeordneten Ergebnisse transformiert. Dazu wird der Output eines Neurons mit Hilfe einer "Propagierungs-" oder "Übertragungsfunktion", einer Aktivierungs- und einer Ausgabefunktion bestimmt [10]. Im einfachsten Fall ermittelt die Propagierungsfunktion die Stärke des Eingangssignals, indem sie die Output-Signale der vorgelagerten Zellen mit den zugehörigen Verbindungsgewichten multipliziert und aufsummiert. Für jedes Prozessorelement ist der Aktivierungszustand in einem Speicher abgelegt. Die Aktivierungsfunktion berechnet den jeweils neuen Aktivierungszustand aus der Stärke des Eingangssignals und dem vorhandenen Aktivierungszustand. Die Ausgabefunktion bestimmt schließlich die Stärke des Signals an die nachfolgenden Zellen. Häufig wird einfach ein Schwellenwert mit dem Aktivierungszustand verglichen. Teilweise kann auch der Aktivierungszustand mittels eines solchen Schwellenwertes bestimmt werden. Das folgende einfache Beispiel veranschaulicht die Zusammenhänge [28]:

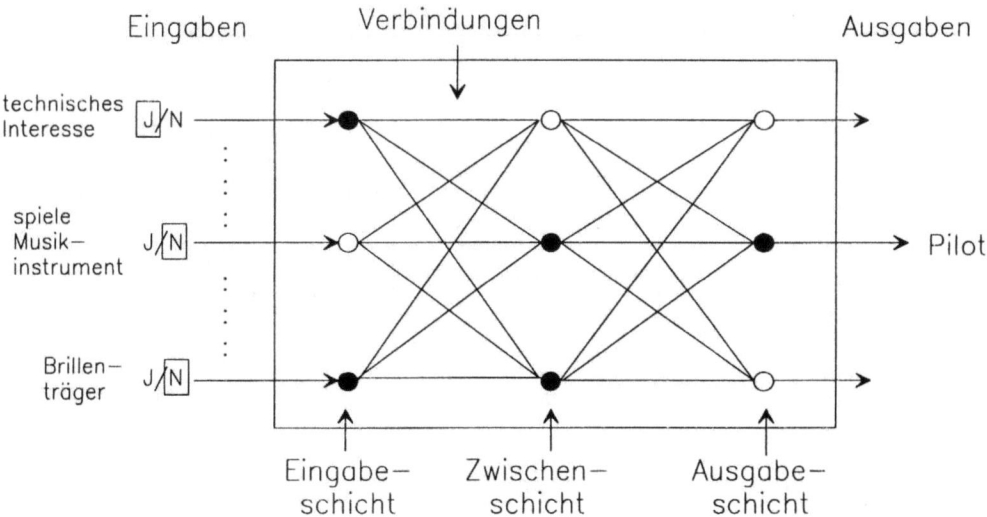

Bild 1: Elemente eines Neuronalen Netzes

Die Inputsignale (I) und das Outputsignal (O) können nur die Werte 0 oder 1 annehmen. Die Gewichte (g) liegen im Bereich zwischen 0 und 1, der Aktivierungszustand (AZ) sei eine beliebige nicht-negative Zahl und der Schwellenwert (S) der Ausgabefunktion (AGF) sei auf 1 gesetzt.

$I_1 = 1 \quad g_1 = 0,5 \quad AZ_{akt} = 1$
$I_2 = 0 \quad g_2 = 1,0 \quad S = 1$
$I_3 = 1 \quad g_3 = 0,3$

Die Propagierungsfunktion (PF) ermittelt den Propagierungswert (PW), indem sie für alle Inputströme das Produkt aus Inputwert und Gewicht summiert, die Aktivierungsfunktion (AF) mittel den Propagierungswert und den aktuellen Aktivierungszustand (AZ_{akt}). Falls der neue Aktivierungszustand (AZ_{neu}) kleiner als der Schwellenwert ist, wird dem Output der Wert = 0 zugeordnet, sonst 1. Damit erhält man folgenden Outputwert:

$PF : PW = I_1 * g_1 + I_2 * g_2 + I_3 * g_3 = 1 * 0,5 + 0 * 1,0 + 1 * 0,3 = 0,8$
$AF : AZ_{neu} = (PW + AZ_{akt})/2 = (0,8 + 1)/2 = 0,9$
$AGF : AZ_{neu} < S; 0,9 < 1 ==> O = 0$

Abbildung 2 beschreibt den Verarbeitungsablauf. Für die Aktivierung eines Neurons bilden damit die Verbindungsgewichte eine maßgebliche Komponente. Es werden in der Regel komplexere Propagierungsfunktionen eingesetzt. Abbildung 3 zeigt mögliche Alternativen. Aufwendige Funktionen können zeitliche Abhängigkeiten oder komplexere Operationen als eine Summation der Inputwerte enthalten.

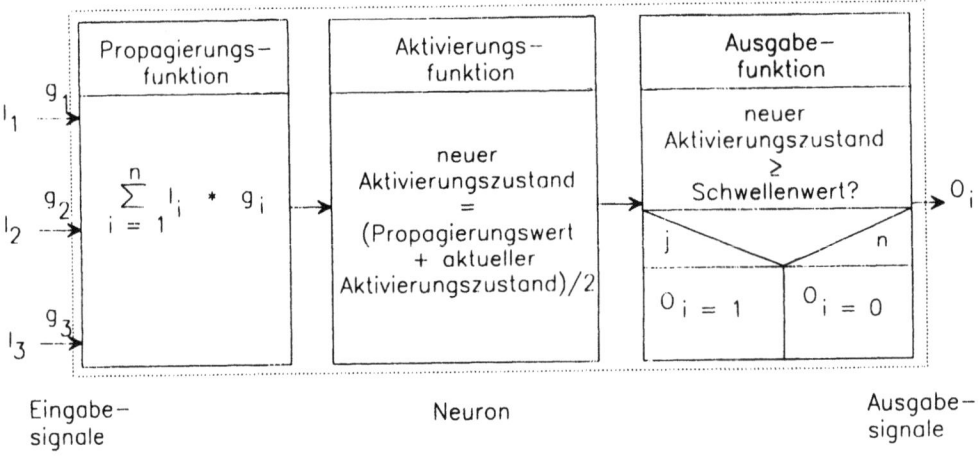

Bild 2: Bestimmung der Ausgabeinformationen

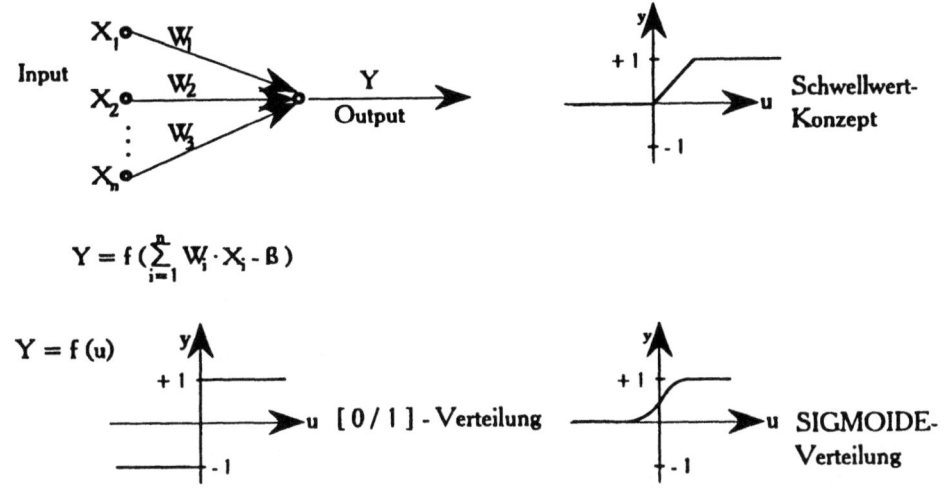

Bild 3: Beispiele für Ausgabefunktionen

5.1.2 Beschreibungsmerkmale Neuronaler Netze

Neuronale Netze können nach recht unterschiedlichen Erscheinungsformen klassifiziert werden. Hier interessieren insbesondere die verschiedenen Netztypologien. Nachfolgend werden außerdem die Lernregeln, über die sich solche Netze trainieren lassen, dargestellt.

5.1.2.1 Typologie

Unterschiedliche Netztypologien ergeben sich aus der Anordnung und Verbindung der Prozessorelemente, die im Regelfall in Gruppen, sogenannten "Schichten", aufgebaut sind. Neben den Ein- und Ausgabeschichten findet man Topologien mit Zwischenschichten, sogenannten "Hidden-Layers". Elementverbindungen bestehen üblicherweise nicht innerhalb einer Schicht, sondern nur zwischen den verschiedenen Ebenen. Es existieren sowohl vollständige als auch teilvernetzte Strukturen.

Weitere Unterscheidungsmerkmale sind [10] [12]:

- Die Art der Informationen im Netz (binär, kontinuierlich),

- die Richtung des Informationsflusses zwischen den Neuronenschichten (feed forward, feed backward oder kombiniert),

- die Gleichzeitigkeit der Informationsverarbeitung innerhalb des Netzes (synchron, asynchron),

- die Homogenität der Verknüpfungsstruktur (symmetrisch oder asymmetrisch, vollständig oder unvollständig verbunden) sowie

- die Homogenität der Neuronen (Art der internen Parameter, Anzahl der Eingänge).

5.1.2.2 Lernstrategien

Bevor man Netze für eine Anwendung einsetzen kann, sind sie auf das Problem einzustellen. Sie werden nicht programmiert sondern trainiert. Ausgangspunkt bildet ein leeres Netz, dem man während der Lernphase eine große Zahl von Anwendungsbeispielen zuführt. Dabei geht es speziell um das Festlegen der Verbindungsgewichte zwischen den Neuronen. Wird beim Training des Netzes zur Berufsberatung z. B. häufig als Muster festgestellt, daß für den Pilotenberuf prädestinierte Bewerber technisches Interesse besitzen müssen, schwindelfrei sind und keine Brille tragen, so würden die Verbindungsgewichte zwischen den entsprechenden Eingabeknoten und dem Ausgabeknoten, der auf den Beruf "Pilot" verweist, verstärkt (siehe Abbildung 1). An diese Lernphase schließt sich der eigentliche Netzeinsatz an, der z. B. aufgrund sich ändernder Umweltbedingungen immer wieder durch weitere Lernphasen unterbrochen sein kann.

Lernregeln beschreiben die Dynamik des Netzes, mit der die synaptischen Verbindungsgewichte angepaßt werden. Es können drei Trainingsarten unterschieden werden [10]:

- Beim überwachten Lernen werden dem Netzwerk zu den gewünschten Ausgaben die zugehörigen Eingaben bereitgestellt. Aufgrund der Abweichung zwischen dem gewünschten und dem tatsächlichen Output verändert man über eine Funktion die Gewichte der Verbindungen.

- Bei dem bewerteten Lernen wird den Eingaben keine Ausgabe zugeordnet. Der vom Netz gelieferten Ausgabe stellt man vielmehr die Bewertung eines Kritikers (Abweichung) gegenüber.

- Mit dem selbstorganisierten Lernen wird die Ausgabe automatisch festgelegt. Das Netz erhält weder Ausgabewerte noch die Beurteilung seiner Ergebnisse. Es paßt die Gewichte z. B. so an, daß die Verbindung zwischen zwei Zellen zu verstärken ist, wenn beide Zellen gleichzeitig aktiviert sind (Hebb'sche Regel).

Das überwachte Lernen sei anhand des im betriebswirtschaftlichen Bereich häufig verwendeten "Backpropagation-Algorithmus", bei dem die Gewichte rückwärts, von der Ausgabe- zur Eingabeschicht verändert werden, kurz skizziert [15]. Die Lernform wird auf mehrschichtige, symmetrische Netze angewendet, bei denen die Ausgabe- oder Schwellenwertfunktion eine kontinuierlich monotone Abbildung der Inputwerte in den Bereich zwischen 0 und 1 vornimmt.

Die vier Schritte zur Anpassung der Gewichte sind in Abbildung 4 dargestellt. Nach dem Initialisieren in Schritt 1, werden die Gewichte in den Schritten 2 bis 4 solange durch das Lösen von Testfällen verändert, bis ein stabiler Zustand erreicht ist. Dazu können mehrere 100.000 Iterationen notwendig sein. Man paßt die Gewichte über folgende Formeln an:

Neuronale Netze als Hilfsmittel in der Betriebswirtschaft 71

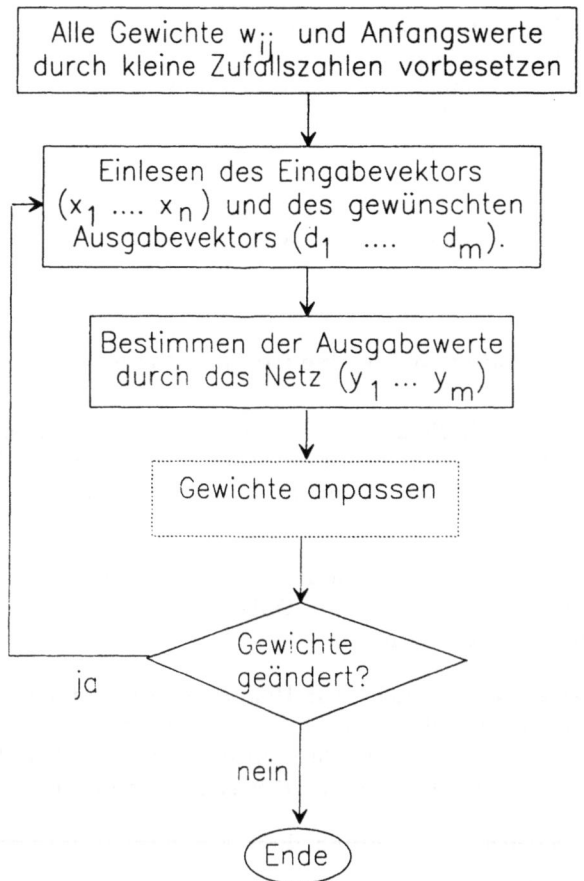

Bild 4: Ablauf eines überwachten Lernprozesses

Gewichte anpassen:

$w_{ij}(t+1) = w_{ij}(t) + n * f_j * x_i$

f_j für j, Knoten der Ausgabeschicht:

$f_j = y_j(1 - y_j) * (d_j - y_j)$

f_j für j, Knoten einer inneren Schicht:

$f_j = x_j(1 - x_j)_k \sum f_k * w_{jk}$

d_j : gewünschter Ausgabewert des Knotens j;
y_j : vom Netz bestimmter Ausgabewert des Knotens j;
$w_{ij}(t)$: Gewicht zwischen Knoten i und j zum Zeitpunkt t;
n : Anpassungsgeschwindigkeit, üblicherweise < 1;
f_j : Fehler-Faktor für Knoten j;
x_i : Ausgabe des Knotens i;
x_j : Ausgabe des Knotens j;
k : Index der Knoten in Schichten über Knoten j.

5.1.3 Allgemeine Anwendungsfelder Neuronaler Netze

Anwendungsfelder für Neuronale Netze sind dadurch gekennzeichnet, daß kein exakt beschreibbares Wissen zur Problemlösung existiert. Dies ist zum Beispiel ein Abgrenzungsmerkmal gegenüber Expertensystemen. Typische Einsatzbereiche sind [12]:

- Mustererkennung, sowohl im visuellen als auch im sprachlichen Bereich. Es lassen sich z. B. Bewegtbilder analysieren, um Objekte zu identifizieren oder gleichartige Bewegungsabläufe herauszufiltern.

- Assoziativspeicher als Anwendungen zur Dokumentspeicherung und zum -retrieval. Speziell bei Volltextdatenbanken soll das Dokumentretrieval verbessert werden, so daß man nicht mehr auf eine direkte Deskriptoren-Selektions-Beziehung angewiesen ist. Damit könnte man die Precision und den Recall der Retrievalsysteme steigern.

- Optimierungsrechnungen, die aufgrund ihrer Komplexität ansonsten überwiegend mit Heuristiken behandelt werden.

- Statistische Vorhersagemethoden und Zuordnungsprobleme, wenn sich Glättungsverfahren schlecht anwenden lassen. Neuronale Netze sind nicht auf parametrische Gleichungen zur Prognose angewiesen und treffen schwächere Annahmen über zugrundeliegende Funktionen oder Verteilungen als statistische Verfahren.

5.2 Einsatz Neuronaler Netze in der Betriebswirtschaft

5.2.1 Überblick

Die nachfolgenden quantitativen Aussagen beruhen teilweise auf einer kleinen Literaturerhebung, die im ersten Quartal 1990 an der Abteilung Wirtschaftsinformatik der Universität Erlangen-Nürnberg durchgeführt wurde [30]. Aufgabe war es, Anwendungen Konnektionistischer Systeme (Running-Systems oder Prototypen) im betriebswirtschaftlichen Bereich zusammenzutragen und zu klassifizieren. Dabei wurden insgesamt 63 Applikationen identifiziert. Im Fertigungsbereich stehen bei den einzelnen Systemen allerdings oft stärker technische als betriebswirtschaftliche Fragestellungen im Vordergrund.

Ordnet man den bislang bearbeiteten Bereichen Aufgabentypen zu, läßt sich eine Vierteilung vornehmen:

1. Prognosesysteme werden vorwiegend von Banken und Versicherungen eingesetzt. Dabei geht es um die Vorhersage kurzfristiger Wechselkursschwankungen oder die Entwicklung von Wertpapierkursen. Man könnte auch die Beurteilung der zukünftigen Zahlungsfähigkeit von Kreditkunden dieser Klasse zuordnen. Häufig finden sich Aufgabenstellungen, die man "herkömmlich" mit der multivariaten Diskriminanzanalyse bearbeitet.

2. Beurteilungssysteme analysieren die Produktqualität, z. B. in der Fertigung. Ein weiteres Anwendungsgebiet ist die Risikoanalyse bei Versicherungen, um die finanziellen Folgen eines möglichen Vertragsabschlusses abzuschätzen.

3. Planungsprobleme, die man bisher mit heuristischen Verfahren des Operations Research löst, werden mit Neuronalen Netzen abgebildet. Zum einen bearbeitet man Travelling-Salesman-Probleme für die Vertriebseinsatzsteuerung und zum anderen experimentieren Forscher mit Aufgabenstellungen der Personaleinsatzplanung und Schichtzuteilung, die starken Bezug zum Stundenplanproblem haben. Auf diesem Gebiet könnten Neuronale Netze z. B. auch in Konkurrenz zu Lösungen treten, die bisher über Simulationsansätze gewonnen werden.

4. Steuerungssysteme regeln den Einsatz von Fertigungsanlagen oder Transportsystemen im Industriebetrieb. Hier könnten aber auch allgemeine Probleme des Warenflusses untersucht werden. Auch dazu gibt es erste Ansätze. Sie sind bislang allerdings stark technisch orientiert (z. B. im Bereich der Robotik), so daß diese Gruppe hier nicht weiter behandelt werden soll.

5.2.2 Ausgewählte Anwendungsbeispiele

Nachfolgend sollen einige ausgewählte Beispiele aus verschiedenen Aufgabenklassen skizziert werden, bei denen der betriebswirtschaftliche Bezug besonders ausgeprägt ist und mit denen auch schon erste Erfahrungen gewonnen wurden.

Ein Einsatzgebiet Neuronaler Netze, das bislang starke Beachtung gefunden hat, ist die kurzfristige Aktienkursprognose. Die Ansätze basieren auf der technischen Chartanalyse. Die Aufgabenstellung wird deshalb gern gewählt, weil sich der Kursverlauf von Wertpapieren üblicherweise im kurzfristigen Bereich schlecht glätten läßt und damit konventionelle Prognosemethoden eine unzureichende Performance zeigen.

Als Inputvektor werden z. B. Kurswerte, absolute und/oder relative Veränderungen sowie die Veränderungsrichtung von Aktien eingesetzt, für die dann Prognosen gewagt werden. Die berichteten Ergebnisse sind sowohl für die einbezogenen Aktien als auch für verschiedene Vorhersagezeiträume schwankend. Dennoch berichten einige Studien, wie z. B. die Expert Informatik GmbH, von zufriedenstellenden Ergebnissen [8].

Mit einem japanischen Projekt, an dem die Nikko Securities Co. und der Computerhersteller Fujitsu beteiligt sind, versucht man ein neuronales Aktienprognosesystem zu entwickeln, bei dem für die Handelstage des Folgemonats generelle Kauf- und Verkaufvorschläge für die Tokioter Wertpapierbörse gegeben werden [14]. Als Input-Vektor des fünfschichtigen Backpropagation-Netzwerks werden u.a. die Veränderungen des Aktien-Indexes, technische Marktinformationen, der Markt-Zinssatz, der Durchschnitt des New York Dow-Jones Indexes, der Börsenumsatz sowie die Wechselkursrate des Yen verwendet. Die Input-Werte werden vom Neuronalen Netz auf einen kontinuierlichen [0,1]-Vektor abgebildet. Man benutzt einen rollierenden Lernalgorithmus, bei dem jeweils ein Vorhersagemonat nach dessen Ablauf als Lerninput ergänzt und der älteste Monat gestrichen wird. Dabei wurde zwischen einer Kauf-/Halte- und einer Kauf-/Verkauf-Strategie unterschieden, wobei sich in Tests die Ergebnisse der letzteren als besser erwiesen haben. Es wird zum Kauf geraten, wenn der Output-Wert des Neuronalen Netzes über einem Schwellenwert liegt, ansonsten sollte ein Verkauf durchgeführt werden.

Bei einem Vergleich mit der Multiplen Regressions-Analyse (MRA) zeigte das Neuronale Netz einen Korrelations-Koeffizienten von 0.991 mit den gelernten Daten (100.000 Iterationen), wohingegen dieser bei der MRA nur bei 0.543 lag.

Interessant erscheinen Versuche, durch Vergleich von Chartformationen einer technischen Analyse und einer Cluster-Analyse für die interne Repräsentation des Neuronalen Netzes Regeln abzuleiten, die die Wichtigkeit einzelner Kriterien bei gewissen Trendverläufen beschreiben. Damit würden sich erste Ergebnisse bestimmen lassen, welche Kennzahlen Einfluß auf gewisse Marktsituationen haben.

Rehkugler und Poddig berichten von Untersuchungen zur Steigt-/Fällt-Prognose von Wertpapieren auf Jahresbasis [23]. Dazu wurden mit Hilfe von Daten des statistischen Bundesamtes Vergleiche zwischen Multilayer-Perceptron-Netzen, einer Boltzmann-Maschine sowie multivariaten Regressionsanalyse durchgeführt. Das statistische Prognosemodell erreichte eine Trefferquote von 63%, die Boltzmann-Maschine von ca. 70% und Multilayer-Perceptron-Netze zwischen 70 und 75%, je nach Netz-Struktur (Anzahl der Schichten und Elemente). Besonders erfolgversprechend erscheinen erste Ergebnisse mit einem Multilayer-Perceptron-Netz, das "selbstoptimierend" seine Struktur verändert.

Eigene Untersuchungen an der Abteilung Wirtschaftsinformatik II der Universität Göttingen bestätigen die guten Ergebnisse mit Multilayer-Perceptron-Netzen im Vergleich zu anderen Netzstrukturen. Bei der Verwendung von Eingabevektoren, die die relativen Veränderungen der Wertpapierkurse beschreiben, stellten sich bislang die besten Vorhersageergebnisse ein. Insgesamt sind aber noch umfangreiche und damit zeitaufwendige Untersuchungen mit anders aufgebauten Eingabevektoren notwendig, um zu einem fundierten und abschließenden Urteil zu gelangen.

In den USA wurden bereits von verschiedenen Anbietern Neuronaler Netze Anwendungen zur Beurteilung der Kreditwürdigkeit potentieller Schuldner entwickelt. Eines dieser Systeme stammt von Nestor, ein anderes, das mittlerweile bei mehreren US-Banken eingesetzt wird, wurde von der Hecht-Nielsen Corp. realisiert [27]. Traditionell wird die Bewertung der Kreditwürdigkeit von Privatkunden mittels eines Punktesystems durchgeführt, das die Diskriminanzanalyse verwendet. Dabei erhält der Bewerber eine gewisse Anzahl von Punkten in Abhängigkeit verschiedener Charakteristika. Die wechselseitigen Einflüsse dieser Charakteristika zueinander werden jedoch nicht berücksichtigt. Deshalb hat die amerikanische Firma Adaptiv Decision Systems Inc. versucht, das Problem mit ihrem "First Adaptiv Decision System", welches auf einem Backpropagation-Netz basiert, anzugehen.

270.000 vergebene Kredite des Jahres 1985, bei denen die Rückzahlungsquote und der Gewinn bekannt waren, fanden als Trainings- und Testdaten Verwendung. Die Eingabeschicht bestand aus 100 Knoten, die 14 Charakteristika repräsentierten. Darunter wurden sowohl Merkmale, die mehr symbolischer Natur sind, wie z. B. die berufliche Stellung oder der vorhandene Grundbesitz, als auch numerisch erfaßbare Kennzeichen, wie z. B. Alter oder das Einkommen, erfaßt. Die symbolischen Merkmale wurden jeweils mit einem Inputknoten kodiert, die numerischen Merkmale wurden Wertebereichen zugeordnet. Die Ausgabeschicht umfaßte einen einzigen Knoten, über den eine Schätzung des "schlechten Schuldverhältnisses" erfolgt, worunter das erwartete Verhältnis der nicht zurückbezahlten Restschuld zur ausstehenden jährlichen Schuld zu verstehen ist. Dieses "schlechte Schuldverhältnis" ist nicht das optimale Maß zur Beurteilung eines Kreditantrags, es wurde nur benutzt, um die Akzeptanz der Angestellten bezüglich des Konnektionistischen Netzes zu verbessern. Nach einigen Tests mit unterschiedlich angeordneten Zwischenschichten zeigte es sich, daß das Netzwerk mit nur einem Knoten in der Zwischenschicht die besten Ergebnisse erbrachte. Mehr Knoten verlangsamten nur den Lernprozeß. Kritisch ist hier zu hinterfragen, ob der Netzaufbau ohne parallele Verarbeitung in den Zwischenschichten nicht Methoden der konventionellen Mustererkennung entspricht.

Ein Problem der Anwendung besteht darin, daß bei Neuronalen Netzen kaum festgestellt werden kann, wie ein bestimmtes Ergebnis zustande gekommen ist. Wenn jedoch ein Kreditantrag abgelehnt wird, dann möchte der Kreditsuchende Gründe dafür wissen. Daher mußte ein Programm entworfen werden, daß das Netz beobachtet und somit die Frage beantworten kann, welche Charakteristika anders ausfallen müßten, damit der potentielle Schuldner den Kredit bekäme. Das Programm ändert zu jedem Zeitpunkt nur einen Inputwert, so daß alle möglichen Werte durchgespielt werden. Für jeden dieser Inputs wird die Veränderung im Endergebnis festgestellt und somit wird ersichtlich, welche Merkmalsausprägung für die Nichtgewährung des Kredits verantwortlich ist. Damit enthält die Anwendung auch eine Simulationskomponente.

Eingesetzt wird das auf einem HNC ANZA Board basierende Netz seit Sommer 1988 von einer internationalen Finanzierungsgesellschaft mit mehr als 400 Filialen. Die Runtime Version des Netzes wurde auf vernetzten PC's installiert, wobei über einen Download vom Host in einem Batchlauf halbjährlich eine Aktualisierung der Daten stattfindet.

Ein ähnliches System entwickelte eine mittelgroße spanische Bank in Zusammenarbeit mit Arthur Anderson. Das "Credit Card Evaluation System" soll den quantitativen Teil eines bestehenden wissensbasierten Systems zur Beurteilung von Kreditkarten ablösen. Durch den kontinuierlichen Rückfluß historischer Daten kann das Netz trainiert werden [29].

Ein mögliches Anwendungsgebiet mit Planungscharakter ist die Personaleinsatzplanung bei Schichtbetrieb. Dabei gilt es, Mitarbeiter so einzuteilen, daß das notwendige Personal mit den benötigten Fähigkeiten während der Schichtzeiten zur Verfügung steht, die jeweiligen Arbeitszeiten zusammenhängend sind sowie flexible Arbeitszeitwünsche des Personals berücksichtigt werden. In diesem Bereich verwendet man ja stellenweise Simulationsprogramme, um Lösungen zu bestimmen. An der Universität von Minnesota wurde ein Neuronales Netz zur Personaleinsatzplanung für Fast Food Restaurants entwickelt [22].

Folgende Annahmen wurden getroffen:

- Der Arbeitstag wird in eine Anzahl sich nicht überlappender Zeitintervalle zerlegt, die von unterschiedlicher Länge sein dürfen.

- Die Mitarbeiter sind zu unterschiedlichen Zeiten anwesend. Die Verfügbarkeit a_{ij} ist gleich 1, falls Mitarbeiter i im Zeitintervall j arbeitet, ansonsten 0.

- Die Mitarbeiter haben bei der Ausführung verschiedener Arbeiten unterschiedliche Fähigkeiten p_{ik}. Dabei handelt es sich um eine reele Zahl zwischen 0 und 1, die die Leistungsfähigkeit von Mitarbeiter i bei der Durchführung der Aufgabe k beschreibt.

- Jedes Zeitintervall j und jede Aufgabe k weisen bestimmte Arbeitsanforderungen r_{jk} auf, z. B. ist in Abhängigkeit von bestimmten Lieferzeitpunkten Gemüse zu bearbeiten oder es werden Fertiggerichte zu Zeiten geringeren Kundenandrangs vorbereitet.

- Die Arbeitskosten c_{ijk}, d.h. die Vergütung der einzelnen Mitarbeiter, fallen je nach Zeitintervall und Aufgabe unterschiedlich aus.

Damit kann ein Arbeitsplan erstellt werden, der sich als dreidimensionale Matrix beschreiben läßt. Gesucht ist der Plan, bei dem die Arbeitskosten c_{ijk} minimiert werden. Folgende Nebenbedingungen sind zu beachten:

- Die Mitarbeiter müssen so eingesetzt werden, daß zu allen Zeitpunkten die Arbeitsanforderungen r_{jk} erfüllt sind.

- Ein Mitarbeiter kann nur zu den Zeitpunkten, zu denen er verfügbar ist, bestimmte Tätigkeiten ausführen.

- Für jeden Mitarbeiter muß sich eine zusammenhängende Schichtzeit ergeben. Außerdem sind Minimal- bzw. Maximalzeiten zu beachten.

Einschränkend ist bei dem vorgestellten Modell zu beachten, daß die Zuteilung jeweils nur auf Tagesbasis durchgeführt wurde.

Die Outputzellen des neuronalen Netzes sind in einem dreidimensionalen Zellenfeld angeordnet, korrespondierend zur x_{ijk}-Matrix. Sie können die Werte 0 und 1 annehmen. Der Input besteht aus drei Gruppen: je ein zweidimensionales Zellenfeld korrespondierend zur Matrix p_{ik}, r_{jk} und a_{ij}. Positiv wirkende Verbindungen bestehen zwischen den Input- und Outputzellen. Dabei haben die Arbeitsanforderungen den größten Einfluß. Sobald einige Mitarbeiter eingeteilt sind, nehmen die Gesamtarbeitsanforderungen und damit die erforderlichen Fähigkeiten der noch benötigten Mitarbeiter ab. Deswegen werden dann zunehmend abschwächende oder die Zuordnung verhindernde Verbindungen zwischen den Outputzellen und der Matrix r_{jk}, sowie zwischen der Matrix p_{ik} und der Matrix r_{jk} aufgebaut.

Um die Bedingung der zusammenhängenden Schichtzeit zu erfüllen, bestehen starke exzitatorische Verbindungen zwischen benachbarten Zellen. Der Erregungsgrad nimmt dabei proportional zur Distanz d der Nachbarn (den entfernt liegenden Zeitintervallen) ab. Sobald die Nachbarn so weit entfernt sind, daß die maximale Schichtzeit überschritten wird, werden inhibitorische Verbindungen aufgebaut.

Außerdem muß verhindert werden, daß ein Mitarbeiter in einem Zeitintervall mehreren Aufgaben zugeteilt wird. Dies erreicht man über hemmende Connections zwischen den Outputzellen x_{ijk} und $xijp$ bei denen i und j gleich sind. Darüber hinaus hat jede Zelle $xijk$ eine inhibitorische Verbindung zu einem Knoten U. Der Wert dieser Verbindung ist c_{ijk}. Damit werden die Zellen, bei denen hohe Kosten anfallen, gehemmt.

Das Modell wurde an einer realen Personalplanung getestet. Der Arbeitstag war in 96 15-minütige Zeitintervalle aufgeteilt und es standen 20 Mitarbeiter zur Verfügung, die bis zu 12 verschiedene Aufgaben auszuführen hatten. Die Arbeitsanforderungsmatrix wurde auf Basis der Richtlinien des Restaurants und des erwarteten Umsatzes pro Zeitintervall generiert. Dabei fand das Tool Cheers (Computerized Human Resource Scheduler) Verwendung, mit dem auch die Inputmatrizen erstellt wurden. Kritisch ist anzumerken, daß für große Problemstellungen bei diesem Ansatz auch suboptimale Lösungen (lokale Minima) getroffen werden können.

Diese Anwendung scheint deshalb besonders reizvoll, weil wir uns zukünftig, nicht nur im Handel, verstärkt dem Problem der Personaleinsatzplanung widmen dürften. Dazu werden eine weitere Flexibilisierung der Arbeitszeit, der verstärkte Einsatz von Teilzeitarbeitskräften, eine verkürzte Arbeitszeit selbst sowie die benötigten fachspezifischen Ausbildungskenntnisse beitragen. Hinzu kommt, daß in vielen Produktionsbetrieben ein Drei-Schicht Betrieb notwendig ist, um teure Fertigungssysteme auszulasten und einen wirtschaftlichen Einsatz zu gewährleisten. Ebenfalls hat man bereits die Personaleinsatzplanung bei Fluglinien erfolgreich mit Neuronalen Netzen versucht [7].

5.3 Beurteilung des Einsatzes Neuronaler Netze in der Betriebswirtschaft

Nachfolgend soll eine erste, allgemeine Beurteilung solcher Netze für betriebswirtschaftliche Fragestellungen versucht werden. Dabei fließen auch Erfahrungen ein, die von Prototypen stammen, welche bislang noch nicht angesprochen wurden.

5.3.1 Allgemeine Aspekte beim Einsatz Neuronaler Netze im betriebswirtschaftlichen Bereich

In vielen Beispielen wird darüber berichtet, daß der Zeitbedarf zum Erstellen einer Neuronalen Netz-Anwendung, verglichen mit herkömmlichen Alternativlösungen, sehr gering ist.

Ein solcher Vergleich wurde mit zwei Anwendungen durchgeführt, die englischsprachige

Texte in eine natürlich-sprachliche akustische Ausgabe umsetzen [26]. Es handelt sich dabei um das Neuronale Netz NETtalk und das regelbasierte Expertensystem DECtalk. Der Erstellungsaufwand für NETtalk belief sich auf einige Monate, in denen die grundlegende Netzstruktur (29 Eingabe-, 120 interne und 21 Ausgabeknoten) programmiert und die Lernphase vorbereitet wurde. Der eigentliche Lernvorgang konnte in einer Nacht abgewickelt werden. Dagegen dauerte die Entwicklung des wissensbasierten Systems mehrere Personenjahre, da jede kontextabhängige Umsetzung eines Buchstabens in ein Phonem als eigene Regel der Wissensbasis abgeleitet werden mußte. Die Leistungsfähigkeit beider Systeme ist nahezu identisch. Dieses macht die Vorteile beim Erstellen eines Neuronalen Netzes besonders deutlich.

Als weiterer Vorteil ist zu nennen, daß auch "verrauschte Eingabedaten" behandelt werden können. Darunter versteht man, daß ein Neuronales Netz eine Lösung findet, obwohl Input-Informationen vielleicht nur unvollständig vorliegen oder in ihrem Eingabe-Muster vom Idealbild für eine mögliche Ausgabe-Zuordnung abweichen.

Andere Autoren heben hervor, daß sich ein solches System über das Verändern der Verbindungsgewichte an eine neue Umweltbedingung anpassen könne.

Allerdings dürfen eine Reihe von Nachteilen, die auf dem Neuronalen Netz-Konzept beruhen, nicht übersehen werden:

1. Ergebnisse lassen sich kaum oder nur schwer nachvollziehen, da sie implizit durch das "Gewichtesystem" entstehen und kein direkter Bezug zum "verbalen" Wissen vorhanden ist.

2. Werden Neuronale Netze für Optimierungsprobleme eingesetzt, so sucht das System ein mögliches Minimum innerhalb des Netzwerkes. Aufgrund der Netzstruktur besteht aber immer die Gefahr, daß kein globales sondern nur ein lokales Minimum gefunden wird.

3. Ein weiteres Problem ist die Konfigurierung des Netzes, da es bisher keine Einstellungsregeln für dessen Parameter gibt. Es existieren z. B. keine Hilfen, wie die Eingabevektoren für eine konkrete Klassifikationsaufgabe zu finden sind. Hier kann nur ein Ausprobieren oder die Orientierung an bereits vorhandenen Beispielen weiterhelfen.

Beim letzten Kritikpunkt ist zu hinterfragen, ob nicht systematische Vorgehensweisen, etwa um den Eingabevektor zu bestimmen, angewendet werden können. Zu denken wäre an Clusteranalysen, um die Relevanz von Eingabewerten zu klassifizieren. Simulationsverfahren könnten verwendet werden, um systematische Netzwerk-Alternativen zu testen oder Eingabevektoren zu variieren. Bei einigen Netztypen erscheint es interessant, die Abhängigkeiten zwischen den zufällig bestimmten Ausgangslösungen und dem dann entwickelten Netzwerk-Zustand zu beobachten.

5.3.2 Chancen des Einsatzes Neuronaler Netze im betriebswirtschaftlichen Bereich

Durch ihre Fähigkeit, aus Beispielen zu lernen, machen es Neuronale Netze überflüssig, Heuristiken abzuleiten, die in Regeln abzubilden sind. Dies hat sich bis heute beispielsweise für viele Expertensysteme als schwierig erwiesen, speziell wenn sich das notwendige Wissen nicht scharf abgrenzen läßt. Es bedarf allerdings eines nicht unerheblichen Aufwandes, um die Beispielfälle zu sammeln und deren Qualität zu überprüfen. Ebenfalls aufwendig ist es, die Strukturen des Neuronalen Netzes (Anzahl der Knoten, Anzahl der Schichten) festzulegen. Darüber hinaus sind in der Trainingsphase umfangreiche Hardwareressourcen erforderlich. Von den im Vergleich zu anderen Vorgehensweisen dagegen häufig viel kürzeren Systemerstellungszeiten wurde bereits berichtet.

Die Wartungsproblematik spielt bei Konnektionistischen Netzen eine wesentlich geringere Rolle als bei konventionellen Systemen, da die Wissensbasis durch neue Beispiele automatisch angepaßt werden kann. Ähnliche Erkenntnisse hat auch die Expert Informatik GmbH, Überlingen, bei der Entwicklung eines Systems zur täglichen Aktienkursprognose gewonnen [8]. Aufgrund des enormen Aufwandes, der erforderlich gewesen wäre, um das notwendige Wissen für ein Expertensystem zu akquirieren, umzusetzen und zu aktualisieren, verwarf man diese Idee. Erste Versuche mit Neuronalen Netzen zeigten, daß sich der Erstellungsaufwand erheblich reduzieren läßt und mit einer gut gestalteten Lernphase ansprechende Prognoseergebnisse zu erreichen sind. So könnte sich ein System durch dauerndes oder periodisches Lernen an sich ändernde Umweltbedingungen anpassen (wie z. B. für das System in Kapitel 3.2 dargestellt). Dieses wäre eine Vorteil bei der Prognose von Aktienkursen oder im volkswirtschaftlichen Makrobereich bei Konjunkturverläufen. Auch im Fertigungsbereich könnte man flexibler auf veränderte Zielsetzungen bei der Kundenbedienung (Steht die schnelle Kundenbedienung oder die kostenminimale Produktion im Vordergrund?) oder geänderte Auftragsstrukturen, die zeitlichen Schwankungen unterliegen, reagieren. (Überwiegen Kunden mit großen Auftragslosen oder solche mit Einzelaufträgen?)

Erfolgversprechend scheint der Einsatz Neuronaler Netze überall dort, wo die Mustererkennung einen Lösungsansatz bietet. Man kann sich kleinere Systeme vorstellen, die solche Aufgaben für umfassendere, integrierte Anwendungen übernehmen, wie beispielsweise die technische Chartanalyse bei der Anlageberatung oder die Risikobewertung eines Versicherungsinteressenten als Teil der Kundenberatung. Solche Systeme würden damit Integrationslücken schließen, die bislang mit algorithmischen oder regelorientierten Vorgehensweisen nur unzureichend gelöst werden konnten und daher häufig ausgespart wurden. Sie könnten dann auch z. B. mit Expertensystemen sinnvoll kombiniert werden. Für die Anlageberatung ist bei den verfügbaren Prototypen eine Integration in umfassendere Anwendungen notwendig, da im allgemeinen die vorhandene Portfoliostruktur des Kunden nicht berücksichtigt wird und damit der Aspekt der Risikostreuung bei der Beratung unbeachtet bleibt.

Als ähnliche Erweiterungen sind auch Ansätze zur Benutzermodellierung mit Neuronalen Netzen zu sehen, wie sie an der Abteilung Wirtschaftsinformatik der Universität Erlangen-Nürnberg verfolgt werden [4]. In einem Benutzermodell werden dazu Daten über den Anwender einer Software gespeichert, die Informationen über sein Dialogverhalten beschreiben. Daraus lassen sich Rückschlüsse auf die Dialoggestaltung (geübter, ungeübter Benutzer) ziehen. Mit dem Neuronalen Netz wird nun auf Basis des Benutzerverhaltens die Einordnung des Anwenders in einen sogenannten "Stereotyp" versucht, um in Abhängigkeit dieser Zuordnung den Bildschirmdialog einer Anwendungssoftware einzustellen. Erste Versuche der Benutzerklassifikation am Beispiel des Betriebssystems OS/2 zeigen erfolgversprechende Ansätze.

Schließlich wäre es denkbar, daß man Neuronale Netze dort einsetzt, wo bislang ebenfalls nicht erklärte Simulationsergebnisse verwendet wurden, wenn sich nach Versuchen die Leistungsfähigkeit Konnektionistischer Systeme als vorteilhaft erweist.

5.3.3 Grenzen des Einsatzes Neuronaler Netze im betriebswirtschaftlichen Bereich

Ein Hauptproblem von Beratungssystemen, die auf dem Neuronalen Netz-Ansatz beruhen, dürfte in der mangelnden Erklärungsfähigkeit liegen. Für das skizzierte System zur Aktienkursprognose kann eigentlich nur der Anlageberater als Zielperson gesehen werden, da das Neuronale Netz zwar einen Lösungsvorschlag unterbreitet, dem man aber aufgrund der impliziten Wissensrepräsentation "blind" vertrauen muß. Anders als bei Simulationsexperimenten, bei denen ein Spektrum an Lösungsalternativen geboten wird, aus denen man dann eine Alternative auswählt, steht hier nur ein Lösungsvorschlag zur Verfügung.

Wird z. B. ein Bereich in der Fertigung unterstützt, so ist der Meister in der Werkstatt oder der Schichtführer eines Fertigungsleitstandes die Zielperson. Eine Anwendung zur Störungsbeseitigung würde z. B. immer dann eingesetzt, wenn ungeplante Situationen in der Fertigung (z. B. ein(e) Maschinenausfall/-störung oder ein Materialengpaß) eintreten. Aufgrund der fehlenden Erklärungsfähigkeit ist allerdings mit großen Akzeptanzproblemen zu rechnen, an denen solche Lösungen im Extremfall scheitern könnten.

Auch Abgangssysteme als Form der Expertensysteme [17], die beispielsweise verwendet werden sollen, um Ergebnisse eines Simulationsexperiments zu interpretieren, scheinen als Ergänzung eines Neuronalen Netzes ungeeignet. Praktische Erfahrungen mit Expertensystemen zeigen, daß für die Erklärung von Ergebnissen, die auf Schlußfolgerungen aufgebaut sind, mindestens soviel "Wissen" erforderlich ist, wie für das Gewinnen der Lösung selbst. Häufig sind darüber hinaus noch zusätzliche Informationen notwendig, um auch eine benutzeradäquate Erklärung zu bieten. Dieses ist zur Zeit ebenfalls ein Schwachpunkt vieler konventioneller Expertensysteme.

Um nun die Ergebnisse des Neuronalen Netzes erklären zu können, müßte ein als "Ergänzung" vorgesehenes Expertensystem mindestens soviel Wissen beinhalten, wie implizit das Neuronale Netzwerk. Damit wäre es notwendig, zwei vollständige Systeme bereitzustellen. Speziell bei unvollständigen Datenstrukturen ist dann aber noch nicht gewährleistet, daß auch beide Systeme zum gleichen Ergebnis kommen. Insofern läßt sich das Problem der Erklärungsfähigkeit Neuronaler Netze auch mit einem Abgangssystem nicht lösen.

Allenfalls kann man sich vorstellen, daß bei zeitkritischen Realtime-Entscheidungen das Netzwerk befragt wird, wo hingegen für Analysen ohne großen Zeitdruck ein Expertensystem eingesetzt wird.

Eventuell könnte man aber auch eine Vorgehensweise beschreiten, die an das in Kapitel 3.2 beschriebene System zur Kreditwürdigkeitsprüfung angelehnt ist. Dazu wäre es notwendig, daß das Neuronale Beratungssystem um ein Simulationshilfsmittel ergänzt wird, mit dem sich durch Variation sämtlicher Inputvariablen die Ursache der Empfehlung schrittweise herausarbeiten läßt. Aufgrund komplexer Abhängigkeiten, insbesondere dadurch, daß mehrere Zwischenknoten verwendet werden, könnten sich dabei allerdings Interpretationsprobleme ergeben.

Erfahrungen in anderen Einsatzgebieten zeigen, daß ein umfangreicher Datenbestand notwendig ist, um in der Trainingsphase ein zufriedenstellendes Leistungsverhalten Konnektionistischer Systeme einzustellen. Teilweise werden dazu mehrere tausend Fälle benötigt. Hier stellt sich die Frage, ob in der Betriebswirtschaft in sämtlichen angesprochenen Bereichen genügend Beispiele erhoben werden können, um das Training des Systems durchzuführen. Im Vergleich zu Simulationsansätzen ist hierin z. B. ein gewisser Nachteil zu sehen. Überhaupt muß der Gesichtspunkt des Lernens kritisch hinterfragt werden. Zwei Varianten könnte man dabei nutzen [21]:

- Jeder 'Fall', den das System bearbeitet, kann die Gewichte verändern, oder

- das System wird in Abständen gewartet und während der Zwischenzeiten verändern sich die Gewichte nicht.

Wählt man die erste Alternative und treten in den Datenbeständen periodische Trends auf, so werden diese eventuell zu unerwünschten Verfälschungen des Netzes führen. Daher erscheint es günstiger, die zweite Variante zu benutzen, bei der ein "Netzwerk-Ingenieur" die Auswahl und Wartung der Trainingsfälle übernimmt und insofern die Gefahr der "falschen Trends" gemindert wird. Dennoch hat man dann immer noch das Problem festzulegen, zu welchen Zeitpunkten Trainingsphasen einsetzen sollten. Desgleichen könnte bei einigen Aufgabenstellungen das vielzitierte Schmalenbach'sche "Vergleichen des Schlendrians mit dem Schlendrian" eintreten. Ist der Testdatenbestand bereits ungünstig, so wird man das System und damit dessen Empfehlungen auch entsprechend ungünstig einstellen.

Ein weiterer Kritikpunkt sind die Anzahl der Verarbeitungsknoten sowie die im System verborgenen Ebenen. Viele Knoten erhöhen die Komplexität, so daß man nur schwer die vom System gegebenen Empfehlungen beurteilen kann. Allerdings haben Untersuchungen ergeben, daß in Einzelfällen die Systemleistung positiv mit der Anzahl innerer Knoten korreliert ist. Nach wie vor läßt sich aber keine Empfehlung aussprechen, wie für einzelne Problemstellungen die Ebenenzahl zu gestalten ist. Hier sind empirische Untersuchungen bislang widersprüchlich.

Auch der immer als positiv beurteilte Aspekt der Fehlertoleranz muß kritisch hinterfragt werden. Es ist zu unterscheiden, ob unvollständige oder verrauschte Inputdaten vorliegen oder ob einzelne Verarbeitungsknoten ausgefallen sind. Zu einer ordnungsgemäßen Lösungsfindung müßten diese Fälle getrennt werden. Dieses geht aber nur, wenn dem System mitgeteilt wird, welche Inputdaten nicht verfügbar (dies ist relativ einfach) oder welche mit Störgrößen behaftet sind. Letzteres wäre mit aufwendigen statistischen Analysen verbunden. Der Ausfall einzelner Netzkomponenten ist dagegen von außen kaum feststellbar.

Fraglich ist auch, ob in Problembereichen, bei denen sich die Umweltzustände sowie die Zielsetzungen rasch ändern, der Einsatz Neuronaler Netze erfolgversprechend ist. Als Beispiel sei hier die Analyse von Kunden-Portfolios im Bankensektor genannt, bei der sich ständig ändernde Umweltzustände und unterschiedliche Kundenpräferenzen berücksichtigt werden müssen [5]. Schließlich bleibt anzumerken, daß die Netze durch das "Pauken von Beispielen" wohl kaum Fähigkeiten entwickeln werden, neue (kreative) Lösungen zu finden. Allenfalls werden sie ähnliche Muster/Situationen erkennen und einordnen.

5.4 Zukünftige Forschungsbereiche

Nachfolgend sollen zukünftige Forschungsbereiche anhand potentieller Einsatzgebiete der Neuronalen Netze dargestellt werden, für die es in umfangreichen empirischen Untersuchungen gilt, die Leistungsfähigkeit des Ansatzes zu alternativen Hilfsmitteln zu überprüfen. So könnten in Einzelfällen vielleicht bessere Ergebnisse als mit Diskriminanzanalysen, Simulationen oder heuristischen Verfahren erzielt werden. Für einige der aufgeführten Gebiete liegen dabei bereits erste kleinere und daher noch nicht verallgemeinerbare Resultate vor. Die weiteren Einsatzideen sind nach Beurteilungssystemen, Prognosesystemen und Planungssystemen klassifiziert.

Bei der Jahresabschlußanalyse versucht eine Forschungsrichtung, die Insolvenzgefährdung von Unternehmen anhand bestimmter betrieblicher Kennzahlen zu prognostizieren. Diese Analysen gehen zum Teil auf die klassischen Arbeiten von Beaver zurück, der mit einem dichotomistischen Klassifikationstest die Unternehmen eingeteilt hat [3]. Als problematisch erwies sich dabei die Beschränkung auf jeweils eine einzige Kennzahl, mit der häufig widersprüchliche und stichprobenabhängige Ergebnisse auftraten.

Altman hat für seine Arbeiten bei der Insolvenzprognose ganze Variablenprofile verwendet und einer multivariaten Diskriminanzanalyse unterzogen [1]. Eine umfassende empirische Untersuchung zur Auswahl von einzubeziehenden Faktoren und ihren Gewichtungen wurde im deutschsprachigen Raum von Baetge mit 40.000 getesteten Jahresabschlüssen durchgeführt [2]. Allerdings kann diese Vorgehensweise nicht vollständig befriedigen, da sich bei Anwendung der Diskriminanzanalyse kritisieren läßt, daß Voraussetzungen, wie z. B. eine multivariate Normalverteilung der verwendeten Variablen, normalerweise nicht erfüllt sind. Trotzdem schneidet das Verfahren regelmäßig relativ gut ab (auch bei Kreditwürdigkeitsprüfungen).

Eine Mustererkennung, bei der mit einem Variablenraster, z. B. Kennzahlenausprägungen, vorab definierte Mustertypen verglichen werden, führte bislang ebenfalls nicht zu einer zufriedenstellenden Lösung. Bei dieser Vorgehensweise werden beispielsweise charakteristische Krisenmuster definiert [9].

Man könnte sich hier vorstellen, daß man auf Basis historischer Daten Neuronale Netze trainiert. Dazu müßten die historischen Kennzahlen eines Jahres oder deren Entwicklung

Neuronale Netze als Hilfsmittel in der Betriebswirtschaft

über mehrere Jahre hinweg als Eingangsmuster dienen. Außerdem müßte bekannt sein, ob das Unternehmen weiterhin solvent ist oder insolvent wurde. Ein Perceptron Netz, das einen Knoten als Ausgangsschicht enthält, könnte eingesetzt werden. Es wird zwischen gefährdeten und risikolosen Unternehmen mit Hilfe eines Schwellenwertes getrennt. Die Schwierigkeit besteht bei dieser Anwendung darin, festzulegen, wieviele Knoten und Schichten die Netztypologie besitzen soll, aus wieviel Variablen der Inputvektor besteht sowie welche Variablen Verwendung finden sollen. Dazu sind verschiedene Alternativen aufzubauen und miteinander zu vergleichen.

Bei der Auswahl der verwendeten Kennzahlen lassen sich mehrere Vorgehensweisen vorstellen:

1. Es werden sämtliche Kennzahlen verwendet, mit denen sich direkt oder indirekt Aussagen über die Unternehmensperformance ableiten lassen. Damit würde sich ein relativ großer Inputvektor ergeben.

2. Man führt aufgrund der historischen Daten eine Clusteranalyse durch, um die Trennschärfe einzelner Kennzahlen zu bestimmen und verwendet dann diese. Hierbei ist anzumerken, daß ja gerade die Funktionen der Clusteranalyse vom Neuronalen Netz selbst übernommen werden sollen.

3. Man orientiert sich an Faktoren, die z. B. in die Baetgesche Diskriminanzanalyse einfließen.

Von Odom und Sharda wurde ein erster Test versucht. Sie analysierten die Kennzahlen von insgesamt 129 Firmen, von denen 65 im nächsten Jahr insolvent wurden und 64 solvent blieben [20]. Als Trainingsgruppe verwendeten sie 74 Firmen (38/36) von der Grundgesamtheit. Die Autoren benutzten die von Altman vorgeschlagenen Kennzahlen:

- Eigenkapital / Gesamtvermögen,

- Einbehaltene Gewinne / Gesamtvermögen,

- Gewinne vor Steuern und Zinsen / Gesamtvermögen,

- Marktwert des Anlagevermögens / Gesamtschulden,

- Umsatz / Gesamtvermögen.

Eingesetzt wurde ein Perceptron-Netz mit einem Hidden Layer. Als Problem stellte sich bei der Anwendung die mit der Backpropagation-Regel benötigte Lernphase von 191.400 Iterationen heraus, so daß das Training ca. 24 Stunden benötigte. Die Ergebnisse des Neuronalen Netzes und einer multivariaten Diskriminanzanalyse wurden für drei Testgruppen verglichen:

- das proportional verteilte Material,

- eine 80/20-Verteilung sowie

- eine 90/10 Verteilung,

jeweils bezogen auf solvente und insolvente Unternehmen in der Testgesamtheit.

Die prozentualen Analyseergebnisse in bezug auf die richtige Vorhersage mit den beiden Verfahren zeigt Abbildung 5. Dabei schneidet das Neuronale Netz bei allen Vergleichen für insolvente Unternehmen besser ab. Bei den solventen Unternehmen ist dagegen die Analyse nicht eindeutig. Es muß aber berücksichtigt werden, daß Fehler bei der nicht erkannten Insolvenzvorhersage größere Konsequenzen haben als solche, bei denen das Unternehmen als insolvent eingestuft wird. Daher sollten weitere Test durchgeführt werden, die auf anderen Kennzahlenkombinationen beruhen. An der Abteilung Wirtschaftsinformatik der Universität Erlangen-Nürnberg wurde mit entsprechenden Arbeiten begonnen, bei denen ein umfangreicher Datenbestand zugrunde liegt. Die bislang vorliegenden Ergebnisse sind nicht eindeutig. Es läßt sich aber feststellen, daß die verwendeten Backpropagation-Netze erst nach sehr großen Lernphasen (mehr als 100.000 Lernschritten) zufriedenstellende Ergebnisse zeigen.

Ähnliche Aufgabenstellungen mit Beurteilungscharakter wie die Insolvenzprognose für Unternehmen, die konventionell mit Ansätzen der Diskriminanzanalyse oder Mustererkennung gelöst werden und sich zum Test Neuronaler Netze eignen würden, liegen in folgenden Bereichen:

1. Eine Beurteilung von qualitativen Investitionsrisiken, die üblicherweise mit Checklisten und Punktbewertungsverfahren erfolgt, könnte mit Konnektionistischen Systemen nachgebildet werden. Eventuell sollte man sich dabei auf bestimmte Investitionsbereiche beschränken, etwa die Beurteilung von DV-Projekten.

2. Für Personalberatungen oder Großunternehmen könnte es sich anbieten, die erste Selektion von Bewerbern für eine Stellenausschreibung mit einem Neuronalen Netz durchzuführen. Als Muster wären dann die Ausschreibungscharakteristika mit den Bewerberprofilen zu vergleichen. Um das System trainieren zu können, müßten ähnliche Bewerbungen schon vorher vorgelegen haben. Besser noch wäre es, wenn man ehemalige Bewerber und ihr damaliges Profil aufgrund einer ex post Einschätzung als Trainingsmaterial verwenden könnte. Fraglich ist allerdings, ob für das Training wirklich charakteristische Profile für einzelne Arbeitsplätze/Tätigkeiten verfügbar sind.

3. Vielleicht könnte man auch die Einstellung von Regeln eines PPS-Systems mit einem Konnektionistischen System unterstützen. Mertens beschreibt beispielsweise ein auf der Mustererkennung beruhendes Verfahren zur Auswahl von günstigen Prioritätsregeln bei der Werkstattfertigung [18]. Gerade die schlecht beherrschbare Mischung alternativer Auswahlregeln zur Auftragseinplanung konnte damit vereinfacht werden. Seinerzeit hat man als Merkmale einzelne Kennzahlen gewählt, für die eine Klassenbildung vorgenommen wurde. Abhängig von möglichen Zielsetzungen (z. B. Kapitalbindung, Termintreue), wurden alternative Prioritätsregeln simuliert, um

für Merkmals-Zielsetzungs-Kombinationen Reihenfolgen für günstige Prioritätsregeln festzulegen.

Bei einem ausreichenden Datenbestand an Merkmals-, Zielgrößen- und Prioritätsregel-Kombinationen könnte man auch das Training eines Neuronalen Netzes versuchen. Problematisch ist hier auch die Gewinnung der Testfälle sowie die Konsistenz in der Zusammensetzung des Auftragsbestandes. Kommt es zu größeren Schwankungen, müßte die Struktur des Auftragsbestandes ebenfalls im Input-Vektor zum Ausdruck gebracht werden.

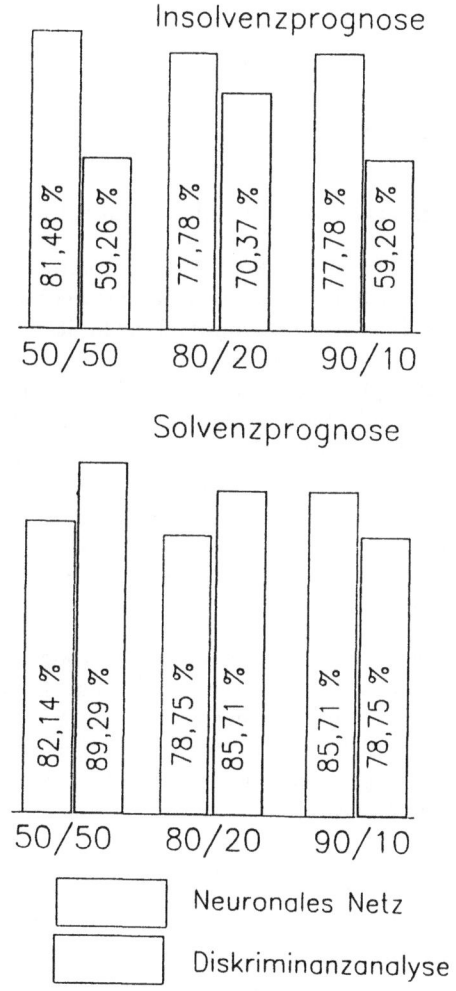

Bild 5: Prozentsatz richtig erkannter Zuordnungen

Abbildung 6 faßt verschiedene Einsatzbereiche für Neuronale Netze und alternative DV-gestützte Hilfsmittel für Beurteilungsprobleme tabellarisch zusammen.

Aufgabenbereich	Andere Hilfsmittel
1. Jahresabschlußanalyse zur Insolvenzprognose	Multivariate Diskriminanzanalyse, Mustererkennung
2. Risikoanalyse beim Abschluß von Versicherungsverträgen	Scoring—Modelle, persönliche Einschätzung, Expertensysteme
3. Auswahl von Prioritätsregeln zur Werkstattsteuerung	personelle Auswahl, Mustererkennung
4. Personalauswahl	Profilvergleich, Nutzwertanalysen
5. Prüfungsvorgänge der internen Revision	Checklistenprüfung

Bild 6: Potentielle Einsatzgebiete Neuronaler Netze bei Beurteilungsproblemen

Anwendungen, die mit der bereits behandelten Aktienkursprognose vergleichbar sind, finden sich auch in der Volkswirtschaftslehre, etwa bei der Schätzung eines Konjunkturindexwertes. Für die Lernphase lassen sich als Inputvektor Indikatoren wie Auftragseingänge, verschiedene Preisindices oder z. B. der Aktienindex heranziehen (über eine oder mehrere Perioden, Periodenwerte oder geglättete Werte). Nun könnte man anhand der historischen Daten mit dem jeweiligen Konjunkturindex die Lernphase gestalten [31]. Ein solcher Problemansatz läßt sich z. B. mit einem auf der Mustererkennung basierenden Vorgehen vergleichen, bei dem ebenfalls ein Lernmechanismus für das Verfahren implementiert wird. Als weiteres Anwendungsgebiet könnte die Wechselkursprognose genannt werden. Zu einer Steigt-/Fällt-Dollar-Wechselkursprognose auf einer Dreimonatsbasis haben Rehkugler und Poddig ebenfalls Untersuchungen vorgenommen [24]. Abbildung 7 nennt potentielle Forschungsbereiche für Prognosesysteme.

Eine sehr ähnliche Aufgabenstellung wie die Personaleinsatzplanung im Schichtbetrieb ist das Tourenzuordnungsproblem bei Speditionen oder Fuhrparks. Die Aufgabe besteht darin, nachdem die klassische Tourenplanung durchgeführt wurde, Fahrer und LKW's für die einzelnen Touren zu bestimmen. Zu berücksichtigen sind LKW-Größen, andere technische LKW-Nebenbedingungen sowie gesetzliche Bestimmungen für die Fahrer, die das Zuordnungsproblem komplex gestalten.

Es müssen entsprechende Tourenmerkmale, Tourenkombinationen (Input) und Fahrer-LKW-Zuordnungen (Output) als Trainingsmaterial dienen. Da bisher überwiegend mit manuellen Lösungen (z. B. Plantafeln) gearbeitet wurde, läßt sich wiederum die Qualität der Ergebnisse nur schwer abschätzen. Mittlerweile gibt es auch erste Versuche, Expertensystem-gestützte Anwendungen für diesen Bereich einzusetzen [16]. Dabei steht man allerdings erst am Anfang. Zu berücksichtigen ist, daß bei einer Änderung der Fahrer-LKW-Relation und -Ausstattung wohl ein neuer Lernprozeß initiiert werden müßte, für den dann wiederum geeignetes Testmaterial erforderlich wäre.

Aufgabenbereich	Andere Hilfsmittel
1. Konjunkturprognose	statistische Prognosemethoden, Mustererkennung
2. Wechselkursprognose	statistische Prognosemethoden
3. Absatzprognose bei unregelmäßigem Bedarf	Vorhersagemodelle zur Prognose unregelmäßigen Bedarfs
4. Stichprobenumfang bei der Wareneingangsprüfung	Wahrscheinlichkeitsrechnungen, Prognosemethoden

Bild 7: Potentielle Einsatzgebiete Neuronaler Netze bei Prognoseproblemen

Die Zellplazierung beim Design vom VLSI-Chips ist eine weitere Anwendung, bei der man versucht, Neuronale Netze einzusetzen [6]. Alternative Systeme arbeiten in diesem Bereich z. B. mit Leiterplatten-Simultationsmodellen.

Bei einer Prototyp-Anwendung wurde das Verfahren des Simulated Annealing verwendet, um eine Energiefunktion zu minimieren.

Das Design selbst erfolgt in vier Phasen:

1. Festlegen der Einzelkomponenten der Chips.

2. Erstellen der logischen Stromlaufpläne.

3. Optimale Plazierung der als Zellen bezeichneten Module.

4. Verbindung der Bausteine des Chips in der Form, daß möglichst wenig Leitungskreuzungen entstehen.

Die Optimierungsaufgabe besteht darin, die Module, die in variabler Größe vorliegen, so dicht wie möglich auf der Chipfläche zu plazieren, ohne daß Überlappungen auftreten. Das verwendete Netz fand in 18 von 50 Fällen die optimale Lösung.

In der Produktionsplanung und -steuerung gibt es einen weiteren Problembereich, an dem Konnektionistische Netze getestet werden könnten. Die von einem PPS-System erstellten Produktionspläne werden oft durch unvorhersehbare Störungen in der Fertigung rasch unbrauchbar. Schätzungen besagen, daß Betriebe bis zu 80 Prozent der Pläne ändern müssen, wobei Neuplanungen rechenaufwendig sind. Bei Mittelbetrieben haben hier auch Eilaufträge oder der Musterbau Einfluß. Aufgrund der Komplexität ist dabei teilweise der Fertigungsdisponent überfordert.

Moderne DV-Konzepte sollen nun helfen, die Informationslücke zwischen PPS-Planungsläufen zu schließen. Vornehmlich werden Probleme im Bereich lokaler Arbeitsplatzgruppen behandelt, bei denen Kapazitätsausfälle oder ein zeitlicher Auftragsverzug im Vordergrund stehen. So soll eine "kombinatorische Explosion" des Lösungsraumes vermieden werden.

Eine Vorgehensweise wird hier von Rose u. a. mit dem Expertensystem zur Umdisposition "Umdex" vorgeschlagen [25]. Das System läßt sich in die Aufgaben "Diagnose der Störungswirkungen" und "Beratung zur Umdisposition" trennen. Ausgehend von einer Abweichungserkennung werden eine Abweichungsbeurteilung, Maßnahmenermittlung und Maßnahmenauswahl durchgeführt. Störungs- sowie auftragsbezogene Beurteilungen dienen zur Abweichungsanalyse. Es wird schrittweise, vom Kapazitätsbereich über den Werkstattauftragsbereich zum einzelnen Kundenauftrag und dem gesamten Auftragsnetz, vorgegangen.

Bei der Maßnahmenermittlung testet das System die Anwendbarkeit einzelner Umplanungsmaßnahmen sowie die daraus entstehenden Nutzeffekte und Aufwendungen. Dazu wird die konkrete Fertigungssituation herangezogen und eine Alternativensimulation durchgeführt. Beispielhafte Lösungsvorschläge sind eine Verlagerung von Aufträgen auf Ausweichanlagen, der Einsatz von Überstunden oder das Verschieben von Wartungsarbeiten. Das System trennt zwischen Maßnahmen bei Kapazitätsausfall und solchen bei Verzug von Aufträgen. Bei letzteren stehen das Splitten oder Überlappen von Fertigungslosen im Vordergrund.

Eine alternative Vorgehensweise ist ein Simulationsansatz, bei dem für eine eng begrenzte Betrachtungsperiode und einen ausgewählten Werkstattbereich verschiedene Lösungsansätze auf ihre Eignung überprüft werden. Diesem Ansatz muß eine entsprechende Abweichungserkennung vorausgehen.

Man könnte nun annehmen, daß die beschriebene Aufgabenstellung auch mit einem Neuronalen Netz gelöst werden kann. Es müßten nur genügend Umdispositionsfälle, die Ursachen ihrer Auslösung sowie die abgeleiteten Umplanungsmaßnahmen gesammelt werden. Diese könnten dann als Trainingsmaterial für das Neuronale Netz dienen. Es lassen sich mehrere Lösungsstufen vorstellen, bei denen das Netz im ersten Schritt nur eine Maßnahme oder eine Maßnahmenkette zur Störungsbeseitigung vorschlägt. In einem zweiten Schritt könnte dann die Umplanung direkt vorgenommen werden.

Bei genauerer Betrachtung erweist sich diese Vorgehensweise allerdings als recht komplex. Welche Input- und Outputdaten werden verwendet? Außerdem muß der Umplanungszeitraum für alle Testfälle konstant sein. Für den Eingabevektor reicht es sicher nicht aus, nur die Störung und den betroffenen Auftrag vorzugeben, dem System müssen in bewerteter Form das umplanungsrelevante Auftragsspektrum und die Fertigungssituation sowie deren Bewertung bekannt sein, um eine Nutzen-Kosten-adäquate Lösung vorzuschlagen. Als Eingabemuster läßt sich zum Beispiel für eine Ausfallmaschine eine Engpaßkategorie aufgrund der Nutzungshäufigkeit und Ausfallzeit vorgeben. Außerdem ist die Bedeutung der betroffenen Werkstattaufträge (z. B. über eine Auftragspriorität) zu klassifizieren. Allerdings stellt sich die Frage, ob nicht auch Informationen zu den übrigen Maschinen und eingeplanten Aufträgen des betrachteten Bereichs notwendig sind, da Umplanungswirkungen entsprechend ausstrahlen und dann Aufwendungen in anderen Bereichen erfordern. Es könnte daher der Fall eintreten, daß das Muster (Beschreibung der Fertigung, der Aufträge usw.) vollständig abgebildet werden müßte, ähnlich eines Simulationslaufes. Die Kosten der Umplanung, die sich etwa aus zusätzlichen Rüstzeiten, Überstunden oder Konventionalstrafen durch zu späte Abarbeitung des Auftrags ergeben würden, wären dann zu minimieren. Es müßte nun eine entsprechende Arbeitsfolge identifiziert werden. Zu hinterfragen ist z. B., ob man dabei die übliche Vorgehensweise nicht umkehren müßte und den Werkstattaufträgen Maschinen zuweisen sollte. Dabei wären die zu einem Kundenauftrag gehörenden Aufträge jeweils vollständig abzuarbeiten.

Weiterhin ist zu prüfen, ob bei derart umfangreichen Inputdaten ein Lernprozeß überhaupt möglich ist oder ob die jeweilige Fertigungssituation nicht durch so spezielle Faktoren gekennzeichnet wird, daß man dem System immer wieder neue Muster zuführt, so daß es nicht zum gewünschten Einstellen des Netzes kommt. Darüber hinaus kann man ein Lernen nur unter der Bedingung durchführen, daß sich die verrichteten Arbeitsgänge, die verwendeten Maschinen, sowie die Zusammensetzung der Fertigungsauftragsstruktur im Zeitablauf nicht ändert.

Abbildung 8 zeigt mögliche Problemstellungen des Planungsbereichs noch einmal im Überblick.

Aufgabenbereich	Andere Hilfsmittel
1. Travelling-Salesman-Probleme	heuristische Verfahren
2. Personaleinsatzplanung	Optimierungsmodelle (ganzzahlig), Simulation, heuristische Verfahren
3. LKW- und Fahrerzuordnung in der Tourenplanung	Optimierungsmodelle, personell mit Plantafeln, Expertensysteme
4. Umdisposition in der Fertigung	personelle Umplanung, Simulation, Expertensysteme

Bild 8: Potentielle Einsatzgebiete Neuronaler Netze bei Planungsproblemen

Bei den beschriebenen Aufgaben handelt es sich jeweils um einzelne Teilgebiete eines größeren Anwendungsbereichs, die mit einem Neuronalen Netz zu bearbeiten wären, um so zu einer Lösung zu kommen, die im größeren Aufgabenkontext verwendet werden kann. Speziell bei Beratungssystemen umgeht man so die bei Konnektionistischen Systemen fehlende Erklärungsfähigkeit. Beispiele sind die mit Neuronalen Netzen versuchte Aktienprognose in einem System zur umfassenden Anlageberatung oder das Identifizieren eines Benutzerprofils in einem Beratungssystem, um den Dialog möglichst anwendergerecht zu führen. Die Vorgehensweise beim Einsatz Neuronaler Netze hat somit eine Reihe von Parallelen zur Verwendung von Simulationsmodellen.

Schließlich sollte man es vermeiden, unkritisch, möglichst viele Problemstellungen an die Neuronalen Netze zu übertragen, um sich dann mit der gefundenen Lösung zufrieden zu geben. Auch die theoretische Weiterentwicklung der Betriebswirtschaft in bezug auf das explizite, regelorientierte Wissen für ausgewählte Anwendungsgebiete erscheint weiterhin ausgesprochen wichtig.

Literaturverzeichnis

[1] Altman, E. I., Financial Ratios, Discriminant Analysis and the Prediction of Corporate Bankruptcy, The Journal of Finance (1968) 9, S. 588ff.

[2] Baetge, J., Huß, M. und Niehaus, H. Die statistische Auswertung von Jahresabschlüssen zur Informationsgewinnung bei der Abschlußprüfung, Die Wirtschaftsprüfung 39 (1986) 22, S. 605 ff.

[3] Beaver, W., Financial Ratios as Predictors of Failure, Journal of Accounting Research 21 (1966) 1, S. 71 ff.

[4] Bodendorf, F., Benutzermodellierung mit Hilfe Neuronaler Netze, in: Reuter, A., (Hrsg.), 20. GI-Jahrestagung, Informatik auf dem Weg zum Anwender, Informatik-Fachberichte, Heidelberg u.a. 1990, S. 348 ff.

[5] Borkowski, V., Erstellung eines konzeptuellen Rahmens zur Durchführung von Vergleichen zwischen Expertensystemen und alternativen Entscheidungsunterstützungs-Systemen und Überprüfung der Zweckmäßigkeit am Beispiel des Bankensektors, Diplomarbeit, Erlangen 1989.

[6] Caviglia, D. D., Bisio, G. M., Curatelli, F., Giovanacci, L. und Raffo, L., Neural Algorithms for Cell Placement in VLSI Design, in: IEEE TAB Neural Network Commitee (Hrsg.), IJCNN- International Joint Conference on Neural Networks, Vol. I, Washington, D. C. 1989, S. 573 ff.

[7] Corall, J., ESPRIT ANNIE Project, in: IBC (Hrsg.), The Third European Seminar on Neural Computing: The Marketplace, London 1990.

[8] Expert Informatik GmbH (Hrsg.), kurzfristige Aktienkursprognose mit Neuronalen Netzen, Überlingen 1990.

[9] Grenz, T., Dimensionen und Typen der Unternehmenskrise - Analysemöglichkeiten auf der Grundlage von Jahresabschlußinformationen, Frankfurt u.a. 1987.

[10] Hecht-Nielsen, R., Neurocomputing: Picking the Human Brain, IEEE-Spectrum o.Jg. (1988) 3, S. 36 ff.

[11] Hertweck, F. und Jülich, A., Transputer-Systeme für die Steuerung und Datenerfassung bei physikalischen Experimenten, Handbuch der modernen Datenverarbeitung (1990) 155, S. 95 ff.

[12] Kemke, C., Der Neuere Konnektionismus - Ein Überblick, Informatik Spektrum 11 (1988) 11, S. 143 ff.

[13] Kimoto, T. und Asakawa, K., Stock Market Prediction System with Modular Neural Networks, in: IJCN International Joint Conference on Neural Networks, San Diego, California, June 17-21, 1990, Vol. 1, San Diego 1990, S. 1 ff.

[14] Kin, C. L. und Hwee, T. A., Connectionist Expert Systems for Intelligent Advisory Applications, in: Pau, L. F., Motiwalla J., Pao, Y. H. (Hrsg.), Expert Systems in Economics, Banking and Management, Amsterdam u. a. 1989, S. 167 ff.

[15] Lippmann, R. P., An Introduction to Computing with Neural Nets, IEEE ASSP Magazine (1987) 4, S. 7 ff.

[16] Lorch, A., und Borkowski, V., RATOUREX - Expertensystem zur Steuerung des Werkfernverkehrs, in: Bodendorf, F. und Mertens, P., (Hrsg.), Universität Erlangen- Nürnberg, Abteilung Wirtschaftsinformatik, Arbeitspapier Nr. 3 1990, Nürnberg 1990.

[17] Mertens, P., Zugangssysteme als Weg zur Beherrschung komplexer DV-Anwendungen, in: Reuter, A. (Hrsg.), 20. GI-Jahrestagung, Informatik auf dem Weg zum Anwender, Informatik-Fachberichte, Heidelberg u.a. 1990, S. 56 ff.

[18] Mertens, P., Die Theorie der Mustererkennung in den Wirtschaftswissenschaften, Zeitschrift für betriebswirtschaftliche Forschung 29 (1977), S. 777 ff.

[19] Minsky, M., und Papert, S., Perceptrons, Cambridge 1969.

[20] Odom, M. D. und Sharda, R., A Neural Network Model for Bankruptcy Prediction, in: IJCN International Joint Conference on Neural Networks, San Diego, California, June 17-21, 1990, Vol. 2, San Diego 1990, S. 163 ff.

[21] Papert, S., One AI or many? Daedalus Winter 1987, S. 1 ff.

[22] Poliac, M. O., Lee, E. B., Slagle, J. R., und Wick, M. R., A Crew Scheduling Problem, in: Butler, C. und Caudill, M. (Hrsg.), IEEE First International Conference on Neural Networks, Vol. IV, San Diego 1987, S. 779 ff.

[23] Rehkugler, H. und Poddig, T., Statistische Methoden versus Künstliche Neuronale Netzwerke zur Aktienkursprognose, Eine vergleichende Studie, Bamberger Betriebswirtschaftliche Beiträge, Nr. 73/1990, Bamberg 1990.

[24] Rehkugler, H. und Poddig, T., Entwicklung leistungsfähiger Prognosesysteme auf Basis Künstlicher Neuronaler Netzwerke am Beispiel des Dollars, Eine Fallstudie, Bamberger Betriebswirtschaftliche Beiträge, Nr. 76/1990, Bamberg 1990.

[25] Rose, H. und Klimek, St., Stand des Expertensystems UMDEX zur wissensbasierten flexiblen Umdisposition in der Fertigung, in: Bodendorf, F. und Mertens, P. (Hrsg.), Universität Erlangen-Nürnberg, Abteilung Wirtschaftsinformatik, Arbeitspapier Nr. 2/1990, Nürnberg 1990.

[26] Schreter, Z., Connectionist Models: Virtues and Problems, SGAICO-Newsletter, SI-Informationen 20 1988, S. 27 ff.

[27] Schulte, B., Der Brain-Trust, Manager Magazin 14 (1989) 9, s. 150 ff.

[28] Treleaven, P. C., Neurocomputers, International Journal of Neurocomputing 1 (1989) 1, S. 4 ff.

[29] Valino, J. und Rubio, R., Credit Card Evaluation System Based on Neural Computing, in: Bernold, T. (Hrsg.), Commercial Expert Systems in Banking and Finance, Corporate Knowledge: How to Get, Evaluate, Use and Maintain, Proceedings of the 2. International Symposium SGAICO, Lugano 1989, S. 165 ff.

[30] Ziegler, U., Neuronale Netze in betriebswirtschaftlichen Anwendungen - Möglichkeiten und potentielle Vorteile im Vergleich mit anderen entscheidungsunterstützenden Methoden, Diplomarbeit, Nürnberg 1990.

[31] Zimmermann, H. G., Neuronale Netze aus Sicht der Ökonomie, in: Fachgruppe 0.1.3 "Neuronale Netze" der Gesellschaft für Informatik e.V. (Hrsg.), Nachrichten Neurale Netze (1990) 3, S. 2 f.

6 Simulation komplexer Fertigungssysteme mit Petri-Netzen zur Unterstützung von Investitionsentscheidungen.

Christian Schmidt

Zusammenfassung:

Komplexe Fertigungssysteme verlangen nach neuen, anwendungsgerechten Methoden der Investitionsplanung, die die Praktiker vor Ort bei der Entscheidungsfindung wirksam zu unterstützen vermögen. Mit der Simulation von Modellen auf der Basis einer speziellen Klasse von Petrinetzen steht ein mächtiges Informationsverfahren zur Verfügung, das dank seiner universellen Einsetzbarkeit unterschiedlichste Informationsbedürfnisse befriedigen kann.

Anhand eines Beispiels aus der Praxis täglicher Investitionsplanung wird der Umgang und die Modellierung mit Petri-Netzen aufgezeigt. Eine ausführliche Darstellung und Bewertung der Ergebnisse der Modellexperimente dokumentiert das "Erfolgspotential" der Investitionsplanung auf der Basis zeitbehafteter Prädikats-Transitionsnetze.

Simulation komplexer Fertigungssysteme

6.1 Methodische Einordnung

6.1.1 Planung, Entscheidung und Information

Betriebliche Entscheidungen sind das Ergebnis von Informationsverarbeitungsprozessen. Dem sich bis in die kleinste Organisationseinheit der Unternehmung fortsetzenden Prinzip der Arbeitsteilung folgend, werden die Vorbereitung und das Treffen von Entscheidungen von verschiedenen Organisationseinheiten wahrgenommen. Planungseinheiten beschäftigen sich im informatorischen Zugriff auf das Planungsobjekt mit der Beschaffung, Verarbeitung und Darstellung entscheidungsrelevanter Informationen, während Entscheidungseinheiten die kommunizierten Informationen in die Produktion von Entscheidungen einstellen und ggfs. zusätzliche Informationsnachfrage artikulieren, worauf die Planungseinheiten von neuem tätig werden [1].

Diese speziellen Informationseigenschaften von Planungsprozessen gewinnen in neuerer Zeit angesichts überproportional steigender Investitionsvolumen und sich permanent verkürzender Produkt- und Investitionsgüterlebenszyklen zunehmend an Bedeutung. Insbesondere im Bereich vernetzter, flexibler Fertigungssysteme hohen Komplexitätsgrades besteht ein akuter Bedarf an neuen, anwendungsgerechten Methoden der Investitionsplanung, die eine hinreichende Versorgung der Entscheidungsproduktion mit dem Einsatzgut "Information" ermöglichen.

Unter diesen informatorischen Gesichtspunkten betrieblicher Planungsprozesse untersuchen die nachfolgenden Ausführungen die Leistungsfähigkeit der Simulation von Petri-Netzmodellen zur Produktion von Informationen mit dem Ziel der Vernichtung von Unsicherheit in Investitionsentscheidungen. Dabei bestimmt sich aus betriebswirtschaftlicher Sicht der Stellenwert der Simulation im wesentlichen daran, inwieweit es gelingen kann, diese Technik des Operations-Research als Informationsverfahren [2] der Planung in betriebliche Entscheidungsprozesse zu integrieren.

Die hier darzustellende Untersuchung beschreibt unter Nutzung der Erfahrungen einer vergleichbaren Untersuchung [3] einen praktischen Fall betrieblicher Investitionsentscheidung aus dem Bereich der Fabrikplanung. Neben einer Integration der Simulation in die betriebliche Investitionsplanung wird das Ziel verfolgt, potentielle Anwendungsfelder von Petri-Netzen aufzuzeigen und einen Einblick in die gewählte Modellierungsstrategie zu gewähren.

6.1.2 Petri-Netze

Trotz einer umfangreichen theoretischen Diskussion [4] und einer nachgewiesenen Leistungsfähigkeit bei der simulativen Analyse und dem Entwurf komplexer Systeme [5] ist es bis heute nur in Ansätzen gelungen, Petri-Netze in den Prozeß der betrieblichen Informationsbeschaffung gelegentlich der Planung einzubinden. Dabei hat sich gezeigt, daß die Ergebniswirksamkeit und Praktikabilität des Simulationskalküls Petri-Netze in der täglichen betrieblichen Investitionsplanung eng mit dem/der jeweils zum Einsatz kommenden Simulationstool bzw. Simulationssprache korreliert ist. Im Gegensatz zu zwei am Markt verfügbaren Tools ist die Programmierung von Petri-Netzen etwa in Prolog sicherlich die Ausnahme in der industriellen Praxis.

Im vorliegenden Fall kommt das auf einer speziellen Art höherer Petri-Netze basierende, nicht gewidmete Simulationstool NET (PSI, Berlin) auf einer VAX-Station 2000 unter VMS zum Einsatz [6]. Als eine spezielle Art von Prädikats-Transitionsnetzen eignen sich NET-Netze zur ereignisorientierten Beschreibung und Analyse komplexer dynamischer Systeme, die sich durch einen hohen Grad an Nebenläufigkeit auszeichnen. Die Eigenschaft von Petri-Netzen als "graphische Beschreibungssprache" [7] findet sich in den symbolischen Netzelementen Kreis (Prädikat), Rechteck (Transition bzw. Modul) und Pfeilen (Kanten) wieder, wobei Transitionen mit einer pascal-ähnlichen Grammatik und einem Zeitausdruck (Activation-Time) versehen werden können. Initialisiert mit gefärbten Marken, sind aus diesen Elementen zusammengesetzte NET-Netze unmittelbar in diskreten Ereignisabfolgen ausführbar und dienen damit als Grundlage für Simulationsexperimente.

6.2 Aufgabenstellung

Die Befriedigung von Informationsbedürfnissen in der Praxis täglicher Investitionsentscheidung kann sich auf alle zu gestaltenden Elemente eines zu planenden, komplexen Fertigungssystems beziehen. Dem Strukturmodell der Entscheidungstheorie folgend, stehen damit Informationen über das Entscheidungsfeld, das sich aus den Entscheidungsparametern Umwelt- und Handlungskomponente zusammensetzt, im Vordergrund [8].

Im hier darzustellenden Fall stand eine Entscheidung über die Gestaltung eines flexiblen Fertigungssystems mit einem hohen Gesamtinvestitionsvolumen an. Über ein flexibles Transportsystem verbundene Arbeitsplätze montieren mehrere unterschiedliche Gerätetypen in jeweils unterschiedlichen Stückzahlen bei jeweils unterschiedlicher Anzahl und Dauer von Arbeitsschritten (8 - 10 Arbeitsfortschritte). In bezug auf die aus den Investitionszielen abgeleiteten Funktionserfordernisse, gemessen in Form der Produktionssollzahlen

1. Arbeitsplatzauslastung/Schicht,
2. Output/Schicht und
3. Durchlaufzeit der Geräte durch das Fertigungssystem

bestand hinsichtlich der tatsächlich zu erwartenden Funktionseigenschaften der geplanten Anlage Unsicherheit.

Auf einen bereits in einer ersten Planungsphase betriebsextern erarbeiteten Layoutplan des Fertigungssystems (vgl. Abb.1) setzt von daher der Aufbau und Ablauf von Simulationsmodellen zur Befriedigung der Informationsbedürfnisse auf. Im Vordergrund standen dabei Informationen über die Anpassung der investitionsvolumenrelevanten Handlungskomponente an die Funktionssolldaten. Zur Sicherstellung der zieladäquaten Lösung dieser abteilungsübergreifenden Planungsaufgabe wurde das Organisationsinstrument "Projektgruppe" eingesetzt, in dessen Zentrum als betriebswirtschaftliches Informationsverfahren die Simulation plaziert war.

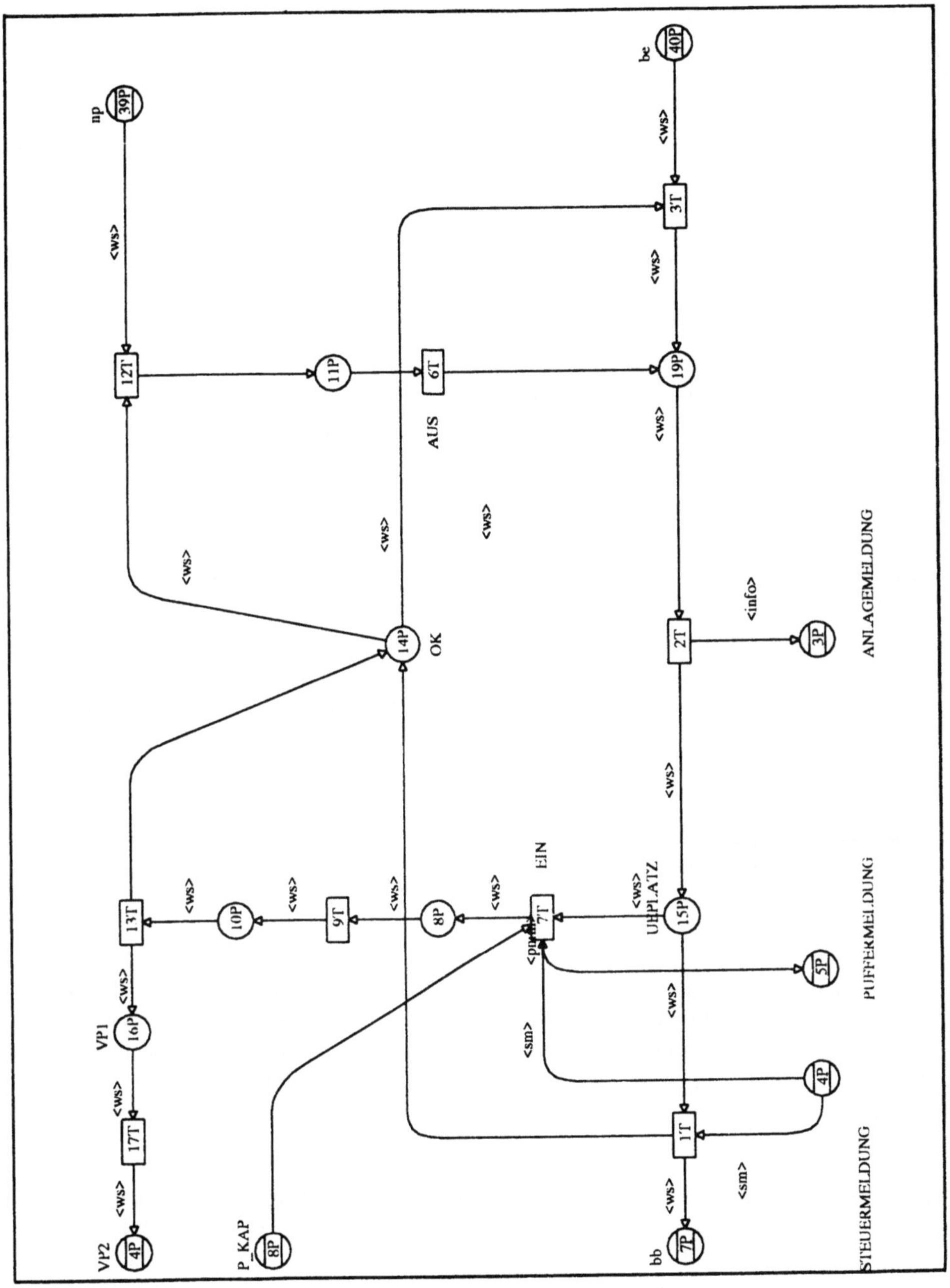

Simulation komplexer Fertigungssysteme

Bild 1: Flexibles Fertigungssystem

Die aus der Operationalisierung der Entscheidungsparameter abgeleiteten und inhaltlich konkretisierten Informationsbedürfnisse brachten einen umfangreichen Fragenkatalog in bezug auf die Handlungskomponente hervor, der sich im wesentlichen aus drei großen Blöcken zusammensetzte. Von besonderer Bedeutung war dabei der Fragenkomplex "Technisches Anlagenlayout", der den überwiegenden Anteil des extern zu vergebenden Investitionsvolumens betraf.

E1: Technisches Anlagenlayout
Ist das gegebene technische Anlagenlayout und die daran gebundenen technischen Funktionseigenschaften in bezug auf die Sollzahlen leistungsfähig?
(E11) Sind die reversibel angetriebenen Überhebmechanismen zwischen Innenband und den Arbeitsplatzpuffern leistungsfähig?
(E12) Ist eine Pufferkapazität 1 vor jedem Arbeitsplatz ausreichend?
(E13) Welche Anzahl von Werkstückträgern ist "optimal"?
(E14) Ist die Anzahl der geplanten Arbeitsplätze ausreichend?

E2: Arbeitsgangzuordnung
Welche Zuordnung von Arbeitsgängen zu Arbeitsplätzen führt bei einem gegebenen Anlagenlayout unter welchen Bedingungen zum höchsten Output/Schicht?

E3: Steuerungsstrategie
Kann das Simulationsmodell bereits Hinweise auf die zu entwickelnde und zu implementierende Steuerungsstrategie eines gegebenen Anlagenlayouts vermitteln?

6.3 Modellaufbau

6.3.1 Modularität sichert Flexibilität

An die Formulierung und Operationalisierung der Entscheidungsparameter schließt sich der Modellaufbau an. Angesichts der Komplexität des Fertigungssystems und der Vielfältigkeit der Informationsbedürfnisse wurde ein modularer Modellierungsansatz gewählt. Grund ist, daß auf diese Weise die Modellerstellung ebenso wie etwa aus Entscheidungs- oder Validationserfordernissen resultierende strukturelle Modellanpassungen mit vertretbarem Aufwand durchzuführen waren.

In diesem Sinne wird nach dem Prinizip der Dekomposition [9] verfahren. Ausgehend von einer obersten Ebene, die die Entscheidungsparameter "technisches Anlagenlayout" und "Steuerungsstrategie" abbildet, erfolgt unter Beibehaltung der Trennung von Informations- und Materialfluß die sukzessive Konkretisierung der Modellstruktur unter Nutzung individuell vorgefertigter Bausteine bis auf die Elementebene (siehe 6.3.2). Das Gesamtmodell wird demzufolge aus vorgefertigten Einzelmoduln Schritt für Schritt "von oben nach unten" zusammengesetzt. Dieses Modellieren mit "Bausteinen" wird vom Tool über verschiedene Ausstattungsdetails wie etwa hierarchisch verfeinerbare Moduln und spezifische Kopier- und Bausteinbibliotheksfunktionen unterstützt [6].

6.3.2 Individuell vorgefertigte Bausteine

Zur Rationalisierung des Modellierungsvorganges und der möglichst schnellen Befriedigung von Teilen der Informationsnachfrage wurden einzelne Anlagenbestandteile dekomponiert, ausgegrenzt, separat modelliert und auf ihre Funktions- und Leistungseigenschaften hin untersucht.

6.3.2.1 Ein Arbeitsplatz

Arbeitsplätze (vgl. Abb. 2) werden aktivitätsorientiert modelliert. Beim Vorhandensein eines Werkstückträgers 4P und einem aktionsbereiten Werker 7P wird der Arbeitsprozeß begonnen und nach Verstreichen der notwendigen Einwirkzeit beendet. Der Werker ist wieder aktionsbereit und der Werkstückträger verläßt den Arbeitsbereich in den Nachpuffer 41P. Beim Einfahren in den Arbeitsbereich setzt der Werkstückträger eine Puffermeldung 5P ("Minus") an die Anlagensteuerung und eine "mechanische" Meldung an den Überhebmechanismus 8P ab.

6.3.2.2 Ein Überhebmechanismus

Wesentlich komplexer gestaltet sich der reversibel angetriebene Überhebmechanismus (vgl. Abb. 3). Über eine einzige "Frei-Marke" 14P wird der ganze, jeweils nur von einem einzigen Werkstückträger befahrbare Mechanismus gesteuert. Aktivierungszeiten in den entsprechenden Transitionen stellen die "Vorfahrtsregeln" wie etwa die Bevorzugung der Arbeitsplatzentsorgung in Konfliktsituationen sicher. Die Trennung von Material- und Informationsfluß zeigt sich in den Plätzen 3P Anlagenmeldung, 5P Puffermeldung und 4P Steuermeldung, die die Verbindung zur Steuerung herstellen. In den Mechanismus sind die Arbeitsplatzpuffer integriert, die, je nach initialer Markierung des Platzes 8P P-Kap, wahlweise ein oder zwei Werkstückträger aufnehmen können.

6.3.2.3 Ein Bandabschnitt

Die Modellierung eines jeweils dem Arbeitsplatz gegenüberliegenden Bandabschnittes bereitet keine Schwierigkeiten. Die maximale, bauartbedingte Aufnahmefähigkeit von fünf Werkstückträgern wird mit kapazitätsbeschränkten Plätzen (Capacity = 1) 1:1 modelliert.

6.3.2.4 Ein Baustein

Alle drei separat modellierten und validierten Moduln wurden dann zu einem hierarchisch strukturierten Baustein (vgl. Abb. 4) zusammengefügt und in die vom Tool bereitgehaltene Bausteinbibliothek eingestellt. Das Prinzip der Trennung von Material- und Informationsfluß wird auf dieser Ebene über die Prädikate "Anlagenmeldung", "Steuermeldung" und "Puffermeldung" aus dem integrierten Modul Überhebmechanismus (siehe 6.3.2.2) realisiert: Ein in den freien Überhebmechanismus einfahrender Werkstückträger setzt eine Anlagenmeldung ab, die an die Steuerung kommuniziert wird. Dort wird unter Nutzung der arbeitsplatzspezifischen Puffermeldung und vorgehaltener Arbeitsplatzdaten wie Arbeitspläne eine Steuermeldung nach einem bestimmten Algorithmus ermittelt und an die Anlage kommuniziert. Je nach dessen attributiver Ausprägung verläßt der Werkstückträger den Innenumlaufpuffer und bewegt sich in den Arbeitsplatz oder er folgt dem Lauf des Innenumlaufpuffers.

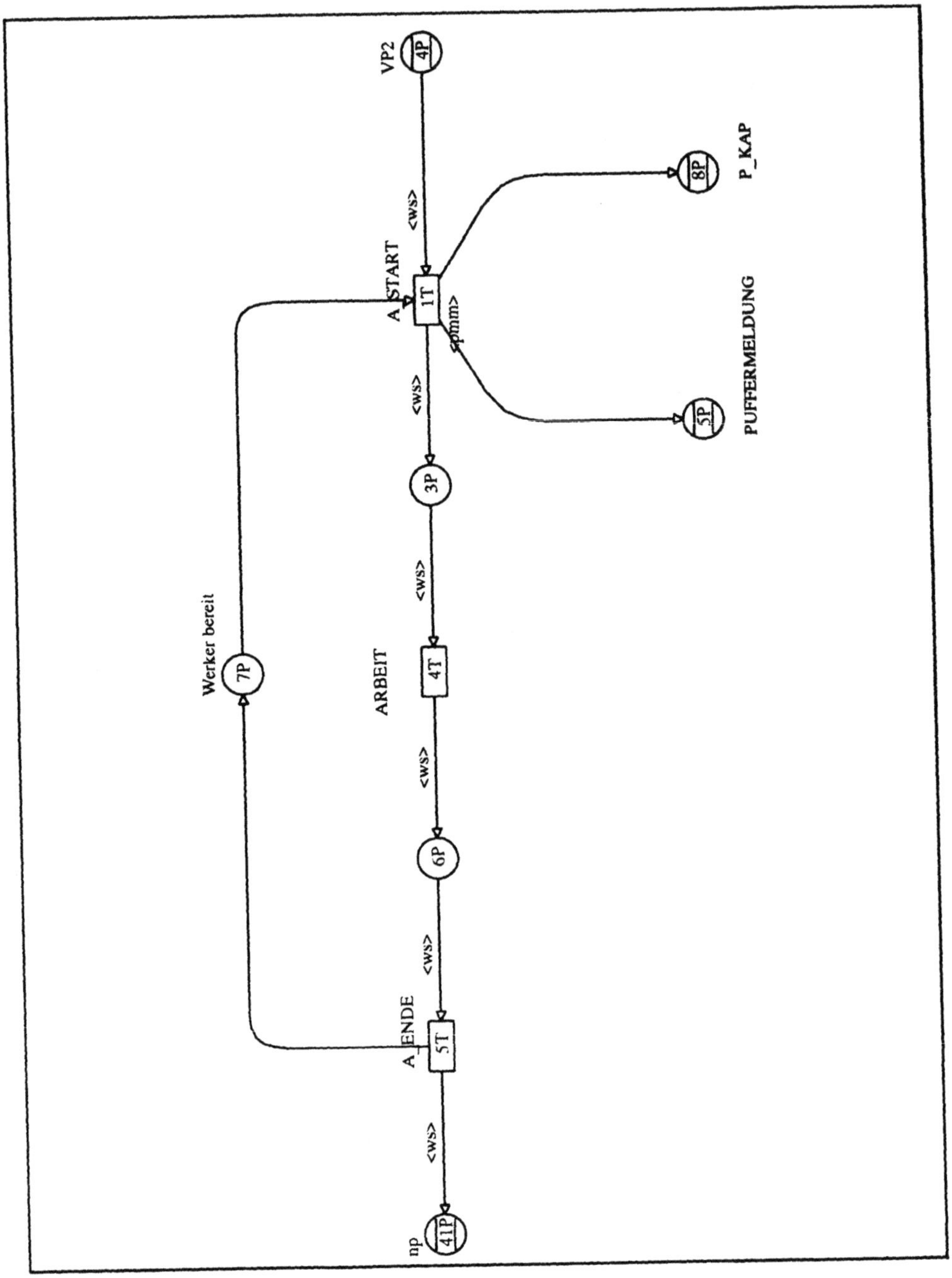

Bild 2: Ein Arbeitsplatz

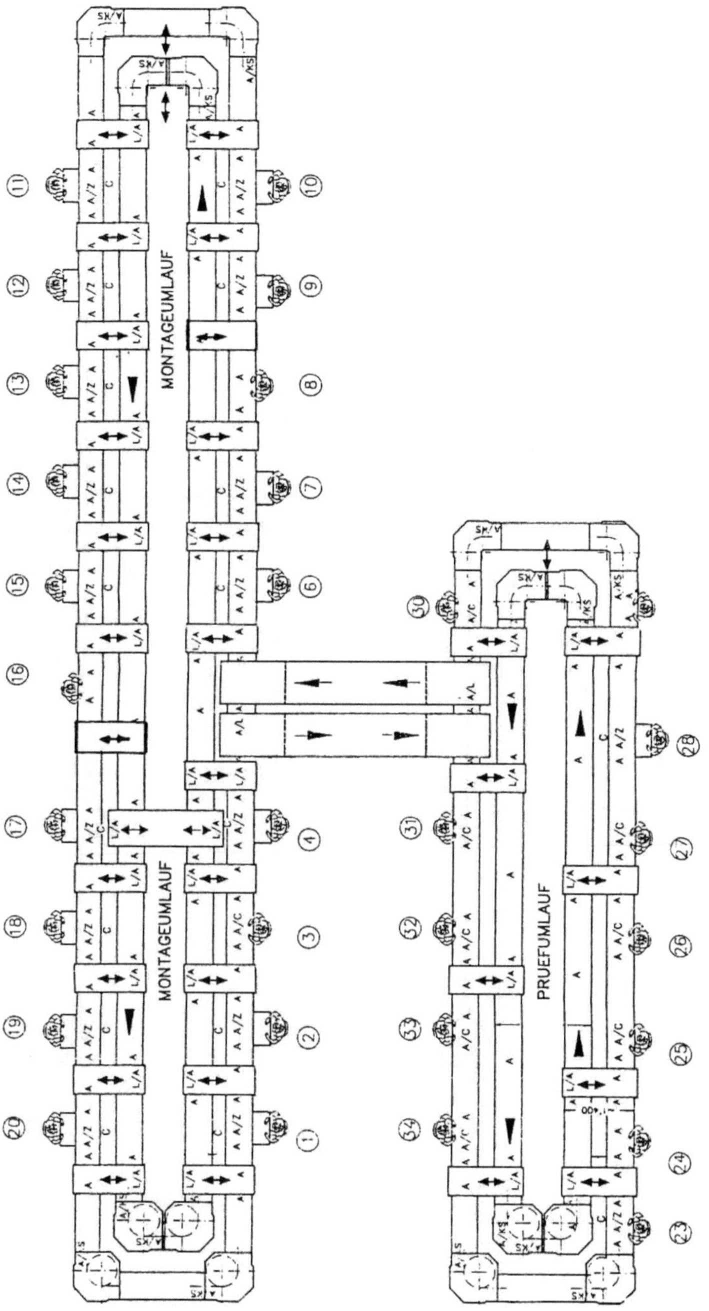

Simulation komplexer Fertigungssysteme

Bild 3: Ein Überhebmechanismus

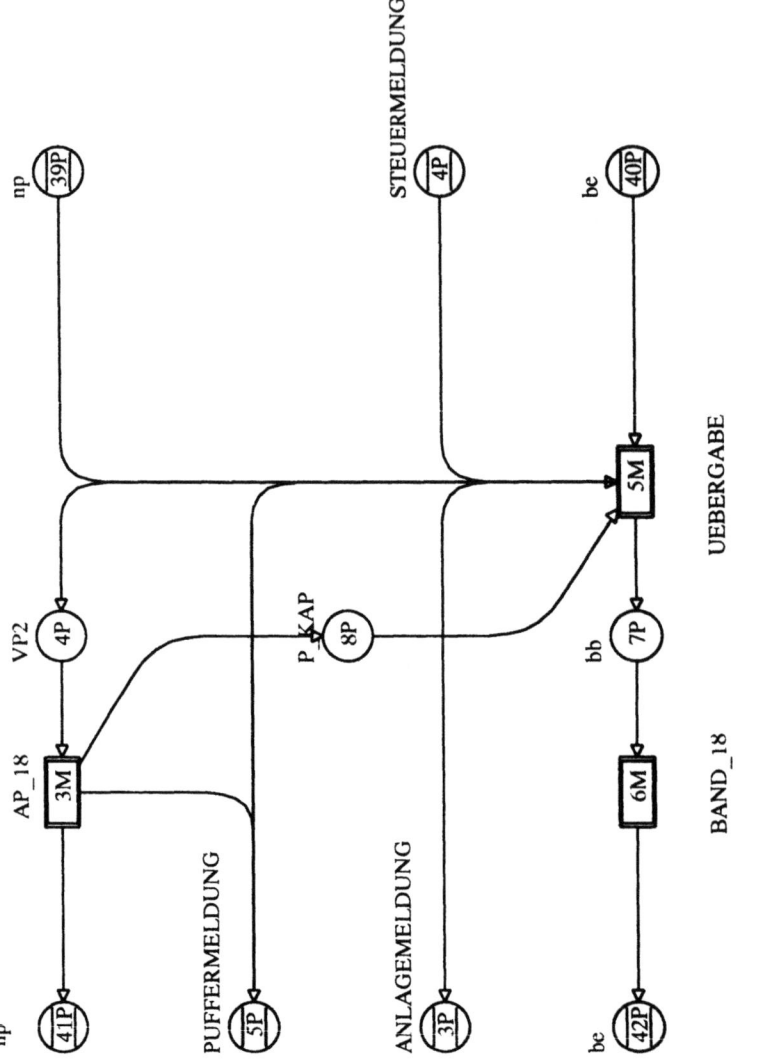

Bild 4: Ein Baustein

Zur Sicherstellung einer hohen Informationskapazität und Flexibilität des Modells werden die operationalisierten Entscheidungsparameter auf dieser Ebene so weit als möglich so in die Modellstruktur umgesetzt, daß sie ohne einschneidende Eingriffe in die Netzstruktur zu variieren sind. Dies gilt insbesondere für

1. die Pufferkapazität vor den Arbeitsplätzen (Wahlweise ein oder zwei Werkstückträger),
2. die Zuweisung von Arbeitsgängen zu Arbeitsplätzen (erfolgt unabhängig von der Netzstuktur über entsprechende Dateien, auf die die Steuerung zugreift) und
3. die jeweilige Steuerstrategie (Steuerungsalgorithmus).

6.3.3 Gesamtmodell

Aus dem unter 6.3.2.4 entwickelten Baustein wurde das hierarchisch strukturierte Gesamtmodell zusammengesetzt. Besonders vorteilhaft erwies sich dabei die enge Anlehnung der Modellierung an die tatsächliche Gestalt der Anlage. Wenn auch das Modell mit ca. 3000 Knoten eine beachtliche Größe erreichte, konnte durch die LAyoutorientierung ein Akzeptanzpotential bei den am Planungsprozeß Beteiligten erschlossen werden, das die bisher unbekannte Arbeit mit dem Informationsverfahren Simulation mit Petri-Netzen wesentlich erleichterte.

6.3.4 Kopplung von PASCAL-Programmen

Durch die Trennung von Material- und Informationsfluß wurde im Fall der Steuerungsstrategie die Möglichkeit des Tools genutzt, Netzstrukturen mit PASCAL-Programmen zu verbinden. Auf diese Weise wurde die Möglichkeit geschaffen, unter sonst gleichen Bedingungen und ohne Eingriffe in die Modellstruktur alternative Steuerungsstrategien zu testen [10].

6.4 Modellablauf

Simulation als komfortable Methode "to do trial and error experiments" [11] erfordert zur Sicherstellung ihrer Leistungsfähigkeit vergleichbar dem naturwissenschaftlichen Experiment eine systematisierende Versuchsanordnung. Die Arbeit mit dem Modell wird in ein planmäßiges Vorgehen eingebettet, das - dem klassischen Ceteris-Paribus-Prinzip folgend - in enger Zusammenarbeit mit der Entscheidungseinheit die Informationsnachfrage Schritt für Schritt befriedigt.

Eine Validationsstufe ist primär auf das technische Anlagen-Layout gerichtet und stellt eine hinreichende Struktur- und Funktionsgleichheit zwischen Modell und Anlage sicher. In diesem Zusammenhang der Bestimmung des jeweiligen Grades an Homomorphie gilt es zu berücksichtigen, daß Modelle in jedem Fall vereinfachende Abstraktionen der Wirklichkeit sind und eine 1:1 Abbildung nicht möglich ist.

Eine sich an die Validationsstufe anschließende Ermittlungsstufe produziert in enger Rückkopplung mit der Entscheidungseinheit über die bedarfsorientierte Variation der Versuchsanordnung entscheidungsrelevante Informationen.

Unter simulationstechnischen Gesichtspunkten sind Petri-Netzmodelle nach einer initialen Markierung ausgewählter Plätze mit prädikatsentsprechenden Marken unmittelbar ausführbar. Strukturmodell und Funktionsmodell sind damit identisch und bedürfen keines weiteren transformierenden Programmieraufwandes.

In NET-Modellen erfolgt die initiale Markierung mit gefärbten Marken in einem separaten VMS-File, der Simulation-Control-Datei (SCF-Datei). Dort werden gleichzeitig auch die Simulationssteuerungsinformationen, wie etwa die Simulationsdauer oder zu protokollierende Beobachtungspunkte, abgelegt. Durch die Verbindung von Netzstruktur und der SCF-Datei durch den Simulator werden Simulationsexperimente gestartet und ausgeführt. Je nach Wunsch kann der Verlauf der Experimente on-line am Bildschirm verfolgt und/oder in Protokolldateien nachvollzogen und toolunabhängig ausgewertet werden [6]. Durch die Trennung von Modell und Initialisierung ist eine Trennung der im Modell erfaßten Funktionsstruktur und der ausführungsrelevanten Daten möglich. Auf diese Weise kann sichergestellt werden, daß ohne Eingriff in das Modell alternative Konstellationen simuliert werden können.

Die Nutzung dieser Trennung von Modell und Information findet sich z.B. in der Anzahl der Werkstückträger und den Arbeitsplänen je Arbeitsplatz wieder. Zur Sicherstellung der Flexibilität des Modells kann die Anzahl der Werkstückträger (auch bei laufender Simulation) beliebig variiert werden. Gerätespezifische Arbeitsgänge je Arbeitsplatz und Arbeitszeiten werden in der SCF-Datei abgelegt und können so ohne Eingriff in die Modellstruktur geändert werden.

6.4.1 Validationsstufe

Die im Zuge des Modellaufbaus dekomponierten Bausteine wurden bereits vor dem Einbau in ein Gesamtmodell auf hinreichenden Realitätsgehalt untersucht und entsprechend angepaßt. Dazu wurde eine lokale Experimentieranordnung konstruiert, die unter gezielter Herbeiführung von Konfliktsituationen die Leistungsfähigkeit des Bausteines überprüfte. Bereits in diesem Stadium konnte eine positive Entscheidung zu Gunsten des reversibel angetriebenen Überhebmechanismus abgeleitet werden, was diesbezüglich nachgelagerte Anlagenstrukturanpassungen im Totalmodell weitgehend überflüßig machte.

Die Prozedur wurde nach der Erstellung des Gesamtmodells mit einer "normierten Erstausstattung" der Zuordnung von Arbeitsgängen zu Arbeitsplätzen wiederholt. Den generischen Eigenschaften von Planungsprozessen folgend, gestaltete sich diese Versuchsphase schwierig, da ein dem geplanten Fertigungssystem vergleichbarer, realisierter Anlagentyp

Simulation komplexer Fertigungssysteme 105

nicht verfügbar war und demzufolge Plandaten als auch Daten aus vergleichbaren Simulationsuntersuchungen [3] als Validationskriterium herangezogen werden mußten.

6.4.2 Ermittlungsstufe

Das validierte Modell stellt die Basis der eigentlichen Informationsermittlung dar. Simulationsmodelle sind in diesem Sinne Ermittlungsmodelle mit Informationsgeneratoreigenschaften und nehmen eine Entscheidungsunterstützungsfunktion wahr.

Aufsetzend auf eine zunächst willkürliche Zuordnung von Arbeitsgängen zu Arbeitsplätzen und die Einlastung eines zufallsverteilten Auftragsspektrums wurden die Simulationsexperimente zur Ermittlung der Funktionseigenschaften aufgenommen:

Stufe 1: Stabilitätsuntersuchung
Ermittlung der "optimalen" Anzahl von Werkstückträgern bei gegebener Arbeitsgangverteilung für
* Pufferkapazität = 1
* Pufferkapazität = 2
und gegebenem Anlagenlayout und gegebener Steuerungsstrategie.

Stufe 2: "Optimierung" der Zuteilung von Arbeitsgängen zu Arbeitsplätzen unter sonst gleichen Bedingungen bei
* Pufferkapazität = 1 und 80 Werkstückträgern
* Pufferkapazität = 2 und 100 Werkstückträgern.

Stufe 4: Konkretisierung der Engpaßeigenschaften einzelner Arbeitsplätze in Verbindung mit zugeordneten Arbeitsgängen unter sonst gleichen Bedingungen.

Stufe 5: Einlastung extremer Auftragsspektren unter sonst gleichen Bedingungen.

Die Erfassung der jeweiligen Funktionseigenschaften erfolgte über ein Indikatorensystem, das - Meßsonden vergleichbar - über speziell modellierte Netzelemente bzw. unter Nutzung von Ausstattungsdetails des NET-Tools in das Modell eingefügt wurden. Im einzelnen wurden in enger Anlehnung an die Produktionssollzahlen

1. die Arbeitsplatzunterauslastung je Schicht in Minuten und %,

2. Output/Schicht in Stück und

3. die gerätespezifische Durchlaufzeit durch das Fertigungssystem

erfaßt.

6.5 Ergebnisse

Mit jedem Simulationslauf legt das Tool eine Simulationsprotokolldatei (PRT-Datei) und, wenn gewünscht, eine Statistik-Datei (STP-Datei) an, die über die Ausprägungen der vor dem Modellablauf in der SCF-Datei definierten Beobachtungspunkte und der Ausprägung der individuell gestalteten Meßindikatoren informiert.

Nach mehreren Simulationsläufen zu je 3-4h Laufdauer auf einer (für die Größe des Modells unzureichenden) VAX-Station 2000 mit 6MB Hauptspeicher unter VMS konnten in bezug auf die Entscheidungsparameter eine Reihe relevanter Informationen ermittelt werden:

(E11)   Die reversibel angetriebenen Überhebmechanismen sind leistungsfähig. Die Benutzung ein und derselben Vorrichtung zur Entsorgung jeweils eines Arbeitsplatzes und der Versorgung des jeweils unmittelbar nachfolgenden Arbeitsplatzes bereitet selbst unter Extrembedingungen keine Schwierigkeiten.

(E12)   Eine Steigerung der Pufferkapazität auf ein Fassungsvermögen von zwei Werkstückträgern wirkt sich nicht signifikant auf die Funktionseigenschaften aus.

(E13)   Die ideale Anzahl von Werkstückträgern bewegt sich in einem Intervall von 90 bis 110 Stück.

(E14)   Das gegebene Produktionssoll kann selbst bei einer Einsparung von vier Arbeitsplätzen zu 40% übertroffen werden.

(E2)   Bereits mit Inbetriebnahme der Anlage kann über ein "optimiertes" Zuweisungskonzept von Arbeitsgängen zu Arbeitsplätzen verfügt werden, was sich signifikant auf den Output und die Auslastung der Arbeitsplätze auswirkt.

(E3)   Die im Modell eingesetzte und "optimierte" Steuerungsstrategie kann als Grundgerüst der Steuerungsentwicklung in ein entsprechendes Pflichtenheft übernommen werden.

Ergebnis E11 konnte schon in einem frühen Stadium der Planung ermittelt und der Entscheidungseinheit angeboten werden. Besonders vorteilhaft erwies sich dabei, daß das Ergebnis mit einem sehr geringen Modellierungs- und Simulationsaufwand in einem Partialmodell ermittelt werden konnte und gleichzeitig einen zentralen Entscheidungsparamter in bezug auf das technische Anlagenlayout und damit die Gestaltung des Investitionsbudgets darstellte. Ergebnis E12 wurde aus dem Totalmodell abgeleitet und bestätigte die geplante, räumliche Ausdehnung der Anlage. Die ursprünglich geplante Anschaffung von 200 Werkstückträgern konnte revidiert werden, was zu einer erheblichen Einsparung von Mitteln führte. Gleiches gilt für die Ausstattung der Anlage mit Arbeitsplätzen: angesichts einer beachtlichen Kapazitätsreserve wurde die Empfehlung formuliert, auf die Aufrüstung von vier Arbeitsplätzen in der ersten Ausbaustufe der Anlage zu verzichten. In bezug auf die Zuordnung von Arbeitsgängen zu Arbeitsplätzen bei einer gegebenen Anlage zeigte sich, daß mit zunehmender Ungleichverteilung der zeitlichen Ausdehnung der einzelnen Arbeitsschritte als auch der zunehmenden Ungleichverteilung der Gesamtbearbeitungszeiten der jeweils zu fertigenden Gerätetypen die Gesamtauslastung der Anlage negativ beeinflußt wird. Über die Koordination von Material- und Informationsfluß im Modell und die

Zuschaltung alternativer Steuerungsalgorithmen - etwa mit und ohne Prioritätssteuerung - konnte ein Grundgerüst einer Empfehlung für die Steuerungsentwicklung bereitgestellt werden.

6.6 Zusammenfassung

Die Konstruktion und systematische Ausführung von petri-netzgestützten Simulationsmodellen kann über die Generation entscheidungsrelevanter Informationen Unsicherheit in Investitionsentscheidungen vernichten. NET-Netze sind ein geeignetes Instrumentarium zur Befriedigung nach Art und Umfang von im Verlauf komplexer Entscheidungsprozesse variierender Informationsbedürfnisse. Die Eigenschaft von NET-Netzen als graphische Beschreibungssprache erlaubt die Visualisierung von Kausalstrukturen und eröffnet im Zuge von Modellaufbau und Modellablauf die Chance des Erkennens und der Analyse bisher nicht bekannter Wirkungszusammenhänge.

Mit der zunehmenden Integration nichtdeterministischer Modellelemente und der Ausweitung des Detaillierungsgrades auf unteren Ebenen der Modellhierarchie nimmt die Beherrschbarkeit der Modelle ebenso wie die kausale Rückführbarkeit der Modellergebnisse überproportional ab.

Im vorliegenden Fall konnte das technische Anlagenlayout und dessen Funktionseigenschaften überprüft und in Teilbereichen den betrieblichen Erfordernissen angepaßt werden. Die in der Simulation gewonnenen Informationen konnten den Einsatz des Gesamtinvestitionsvolumens optimieren und über die Anpassung der Kapazitätsauslegung in Teilen reduzieren. Gleichzeitig wurden Informationen für eine verklemmungsfreie Inbetriebnahme der Anlage und eine rationelle Gestaltung der Arbeitsgänge als auch deren Zuweisung zu Arbeitsplätzen abgeleitet.

Die aus Modellaufbau und Modellablauf erwirtschafteten Vorteile in bezug auf die Gestaltung der Handlungskomponente übertrafen bei weitem die Aufwendungen für die erforderliche Simulationsausstattung und den nicht unerheblichen Zeitaufwand.

Literaturverzeichnis

[1] Bössmann, E.: Information, in: Albers, W., u.a. (Hrsg.): Handwörterbuch der Wirtschaftswissenschaften, Stuttgart u.a. 1978, Bd. 4, hier S. 184-186.

[2] Koch, H.: Gegenstand, Struktur und Kriterien der betriebswirtschaftlichen Entscheidungsanalytik, in: ZfbF, N.F., 26. Jg. (1974), hier S. 305.

[3] Die Untersuchung kann auf eine von PSI für INDRAMAT erstellte Simulationsstudie für ein vergleichbares Fertigungssystem zurückgreifen.

[4] Drees, S., u.a.: Bibliography of Petri-Nets, St. Augustin 1988.

[5] Thome, R. (Hrsg.): Systementwurf mit Simulationsmodellen, Heidelberg u.a. 1988.

[6] PSI GmbH: PSItool NET, Release Notes, Release 3.0, o.O, 1990.

[7] Relewicz, C. und Franzen, H.: Petri-Netze als graphische Beschreibungssprache für Systemanalyse und Simulation, S. 57, in: Fuss, H. und Naber, B.: ASIM-Mitteilungen, H. 11, o.O., 1988.

[8] Frese, E.: Heuristische Entscheidungsstrategien der Unternehmungsführung, in: ZfbF, N.F., 23. Jg. (1971), hier S. 283 und S. 288.

[9] Thome, R.: Unterstützung des Systementwurfsprozesses durch Modellierung und Simualtion, S. 5, in: Thome, R. (Hrsg): Systementwurf mit Simulationsmodellen, Heidelberg u.a. 1988.

[10] Für die Steuerungsprogrammierung danke ich Herrn J. Kraft, INDRAMAT GmbH.

[11] Naur, P., Randell, B. (eds): Software Engineering, Scientific Affairs Divison, NATO Brüssel 39, 1969, S. 54.

7 Simulation und Reihenfolgebildung in der Automobilindustrie

Rainer Roos

Zusammenfassung:

Zur Verringerung der Kapitalbindung im Montagebereich der Automobilindustrie trägt die dynamische Auftragsreihenfolgebildung entschieden bei. Um zu ganzheitlichen DV-Lösungen dieses Problems zu gelangen, ist eine Betrachtung aus mehreren Blickwinkeln erforderlich: Mathematik, Betriebswirtschaft, Systemgestaltung und Anwenderbereich gemeinsam liefern dabei wesentliche Impulse.

Programmiersprachen wie Smalltalk unterstützen durch ihren objektorientierten Ansatz im Rahmen eines "rapid prototyping" die Nachbildung von Abläufen in der Fabrik entscheidend. Ein auf dieser Basis entwickeltes Modell kann sowohl im Rahmen von Simulation bei der Entwicklung geeigneter Optimierungsstrategien unterstützen als auch in eine Online-Umgebung integriert werden.

Der Montagebereich, in dem Teile mit hohem Veredelungsgrad kumuliert verweilen, verursacht einen hohen Anteil an der Gesamtdurchlaufzeit eines Auftrags in der Automobilindustrie und beeinflußt so die Kapitalbindung entscheidend. Auch sind die hier entstehenden Kosten im Vergleich zu anderen Fertigungsbereichen besonders hoch.

Zur Verbesserung dieser Situation ist neben einem weitgreifenden Ansatz zu Rationalisierungsmaßnahmen in Form montagegerechter Produktgestaltung eine montageorientierte Auftragsabwicklung erforderlich. Eine wesentliche Komponente dieser Auftragsabwicklung ist dabei für den Bereich der Automobilindustrie - soweit dort kundenauftragsbezogen gearbeitet wird - in der Auftragsreihenfolgebildung zu sehen. Schließlich entstehen durch die Variantenvielfalt, den Modell-Mix, etwa 13% Verlust in der Montage.

Variantenspektrum in der Fahrzeugmontage des Werkes Sindelfingen
der Mercedes Benz AG

Hervorgerufen werden diese Verluste vor allem durch die Probleme der Materialbereitstellung der Variantenteile und der Ausnutzung der Produktionskapazität. Eine besondere Bedeutung kommt hierbei der gleichmäßigen Werkerauslastung zu. Beeinflußt werden die Modell-Mix-Verluste im wesentlichen durch:

- die Modellfolge
- die Auslastung der Station
- die Streuung der Stationszeiten
- die Stationsgrößen und Stationspuffer.

In der Praxis versucht man die Modell-Mix-Verluste z.B. durch den Einsatz wirkungsvoller Verfahren zur Reihenfolgebildung zu verringern. Zu diesem Zweck wurden bereits viele Algorithmen entwickelt. Jeder einzelne von ihnen sollte folgenden Anforderungen genügen:

- den Anforderungen der Praxis entsprechen,
- einfach,
- universell einsetzbar,
- eine Aussage über die Güte der Modellfolge gegenüber dem globalen Optimum zulassen,
- durch die Wahl von Planungszyklus und -horizont der sich ständig ändernden Datenbasis gerecht werden und somit zur kurzfristigen Modellfolgebestimmung geeignet sein.

Doch obwohl fast jede der zahlreichen Veröffentlichungen und Algorithmen einen "integrierten" bzw. "gesamtheitlichen" Denkansatz zur Lösung des Problems für sich reklamiert, endet dieser meist dort, wo die Praxis der zu steuernden Fabrik beginnt. So war bisher das Hauptaugenmerk der Forschung auf die Modell-Mix-Verluste gerichtet: deren Reduzierung macht jedoch nur einen - wenn auch sehr wichtigen - Teil des Problems der Reihenfolgebildung aus.

In den idealisierten Betrachtungen werden oft die Probleme ausgespart, die den Praktiker vor Ort beschäftigen. Als Stichworte seien genannt: Fehleranfälligkeit der implementierten Verfahren, schlechte Datenqualität bei Typneuanläufen, u.ä..

Die Realitätsferne der Modellprämissen einerseits und der Mangel an geeigneten, Lösungsverfahren andererseits grenzen die Anwendbarkeit der meisten entwickelten Modelle sehr stark ein.

Der Vielzahl an bereits existierenden Algorithmen soll nun nicht noch ein weiterer hinzugefügt werden. Ziel ist es vielmehr, zunächst die zahlreichen Randbedingungen des Problems aufzuzeigen, die dann auf Basis einer Simulation des gesamten Lagerbetriebes die Konzipierung eines integrierten Lösungsansatzes ermöglichen.

Auch wenn es sich bei der Reihenfolge-Problematik um eine mathematisch reizvolle Aufgabe handelt, so sollte dabei doch nicht übersehen werden, daß dem Anwender in der Fabrik mit einer einfachen Lösung oft eher gedient ist als mit einem umfangreichen DV-System, das sämtliche denkbaren Anforderungen abdeckt. Universallösungen, die alle Funktionen beinhalten, haben sich als sehr aufwendig, zu unhandlich und vor allem als zu störanfällig erwiesen. Im DV-Bereich, auf den alle ernstzunehmenden Verfahren aufbauen, gilt dies gleichermaßen sowohl für die Hardware als auch für die Software.

Bisher wurde das Problem der Reihenfolgebildung lediglich von Seiten der Mathematik und der Betriebswirtschaft (bzw. Operations Research) betrachtet. Die Erfahrung zeigt jedoch, daß diese Sicht der Dinge allein dem Alltag in einer Fabrik nicht gerecht wird. Um die vorhandene Lücke zu schließen, müssen daher Know-how der Anwender vor Ort und Ansätze aus der Systemgestaltung bei einer Lösung mit einbezogen werden.

Die einzelnen Fertigungsbereiche in der Automobilindustrie - Rohbau, Lackierung und Montage - sind durch Hochregallager getrennt. Diese Zwischenlager haben im wesentlichen folgende Aufgaben:

- in der Entkoppelung von Fertigungsbereichen (Stichwort Störungen)
- als Abstellplatz für gesperrte Karosserien (Stichwort Fehlteile)
- Auswahlmenge für Reihenfolgebildung.

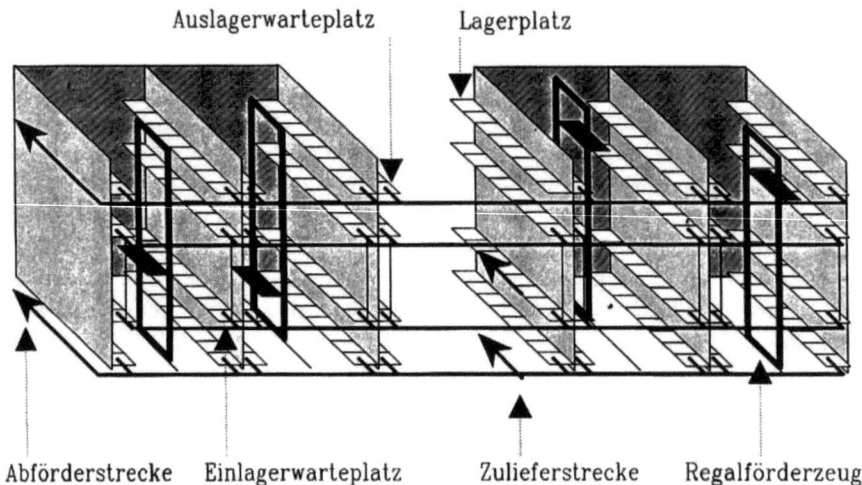

Layout eines Hochregallagers mit wahlfreiem Zugriff

Die beiden letztgenannten Aufgaben ergeben sich aus der Variantenvielfalt des Produkts:

- Mit zunehmendem Einsatz von just-in-time-Konzepten kommt es bei der hohen Anzahl von Zulieferern (in der BRD etwa 5000, in Japan lediglich etwa 200) immer wieder zu Engpässen in der Materialversorgung.

- Jeder Fertigungsbereich benötigt eine speziell für seine Bedürfnisse ausgelegte Reihenfolgeoptimierung, d.h. z.B. Farbblockbildung in dem Zwischenlager vor der Lakkierung.

Alle praxisbezogenen Verfahren zur Reihenfolgebildung sollten:

- manuelle Eingriffe des Disponenten im Leitstand ermöglichen
- verfahrensbedingte und technische Restriktionen einhalten
- Liefertermine gewährleisten und Liegezeiten im Lager überwachen
- unter Berücksichtigung der Auslegung der Förderkapazitäten im Lager optimieren.

Aus diesen Anforderungen ergibt sich ein Prioritätenschema abhängig von den Zielsetzungen des Unternehmens - es gibt folglich kein Verfahren, das zur allgemeingültigen Lösung des Problems der Reihenfolgebildung geeignet wäre.

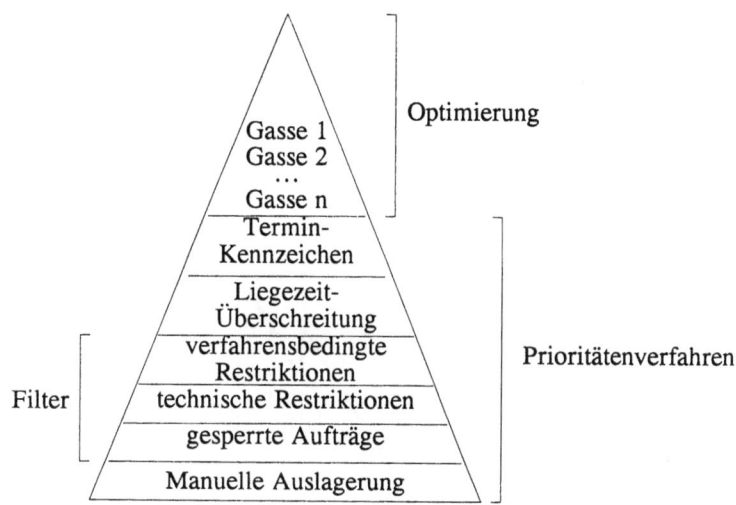

Prioritäten bei der Reihenfolge

Große Bedeutung haben - wie aus obiger Grafik zu ersehen - gesperrte Aufträge: diese "Nebenbedingung" schränkt die Freiheitsgrade für eine Optimierung erheblich ein. Eins der wichtigsten Ziele der Reihenfolgebildung ist die gleichmäßige Auslastung der Werker am Montageband. Bei Überlast kann die Arbeit nicht in der zur Verfügung stehenden Zeit erledigt werden (führt zu Springereinsatz oder läßt die Nacharbeitenquote steigen); Unterlast bedeutet Wartezeit für die Werker.

Unabhängig vom gewählten Algorithmus gibt es jedoch Probleme, die von keinem wie auch immer definierten Verfahren zu lösen sind:

- allgemeine Störungen im Förderfluß: Fehlidentifikation bei der Einlagerung (daraus ergeben sich Rückläufer), Störungen im Bereich der Auslagersteuerung (daraus ergibt sich eine modifizierte Auslagerreihenfolge) führen zu einer Veränderung des vom Rechner geplanten Ablaufs.

- Datenbasis: die Planungs-Datenbasis stimmt oft mit der Realität nicht überein; so gibt es z.B. unvorhergesehene Veränderungen der Werkeranzahl (Krankheit) gegenüber den Vorgaben.

Daher sollte der dynamischen Werkerauslastung ein gegenüber der Reihenfolgeoptimierung höherer Stellenwert eingeräumt werden.

114　　　　　　　　*Simulation und Reihenfolgebildung in der Automobilindustrie*

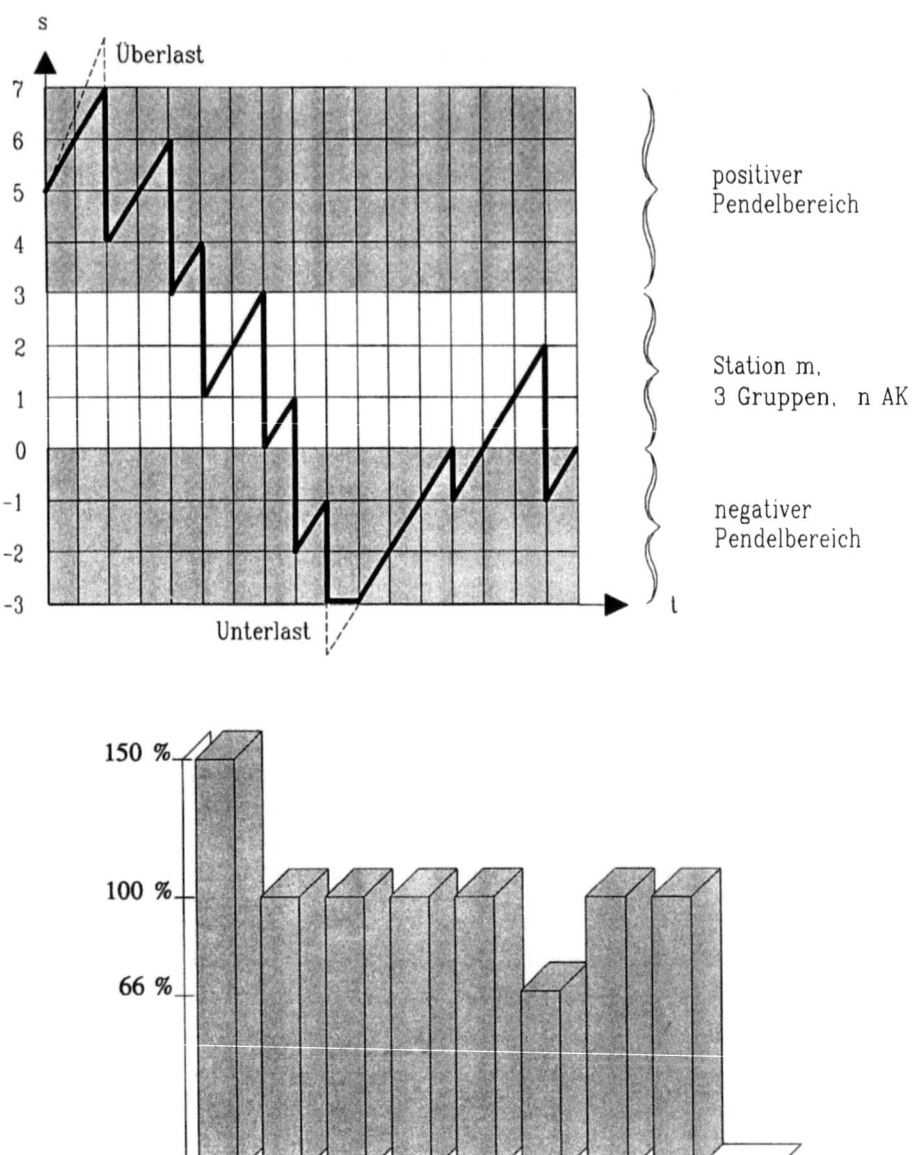

Vereinfachtes Wege- und Auslastungsdiagramm einer kritischen Situation

Simulation und Reihenfolgebildung in der Automobilindustrie

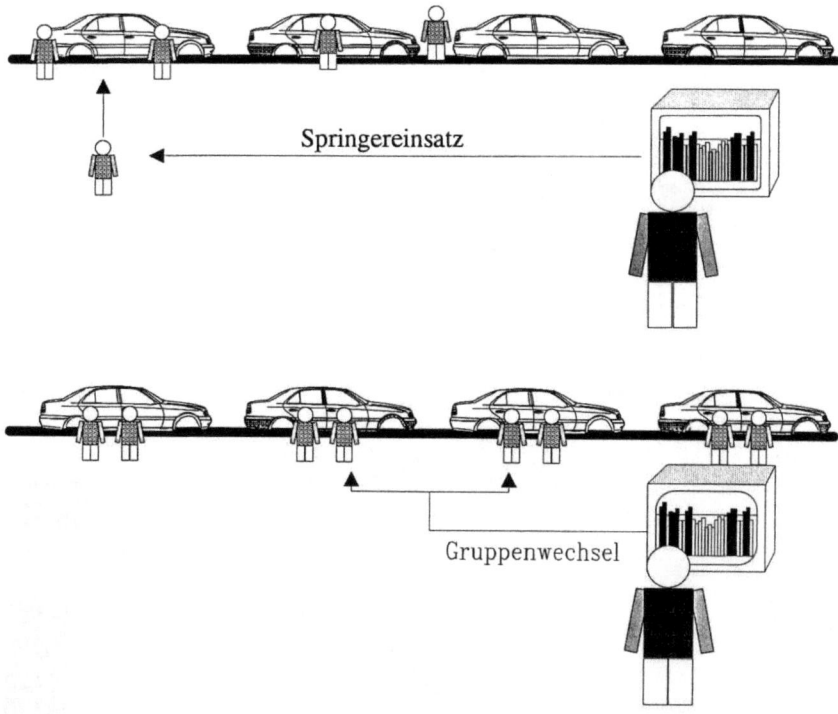

Springereinsatz und Auswechseln einzelner Arbeitsgruppen in einer kritischen Situation

Zu Beginn der Lösung von Reihenfolgeproblemen stand das Bestreben, eine gleichmäßige Auslastung der Montage über eine Gleichverteilung steuerungsrelevanter Merkmale (Sonderwünsche, Varianten) zu erreichen.

Bei Vorlage exakt ermittelter Arbeitsvorgabezeiten war es schließlich möglich, die Belastung der Werker zu errechnen. Mit zunehmender Verbreitung von just-in-time-Konzepten gewannen jedoch auch mengenbezogene Verfahren wieder an Bedeutung. Dies liegt daran, daß eine reibungslose Produktion nur dann sichergestellt ist, wenn beides - Material und Werkerkapazität - ausreichend vorhanden ist.

Bei der Entwicklung von Verfahren zur Reihenfolgebildung stellt sich die Simulation zunehmend als wichtiges Hilfsmittel dar. So können z.B. aus ökonomischen und technischen Gründen i.d.R. die Regalfahrzeuge in großen Hochregallagern nicht so ausgelegt werden, daß eines davon alle Ein- und Auslagerungen bewältigen könnte - es ist folglich ein häufiger Gassenwechsel erforderlich, der die Freiheitsgrade bei der Reihenfolgebildung einschränkt. Die gegenseitige Wechselwirkung von Qualität der Auslagerreihenfolge und Dimensionierung des Lagers können nur über eine Simulation quantifiziet werden.

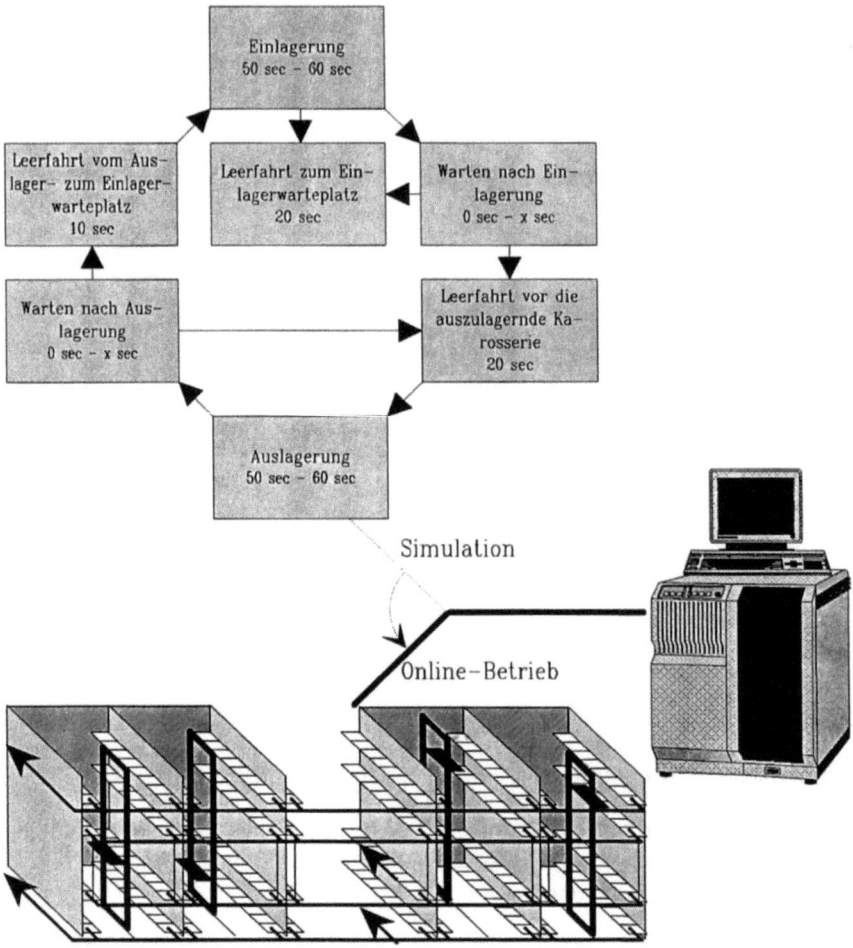

Onlinesystem und Simulationsumgebung

Bei der Erstellung des Modells ist jedoch bereits ein erheblicher Programmieraufwand zu leisten. Der gleiche Aufwand fällt meist bei Erstellung des Online-Systems erneut an, obwohl sich funktional nur wenig ändert. Während bei der Simulation die Impulse über Zufallszahlen generiert werden, stammen sie in der Realität von der Anlage - dem Zwischenpuffer selbst. Im Idealfall wird daher Online-System und Simulationsmodell auf der gleichen Hardware erstellt - und zwar im Rahmen eines evolutionären, explorativen Prototyping. An Software hat der Einsatz objektorientierter Programmiersprachen dabei eine große Bedeutung - als Hardware kommen nach dem Zellenrechnerkonzept dafür PCs und Workstations in Frage, die unterhalb der Fertigungsleitebene eingesetzt werden. Das vom Verfasser entwickelte Modell "REIHENFOLGE" geht einen ersten Schritt in diese Richtung.

Der strategische Ansatz für den Einsatz von Simulationen im Fertigungsbereich liegt in ihrer - zumindest teilweisen - Nutzung innerhalb von Online-Systemen. Nur so läßt sich auch der erhebliche Aufwand rechtfertigen, der zur Erstellung entsprechender Modelle erforderlich ist. Während die Ersteller von Simulationen bislang meist eine festdefinierte (Optimierungs)Aufgabe zu lösen hatten, bringt es sicherlich große Vorteile, wenn sie alle Phasen eines Projektes - von der Grobspezifikation über Realisierung und laufende Anpassungen nach der Einführung - unterstützend begleiten. Die von ihnen erstellte Software kann dabei vielfältigen Zwecken dienen - von der zur Prozeßvisualisierung bis zur Unterstützung bei Schulungsmaßnahmen.

Literaturverzeichnis

[1] Eichinger, F: Reihenfolgeoptimierung mit Methoden der "Künstlichen Intelligenz", in: CIM MANAGEMENT 1/90

[2] Kang, M.: Entwicklung eines Werkstattsteuerungssystems mit simultaner Termin- und Kapazitätsplanung, München/Wien 1987

[3] Koether, R.: Verfahren zur Verringerung von Modell-Mix-Verlusten in Fließ-Montagen, Berlin/Heidelberg 1986

[4] Leisten, R.: Die Einbeziehung beschränkter Zwischenlager in die Auftragsreihenfolgeplanung bei Reihenfertigung, in: VDI-FORTSCHRITTSBERICHTE, Reihe 2: Betriebstechnik, Nr. 90, Köln 1984

[5] Osman, M.: Untersuchung von Verfahren der Reihenfolgeplanung und ihre Anwendung bei Fertigungszellen, in: IPA FORSCHUNG UND PRAXIS, Berlin/Heidelberg 1982

[6] Rehwinkel, G.: Erfolgsorientierte Reihenfolgeplanung, Wiesbaden 1979

[7] Roos, R.: Reihenfolgebildung in der Automobilindustrie, Dissertation, Göttingen 1991

8 Simulation von leitungsvermittelten Telekommunikationsnetzen

Wolfgang Koops

Zusammenfassung:

Derzeit bestehende Telekommunikationsnetze können ein größeres Verkehrsaufkommen bewältigen, wenn neben herkömmlichen Verkehrslenkungsverfahren neuere Methoden betrachtet und eingesetzt werden. Unter wirtschaftlichen Gesichtspunkten wäre es bei mindestens gleicher Dienstgüte möglich, Investitionen später vorzunehmen oder einzusparen. Um sich Klarheit über mögliche Auswirkungen beim Einsatz neuer Strategien zur Verkehrslenkung in Netzen zu verschaffen, müssen vorab Erkenntnisse gesammelt werden und Einsicht in deren Wirkungsweise bestehen. Der Beitrag berichtet über die Simulation von digitalen Telekommunikationsnetzen als einem Lösungsansatz.

9 Einleitung

Die Fortentwicklung bereits bestehender Telekommunikationsnetze ist ein besonderes Anliegen einer industrialisierten Volkswirtschaft und der in ihr handelnden Personen und Organisationen. Die eigentlichen Phasen der Planung und des Aufbaus sind zu Beginn des Betriebszeitpunkts im wesentlichen abgeschlossen. Nach diesen Phasen zeigt sich, ob die in die Planung einfließenden Prognosen wie auch die Planung selbst korrekt waren. Da im allg. zukünftige Begebenheiten nie sicher vorausgesagt werden können, der Verkehr vielfach zufällig auftritt und auch Randbedingungen wie Kostenvolumen oder Wirtschaftlichkeit einzuhalten sind, sind Engpaß- oder Überlastsituationen nicht auszuschließen. Ein bestehendes Netz kann, mit neuen Verfahren versehen, Überlastsituationen mildern oder auch vermeiden.

Der Beitrag beschreibt zunächst das Problem. Es werden Verfahren zur Überlastbewältigung vorgestellt wie auch das Simulationsprogramm [1], das in Grenzen beliebige Netze nachzubilden gestattet und die Wirksamkeit von Verfahren zur Überlastabwehr untersuchen läßt. Abschließend wird auf nachgebildete Netze und Simulationsergebnisse eingegangen.

9.1 Problemstellung

Das Grundproblem läßt sich folgendermaßen beschreiben: Für ein vorhandenes Telekommunikationsnetz bestehend aus Vermittlungsstellen, hier als Knoten bezeichnet, Wegeabschnitten (Kanten) zwischen ihnen, bekannten Kapazitäten der Kanten sowie vorgegebenen Angeboten (hier Verbindungswünsche) zwischen den Knoten sollen die optimalen Wege der Verkehrsströme bezogen auf einen zu optimierenden Leistungsparameter, z. B. Netzdurchsatz oder Netzgewinn, bestimmt werden. Vorausgesetzt wird eine feste Zuordnung von Teilen der Kantenkapazität zu Ursprungs- und Endknoten für die Dauer einer Verbindung. Dieses Problem ist recht komplex und kann derzeit nicht für beliebige Netze optimal gelöst werden. Hinzu kommt die Vergabe von Prioritäten für gewisse Verkehrsströme, die eine Lösung weiter erschwert. So ist es beispielsweise wünschenswert, bestimmte Verkehrsströme bei konkurrierender Belegung von Kapazitäten anderen vorzuziehen (Fernverkehr vor Ortsverkehr, Verkehre neuer Dienste vor angestammten, ...), wie es auch auf anderen Gebieten der Verkehrstechnik und -theorie gewünscht ist. Viele Parallelen lassen sich zum Straßenverkehr ziehen, bei dem Sperren innerörtlichen Fernverkehrs oder die zeitliche Zugangssperre des Schwerlastverkehrs Beispiele für Prioritätenvergabe im Rahmen der Verkehrslenkung sind.

Die Beseitigung der Mängel führt über die Wirkung zu den Ursachen. Netze können nach verschiedenen Gesichtspunkten konzipiert werden, in jedem Fall sind aber aufkommende Kosten zu berücksichtigen. Die vollständige Funktionsfähigkeit wird so u.a. durch die Kundenzufriedenheit und die Wirtschaftlichkeit motiviert. Die Verbindungswünsche entstehen unabhängig voneinander und sind in ihrem zeitlichen Auftreten nicht vorhersagbar. Ressourcen werden deshalb auch bei sog. normaler Betriebsweise u. U. knapp, und ein Wettbewerb der Verbindungswünsche um sie ist unvermeidbar. Es können Variationen des Verkehrs in beachtlichem Umfang auftreten. Schwankungen großen Ausmaßes sind stündlich, innerhalb eines Tages, einer Woche, eines Jahres und auch saisonal feststellbar. Darüber hinaus werden Netze zu bestimmten Ereignissen regelmäßig stark belastet. Unter den verschiedensten Anforderungsprofilen diesen gegenläufigen Wünschen gerecht zu werden, bedarf es umfassenden Wissens. Die unterschiedlichen Anforderungen resultieren aus verschiedenen Diensten (Telefon, Fax, Btx, Datex, ...), möglichen globalen Überlastsituationen (Sylvester, Spartarif, ...) sowie lokalen und fokussierten Überlastsituationen (Hannover-Messe, Televotum, Katastrophen, ...).

Mit steigender Belastung nehmen die Blockierungswahrscheinlichkeiten für Rufe innerhalb der Vermittlungsstellen und auch auf den Verbindungsabschnitten zu.

Die Reaktion der Teilnehmer auf Abweisungen hängt im wesentlichen von der Ursache des Scheiterns ab. In Zeitabschnitten stärkerer Verkehrsbelastung steigt der Anteil wiederholter Versuche an der Gesamtanzahl aller Versuche: es können daher kürzere Anrufabstände vermutet werden. Je ausdauernder die Teilnehmer nach Mißerfolgen versuchen, Anrufe zu wiederholen (wobei ihnen die zur Verfügung stehende Technologie hilft), desto stärkere Anforderungen ohne effektive Belastungserhöhung erfährt das Netz.

Messungen an realen Systemen bieten zwar eine Möglichkeit, das Verkehrsgeschehen zu beobachten und daraus Schlüsse zu ziehen, sie sind aber sehr aufwendig. Zudem kann es sein, daß durch Messungen die Meßobjekte (z.B. digitale Vermittlungsstelle) zusätzlich belastet werden (z.B. durch Softwaremonitore). Da aber Kenntnis über die Wirkungsweise neuer, zukünftig einzusetzender Verkehrslenkungsverfahren vor deren realem Einsatz bestehen muß, müssen vor Messungen an den Systemen andere Lösungsansätze vorgenommen worden sein. Die Simulation ist somit wesentlicher Bestandteil für die Beurteilung neuer Verfahren, wobei Wirtschaftlichkeit und Dienstgüte bedeutende Aspekte sind.

9.2 Überlastbewältigung

Die Überlastbewältigung läßt sich als Teil eines mehrstufigen Netzmanagement-Prozesses bestehend aus einem "Regelungssystem" mit vier ineinander geschachtelten Regelkreisen beschreiben. Die Elemente sind:

- Langfristige Planung (Grundplanung),
- mittelfristige Planung (regelmäßige Erweiterungen),
- kurzfristige Planung (schnelle Anpassung),
- real time management.

Hier wird insbesondere auf Realzeitaufgaben eingegangen.

Bei alternativer Wegelenkung stehen für den Aufbau einer Verbindung mehrere verschiedene Wege zur Verfügung, die in fester Reihenfolge in Anspruch genommen werden können. Ohne Gegenmaßnahmen sinkt u.U. im Überlastfall der Netzdurchsatz. Überlastfälle soll jene Zustände bezeichnen, in denen mehr Angebot an das Netz gelangt, als für den Bemessungsfall unterstellt war. Je nach Netzstruktur und Dimensionierung ist es sogar möglich, daß eine Verringerung des Angebots nicht wieder eine Steigerung der Belastung nach sich zieht. Excessive alternative Verkehrslenkung läßt die mittlere Anzahl von Verbindungsabschnitten pro Ruf schon bei Normallast stark steigen und reduziert die Leistungsfähigkeit des Netzes. Die Erhaltung der Leistungsfähigkeit wird mit Hilfe des Netzmanagements angestrebt. Unterschieden werden hierbei abweisende (protektive bzw. restriktive) und ausweitende (expansive) Maßnahmen. Erstere regulieren und begrenzen die Menge von Verbindungswünschen, letztere versuchen soweit wie möglich freie Kapazitäten zur Verkehrslenkung (VL) zu nutzen.

Protektive Maßnahmen sollen die Anforderungen an das Netz herabsetzen, indem sowohl Forderungswünsche, die nicht an ihr Ziel geleitet werden können, sofort abgewiesen werden als auch andere Verkehr beeinträchtigende Verbindungswünsche nicht bedient werden. Expansive Maßnahmen zielen auf eine Verbesserung der Netzverfügbarkeit unter verschiedensten Lastsituationen ebenso wie bei Störungen von Übertragungsstrecken und Vermittlungsstellen. Grundsätzlich sind bei aktuellen Überlastfällen expansive Maßnahmen vor protektiven einzusetzen. Aus der Vielzahl denkbarer Funktionen werden neben der obligatorischen starren und starr alternativen VL eine dynamisch alternative VL (FIX; Fixed Alternate Routing, FAR; Dynamic Alternate Routing, DAR) sowie die Verfahren Leitungszahlreservierung (Trunk Reservation, TR) und Verkehrsflußlenkung (Proportional Bidding, PB) betrachtet.

Nähere Erläuterungen folgen im weiteren [2]:- Starre VL: Eine Verbindung zwischen zwei Knoten wird immer über denselben Weg geleitet. Dies ist die einfachste Art der Ressourcenzuteilung und der technischen Realisierung. Üblicherweise wird der einmalig festzulegende Weg aus wirtschaftlichen Gesichtspunkten gewählt.- Starre alternative VL: Dieses weit verbreitete Verfahren wird auch im Bereich der Telekom eingesetzt. Den Direktwegen der festen VL werden noch weitere alternative Wegemöglichkeiten hinzugefügt, die eine Blockierung zwischen Quellen-Senken-Verbindungen unwahrscheinlicher machen sollen. Die Reihenfolge der ausgewählten Wege ist fest vorgegeben. - Dynamisch alternative VL: Das von British Telecom entwickelte DAR bietet für jede Verbindung "Quelle-Senke" einen Direktweg, dem immer zuerst der jeweilige Verkehr angeboten wird. Ist dieser nicht imstande, die Forderung zu erfüllen, wird ein und nur ein Alternativweg ausgewählt, der entweder bei der letztmaligen Aufforderung, alternativ fließenden Verkehr zu transportieren, erfolgreich war oder der ausgewählt wurde, weil ein anderer Alternativweg der vorhergehenden Aufforderung nicht nachkommen konnte. Dabei wird, wenn ein Alternativweg keine Verbindung herstellen konnte, derjenige als nächster ausgewählt, der am längsten keinen alternativ fließenden Verkehr zu befördern hatte. - Leitungszahlreservierung: Leitungszahlreservierung für einen bestimmten Verkehr oder Dienst schützt diesen, da sie von der Gesamtheit freier Leitungen immer eine vorgegebene Anzahl an Leitungen reserviert und auf diesem nur privilegierten Verkehr befördert. Wird ein Verkehrsanteil geschützt, werden andere Anteile benachteiligt. Diese Benachteiligung ist z.B. bei Überlast für Überlaufverkehr erwünscht. Ein größerer Anteil zurückgewiesenen Überlaufverkehrs erhöht für den den kürzesten Weg nehmenden Direktverkehr die Wahrscheinlichkeit einer Bedienung, woraus unmittelbar geringere Überlaufverkehrsanteile für andere Abschnitte resultieren. Der Frage nach der Anzahl zu reservierender Leitungen kommt eine besondere Bedeutung zu, weil bei hochausgelasteten Leitungen die jeweils wenigen nicht belegten nur für Direktverkehr verfügbar sind. In Abhängigkeit von der Last und der Anzahl reservierter Leitungen kann ein Verdrängungsprozeß durch den Direktverkehr entstehen, der den alternativ zu lenkenden Verkehr in einem ungewollten Ausmaß trifft.- Verkehrsflußteilung: Bei dem Verfahren der Verkehrsflußteilung wird der Verkehr im Ursprungsknoten auf verschiedene Wege aufgeteilt, ohne vorher jeweils anderen Wegen angeboten worden zu sein. Dies Prinzip verspricht dann Vorteile, wenn tatsächliche Angebote die Kanten teils zu stark, teils überhaupt nicht auslasten. Eine Verkehrsflußteilung zur Auslastung wenig belasteter und zur Entlastung stark belasteter Wege kann zur besseren Gesamtauslastung beitragen. Sie wird deshalb dort einzusetzen sein, wo die Prognose der Angebotswerte in besonderer Weise von der Realität abweicht.

9.3 Simulationsprogramm

Das Simulationsprogramm verwendet die Simulationssprache GPSS-FORTRAN und läuft unter dem Betriebssystem VM/XA-SP einer IBM 3090-20J. Es gestattet, die oben angeführten Verfahren zur Verkehrslenkung und -kontrolle nachzubilden. Es erlaubt weiterhin unterschiedlichste Belastungen, wie z.B. lokale Überlast aufgrund eines Televotums oder aber globale Überlastsituationen nach der Umschaltung auf einen Spartarif, zu simulieren. Damit ist es möglich, die Leistungsfähigkeit der VL-Strategien und der Prioritätssteuerungen zu untersuchen. Das Programm ist modular konzipiert und läßt Erweiterungen ohne weiteres zu, so daß Untersuchungen nicht auf die oben genannten Mechanismen beschränkt bleiben müssen. Eine einzuhaltende Mindestzahl von Ereignissen stellt einen verläßlichen Aussagewert auch bei sehr großen Belegungszeiten sicher. Ohne diese Sicherung würden ggf. nur relativ wenige Belegungen vorkommen und statistisch weniger wertvolle Aussagen nach sich ziehen.

Die Leitungs-, Wege- und Angebotswerte werden in Tabellen abgelegt. Wahlweise ist es noch möglich, Angebote einzelner oder aller Verbindungen über einen Bereich zu variieren, der vom Unterlastfall über Normallast bis zum starken Überlastfall führt. Die gewünschten Verfahren werden über Abfragen ausgewählt und eingestellt. Die Simulation der Ein-Dienste Netze werden mit Poissonankünften und negativ exponentiell verteilten Belegungszeiten durchgeführt, wobei für ein Telefonnetz eine typische Belegungszeit 100 s ist. Ergebnisse werden unter Angabe von Vertrauensintervallen geliefert. Aus Gründen der Übersichtlichkeit geschieht dies jedoch nicht über die Anzahl vorgenommener Transaktionen oder von Storagebelegungen, sondern über die aus den verschiedenen Informationen resultierenden Blockierungswahrscheinlichkeiten, Belastungswerten und Durchsätzen.

9.4 Simulierte Netze

Im ersten Beispiel wird ein möglicher Ausschnitt aus dem derzeitigen Fernmeldenetz der DBP Telekom mit den drei obersten Ebenen dargestellt (Bild 1). Zur Erfassung des Lastverhaltens wurden die Angebote aller Verkehrsquellen von 70% auf 300% gesteigert, wobei 100% denjenigen Zustand bezeichnen soll, für den das Netz ausgelegt wurde. Die unterschiedlichen Verhaltensweisen werden in Bild 2 wiedergegeben. Sie geben die Netzbelastung (in %) in Abhängigkeit vom Angebot (in %) wieder. Die Netzbelastung (in %) ist die auf die Gesamtkapazität bezogene Belastung des Netzes, während das Angebot (in

%) das auf das Nennangebot bezogene aktuelle Angebot angibt. Da die Netzbelastung unmittelbaren Bezug zur Wirtschaftlichkeit und zur Dienstgüte besitzt, wird sie hier als Entscheidungsmaß gewählt.

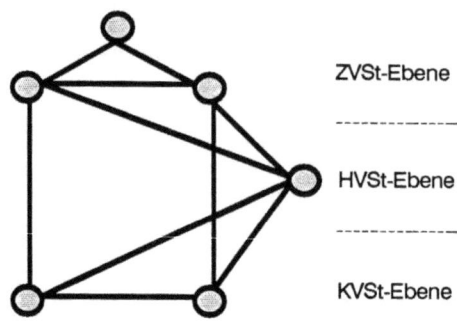

Bild 1: Netzausschnitt mit drei Ebenen

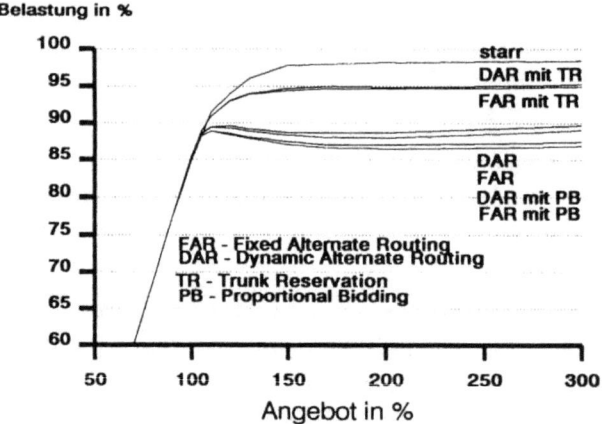

Bild 2: Belastungskurven eines 3-Ebenen-Netzes

Bei Vergleichswerten sind im folgenden mit Prozenten immer Prozentpunkte gemeint. Die starre Verkehrslenkung scheint zunächst die beste zu sein, da sie im Überlastbereich bis zu 10% besser liegt. Unvorhersehbare Lasterhöhungen in einem Netzteil bei gleichzeitiger Normal- oder Unterlast anderer Netzteile führen aber zu vielen Abweisungen, obwohl freie Kapazitäten vorhanden sind. Wird die starre Verkehrslenkung wegen dieser einschneidenden Beschränkung nicht weiter betrachtet, so erscheinen FAR und DAR nahezu gleichwertig. Diese Aussage ist aber nur für das gewählte Beispielnetz richtig. In einem größeren Netz läge, wie Untersuchungen nachwiesen, die Belastungskurve des DAR um bis zu 15% weiter oberhalb von der des FAR. Unsere Ergebnisse zeigen, daß eine einfache Erhöhung alternativer Wegemöglichkeiten nicht gleichbedeutend mit besserer Netzauslastung ist. Im weiteren wird belegt, daß eine Verbesserung der Verfahren bei gleichzeitigem Einsatz von TR möglich ist. Neben globaler Überlast kommt es des öfteren zu lokalen Überlastsituationen, bei denen nur in einem geographisch beschränktem Gebiet gesteigertes Verkehrsaufkommen zu verzeichnen ist. Die Ergebnisse einer solchen Simulation ähneln den oben beschriebenen. Tendenziell lassen sich die gleichen Aussagen gewinnen.

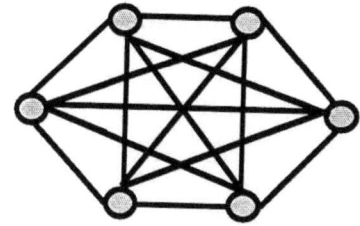

Bild 3: Symmetrisches Netz

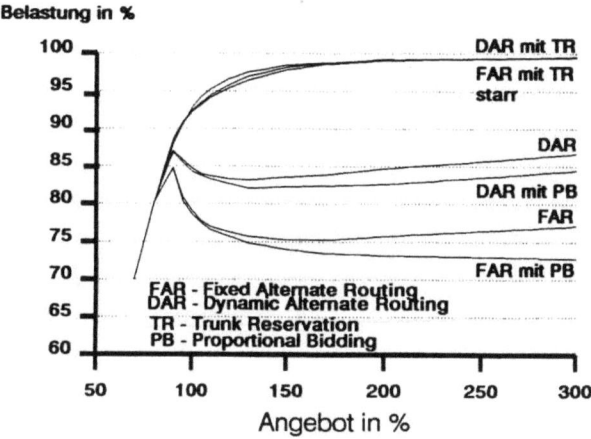

Bild 4: Belastungskurven eines symmetrischen Netzes

Ein weiteres Beispiel (Bilder 3 und 4) ist ein symmetrisches Netz von sechs Knoten, das zwar ohne unmittelbaren realen Bezug konstruiert wurde, aber analytisch nachvollziehbar ist. Tatsächlich sind in der oberen Ebene des Fernmeldenetzes alle Vermittlungsstellen miteinander vermascht - allerdings nicht mit gleichen Leitungszahlen. Die Ergebnisse sind einfacher interpretierbar, da statt des ganzen Netzes nur noch der vielfach symmetrisch auftretende Teil zu betrachten ist. Jedem Direktweg zwischen zwei Knoten werden vier Alternativwege zugeordnet. Dabei zeigen sich überdeutlich die schon oben beobachteten Diskrepanzen zwischen den untersuchten Verfahren. Es sind Abweichungen zwischen den Verfahren TR und PB von bis zu 25% festzustellen. Wenn die Untersuchungen mit PB schlechte Ergebnisse lieferten, so liegt dies im wesentlichen daran, daß es für bestimmte Konstellationen, die hier nicht gegeben waren, entwickelt wurde. Die untersuchten Verfahren können deshalb auch nicht in jedem Fall mit der Hoffnung auf Erfolg verwendet werden. Vielmehr ist deren an die jeweils vorherrschende Lastsituation angpaßter Einsatz notwendig. Die Simulationen wiesen hier DAR mit TR unter den gegebenen Voraussetzungen und Alternativen nach dem Kriterium Netzbelastung als das beste aus.

9.5 Zusammenfassung

Digitale Netze sind in ihren Nutzungsvarianten sehr flexibel. So stellt die Einführung eines neuen Dienstes kein grundsätzliches Problem mehr dar. Gleichzeitig können Überlastsituationen zu starken Beeinträchtigungen führen. Der Beitrag führt von der Problemstellung und Überlastbewältigung zum Simulationsprogramm. Den Abschluß bildet eine Leistungsbewertung der vorgestellten Verfahren zur Überlastbewältigung anhand von ausgewählten simulierten Netzen.

Literaturverzeichnis

[1] Biekötter, M.; Krausert, M.: 'Ein Simulationsprogramm für leitungsvermittelte Netze' (Kurztitel), FH Darmstadt, 1990

[2] Koops, W. : Verkehrslenkungsverfahren, Der Fernmelde-Ingenieur 43, Mai 1989, Heft 5

9 Entwurf eines Simulationsmodells zur Abbildung des Trailerzug-Systems

Gert W. Schade

Zusammenfassung:

Das in den vergangen Jahren stetig gestiegene Transportaufkommen in den westlichen Industrienationen führte zur Entwicklung von Systemen des sog. "Kombinierten Verkehrs" (z.B. "Rollende Landstraße", Container bzw. Lkw-Wechselbrücken). Einige westeuropäische Eisenbahnverwaltungen erwägen nun die Einführung des sog. Trailerzug-Systems (Sattelauflieger für Straßen- und Schienenbetrieb). Die Fa. Dornier GmbH führte in diesem Zusammenhang eine Simulationsstudie durch, anhand derer zum einen die Kapazitäten bestimmt (Lokomotiven, Zugmaschinen usw.) und zum anderen ein Vergleich der Transportkosten zwischen dem TZ-System und dem konventionellen Güterfernverkehr ermöglicht werden sollte. Dazu wurde ein Straßen- und Schienennetz mit allen wesentlichen Elementen nachgebildet. Die Implementierung erfolgte mit der Simulationssprache SIMAN unter Zuhilfenahme des Modulprozessors (Prof. Dr. H. Tempelmeier, TU Braunschweig).

Entwurf eines Simulationsmodells zur Abbildung des Trailerzug-Systems

9.1 Der Kombinierte Verkehr

Der konjunkturellen Entwicklung der vergangenen Jahre entsprechend hat sich das Transportaufkommen in den westeuropäischen Industrienationen und insbesondere in der Bundesrepublik stetig vergrößert. Die weiterhin zunehmende internationale Arbeitsteilung wie auch die anhaltende Tendenz der Unternehmenskonzentration führen zu einer Ausweitung des Transportbedarfs, die sich überproportional zum Wirtschaftswachstum verhält. Mit der Verwirklichung des EG-Binnenmarktes ab 1993 wird zudem eine Verlagerung von Teilen der lohnintensiven Produktion auf günstigere Standorte erfolgen. Dadurch werden die Wege zum Endverbraucher länger, mehr Teilprodukte müssen zusammengeführt werden. Schließlich ist auch die wirtschaftliche Neuorientierung in zahlreichen RGW-Staaten zu berücksichtigen, deren verstärkte Anbindung an westliche Märkte ebenfalls von einem erhöhten Güteraustausch begleitet sein wird. Ein erheblicher Teil des Transportaufkommens wird vom Güterfernverkehr bewältigt. Die kontinuierlich angestiegene Verkehrsdichte und die demgegenüber geringe Ausweitung des Fernstraßennetzes schmälern jedoch die bisherigen Vorteile des Lkw-Verkehrs wie etwa Pünktlichkeit oder Schnelligkeit. Dennoch stellt der konventionelle Schienentransport bislang keine ernstzunehmende Konkurrenz dar, da das Umladen der Fracht einen enormen Mehraufwand an Zeit und Kosten bedeutet. Eines wachsenden Interesses erfreut sich jedoch der sog. Kombinierte Verkehr (KV), der die Vorzüge des Straßenverkehrs (Flexibilität) mit denen des Eisenbahnverkehrs (Schnelligkeit auf langen Strecken, Pünktlichkeit) verbindet. Als klassische Systeme des KV sind hier zu nennen die "Rollende Landstraße", der Transport von Sattelaufliegern auf entsprechenden Eisenbahnwaggons, der Containerverkehr sowie der Transport von Wechselbrücken. Dennoch stehen einem Umstieg auf diese Systeme derzeit im wesentlichen drei Probleme entgegen: die z.T. erheblichen Vor- und Nachlaufzeiten beim Umschlag in den Bahnhöfen, die hohen Investitionen für Umschlagterminals sowie die planungsrechtlichen Verzögerungen. Gerade diese Aspekte finden im Trailerzug-System (TZ) Berücksichtigung. Das Verladen einer Einheit beansprucht nur noch wenige Minuten, anstelle der Krananlagen werden lediglich eingeebnete Gleise benötigt und die geringen baulichen Maßnahmen an bestehenden Gleisen vereinfachen die Genehmigung. Die Vorgehensweise im TZ-Betrieb läßt sich im wesentlichen in sieben Schritten beschreiben (vgl. Bild 1):

1. Beladen des Trailers an einer Verladestation (VS)

2. Straßentransport des Trailers zum Trailerport (TP)

3. Abfertigen und Eingleisen des Trailers

4. Schienentransport des Trailers

5. Ausgleisen und Abfertigen des Trailers

6. Straßentransport des Trailers zur Verladestation

7. Entladen des Trailers an der Ziel-Verladestation

Ersichtlich wird daraus, daß sich an der Schnittstelle Spediteur und Kunde keinerlei Änderungen im Ablauf ergeben, verglichen mit dem konventionellen Straßengütertransport.

130   *Entwurf eines Simulationsmodells zur Abbildung des Trailerzug-Systems*

Der Vorteil des Lkw, seine hohe Flexibilität, bleibt demnach voll gewahrt. Eingriffe in gewachsene Organisationsformen werden damit ebenso vermieden wie die Notwendigkeit, neue technische Verladeeinrichtungen zu beschaffen. Trifft ein Trailer am Bahnhof ("Trailerport") ein, so erfolgt nach dem Absetzen auf einem Parkplatz das Eingleisen. Eine herkömmliche Zugmaschine fährt den Trailer auf die (eingeebneten) Gleise und schiebt in rückwärts auf ein spezielles Fahrgestell. Anschließend wird die Zugmaschine abgekoppelt, die Räder für den Straßenverkehr pneumatisch angehoben und ein weiteres Fahrgestell unter den Trailer geschoben (s. Bild 2). Das Ausgleisen von Zügen erfolgt in analoger Weise.

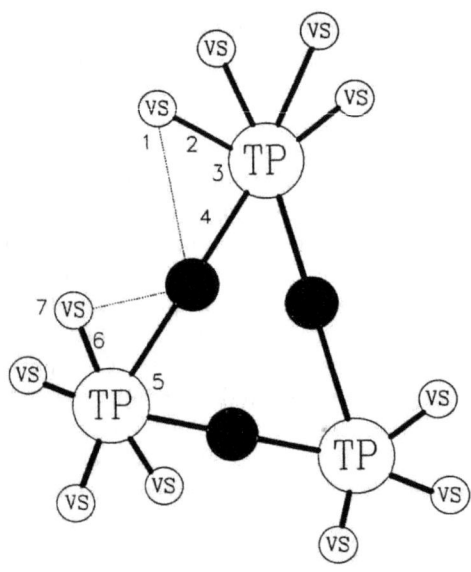

Bild 1: Trailerzugnetz (schematisch)

Entwurf eines Simulationsmodells zur Abbildung des Trailerzug-Systems 131

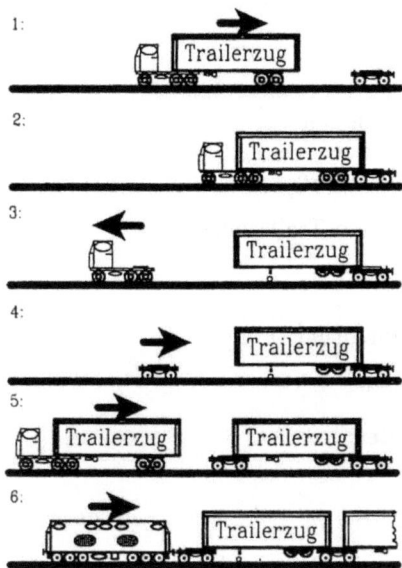

Bild 2: Eingleisen von Trailerzug-Einheiten

9.2 Aufgabe des Simulationsmodells

Wie eine Reihe europäischer Eisenbahnbetriebe erwägt auch die Deutsche Bundesbahn die Einführung des TZ-Systems. Bei der Planung kann auf Erfahrungen aus den Vereinigten Staaten zurückgegriffen werden, wo dieses System bereits seit einigen Jahren mit Erfolg eingesetzt wird. Die dabei gewonnenen Daten können jedoch aufgrund der z.T. erheblichen Unterschiede im Betriebsablauf wie auch hinsichtlich der Rahmenbedingungen (zulässige Höchstmaße, Fahrzeitbegrenzung, Zollabfertigung usw.) nicht ohne weiteres übernommen werden. Die primäre Aufgabe der Simulation ist somit die Dimensionierung eines TZ-Systems. Das sekundäre Ziel stellt der Kostenvergleich zwischen dem TZ-Betrieb und dem konventionellen Güterfernverkehr dar. Letzterer wird im vorliegenden Simulationsmodell parallel zum TZ-System abgebildet.

9.2.1 Dimensionierung eines TZ-Systems

Eine vorläufige Grobdimensionierung des betrachteten Systems bereitet insofern geringe Probleme, als auf die Erfahrungen anderer Anwender zurückgegriffen werden kann und die Leistungsfähigkeit der beiden einzelnen Komponenten (Lkw und Eisenbahn) bekannt ist. Aufgabe der Simulation ist daher eine Feinabstimmung zwischen den einzelnen Elementen. Folgende Daten sind dabei zu ermitteln:

- Anzahl der Lokomotiven[1]

- Anzahl der Zugmaschinen

- Anzahl der Platz-Zugmaschinen[2]

- Anzahl konventioneller Lastzüge

- Kapazität der Parkplätze am Trailerport

- Kapazität der Gleisanlagen

- Kapazität der Abfertigungsschalter

- Kapazität der Laderampen

- Fahr- bzw. Durchlaufzeiten

- Wartezeiten

Bestimmend für die Auslastung des Systems ist die Transportleistung bzw. das Transportvolumen in einem gegebenen Zeitraum von einer Woche. Die Vergleichbarkeit einzelner Simulationsläufe wird gewährleistet durch die Verwendung deterministischer Eingabedaten (Ankunftszeiten der Trailer, Zugfahrplan) und durch die Verwendung gleicher Zufallszahlenströme für die stochastischen Abfertigungsraten. Dies verlangt schon die Tatsache, daß ein Simulationslauf aus programmtechnischen Gründen nur eine begrenzte Anzahl von Ausgabedateien erzeugen kann und somit u.U. mehrere Läufe für die Abbildung eines Szenarios benötigt werden. Mit der Feinabstimmung werden zunächst zwei Ziele verfolgt: die gleichmäßige Auslastung der Systemelemente untereinander wie auch über den betrachteten Zeitraum. Gerade letzteres Ziel läßt sich im vorliegenden Fall nur bedingt erreichen, da die Anlieferung von Trailern an den Trailerports und insbesondere das Abholen der Trailer nach Eintreffen eines Zugs Belastungsspitzen implizieren. Eine Glättung dieser Bedarfsverläufe kann im wesentlichen nur über die Einplanung von mehr Zügen erzielt werden, da eine Bereitstellung einer entsprechend großen Zahl von Zugmaschinen, d.h., die Vermeidung von Engpässen um jeden Preis, in keinem Fall wirtschaftlich zu vertreten wäre. Bei der Abstimmung der Transportkapazitäten zwischen den einzelnen Systemelementen sind in erster Linie die Platz-Zugmaschinen und die Zugmaschinen für den Transport zwischen Trailerport und Verladestation zu berücksichtigen[3]. Den Rahmen stellen dabei die geplanten Transportmengen und die maximal zulässigen Transportzeiten auf. Abzuwägen ist dabei zwischen den Kosten, die erhöhte Durchlaufzeiten bewirken und den größeren Fixkosten eines erweiterten Fuhrparks. Einen erheblichen Einfluß auf die verfügbare Tagestransportleistung haben die Entscheidungsregeln, welche einzelne Trailer bestimmten Zugmaschinen zuordnen. Zweck dieser Auswahl ist die Vermeidung von Leerfahrten und die gleichmäßige Bedienung aller Stationen[4]. Auf diese Regeln wie auch die Themen Sensitivitätsanalyse und Animation wird im Abschnitt 3 näher eingegangen.

---

[1] im vorliegenden Fall wird davon ausgegangen, daß die Lokomotiven keinen Engpaß darstellen
[2] zum Ein- bzw Ausgleisen der Trailer
[3] die Eisenbahn-Kapazitäten werden hier zunächst als stets ausreichend angenommen
[4] diese Strategie wird im gegenwärtigen Modell verfolgt, kann aber ohne weiteres durch andere Regeln ersetzt werden

Entwurf eines Simulationsmodells zur Abbildung des Trailerzug-Systems 133

9.2.2 Kostenvergleich

Die technische Durchführbarkeit und die damit verbundene Auslegung des TZ-Systems stellen den ersten Schritt der Studie dar. Entscheidend für die Realisierung ist jedoch die Wirtschaftlichkeit einer solchen Lösung, ausgedrückt durch die Transportkosten einer Ladeeinheit. Als Vergleichsmaßstab wird hierfür der konventionelle Güter- fernverkehr (Lkw) hinzugezogen. Parallel zum TZ-System wird daher, für exakt das gleiche Transportaufkommen, der Transport über die Straße simuliert. Die Berücksichtigung sämtlicher Kosten, in ihre Einzelkomponenten zerlegt, gestattet einen unmittelbaren Vergleich beider Systeme. Schwer quantifizierbare Größen wie etwa Umweltschutz oder Verkehrssicherheit gehen dagegen nicht in die Betrachtung ein[5].

Kosten im TZ-System:

1. Zugmaschine (AfA + variable Kosten)

2. Lokomotive (AfA + variable Kosten)

3. Umschlagkosten am Trailerport (Abfahrt)

4. Umschlagkosten am Trailerport (Ankunft)

5. Trailer (AfA Schienenbetrieb)

6. Trailer (AfA Straßenbetrieb)

7. Drehgestell (AfA + variable Kosten)

Kosten im Lkw-Verkehr:

1. Lastzug (AfA + variable Kosten)

   Grundlage für die durchgeführten Simulationsläufe waren Daten, die üblichen Wirtschaftlichkeitsberechnungen von Lkw-Herstellern entnommen wurden, sie wären aber im Einzelfall vom Spediteur zu ermitteln. Die Eingabe dieser Werte für das Simulationsmodell erfolgt programmintern über entsprechende Parameter bzw. manuell im Dialog. Die Entwicklung des Kriteriums Kosten kann für einzelne Transportaufträge graphisch dargestellt werden (Animation), die kumulierten Kosten wie auch die durchschnittlichen Kosten aller Transporte werden am Ende des Laufs in einer Datei gespeichert.

---

[5] obwohl der Detaillierungsgrad des vorliegenden Modells dies zulassen würde

9.3 Implementierung des Simulationsmodells

9.3.1 Die Simulationssprache SIMAN

Für die Implementierung des Modells stand die einzusetzende Programmiersprache von Beginn an fest[6]. Bei SIMAN handelt es sich um eine prozedurale Sprache, die sich universell für verschiedene Aufgaben, insbesondere aber in den Bereichen Logistik, Fertigungswirtschaft und Materialwirtschaft, einsetzen läßt. Möglich sind sowohl die ereignisorientierte wie auch die prozeßorientierte und die kontinuierliche Simulation. Folgende Kriterien lassen SIMAN für den vorliegenden Fall besonders geeignet erscheinen:

- standardmäßig Transporter definiert (für Loks, Zugmaschinen etc.)
- Echtzeit-Animation
- interaktiver Debugger
- Anbindung einer gängigen Programmiersprache (FORTRAN)
- umfangreiche statistische Auswertungen möglich
- lauffähig auf PC

Programmtechnisch erfolgt eine Aufteilung in das Modell, welches die eigentliche Struktur des abzubildenden Systems wiedergibt, und den sog. experimentellen Rahmen, der sämtliche Parameter wie z.B. Verteilungen für die Abfertigungsdauer beinhaltet. Diese Trennung ist nicht nur der Übersicht förderlich, sie beschleunigt auch das Kompilieren. Bei der Entwicklung des Modells wurde der SIMAN-Modul- Prozessors[3] zur Hilfe genommen, der den Einsatz der Simulationsmodelle auch solchen Anwendern erschließt, die mit der Programmierung nicht vertraut sind. Diese Benutzeroberfläche stellt einmal implementierte Programmteile (Module) über ein Menü zur Verfügung, wobei diese im Dialog den jeweiligen Bedürfnissen angepaßt werden können. Entscheidend ist dabei, daß nicht nur Parameter gewählt werden können, sondern auch die Struktur des Modells verändert werden kann. Im vorliegenden Fall werden auf diese Weise alternative Strategien und Materialflüsse untersucht.

9.3.2 Abbildung des realen Systems

Erster Schritt des Entwurfs eines Simulationsmodells ist die Beschreibung aller Elemente des realen Systems und der Systemgrenze. Im vorliegenden Fall sollte der Materialfluß zwischen den Verladestationen der einzelnen Spediteure betrachtet werden, dementsprechend wurden die Verladerampen als Schnittstelle zur Umwelt gewählt. Damit ergeben sich folgende Elemente:

---

[6]Die Simulationssprache SIMAN wird im deutschsprachigen Raum von der Fa. Dornier GmbH vertrieben, in deren Auftrag die vorliegende Studie erstellt wurde

Entwurf eines Simulationsmodells zur Abbildung des Trailerzug-Systems 135

Statische Elemente:

- Verladestation mit Laderampen
- Trailerport mit Gate, Parkplatz und Gleisen

Materialflußsystem:

- Zugmaschinen (SZM)
- Platz-Zugmaschinen
- Lokomotiven
- Lkw (Straßentransport)

Um ein lauffähiges Simulationsmodell zu entwerfen, müssen alle o.g. Elemente berücksichtigt werden. Bei der Weiterentwicklung hat sich gezeigt, daß eine Verfeinerung, d.h. eine Abbildung von Details und eine Verbesserung der Auswahlregeln, nur vergleichsweise geringe Veränderungen der Ergebnisse bewirkte. Dagegen hatte die sukzessive Aufnahme neuer Elemente (z.B. Platz-Zugmaschinen, Parkplätze) deutliche Auswirkungen. Für den Entwurf von Simulationsmodellen allgemein scheint es daher sinnvoll, zunächst das gesamte Modell abzubilden und dabei ggf. Einbußen im Detaillierungsgrad in Kauf zu nehmen, anstatt einzelne Systemteile nacheinander bis zu ihrem jeweils endgültigen Verfeinerungsgrad zu entwickeln. Zum einen liefern die Ergebnisse der ersten Läufe des (noch wenig detaillierten) Gesamtsystems bereits in einem frühen Stadium Informationen über das Verhalten und die Leistungsfähigkeit des Systems, zum anderen erkennt man die unmittelbare Wirkung nachfolgender Verfeinerungen. Betrachtet man die Struktur des vorliegenden Systems (s. Bild 1), so liegt es nahe, das Simulationsmodell im wesentlichen in zwei Makromodelle (Module) aufzuteilen: Verladestation und Trailerport. Ein drittes Makromodell[7] für die Abbildung von Grenzaufenthalten, Pausenzeiten und Staus (Lkw) kann wahlweise einbezogen werden.

9.3.2.1 Modul "Verladestation"

Die Verladestationen bilden die Schnittstelle zur Systemumgebung, hier werden die Transaktionen, d.h. die beladenen oder leeren Trailer, in das System ein- und ausgeschleust (Bild 3). Zu Beginn eines jeden Laufs wird die erste Ladung mittels einer Hilfstransaktion zur entsprechenden Station geleitet. Dabei wird geprüft, ob es sich um eine neue Ladung, einen leeren Trailer, einen beladenen Trailer oder einen Lkw handelt[8] und zum entsprechenden Programmabschnitt (A, B, C oder D) verzweigt. Neue Ladungen (A) werden mit einem leeren Trailer verbunden, sofern diese zur Verfügung stehen (MATCH Trailer + Ladung) und fortan als eine Transaktion betrachtet. Bleibt die anschließende Suche nach einer freien Zugmaschine erfolglos, wird der beladene Trailer in eine Warteschlange gereiht (QUEUE

---
[7]Vgl. Bild 1, die entsprechenden Stationen sind zwischen den Trailerports angeordnet und werden aus Gründen der Vereinfachung auch von den Lkw angefahren (graphische Animation)
[8]sämtliche Elemente (TZ-Ladungen, Lkw-Ladungen, beladene Trailer und leere Trailer) werden durch eine Transaktion desselben Typs dargestellt und unterscheiden sich nur durch das Attribut STATUS

Trailer_Aus). Eine "Kopie" der neuen Ladung wird in die Anforderungswarteschlange für den Lkw-Transport geleitet (QUEUE Anforderung_Lkw). Beladene Trailer (von den Trailerports kommend) werden entladen (C) und verlassen das System. Dazu wird lediglich der Status der jeweiligen Transaktion verändert, denn der nunmehr leere Trailer wird erneut zum Eingang der Verladestation geleitet (B). Eintreffende Lastzüge (D) werden entladen und stehen wieder für den Transport wartender Ladungen zur Verfügung. Die Eingabedaten, d.h. die Transportaufträge (Ankunftszeit, Ziel etc.) werden über eine Datei bereitgestellt. Jeder Datensatz bewirkt die Einplanung einer entsprechenden Transaktion (neuen Ladung) und wird in den Terminkalender eingetragen. Sobald diese Transaktion in die entsprechende Verladestation eingeschleust wird, erfolgt das Lesen des nächsten Datensatzes (A), bis alle Aufträge bearbeitet sind. Auf die Vorteile der externen Erzeugung der Eingabedaten wird noch eingegangen (s.u., Abschnitt 9.4.1).

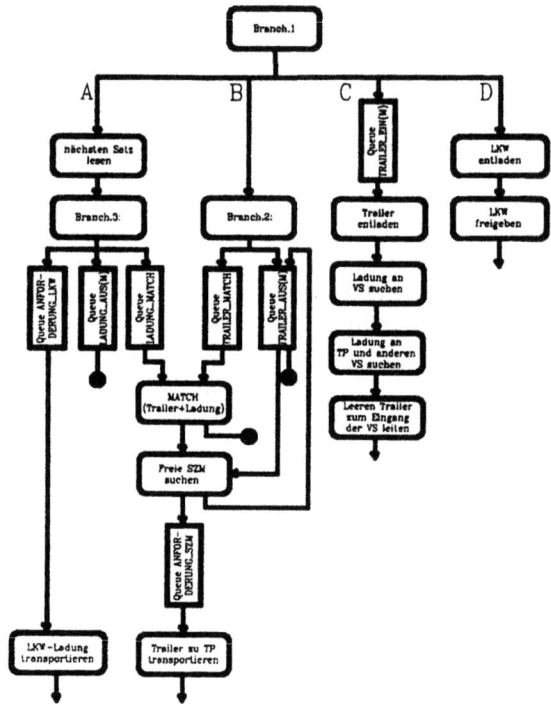

Bild 3: Makromodell "Verladestation"

Die Eingabedaten, d.h. die Transportaufträge (Ankunftszeit, Ziel etc.) werden über eine Datei bereitgestellt. Jeder Datensatz bewirkt die Einplanung einer entsprechenden Transaktion (neuen Ladung) und wird in den Terminkalender eingetragen. Sobald diese Transaktion in die entsprechende Verladestation eingeschleust wird, erfolgt das Lesen des nächsten Datensatzes (A), bis alle Aufträge bearbeitet sind. Auf die Vorteile der externen Erzeugung der Eingabedaten wird noch eingegangen (s.u., Abschnitt 9.4.1). Zu Beginn eines Simulationslaufs werden den Verladestationen leere Trailer zugeteilt. Dies erfolgt über

Entwurf eines Simulationsmodells zur Abbildung des Trailerzug-Systems 137

eine Hilfstransaktion, wobei die Anzahl der Trailer je Station beliebig gewählt werden kann. Entscheidend für die Leistungsfähigkeit des TZ-Systems sind die Auswahlregeln für Zugmaschinen. Während in den ersten Entwicklungsstufen des Modells eine beliebige verfügbare Zugmaschine angefordert wurde, konnte durch entsprechende Verfahren die Zahl der Leerfahrten reduziert werden. Die Zuordnung Trailer < — > Zugmaschine erfolgt an zwei Kontrollpunkten:

1. Eine neue Ladung trifft an der Verladestation ein, eine freie Zugmaschine wird gesucht (Bild 4)

2. Ein beladener Trailer trifft, vom Trailerport kommend, an der Verladestation ein und eine bereits wartende oder in Kürze erwartete Ladung wird gesucht (Bild 5)

Dabei wird überprüft (1, Ladung sucht Zugmaschine), ob an der jeweiligen Station eine Zugmaschine frei ist oder zurückgehalten wurde. Andernfalls werden die benachbarten Verladestationen und der zugeordnete Trailerport auf verfügbare Zugmaschinen untersucht. Im zweiten Fall (2, Zugmaschine sucht Ladung) wird die angefahrene Verladestation nach wartenden Trailern durchsucht. Dabei werden auch solche Ladungen berücksichtigt, die zwar noch nicht an der Station eingetroffen sind, die aber "in Kürze" eintreffen werden. Die maximale Wartezeit berechnet sich aus der Fahrzeit zwischen Station und Trailerport sowie einem vom Anwender zu spezifizierenden Faktor. Damit wird der Tatsache Rechnung getragen, daß in der Realität Ladungen meist avisiert und unnötige Leerfahrten vermieden werden.

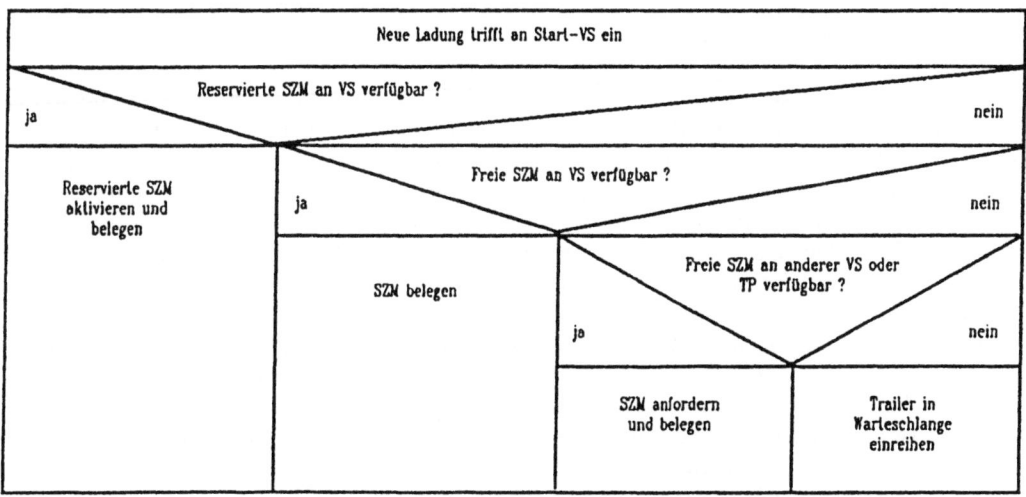

Bild 4: Regel "Ladung sucht Zugmaschine"

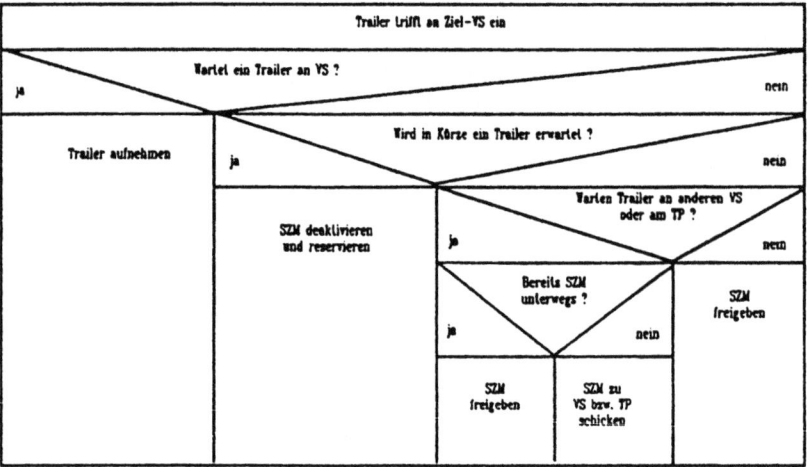

Bild 5: Regel "Zugmaschine sucht Ladung"

Der Transport zwischen den Stationen wird auf einfachste Weise simuliert. Aus den Entfernungen und der Grundgeschwindigkeit, beide vom Benutzer vorgegeben, er- rechnet sich die Fahrzeit. Dabei erfolgt jedoch eine Stufung der effektiven Geschwindigkeit nach der Entfernung. Kurze Strecken werden als innerstädtische Fahrt betrachtet und demzufolge mit geringerer Geschwindigkeit gefahren als längere Strecken auf Landstraßen. Die Zeiten für das Be- und Entladen der Trailer werden durch eine Verteilung generiert, deren Typ (normal-, gleichverteilt usw.) sowie Parameter vom Benutzer festgelegt werden.

9.3.2.2 Modul "Trailerport"

Um die Vor- und Nachlaufzeiten der Bahnverladung zu reduzieren ist man bestrebt, sämtliche Abfertigungsformalitäten an einem Schalter an der Zufahrt zum Trailerport zu erledigen. Die Trailer werden anschließend auf einem Parkplatz abgestellt, um kurz vor Abfahrt des entsprechenden Zugs eingegleist zu werden. Dabei stehen zwei unterschiedliche Verfahren zur Diskussion. Das erste sieht vor, das Ein- und Ausgleisen der Trailer durch die Betreiber des Trailerports vornehmen zu lassen. Dafür werden spezielle Platz-Zugmaschinen benötigt, die Zugmaschinen der Spediteure sind aber sofort nach der Anlieferung wieder verfügbar. Das alternative Verfahren sieht vor, das Ein- und Ausgleisen den Spediteuren zu übertragen, wobei deren Zugmaschinen jedoch längere Wartezeiten in Kauf nehmen müssen. Parkplätze und Platz-Zugmaschinen werden dabei überflüssig. Praktikabel erscheint dieses Verfahren daher nur an Bahnhöfen, die über große Gleiskapazitäten verfügen (welche Bedarfsspitzen beim Ein- und Ausgleisen rasch abbauen können) oder wegen des geringen Umschlagvolumens sich die Anschaffung spezieller Platz-Zugmaschinen nicht lohnen würde. Für die Simulation beider Verfahren wurden zwei entsprechende Module entwickelt. Analog zum Eingleisen erfolgt das Ausgleisen der Trailer, wobei ebenfalls zwischen den beiden o.g. Verfahren unterschieden wird.

Wie bereits bei den Verladestationen stellt sich auch an den Trailerports das Problem der Zuordnung von Zugmaschinen und Ladung, das auf dieselbe Weise gelöst wurde. An zwei Kontrollpunkten erfolgt die Suche nach Zugmaschinen bzw. Trailern:

Entwurf eines Simulationsmodells zur Abbildung des Trailerzug-Systems 139

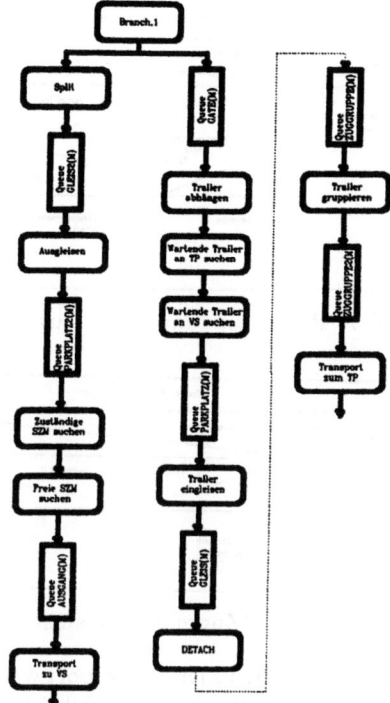

Bild 6: Makromodell "Trailerport"

1. Ein Zug trifft am Trailerport ein, freie Zugmaschinen werden gesucht (Ladung sucht Zugmaschine, Bild 7)

2. Ein beladener Trailer trifft, von einer Verladestation kommend, am Trailerport ein und ggf. dort wartende Trailer werden gesucht (Zugmaschine sucht Ladung, Bild 8)

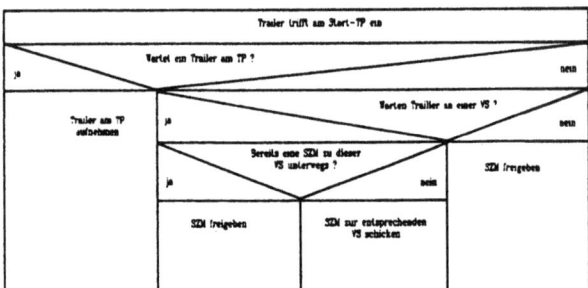

Bild 7: Regel "Ladung sucht Zugmaschine"

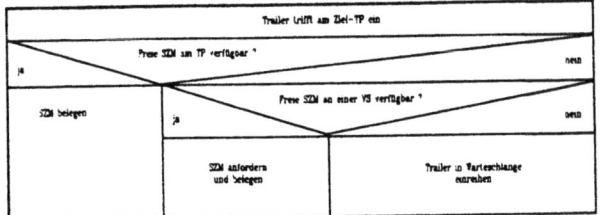

Bild 8: Regel "Zugmaschine sucht Ladung"

Sämtliche Transaktionen mit demselben Ziel-Trailerport werden zu einer "Zug-Transaktion" gruppiert. Dabei wird eine maximale Zuglänge berücksichtigt, die der Benutzer spezifizieren kann. Da in SIMAN nur ein Transaktions-Typ definiert werden kann, wird auch hier ein Status-Attribut zur Identifizierung als "Zug" verwendet. Am Ziel- Trailerport wird diese temporär aggregierte Transaktion wieder in ihre Bestandteile, d.h., Trailer, zerlegt.

9.3.2.3 Verfeinerung des Grundmodells

Nachdem ein noch wenig detailliertes Simulationsmodell lauffähig und validiert war, konnten eine Reihe von Verfeinerungen vorgenommen werden. Dazu zählt z.B. das be- reits o.g. Vorauslesen der Ladungsdatei (s. 9.3.2.1) zur Reservierung von Zugmaschinen. Weiterhin zu nennen ist das Bewegen von leeren Trailern in dem Fall, daß infolge stark unpaariger Verkehre an einigen Stationen ein Mangel an leeren Trailern entsteht. Grundlage der Berechnung ist die Differenz zwischen den zu Beginn des Tages verfügbaren Leertrailern und den für diesen Tag geplanten Abgängen. Ergibt sich daraus ein Fehlbetrag, so werden Schein-Aufträge generiert, die einen Ausgleich herbeiführen. Wahlweise kann dieser Vorgang jeweils auf die Verladestationen beschränkt werden, die demselben Trailerport zugeordnet sind (die also räumlicher nahe beieinander liegen) oder aber systemweit durchgeführt werden.

Der Vergleich mit dem konventionellen (Straßen-)Güterfernverkehr macht es erforderlich, Verzögerungen aufgrund von Staus oder gesetzlich vorgeschriebenen Pausenzeit zu berücksichtigen. Dies geschieht mittels eines Moduls, das optional eingebunden werden kann. Die Pausenzeiten berechnen sich danach aus der Fahrzeit. Verkehrsstauungen können durch zwei vom Benutzer anzugebende Verteilungen simuliert werden. Die erste gibt die Wahrscheinlichkeit für das Auftreten eines Staus an, die zweite die in diesem Fall eintretende Staudauer. Schließlich können, sowohl für den Straßen- wie auch den

Schienenverkehr, Zollaufenthalte vorgesehen werden. Alle drei Varianten (Pause, Stau, Zoll) können beliebig kombiniert werden. Um sie auch in die graphische Animation einzubinden, wurden dafür spezielle Stationen in das Simulationsmodell aufgenommen, die sich jeweils zwischen zwei Trailerports befinden. Zur Vereinfachung werden diese Stationen sowohl von den TZ-Zügen als auch von den Lkw angefahren (s. Bild 1).
Für den Transport der Trailer zwischen Verladestation und Trailerport werden Zugmaschinen eingesetzt. Dabei können prinzipiell zwei Fälle unterschieden werden.

1. Die Zugmaschinen werden genau einer Verladestation zugeordnet, d.h., sie verkehren nur zwischen dieser und dem Trailerport

2. Die Zugmaschinen sind dem Trailerport zugeordnet, d.h., sie verkehren zwischen sämtlichen Verladestationen, die einem Trailerport zugeordnet sind, und diesem Trailerport (Zugmaschinen-Pool)

Um beide Varianten abzubilden wählt der Benutzer vor dem Simulationslauf eine Zugmaschinen-Regel, welche die Suche nach freien Zugmaschinen ggf. auf den entsprechenden Teilbereich des Fuhrparks eingrenzt.

9.4 Einsatz des Simulationsmodells

9.4.1 Eingabedaten

Hinsichtlich der Eingabedaten ist zwischen stochastischen und deterministischen Simulationsmodellen zu unterscheiden. Eine deterministische Simulation könnte mithilfe historischer Daten vorgenommen werden. Zwar liegen solche Angaben vom Betrieb eines TZ-Systems vor, aus o.g. Gründen (s. Abschnitt 9.2) können diese aber nicht ohne weiteres übernommen werden. Einen Anhaltspunkt bzgl. des Frachtaufkommens liefern die anderen Systeme des Kombinierten Verkehrs, aber deren Vor- und Nachlaufzeiten sollen gerade verkürzt werden. Im vorliegenden Fall wird daher mit Zufallszahlen gearbeitet, wobei sich die Frage nach dem "typischen" Güterstrom stellt. Um eine möglichst realistische Abbildung zu erhalten, wurde ein separates Programm entwickelt, welches die benötigten Eingabedaten (Ankunftszeiten[9] der Ladungen und Fahrpläne) unabhängig vom Simulationsmodell generiert und in Dateiform übergibt. Neben der erhöhten Flexibilität, die die Abbildung beliebiger Szenarien gestattet, reduziert dies auch die Kompilierzeit, von der wesentlich höheren Bedienerfreundlichkeit abgesehen. Durch diese Abtrennung der stochastischen Datenerzeugung kann man das Simulationsmodell selbst als deterministisch betrachten. Zwar werden Bedienzeiten wie z.B. die Beladezeiten mittels statistischer Verteilungen erzeugt, die Initialisierung des Zufallsgenerators zu Beginn eines jeden Laufs gewährleistet jedoch die Reproduzierbarkeit einzelner Läufe. Insgesamt sind damit zur statistischen Absicherung der Ergebnisse wesentlich weniger Läufe notwendig als bei einer rein stochastischen Simulation.

---

[9]gemäß einer vom Benutzer definierten Verteilung, die graphisch (Histogramm) eingegeben werden kann

9.4.2 Variation von Parametern und Modellstruktur

Ziel einer Simulation ist es, für einen bestimmten Fall günstige (nicht notwendig auch optimale!) Parameter zu ermitteln. Das setzt den Vergleich der Ergebnisse von Läufen mit unterschiedlichen Parametersätzen voraus. Die Trennung von Modell und experimentellem Rahmen in SIMAN vereinfacht diese Variation insofern, als jeweils nur ein Teil des Programms kompiliert werden muß. Veränderungen der Struktur, etwa die Ablauforganisation eines abgebildeten Systems betreffend, lassen sich häufig nur durch die Verwendung unterschiedlicher Programme realisieren. Der Einsatz des Modulprozessors ermöglicht es jedoch auch Nicht-Programmierern durch die Kombination verschiedener Module, solche Modifikationen vorzunehmen.

9.4.3 Ausgabe und Interpretation der Ergebnisse

Zwei Ziele werden mit der Simulationsstudie verfolgt: eine wirtschaftliche Dimensionierung des Systems und ein Kostenvergleich mit dem konventionellen Lkw-Verkehr. Während die Ergebnisse bzgl. des zweiten Ziels, die durchschnittlichen Kosten aller oder Einzelkosten bestimmter Transportvorgänge, vergleichsweise geringer Interpretation bedürfen, erfordert die Systemauslegung das Verständnis der Zusammenhänge zahlreicher Output-Größen. Von Interesse sind dabei im wesentlichen die Längen ein- zelner Warteschlangen und die Auslastung von Transportern. Im vorliegenden Modell sind dies:

Warteschlangen:

- Anforderung einer Zugmaschine an der Verladestation
- Abfertigung am Eingang eines Trailerports
- Parkplatz vor dem Eingleisen durch Platz-Zugmaschine
- Parkplatz nach dem Ausgleisen / Anforderung einer Zugmaschine am Trailerport

Auslastung:

- Zugmaschinen
- Platz-Zugmaschinen
- Lokomotiven
- Lkw (konventioneller Straßentransport)
- Abfertigungsschalter

Bei der Ausgabe sind zwei Fälle zu unterscheiden: die graphische Animation und die statistische Auswertung von Protokolldateien.

Entwurf eines Simulationsmodells zur Abbildung des Trailerzug-Systems 143

a) Graphische Animation:

Ihr Einsatz beschränkt sich keinesfalls auf die Präsentation eines lauffähigen Simulationsmodells. Bereits im Entwicklungsstadium kann sie wertvolle Hilfe leisten bei der Fehlersuche, etwa bei der Verfolgung bestimmter Transaktionen. Häufig wird dagegen die Aussagefähigkeit der Animation überschätzt, können doch die einzelnen Läufe beim Einsatz von Zufallszahlen gravierend voneinander abweichen. Dabei stellt sich die Frage, welcher Lauf als "typisch" betrachtet werden soll. Verfügt der Zuschauer nicht über das erforderliche Wissen bzgl. der stochastischen Einflüsse so kann u.U. ein vollkommen verzerrtes Bild des Modells vermittelt werden.

b) Statistische Auswertung der Protokolldateien

Das größte Problem einer zuverlässigen statistischen Bewertung stellt i.d.R. die Erhebung der Daten dar. SIMAN bietet hier die Möglichkeit der Protokollierung interessanter Größen in Dateien. Während eines Simulationslaufes werden dabei alle Veränderungen mit dem jeweiligen Zeitpunkt festgehalten. Die Auswertung erfolgt anschließend mittels spezieller Software oder des sog. Output- Prozessors, der neben einfachen statistischen Tests vor allem die graphische Ausgabe der Zeitreihen übernimmt. Die Visualisierung des zeitlichen Verlaufs einzelner Warteschlangen und der Auslastung von Transportern ermöglichte im vorliegenden Modell eine rasche Dimensionierung des Systems.

c) Beobachtungen im TZ-System

Wie bei zahlreichen Modellen tritt auch hier das Problem des "Einschwingens" auf, d.h., es vergeht selbst bei ausreichend dimensionierten Systemen eine gewisse Zeit, bis ein stationärer Zustand erreicht wird. Wie lange dies dauert hängt in erster Linie von der Anzahl der verfügbaren Transporter ab. Betrachtet man die Anforderungswarte- schlangen (Zugmaschinen und Lkw) bei einem definierten Transportaufkommen so erkennt man, daß erst ab einer bestimmten Anzahl von Zugmaschinen bzw. Lkw ein stationärer Zustand erreicht wird, die Abfertigungsrate im Durchschnitt also der Ankunftsrate entspricht (s. Bild 9, Bild 10). Wie groß die Anzahl der Transporter im Einzelfall sein muß, hängt u.a. von folgenden Nebenbedingungen ab:

1. Die Transportaufträge einer Woche müssen innerhalb derselben Woche an ihrem Ziel eintreffen. Beim Betrieb an Wochentagen kann dies auch am Wochenende sein, das gezielt zum Abbau der Warteschlangen genutzt werden kann.

2. Restriktiver ist die Forderung, daß alle Ladungen eines Tages noch am selben Tag auf der Schiene sein müssen. Dies gilt ohnehin, wenn das Wochenende in den regulären Betrieb mit eingeplant ist und nicht zum Abbau der Spitzen genutzt werden kann. Die Einhaltung dieser Bedingung wird i.a. mehr Transporter erforderlich machen.

Neben der Anzahl der Transporter ist auch deren Standort zu Beginn der Simulationsläufe von Bedeutung. Werden mehrere Wochen simuliert, so sollte dieser Einfluß zurückgehen, da ein gewisser Ausgleich erfolgt. Dabei sind jedoch paarige Verkehre unterstellt. Als Erweiterung des Modells wäre hier z.B. die Bestimmung einer günstigen Ausgangsverteilung zum Wochenanfang denkbar, basierend auf dem Vorauslesen der Ladungsdatei. Grundlage wären dafür die Ergebnisse mehrwöchiger Läufe.

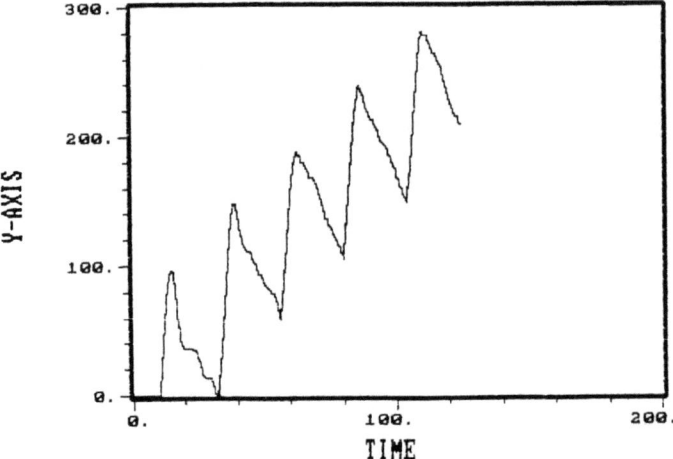

Bild 9: Entwicklung der Warteschlangenlänge (Lkw- Anforderung)

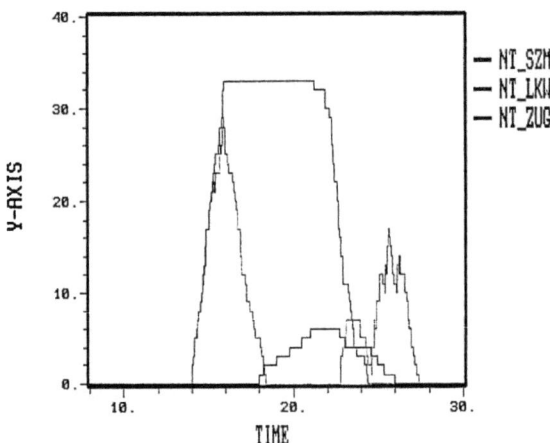

Bild 10: Anzahl belegter Transporter (Zugmaschinen, Loks)

Die Zeitreihen der Ausgabegrößen können durch die Verwendung von situationsabhängigen Entscheidungsregeln starke Unstetigkeiten erfahren und einen bereits sta- tionären Zustand aus dem Gleichgewicht bringen [1]. Insbesondere die Kombination verschiedener Regeln kann sehr unterschiedliche Wirkung haben und die Leistungsfähigkeit des Systems starken Schwankungen unterwerfen. Um statistisch abgesicherte Ergebnisse zu erhalten sind daher wesentlich mehr Simulationsläufe erforderlich. Im gegenwärtigen Modell sind keine situationsabhängigen Regeln enthalten, die Auswahlregeln (Zugmaschinen) sind bislang auf die gleichmäßige Bedienung aller Warteschlangen ausgelegt. Denkbar ist jedoch die Einführung solcher Regeln etwa für Eilaufträge (z.B. verderbliche Ware) oder bei stark unpaarigen Verkehren zum systemweiten Ausgleich an Transportkapazitäten. Dabei sind stets die o.g. Aspekte zu berücksichtigen.

Die Auswirkungen sog. "shocks" wurde im vorliegenden Modell noch nicht betrachtet. Dabei handelt es sich um interne (z.B. Wartung, geplant oder ungeplant) oder externe Ereignisse, die das System aus dem erreichten Gleichgewichtszustand bringen. I.a. begegnet man diesem Vorgang durch statistische Aufbereitung. Von Bedeutung wird dies bei der geplanten Erweiterung sein, die Schichtpläne des Umschlagspersonals und Wartung bzw. Maschinenausfälle berücksichtigen soll.

Schließlich ist auf die Möglichkeit hinzuweisen, die Ausgaben während eines Simulationslaufes zu verfolgen, sei es mittels Animation oder alphanumerischer Ausgabe bestimmter Größen, um interaktiv in den Lauf einzugreifen. Wichtig ist dies beim Auftreten von Situationen, die nach Meinung der Anwender nicht von den im System implemen- tierten Regeln bewältigt werden können. Diese Option ist im betrachteten Modell noch nicht vorgesehen, könnte aber im Zuge von Erweiterungen untersucht werden. Sie sollte jedoch nicht dazu verleiten, von vornherein den manuellen Eingriff in den Ablauf einzubeziehen.

Literaturverzeichnis

[1] Bell, P.C.: Stochastic Visual Interactive Simulation. Journal of Operational Research, 1989, S.615 - 624

[2] Tempelmeier, H.: Simulation mit SIMAN. 6. Auflage, Technische Hochschule Darmstadt, 1989

[3] Tempelmeier, H. / Th. Endesfelder: Der SIMAN- Modulprozessor. Technische Hochschule Darmstadt, 1988

[4] NN: Trailerzug-System. Druckschrift der Deutschen Bundesbahn, 1989

[5] NN: Trailerzug-System. Druckschrift der Road-Railer Europa GmbH, Ottobrunn 1989

[6] Powell, Warren B.: Maximizing profits for North American Van Lines' Truckload Division: A New Framework for Pricing and Operations. Interfaces 18, January-February 1988, S. 21-41

[7] Schlaepfer, Ferdinand E.: Kostenoptimale Verteilung leerer Güterwagen. In: Nievergelt, E. et al., Praktische Studien zur Unternehmensforschung, Springer Verlag, Berlin, Heidelberg, New York, 1970

10 Objektorientierte Simulation mit AMADEUS

Christa Wendelin

Zusammenfassung:

AMADEUS ist ein objektorientiertes Simulationswerkzeug (interaktive Benutzerschnittstelle, Animation), das eine prozeßorientierte Modellierung erlaubt. Der Prototyp von Amadeus ist bzw. wird in C++ und X-Window System^{TM} implementiert. Die Grundlage von AMADEUS ist der Entity-Connection-Ansatz. Entsprechend diesem Ansatz setzt sich ein System aus Bausteinen (Entities) und den Interaktionen zwischen den Bausteinen (Connections) zusammen. In den Entity- Modulen wird der autonome Lebenslauf jedes Bausteins, in den Connections der interactionsspezifische Teil (Kommunikation, gegenseitige Beeinflussung) abgebildet. Dieser Ansatz erleichtert die Realisierung von Experimenten, die eine Änderung der Modellstruktur zum Inhalt haben, da deren Auswirkungen klar abgrenzbar sind. Aus diesem Grund ist AMADEUS auch für den Produktionsbereich (vor allem in der Entwurfsphase eines Produktionssystems) sehr gut geeignet.

10.1 Problemstellung

Simulation, ein mächtiges Instrument für die Analyse von komplexen Systemen, hat den Nachteil, daß einerseits der Lernaufwand für die Methode an sich und andererseits der Zeit- und Kostenaufwand für eine konkrete Simulationsstudie (Modellentwicklung, Durchführung der Experimente) sehr groß sind und darüber hinaus die Akzeptanz aufgrund der erforderlichen hohen Methodenkompetenz relativ gering ist.

Die Qualität einer Simulationssprache bzw. eines Simulationspaketes ist daher anhand folgender Eigenschaften zu beurteilen:

- Unterstützung bei der Modellentwicklung (Möglichkeit einer hierarchischen Modellentwicklung, Wiederverwendbarkeit von Modulen)

- Einfache Realisierung von Experimenten - sowohl in bezug auf Parameteränderungen als auch in bezug auf strukturelle Veränderungen (in gewissem Ausmaß auch durch einen Systemexperten, der kein Simulationsexperte ist)

- Animation und Ergebnisrepräsentation, die auch für Laien verständlich ist (graphische Aufbereitung der Ergebnisse eines Simulationslaufes, statistische Auswertung)

Die Unterstützung bei der Modellentwicklung und bei der Realisierung von Experimenten führt zu einer Reduktion des Zeit- und Kostenaufwandes. Die Möglichkeit, den Simulationslauf grafisch darzustellen, sowie eine geeignete Ergebnisrepräsentation machen die Methode transparenter und erhöhen daher die Aktzeptanz.

10.2 Stand der Forschung

Die Entwicklungen im Bereich der diskreten Ereignissimulation gehen im wesentlichen in zwei Richtungen. Einerseits wird mit Programmgeneratoren, deren hohe Benutzerfreundlichkeit allerdings um den Preis einer geringen Flexibilität erkauft wird, versucht, die oben angesprochenen Nachteile zu beseitigen (vgl. [2], [6]), andererseits werden Simulationswerkzeuge, die einen modularen und hierarchischen Modellaufbau ermöglichen, entwickelt (vgl. [1], [4], [7]). Hier soll nur auf die zweite Gruppe näher eingegangen werden. Zielsetzung dieser Ansätze ist es, die Durchführung von Experimenten, die die Modellstruktur betreffen, zu vereinfachen und die Wiederverwendbarkeit von Modellteilen zu ermöglichen.

Da zwischen objektorientierter Modellierung und Simulation ein natürlicher Zusammenhang besteht (jeder Komponente des Systems entspricht ein Objekt), eignet sich dieser Modellierungsansatz für Simulation sehr gut. Das zeigen auch die in diesem Abschnitt kurz dargestellten Ansätze. Außerdem ist Objektorientierung für prozeßorientierte Simulation, die es erlaubt, den "Lebenslauf" eines Systembausteines direkt in den Programmcode zu übertragen, unabdingbar.

Bei DEVS ([7], [8]) baut die Modularität auf dem Prinzip des Couplings auf. Entsprechend diesem Ansatz wird das System in selbständige Subsysteme zerlegt. Zwei oder mehr

Subsysteme können über standardisierte Schnittstellen zu übergeordneten Systemen verbunden werden. Alle auf diese Weise entstandenen Modelle sowie die die atomaren Systeme repräsentierenden Modelle können in Modelldatenbanken abgelegt und daher wiederverwendet werden. Dieser Ansatz hat allerdings den Nachteil, daß in der diskreten Ereignissimulation selbständige Subsysteme aus dem zu modellierenden System in der Regel nicht ableitbar sind.

Zum Unterschied dazu basiert die Modularität von SIC [1] auf den Systembausteinen des entsprechenden Systems und nicht auf selbständigen Subsystemen. Ein Modell, das entsprechend dem Konzept von SIC aufgebaut ist, besteht im wesentlichen aus Prozessen und Warteschlangen. Eine Warteschlange ist ein Interaktionsmedium zwischen Prozessen. Die Prozesse verarbeiten Objekte, bei denen es sich um passive Elemente handelt, d.h., sie werden von den Prozessen durch das System geschleust. Objekte werden aus einer Warteschlange entnommen und nach einer Aktivität, die vom Prozeß initiiert wird, in eine andere Warteschlange eingefügt. Verzweigungen sind nur aufgrund von Wahrscheinlichkeiten nicht aber aufgrund von logischen Bedingungen möglich. Dieser Ansatz hat den Vorteil, daß die Schnittstellen zwischen den Prozessen - die Warteschlangen - klar definiert sind und Modelländerungen leicht durchführbar sind. Allerdings sind diese Schnittstellen (verschiedene Warteschlangenstrategien wie FIFO und SRPT und wahrscheinlichkeitsbedingte Verzweigungen) vorgegeben und daher nicht sehr mächtig.

CPPS [4], der vierte Ansatz, der hier kurz dargestellt wird, enthält im Gegensatz zu SIC und DEVS keinen neuen Modellierungsansatz. Vor allem im Hinblick auf strukturelle Änderungen des Modells wird keine Unterstützung, die über das objektorientierte Konzept hinausgeht, angeboten. Dem Benutzer werden lediglich die für eine prozeßorientierte Simulation notwendigen Funktionen und eine Reihe von Klassen (resource, entity, statistic, queue, process), auf denen der Benutzer aufbauen kann, zur Verfügung gestellt. CPPS hat daher den Charakter einer Programmbibliothek.

10.3 AMADEUS

10.3.1 Konzept

AMADEUS [3] ist ein objektorientiertes Simulationssprachkonzept, das eine prozeßorientierte Modellentwicklung ermöglicht und eine modulare Modellbildung erzwingt. Das Grundkonzept von AMADEUS beruht auf dem Entity-Connection-Ansatz. Gemäß diesem Ansatz wird im wesentlichen zwischen zwei Objekttypen unterschieden: den Entities und den Connections. Ein Entity repräsentiert einen Baustein eines Systems (z.B. eine Maschine, ein Werkstück, ein Transportmittel), eine Connection die Kommunikation bzw. Interaktion zwischen zwei oder mehreren Entities (z.B. einen Bearbeitungsvorgang, einen Transportvorgang). Entities können Ressourcen oder Durchlaufposten sein, wobei für die Generierung der Inkarnationen von Durchlaufposten zusätzlich ein dem Entitymodul übergeordnetes Generatormodul vorzusehen ist. Dadurch wird eine Verletzung des Entity-Connection-Ansatzes verhindert.

In einem Entitymodul wird der "Lebenslauf" des entsprechenden Bausteintyps dargestellt (vgl. Abb. 1). Eine Interaktion mit anderen Entities wird durch den Funktionsaufruf

```
\centerline{"Connection(Connectionname)" }
```

initiiert. Die tatsächliche Ausführung der gemeinsamen Aktivität findet in der Connection statt.

```
Werkstueck::Course()
{
  Stat_Start("Time_In_System");
  Connection("Transport1");
  Connection("Bearbeitung1");
  Keep_Until("Bearbeitung2");
  Connection("Transport2");
  Stat_End("Time_In_System");
}
```

Abb. 1 Lebenslauf eines Werkstückes

Eine Connection stellt eine Schnittstelle zwischen zwei oder mehreren Entities dar, in der gemeinsame Aktivitäten der beteiligten Objekte und/oder ein Informationsaustausch zwischen den beteiligten Objekten abgebildet werden/wird. Nur in diesen Schnittstellen können Variablenwerte von an der Connection beteiligten Entityinkarnationen abgefragt oder verändert werden. Für jeden Connectiontyp können beliebig viele Bedingungen (d.h. Anzahl und Art der beteiligten Entityinkarnationen) angegeben werden (z.B. Werkstueck,1:Maschine,1;). Nach Beendigung der gemeinsamen Aktivität kehren die daran beteiligten Entities - außer bei Keep_Until-Connections - wieder in ihren autonomen Bereich zurück.

Bei Keep_Until-Connections macht ein an der Connection beteiligtes Entity die Auflösung der Connection von der Möglichkeit, eine bestimmte Connection einzugehen, abhängig. Z.B. kann es bei einem Transport im Rahmen eines Produktionsprozesses notwendig sein, daß ein Werkstück vom Transporter auf der Maschine plaziert wird, sodaß die den Transport repräsentierende Connection erst aufgelöst werden darf, wenn die Maschine für den Bearbeitungsvorgang zur Verfügung steht.

Die strenge Trennung in interaktionsspezifische und bausteinautonome Teile bedeutet, daß Veränderungen eines Bausteins, die durch einen anderen Baustein initiiert werden, aber auch ein reiner Informationsaustausch zwischen zwei oder mehr Bausteinen nur in den für das konkrete Modell definierten Schnittstellen, den Connections, möglich ist. Im Gegensatz zum Coupling baut die Modularität von AMADEUS auf Objekten und Interaktionen zwischen diesen Objekten und nicht auf selbständigen Subsystemen auf. Da diese Schnittstellen in der Regel verschieden sind, muß für jeden Interaktionstyp eine eigene Schnittstelle modelliert werden (eine Bearbeitung erfordert andere Programmanweisungen als ein Transportvorgang).

Dieses Konzept gewährleistet, daß die Auswirkungen von Experimenten, die die Modellogik betreffen - das sind Experimente, die über Parameteränderungen hinausgehen - klar abgrenzbar sind. Wird ein Bausteintyp durch einen anderen ersetzt bzw. wird das Modell erweitert (z.B. durch die Einführung eines neuen Werkstücktyps), so können von einem Austausch nur die Connections, an denen der neue Bausteintyp beteiligt ist, und im Falle einer Ersetzung eines alten Bausteintyps jene, an denen der alte Bausteintyp beteiligt war, betroffen sein; der Austausch bzw. die Veränderung einer Connection kann sich nur auf die an ihr beteiligten Bausteintypen auswirken.

Abgesehen von der durch den Entity-Connection-Ansatz vorgegebenen Modellbildungsvorschrift gemäß dem Entity-Connection-Ansatz verfügt AMADEUS über eine komplexe interne Verwaltung, die dem Benutzer die Definition und Verwaltung von Warteschlangen aber auch die Verwaltung der Connections und der auf die Connections wartenden Entities abnimmt. Auch die Zeitachse wird automatisch generiert und abgearbeitet.

Für jeden Connectiontyp wird ein Verwaltungselement und für jeden möglicherweise an einer Connectioninkarnation dieses Typs beteiligten Entitytyp wird eine Warteschlange angelegt. Will eine Entityinkarnation im Rahmen ihres "Lebenslaufes" eine Connection eingehen (z.B. Connection("BearbeitungA");), so wird die Entityinkarnation automatisch in die entsprechende Warteschlange eingeordnet, und es wird umgehend aufgrund der dem Connectiontyp zugeordneten Bedingungen versucht, eine neue Inkarnation des gewünschten Connectiontyps zu generieren. Ist dies nicht möglich, bleibt die Entityinkarnation in der Warteschlange.

Ein wichtiger Bestandteil von Simulationsstudien ist die statistische Auswertung der Experimente. Untersucht man ein Simulationsmodell - abstrahiert von konkreten Modellbausteinen bzw. von konkreten Modelleigenschaften -, so kann man feststellen, daß Modelle im Rahmen der diskreten Ereignissimulation im wesentlichen aus drei Arten von Komponenten bestehen:

- Ressourcen (z.B. Maschinen, Ärzte, Transportmittel, etc.)

- Durchlaufposten (z.B. Werkstücke, Patienten, Passagiere)

- Warteschlangen

Entsprechend dieser Einteilung können dem Benutzer Statistikklassen zur Verfügung gestellt werden, die eine Basisauswertung der Daten ermöglichen (Mittelwert, Varianz, minimaler Beobachtungswert, maximaler Beobachtungswert, Anzahl der Beobachtungen). Bei Warteschlangen ist im allgemeinen die Entwicklung ihrer Länge im Zeitablauf von Interesse. Eine diesbezügliche Auswertung kann ohne Zutun des Benutzers bei jedem Zugriff auf die Warteschlange (Einordnung oder Entnahme eines Objektes) durchgeführt werden.

Bei Ressourcen ist man im allgemeinen am Auslastungsgrad und an Ausfallzeiten interessiert. Zu jeder Ressource können beliebig viele Statistiken definiert werden; der Benutzer muß jeweils Beginn und Ende des für ihn interessanten Intervalls festlegen (z.B. Beginn und Ende der Bearbeitung, Beginn und Ende der Stillstandszeiten, etc.); die oben erwähnten

Auswertungen werden dann automatisch vorgenommen. Komplizierter sind Auswertungen, die Durchlaufposten betreffen. Bei diesen statistischen Auswertungen ist man an den durchschnittlichen Werten, die einen Objekttyp betreffen, und nicht an den bei einer Inkarnation ermittelten Werten interessiert. Im Unterschied zu Ressourcen und Warteschlangen sind daher Entstehungs- und Auswertungsort der Daten verschieden. Die Daten werden in der jeweiligen Entityinkarnation erhoben und im zugehörigen Generator ausgewertet.

10.3.2 Realisierung

Um von den Vorteilen der Objektorientiertheit entsprechend profitieren zu können, genügt es allerdings nicht, daß sich die Modularität auf die Programmebene, d.h. den Code, beschränkt; der gesamte Modellentwicklungsprozeß muß modular und hierarchisch aufgebaut sein.

AMADEUS liegt als Prototyp in Form einer C++-Implementation vor. Die Objektorientierung von C++ erlaubt es, eine Klassenhierarchie zur Verfügung zu stellen (vgl. Abb. 2), die den Benutzer mit einer Reihe von Funktionen versorgt, die für ein Modell, das entsprechend dem Konzept von AMADEUS erstellt wird, benötigt werden.

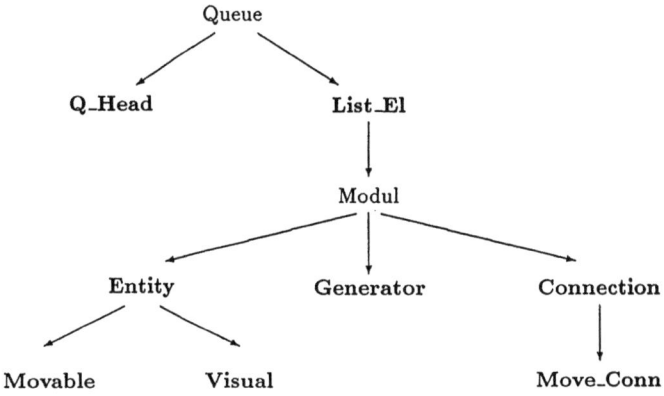

Abb. 2: Klassenhierarchie für den Benutzer

Je nach Modellerfordernissen kann der Benutzer seine spezifischen Modellbausteine als Subklassen von Entity, Visual, Movable und seine modellspezifischen Interaktionen als Sukblassen von Connection bzw. Move_Conn definieren.

Auf Programmebene wird jeder Entity- bzw. Connectiontyp durch eine C++-Klasse dargestellt. Jede Klasse kann in einer Modulbiliothek abgelegt werden, sodaß eine Mehrfachverwendung der Klassen möglich ist.

Auf der obersten Modellentwicklungsebene ist jeder Entity- bzw. Connectiontyp durch ein Icon repräsentiert. Ein Modell wird durch Auswahl der gewünschten Bausteine und Interaktionen zusammengestellt (vgl. Abb. 3). Diese Oberfläche wird mit X Window System^{TM} implementiert.

Das vom Benutzer auf diese Weise erstellte Modell muß im Hinblick auf die Prozeßorientierung und auf die komplexe interne Verwaltung von einem Präprozessor überarbeitet werden. Danach werden alle modellspezifischen Klassen und alle für die interne Verwaltung notwendigen Programmteile gebunden und übersetzt.

Da Experimente, die sich auf verschiedene Modellstrukturen beziehen, durch unterschiedliche Modulkonstellationen erzielbar sind (das Modell setzt sich jeweils aus zum Teil verschiedenen Komponenten zusammen) und daher keinerlei C++- bzw. AMADEUS-Sprachkenntnisse erfordern, können derartige Experimente auch von Benutzern ohne C++- bzw. AMADEUS-Sprachkenntnisse durchgeführt werden.

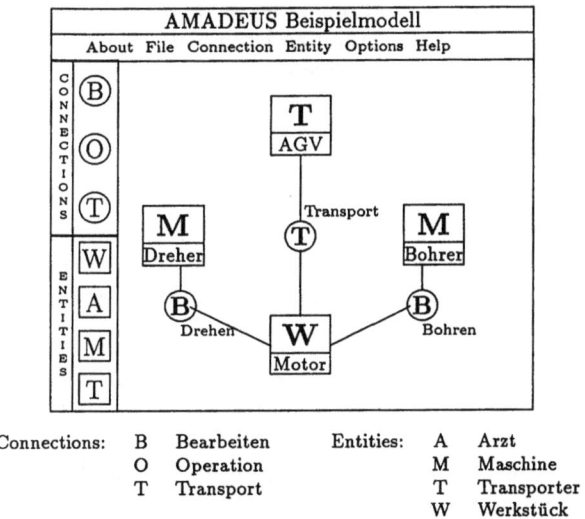

Abb. 3: Möglicher Bildschirmaufbau unter AMADEUS

Um die Transparenz einer Simulationsstudie zu erhöhen, kann der Simulationslauf grafisch dargestellt werden, wobei das Hauptaugenmerk auf eine anforderungsgerechte Repräsentation der Logik und nicht auf eine mächtige Grafik gelegt wird.

10.4 AMADEUS im Produktionsbereich

Die zunehmende Konkurrenz und die Forderung, rasch auf neue Aufträge reagieren zu können, erfordert den Einsatz von Fertigungssystemen, die einen entsprechenden Flexibilitätsgrad aufweisen. Da die Einführung derartiger Fertigungssysteme mit hohen Kosten verbunden ist, verlangen sie eine dementsprechend detaillierte Planung. Wegen der hohen Komplexität von flexiblen Fertigungssystemen (hoher Grad an Parallelität, komplizierte Steuerungslogik) wird Simulation häufig als das beste Werkzeug angesehen, das geeignet ist, diesen zu berücksichtigen (vgl. [5]).

Die Unterstützung bei der Durchführung von Experimenten macht AMADEUS auch für den Produktionsbereich interessant. Vor allem in der Entwurfsphase ermöglicht der Entity-Connection-Ansatz die Analyse verschiedener Systemkonfigurationen auf einfache Art und

Weise (z.B. unterschiedliche Anordnungen von Maschinen, unterschiedliche Transportsysteme, etc.). Aber auch der Vergleich verschiedener Schedulingstrategien oder die Einführung eines neuen Produktes kann ohne großen Aufwand durchgeführt werden. Schedulingstrategien können vor allem durch die zweistufige Realisierung von Connections sehr einfach realisiert werden.

In der ersten - internen - Stufe wird die grundsätzliche Möglichkeit einer neuen Connectioninkarnation untersucht. In der zweiten - nicht zwingendermaßen vorhandenen - Stufe kann der Benutzer einzelne Entityinkarnationen von der konkreten Connectioninkarnation ausschließen und daher unter Umständen das tatsächliche Zustandekommen einer Connection verhindern. Einzelne Entityinkarnationen können aufgrund ihrer konkreten Eigenschaften bzw. der Eigenschaftskombinationen mit anderen Entityinkarnationen von einer konkreten Connectioninkarnation ausgeschlossen werden.

10.5 Ausblick

AMADEUS stellt einen Versuch dar, das Problem der Simulation - den hohen Zeit- und Kostenaufwand, den eine Simulationsstudie erfordert - durch eine strukturierte Modellentwicklung, durch die Unterstützung bei der Durchführung von Experimenten und durch die Möglichkeit, Modellteile mehrfach zu verwenden, zu lösen.

Als Erweiterungen sind Klassen, die die Unterbrechung von Connections ermöglichen, und Klassen, die zu einer einfachen Modellierung von Transportsituationen beitragen, vorgesehen. Mit dem fertigen Prototypen von AMADEUS (Entity-Connection-Konzept, X-Window-System-Oberfläche, Präprozessor, grafische Animation) wird dem Benutzer ein Werkzeug zur Verfügung stehen, das ihn während der gesamten Modellentwicklungs- und -anwendungsphase unterstützt.

Literaturverzeichnis

[1] Kluth, B. (1990) Multiprozessorarchitekturen mit funktions-orientierter Parallelisierung für die stochastische Simulation, Diss., Aachen.

[2] Mellichamp, J. M./Wahab, A. F. A. (1987) Process planning simulation: An FMS modeling tool for engineers, in: Simulation 48, Nr. 5 (May), S. 186-192.

[3] Prohaska, M. (1986) Neue Sprachkonzepte zum Entwurf strukturierter Simulationssoftware, Diss., Wien.

[4] Sanderson, D. P. (1988) CPPS: A C++ Library for Process-Oriented Simulation, Working Paper, Pittsburgh.

[5] Schriber, Th. J. (1987) The Nature and Role of Simulation in the Design of Manufacturing Systems, in: Simulation in Computer Integrated Manufacturing and Artificial Intelligence Techniques, (eds. K. E. Wichmann, J. Retti), Proceedings of the European Multiconference July 7-10, Wirtschaftsuniversi-tät, Vienna, Austria, S. 5-18.

[6] Tempelmeier, H./Endesfelder T. (1987) Der SIMAN MODUL PROZESSOR - ein flexibles Softwaretool zur Erzeugung von SIMAN-Simulationsmodellen, in: Angewandte Informatik 3/87, S. 104-110.

[7] Zeigler, B. P. (1987) Hierarchical, modular discrete-event modelling in an object-oriented environment, in: Simulation, Vol. 49, No. 5, pp. 219-230.

[8] Zeigler, B. P. (1990) Object-Oriented Simulation with Hierarchical, Modular Models. Intelligent Agents and Endomorphic Systems, San Diego, California.

11 Integration der Fabrikplanung durch Simulation

Joachim Noblé

Zusammenfassung:

Fabrikplanung beschreibt eine Aufgabenstellung, die immer mehr in eine permanente Tätigkeit übergeht, da die Produktionszyklen und die Produktlebensdauer sich zunehmend verkürzen. Fabrikplanung und -organisation ordnen sich betrieblichen und marktorientierten Zielen unter. Anhand der Objekt-Subjekt-Modellrelation aus der Erkenntnistheorie wird ein Ansatz für ein Integrationskonzept mittels Simulation aufgezeigt und mit Fallbeispielen belegt.

11.1 Planungsziele

Fabrikplanung beschreibt eine Aufgabenstellung, die immer mehr in eine permanente Tätigkeit übergeht, da die Produktionszyklen und die Produktlebensdauer sich zunehmend verkürzen. Dabei fließen Fabrikplanung und -organisation zusammen und ordnen sich in ein Zielsystem ein, wie es Wiendahl[1] beschreibt.

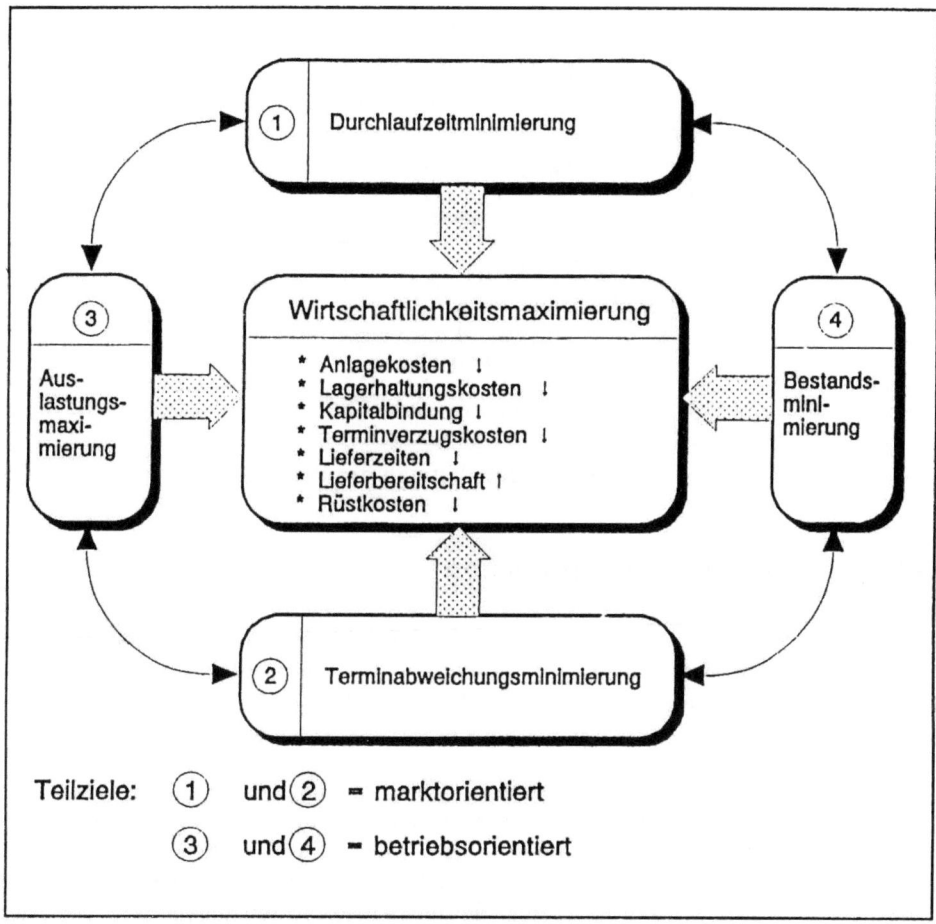

Abb. 1 Zielsystem nach Wiendahl

Wiendahl unterscheidet in marktorientierte und betriebsorientierte Ziele, die sich jedoch gegenseitig so sehr beeinflussen, daß der Auslöser nicht immer eindeutig bestimmbar ist.

Als Beispiel sei die Reduzierung der Durchlaufzeiten genannt, eine Zielsetzung, die sowohl aus betriebswirtschaftlicher Sicht (Verminderung der Kapitalbindung im Umlaufvermögen) als auch aus marktorientierter Sicht (Beschleunigung der Lieferzeiten) erfolgen kann.

Deutlich wird an dieser Darstellung die starke Verflechtung der einzelnen innerbetrieblichen Bereiche und sie zeigt, daß zu jeder größeren Planung Mitarbeiter aus Produktion und Vertrieb gehören. Zu vielen Aufgabenstellungen ist der Technische Bereich als Consultant oder Ausführender hinzuzuziehen. Für neue Produkte gehören dazu noch Konstruktion und Entwicklung. Das Ganze sollte begleitet werden von einem effizienten Rechnungswesen und Controlling, das betriebswirtschaftliche Daten als Entscheidungshilfen anbietet.

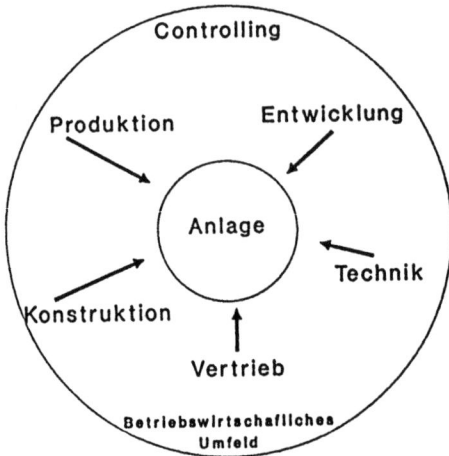

Abb. 2: Beteiligte an der Planung

11.2 Planspiel und Simulation

Unterschiedliche Sprache, Erfahrungswelt und Denkweisen hemmen vielfach das Herausbilden einer "Corporate Identity". Es fehlt aber auch an Werkzeugen und Methoden, die den in einem Unternehmen arbeitenden Menschen die Einsicht vermitteln, daß jede Entscheidung in einem Teilbereich die Entscheidungen der anderen beeinflußt.

Der Ansatz mit Hilfe von Planspielen die Realität abzubilden, war der erste Schritt in Richtung Simulation. In Planspielen wird versucht, Entscheidungssituationen zu simulieren, um Führungskräften, oder solchen, die es werden wollen, die Wirkungsmechanismen von Entscheidungen transparent zu machen. Wie bei allen Planspielen werden die äußeren Faktoren über Gleichungen und Eingriffe der Schiedsrichter abgebildet. Die Nichtnachvollziehbarkeit der Entscheidungen der Schiedsrichter macht die Ergebnisse der Planspiele fragwürdig [2].

Planspiele können dazu beitragen, integriertes Denken zu fördern. Die Wirkmechanismen sind oft stark determiniert und Bereiche wie Produktion und Forschung werden als reine Lieferanten von Variablen in dem Unternehmensmodell dargestellt.

Das Zusammenwirken im Betrieb ist viel enger miteinander verzahnt, als es z.B. durch ein System von Gleichungen abzubilden wäre.

Simulationen von innerbetrieblichen Vorgängen beruhen auf weitgehend vollkommener Information. Störgrößen lassen sich nachvollziehbar einplanen. Simulationsläufe sind jeweils reproduzierbar, was sie von Planspielen unterscheidet.

11.3 Planungsprozeß und Simulation

Die Theorie der Planung folgt streng einem Planungskonzept, das vom Groben zum Feinen, von der Übersicht zum Detail vorgeht.

Folgende Daten sprechen für diese Theorie:

Stufen der Planung	Genauigkeit	Aufwand
Grobplanung	~ 20%	2%
Feinplanung	10%	8%
Realisierung	0%	92%

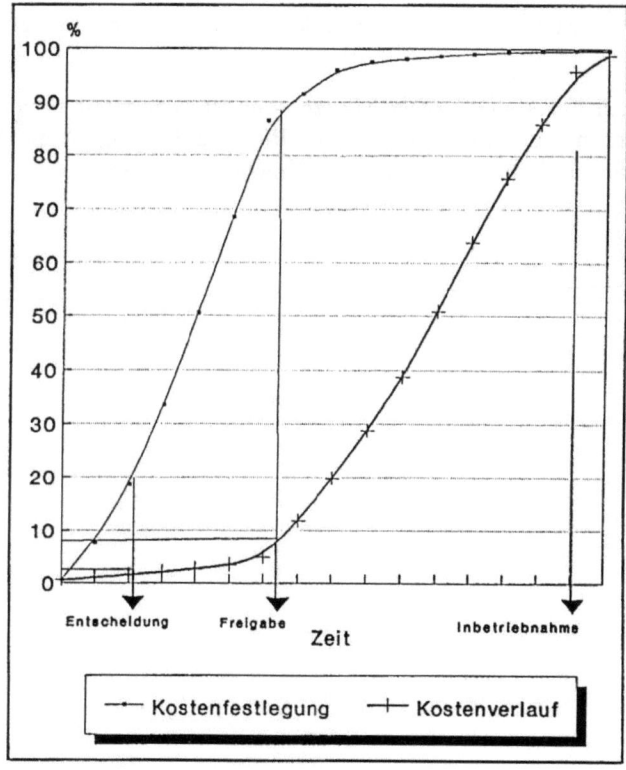

Abb. 3: Kostenverlauf und -festlegung

Es zeigt sich, daß nach (sinnvollem) Einsatz von knapp 10% der angesetzten Mittel 90% der Gesamtaufwendungen festgelegt sind. Änderungen in der Folgezeit treiben den Gesamtaufwand in die Höhe, dabei nicht bewertet der zusätzliche Streß und der Verlust an Qualität, den solche Änderungen mit sich bringen.

Das von allen Theoretikern empfohlene Vorgehen stößt aber in der Realität auf Widerstand:

- Planungs- und Realisierungszeiträume von mehreren Monaten vertragen sich nicht mit Produktzyklen in derselben Größenordnung.

- Das Einbeziehen aller eigentlich am Planungsprozeß zu Beteiligenden führt zu babylonischem Sprachgewirr und endlosen Sitzungen.

Der Praktiker verläßt sich deshalb auf seine Erfahrungen, fängt einfach an, ändert vielleicht noch einmal und ist zumindest fertig, wenn das neue Produkt gefertigt werden soll. Der Rest erledigt sich dann im Zuge der nachfolgenden Produktion.

- Wird das Produkt ein Erfolg, trägt es so manche Produktionsanpassung.
- Wird es ein Flop, so wird die Produktion sowieso alsbald eingestellt.

Dieses Vorgehen hat einen großen Mangel - es ist schwer zu vermitteln und hinterläßt deshalb bei den nicht unmittelbar an der Planung Beteiligten ein Unbehagen, da man spürt, daß es das nächste Mal ebenso gut danebengehen kann.

Integration der Fabrikplanung durch Simulation 161

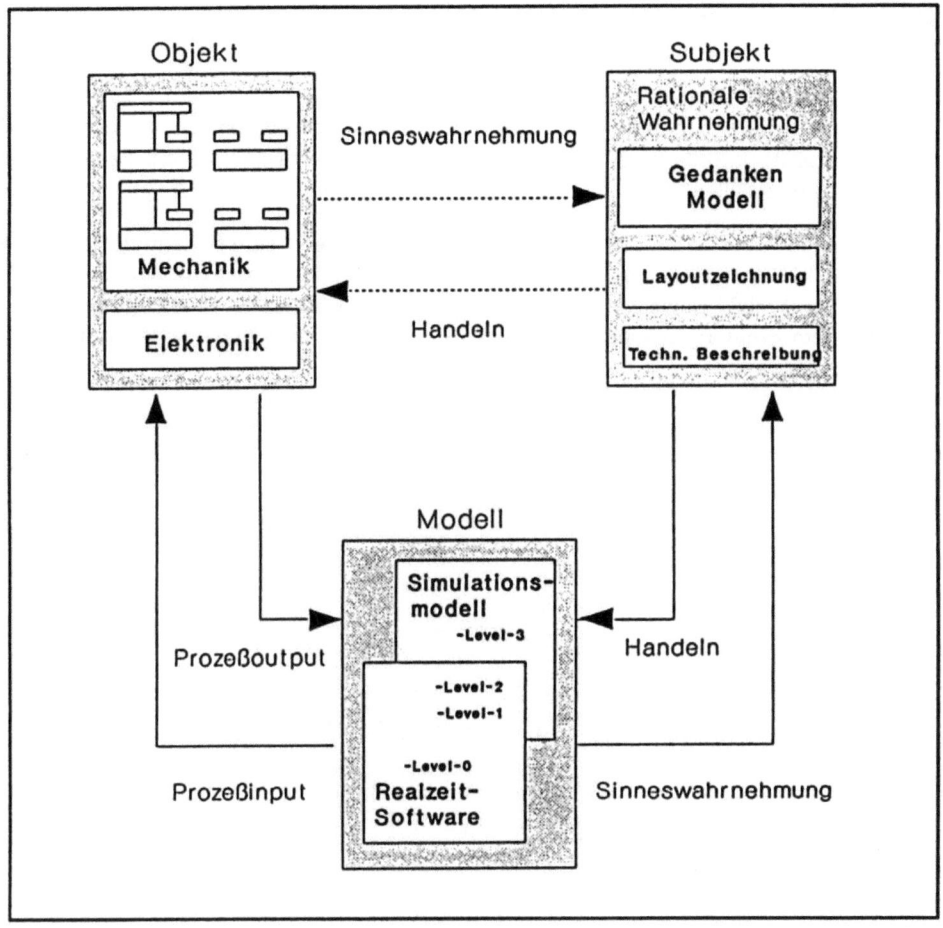

Abb. 4: Objekt-Subjekt-Relation

Im Folgenden wird gezeigt, wie der Planungsprozeß mit Hilfe von Simulation transparent und damit für alle Beteiligten nachvollziehbar gemacht werden kann [3].

Alle Gedanken und Erfahrungen aus dem betrieblichen Alltag fließen in das Modell der Anlage ein. Die Logik wird in Experimenten verfeinert.

Die softwaretechnische Beschreibung des Modells wird soweit detailliert, bis die Realzeit-Anweisungen für die Elektronik codiert sind. Die Codierung kann in Verbindung mit dem Simulationsmodell getestet werden, bevor die Anlage aufgebaut ist. In diesen Planungsprozeß läßt sich relativ schnell eingreifen, wenn die Modellparameter objektbezogen codiert und gespeichert wurden. Der Austausch von Objekten, die Umstellung oder die Änderung von Auftragsreihenfolgen können in kurzer Zeit in das Modell eingegeben werden.

11.4 Integration durch Simulation

Hat der erfahrene Planer ein Werkzeug in der Hand, in das er seine Erfahrung sowohl integrieren als auch Ergebnisse sichtbar machen kann, so können alle an der Planung Beteiligten sich dazu äußern und ohne Interpretationsschwierigkeiten ein gemeinsames Planungsergebnis erzielen.

Simulationsmodelle sind softwaretechnische Abbilder der Realität. Simulationsmodelle einer Fabrik lassen sich stufenweise so verfeinern, bis sie im Detail die Abläufe der Produktion widerspiegeln. Logische Abläufe, Anlagensteuerung sowie Auftragsverhalten lassen sich mit dem Simulationsmodell testen und steuern. Der Simulator wird zum Leitstand der realen Fertigung.

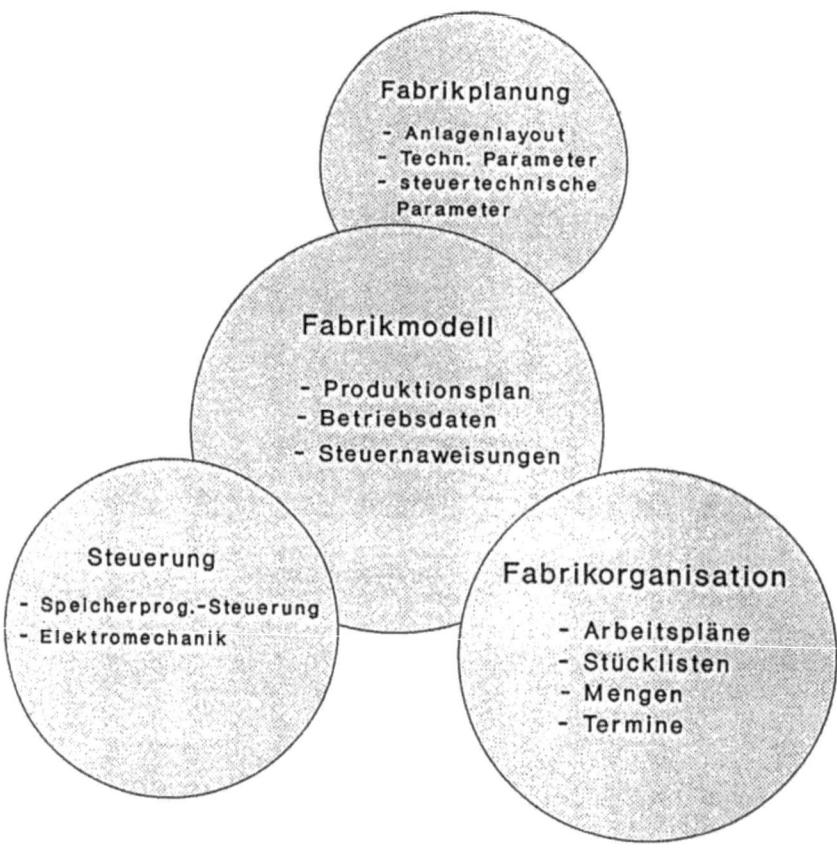

Abb. 5: Integration durch Simulation

Layouts aus CAD-Systemen werden maßstäblich in das Simulationsmodell übernommen, Angaben aus der Fabrikorganisation, wie Auftragsdaten, -sequenzen und Zeiten dazugespielt und damit die Dynamik des Prozesses dargestellt. Die Ergebnisse fließen unmittelbar

Integration der Fabrikplanung durch Simulation 163

in die Realzeitsysteme ein. Die mühsehlige Übersetzungsarbeit zwischen den Planungsstufen entfällt.

Die folgenden Fallbeispiele sollen zeigen, daß Simulation ein integrierend wirkendes Werkzeug zur Planung ist, das geeignet ist, das strenge Planungskonzept zu durchbrechen.

11.5 Simulation mit SIMFLEX/2

11.5.1 Produktions- und Investitionsplanung bei der Platinenherstellung

Prozeßbeschreibung

Die Platinenherstellung ist ein Ausschnitt aus einem Prozeß für Elektronikgeräte. Es werden Grundtypen mit unterschiedlicher Bestückungsdichte in mehreren Fertigungsstufen gefertigt [4].

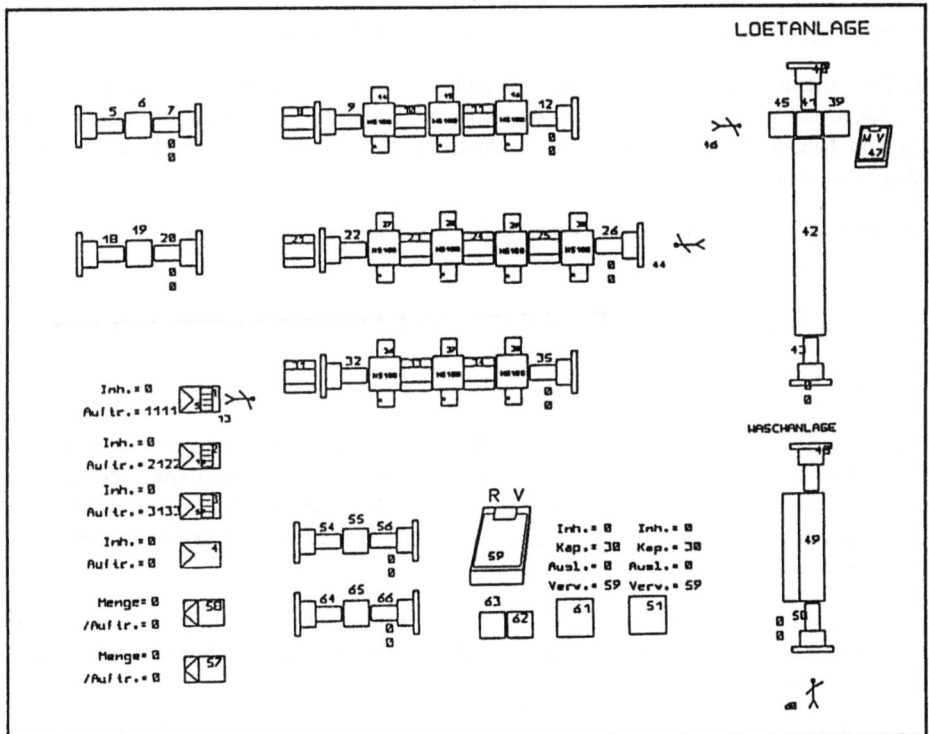

Abb. 6: Platinherstellung für Elektronikgeräte

Die Fertigungsstufen sind Siebdruck, Bestückung, manuelle Qualitätskontrolle, Löten, Waschen, automatische Qualitätskontrolle.

Einzelne Fertigungsstufen können in parallelen Linien durchgeführt werden. Dafür müssen die Bestückungsprogramme für die einzelnen Platinentypen vorhanden sein, bzw. es müssen Bestückungsautomaten umgerüstet werden.

Untersuchungsziele

- Durchlaufzeiten und Personaleinsatz in den Fertigungsstufen in Abhängigkeit von der Magazinfüllung
- Pufferkapazität zwischen den Fertigungsstufen
- Bedarf an zusätzlichen Einrichtungen und deren Wirkung
- Einfluß von Störungen in einzelnen Einrichtungen auf die gesamte Linie
- Entwicklung von Steuerregeln für kurzfristige Planveränderungen

Betriebsmodus des Simulators

Aufgabenbezogen wurden Bausteine entworfen parameterisiert, und in einer Bibliothek zusammengestellt. Das Produktionsprogramm wurde manuell erstellt.

Die Erkenntnisse zu den Untersuchungszielen wurden im interaktiven Betrieb erarbeitet. Komplexe Steuerregeln wurden am quasi-realen Leitstand durch zustandsabhängigen Einsatz von Regelatomen erarbeitet und als Basis für die Implementierung von Steueralgorithmen benutzt.

Der Simulator wurde damit Instrument für die Produktionsplanung.

11.5.2 Rezeptgesteuerte Produktion verfahrenstechnischer Prozesse

Prozeßbeschreibung

In verfahrenstechnischen Prozessen zur Herstellung von Nahrungsmitteln, Mineralöl oder chemischen Produkten liegen Rezepte, Misch- und Verpackungspläne, Mengen und Termine als Output aus der rechnerunterstützten Produktionsplanung und -steuerung für eine kurzfristige Plaungsperiode von drei Wochen und eine langfristige Periode von drei Monaten vor.

Grundsubstanzen werden aus Silos oder Tanks über Rohrleitungssysteme rezeptgesteuert in Waagen abgezogen, in Mischer abgeführt, in Behältern zwischengelagert und bedarfsgerecht in Versandeinheiten verpackt.

Der Fluß durch das Rohrleitungssystem wird als Stückgutprozeß nachgebildet durch Zerlegung von Mengen in beliebig kleine Teilmengen. Aktivitäten in den einzelnen Produktionsstufen werden durch externe, aus der Datenbank abgeleitete Ereignisse angestoßen [4].

Integration der Fabrikplanung durch Simulation 165

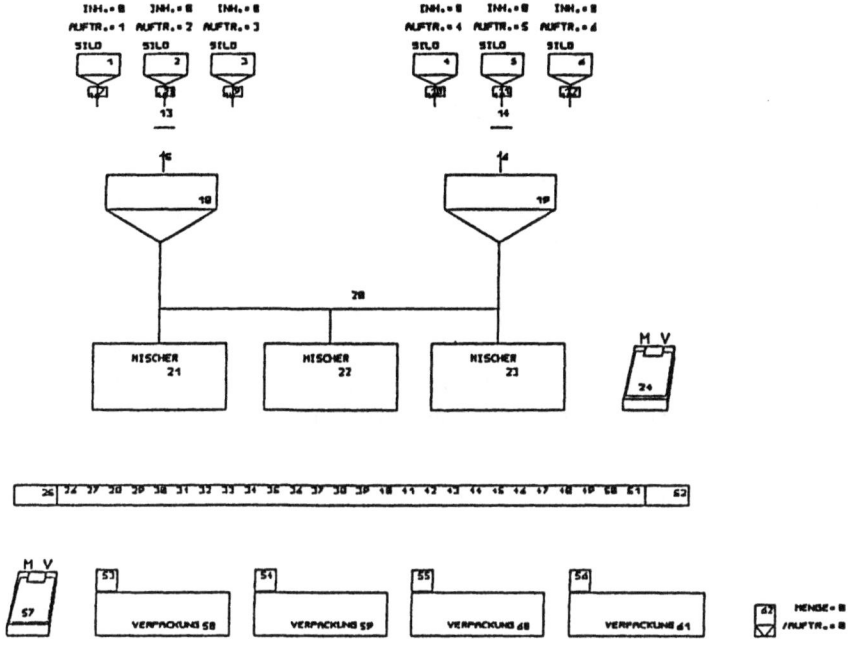

Abb. 7: Verfahrenstechnischer Prozeß

Untersuchungsziele

- Verifizierung der PPS-Plandaten durch die im Simulator ablaufende Feinsteuerung

- Schrittweise Optimierung der Betriebsmittelnutzung und der Termintreue durch Verschieben der Mengen- und Zeitpläne zwischen der kurz- und langfristigen Planungsperiode

- Wirkung von zusätzlichen Kapazitäten in einzelnen Produktionsstufen

Betriebsmodus

Die Produktionsdaten wurden über Datenbanksprachen aus der Datenbasis abgezogen und im datentechnischen Format des Simulators zur Verfügung gestellt. Die Simulationsergebnisse wurden als Betriebsdaten manuell in das Planungssystem rückgeführt. Eine direkte Ankoppelung an die Datenbank bzw. an das PPS-System ist geplant. Der Simulator ist integriert in die rechnergestützte Produktionsplanung.

11.6 Ausblick

Simulation als integratives Werkzeug für die Fabrikplanung wird in den nächsten Jahren in zunehmendem Maße alle an der Planung beteiligten um einen Tisch (besser Rechner) versammeln. Die Planung der Fertigung wird zu einem stetig sich fortentwicklenden parallelen Prozeß auf Basis der Zielsysteme des Unternehmens werden. Die softwaretechnischen Voraussetzungen dazu werden allmählich besser. CAD-CAM, CAD-PPS-Koppelungen beginnen sich durchzusetzen. Die hardwaretechnische Umgebung wird Schritt für Schritt standardisiert. Die Preise für diese Hardware liegen in Größenordnungen, über die nur noch wenig gesprochen werden muß.

Eine Entwicklung von softwaretechnischen Werkzeugen zur Verwirklichung des CIM-Konzeptes setzt sich nur insofern durch, als in den Köpfen der Anwender die Notwendigkeit für diese Werkzeuge erkannt wird und in der betrieblichen Organisation ihren Niederschlag findet.

Hier gilt es, in der nächsten Zeit Überzeugungsarbeit zu leisten.

Literaturverzeichnis

[1] Wiendahl, Simulation in der Produktionsplanung und -steuerung, AWS-Fachtagung 1989 Böblingen

[2] Koller, H., Simulation und Planspieltechnik, Wiesbaden

[3] Reinhardt, A., Integrierte Methoden, Zeitschrift für Logistik 8 (1987)

[4] Werkbild Simflex GmbH

12 Die Modellierung von Produktionsanlagen

Die SIMPLEX Modellbank ISIS

Bernd Schmidt, Chengyan Shi

Zusammenfassung:

Die SIMPLEX-Modellbank ISIS ist ein leistungsfähiges Simulationssystem zur Modellierung von Produktionsanlagen.

Die SIMPLEX-Modellbank ISIS zeichnet sich durch die folgenden Eigenschaften aus:

* Es verfügt über den vollen Funktionsumfang von SIMPLEX (Siehe [1] [2] [3]).
* Es ermöglicht schnellen und fehlerarmen Modellaufbau mit Hilfe der Bausteintechnik.
* Es stellt eine anwendernahe Modellbeschreibungssprache zur Verfügung, mit deren Hilfe bereits bestehende Bausteine modifiziert oder neue Bausteine geschaffen werden können.
* Die SIMPLEX-Modellbank ISIS verfügt über eine C-Schnittstelle, die den Anschluß an CAD-, PPS-Systeme und dgl. ermöglicht.

Mit der Modellbank ISIS wird eine Struktur vorgestellt, die von einem objektorientierten Ansatz ausgeht. Sie kennt eigenständige Komponenten, die autonom arbeiten und für die das Klassenkonzept gilt. Die Kommunikation zwischen den Komponenten erfolgt über Botschaften.

Die vorgeschlagene Struktur ist so allgemeingültig, daß sie als Vorlage für vergleichbare Modelle herangezogen werden kann.

Es wird gewissenhaft zwischen den verschiedenen Steuerungen und den dazugehörigen Strategien unterschieden.

* Materialflußsteuerung
  Sie besorgt die Bearbeitung eines Werkstücks gemäß des Arbeitsplanes.
* Transportwagensteuerung
  Sie führt die freien Transportwagen den Transportaufträgen zu.
* Streckensteuerung
  Sie führt einen Transportwagen von einem Startpunkt zu einem Zielort.

Der Modellaufbau erfolgt ausschließlich über Dateneingabe. Die erforderlichen Daten werden über Masken vom Benutzer abgefragt. Die Strategien in den drei Steuerungen werden mit Hilfe von SIMPLEX-MDL beschrieben und sind daher modifizierbar.

Die Modellierung von Produktionsanlagen

12.1 Die Modellstruktur

Bild 1 zeigt die Modellstruktur, die ISIS zugrunde liegt

Man sieht zunächst die Stationen und die Streckenabschnitte. Die Ablaufkontrolle übernimmt die Materialflußsteuerung, die Streckensteuerung und die Transportsteuerung. Die Kommunikation zwischen den Stationen und den Streckenabschnitten auf der einen Seite und den drei Steuerungen auf der anderen Seite erfolgt über Botschaften.

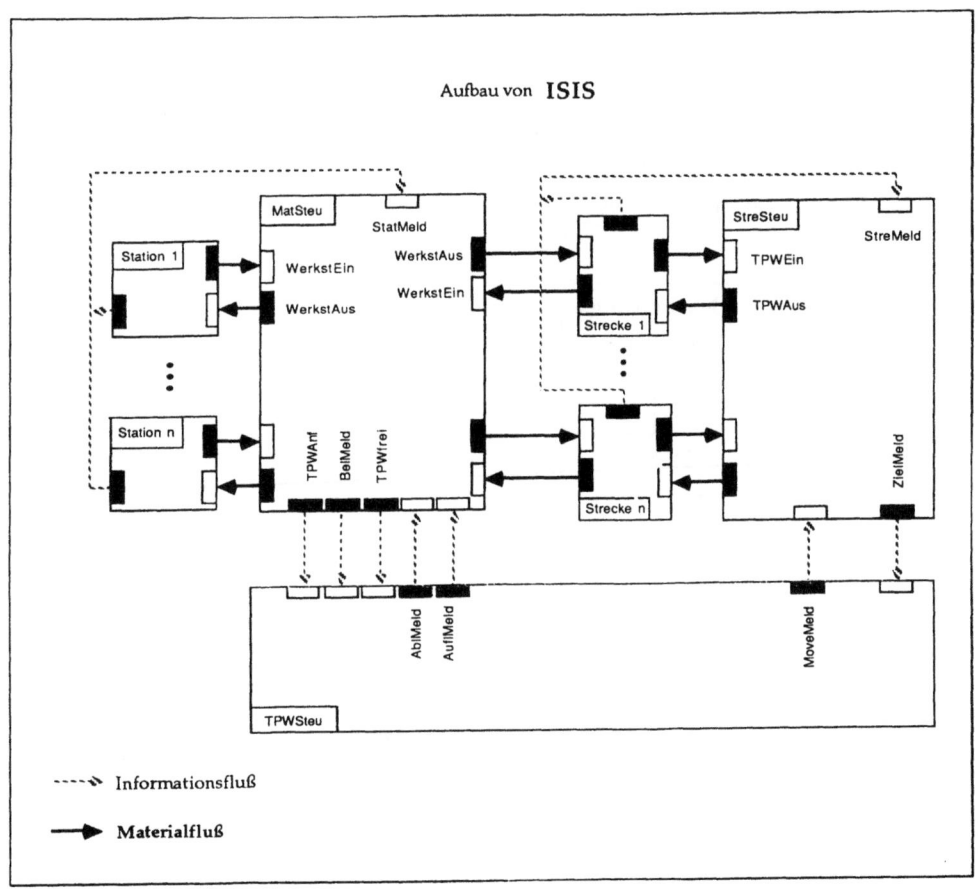

Bild 1: Die Struktur von ISIS

12.2 Die Stationen und die Materialflußsteuerung

ISIS bietet zunächst die Stationen, die von einem Auftrag zu durchlaufen sind. Hierzu gehören:

* Bearbeitungsstationen
* Montagestationen
* Zerlegestation
* Lagerplätze
* Prüfstationen
* Reparaturstationen
* Transportbänder
* Quellen und Senken

Die Bearbeitungsreihenfolge für die Werkstücke wird mit Hilfe eines Arbeitsplanes beschrieben. Bild 2 zeigt ein Beispiel.

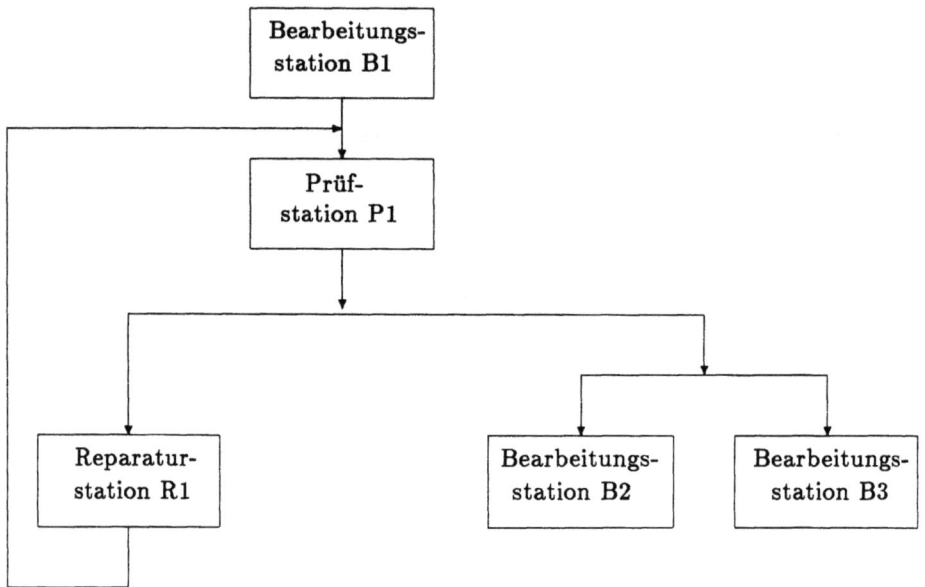

Bild 2: Ausschnitt aus einem möglichen Arbeitsplan

Nach der Bearbeitungsstation B1 sollen die Werksstücke die Prüfungsstation durchlaufen. Defekte Teile werden an die Reparaturstation weitergeleitet. Fehlerfreie Teile gelangen anschließend zu der Bearbeitungsstation B2 bzw. B3. Dort werden sie weiterbehandelt. Eine Strategie entscheidet hierbei, welche Alternative für ein einzelnes Werkstück im gegebenen Fall durchlaufen wird.

Die Materialflußsteuerung verfügt über den Arbeitsplan einer jeden Werkstückvariante. Sie wählt aufgrund einer Strategie die Nachfolgestation aus und veranlaßt die Weitergabe. Hierzu kann ggf. das Transportsystem einbezogen werden.

12.3 Der Aufbau einer Bearbeitungsstation

Als Beispiel für den Aufbau einer Station sei die Bearbeitungsstation herausgegriffen (siehe Bild 3). Die übrigen Stationen zeigen eine vergleichbare Struktur.

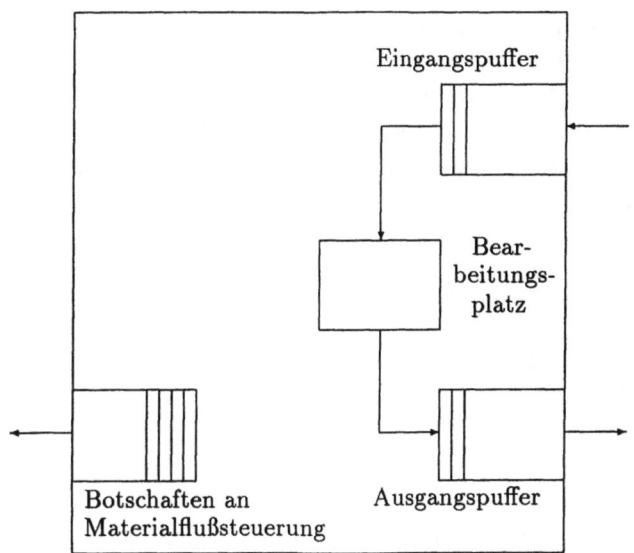

Bild 3: Der interne Aufbau einer Bearbeitungsstation

Jede Bearbeitungsstation verfügt über einen Eingangspuffer mit angebbarer Kapazität. Falls der Eingangspuffer freie Plätze aufweist, kann der Bearbeitungsstation ein Auftrag zugewiesen werden.

Der Bearbeitungsplatz besitzt eine angebbare Anzahl paralleler Bearbeitungsplätze.

Sobald die Bearbeitung eines Werkstückes abgeschlossen ist, gelangt das Werkstück in den Ausgangspuffer. Gleichzeitig schickt die Station eine Meldung an die Materialflußsteuerung, daß ein Auftrag zur Weiterleitung ansteht.

Die Materialflußsteuerung wird daraufhin aufgrund des Arbeitsplans und der Strategie entscheiden, zu welcher Nachfolgestation der Auftrag geschickt werden kann. Falls es möglich ist, wird die Weiterleitung an diese Station veranlaßt.

Die Bearbeitungsstation ist weitgehend parametrisierbar. Die Eigenschaften und das Verhalten einer Bearbeitungsstation können weitgehend vom Benutzer spezifiziert werden. Bild 4 zeigt die Parameterliste.

```
Nummer
Kapazität des Eingangspuffers
Kapazität der Bedieneinheit
Kapazität des Ausgangspuffers
Magazingröße
mit Eingangspuffer (ja/nein)
mit Ausgangspuffer (ja/nein)
Anschluß an das Transportsystem (ja/nein)
Verteilung für die Stördauer (exponentiell/empirisch)
Verteilung für den Störabstand (exponentiell/empirisch)
Stördauer
Störabstand

Folgende Parameter sind variantenspezifisch:

Bearbeitungszeit
Umrüstungszeit
Abladezeit
Aufladezeit
```

Bild 4: Die Parameterliste für eine Bearbeitungsstation

Falls zur Weiterleitung des Werkstücks kein eigenes Transportsystem benötigt wird, sind keine Meldungen an die Transportwagensteuerung (TPWSteu) erforderlich. Auch die Übergabe der Werkstücke von der Materialflußsteuerung an einen Ent- bzw. Beladeplatz auf einem Streckenabschnitt kann unterbleiben.

12.4 Die Quellen

Quellen sind ein Stationstyp, über die Werkstücke bzw. Aufträge in das Modell eingeschleust werden. Es besteht die Möglichkeit der variantenspezifischen Beschreibung. Jede Variante kann darüber hinaus auch noch in Lose zerlegt werden.

Die Modellierung von Produktionsanlagen

Für jedes einzelne Los einer Variante sind die folgenden Angaben möglich:

Startzeitpunkt
Zeitpunkt, in dem das erste Werkstück eingelastet werden soll

Abstand
Zeitlicher Abstand zwischen der Einlastung von Werkstücken

Losgröße
Anzahl der Werkstücke, die zu einem Los gehören sollen

Magazingröße
Angabe der Anzahl, die zur gleichen Zeit eingelastet werden soll

Variantennummer
Name der Variante, zu der das entsprechende Los gehört

Teiltyp
Es kann angegeben werden, ob die Quelle Hauptteile oder Nebenteile für die Montagestation produzieren soll.

Durch die weitgehende Parametrisierung der Quelle sind sehr komplexe Auftragsprofile nachbildbar. Die SIMPLEX-Modellbank ISIS eignet sich daher sehr gut zur Untersuchung von optimalen Einlastreihenfolgen.

12.5 Das Transportsystem

Das Transportsystem besteht aus Transportmitteln, Streckenabschnitten und der Streckensteuerung. Bild 5 zeigt ein sehr einfaches Beispiel.

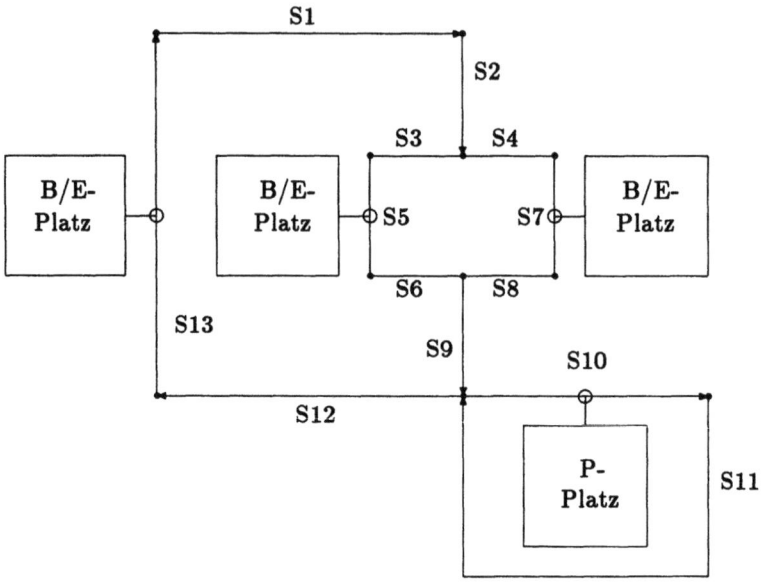

Bild 5: Ein Transportsystem mit drei Be- und Entladeplätzen und einem Parkplatz

Man sieht zunächst die von S1 bis S13 durchnumerierten Streckenabschnitte. An den Streckenabschnitten S5, S7 und S13 sind Be- und Entladeplätze angeschlossen. Die Strecke S10 enthält einen Parkplatz.

Die Streckensteuerung erhält von der Transportwagensteuerung eine Nachricht mit dem gegenwärtigen Standort und der Zieladresse eines Fahrzeuges. Es ist die Aufgabe der Streckensteuerung, das Fahrzeug durch das Wegenetz selbständig zum Ziel zu führen. Hierzu wird das folgende Vorgehen befolgt: Sobald ein Fahrzeug einen Streckenabschnitt durchlaufen hat, meldet es sich bei der Streckensteuerung. Die Streckensteuerung bestimmt aufgrund des Wegenetzplanes die Nachfolgestrecke. Bei Verzweigungen erfolgt die Auswahl der Nachfolgestrecke über eine Strategie.

Ein Streckenabschnitt kann als besonderes Kennzeichen eine Markierung tragen, die anzeigt, daß an dem Streckenabschnitt ein Be- und Entladeplatz angeschlossen ist. Weiterhin kann ein Streckenabschnitt auch als Parkplatz fungieren.

Die Be- und Entladeplätze stellen die Verbindung zu den Stationen dar. In der Regel wird eine Station mit einem Be- und Entladeplatz verbunden sein. Es ist jedoch auch möglich, daß ein Be- und Entladeplatz mehrere Stationen bedient (siehe Bild 6) oder umgekehrt.

Die Modellierung von Produktionsanlagen

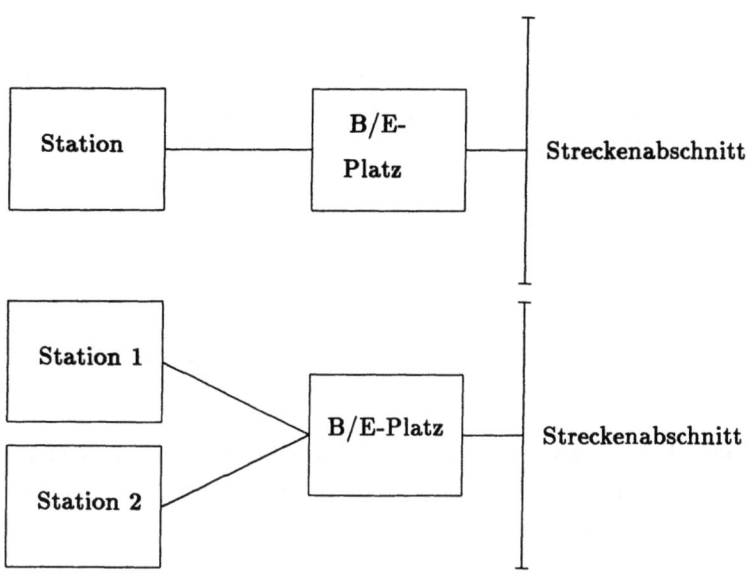

Bild 6: Der Anschluß von Stationen an das Transportsystem über Be- und Entladestationen

Um den Übergang von einem Transportsystem zu einem anderen zu ermöglichen, gibt es Übergangsstationen mit zwei Verbindungen (siehe Bild 7):

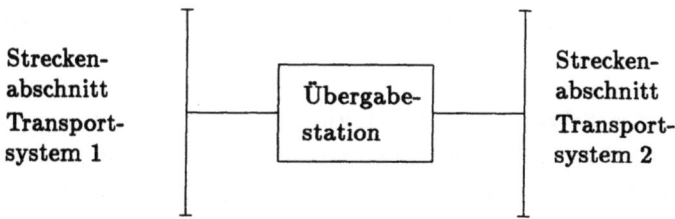

Bild 7: Die Übergabestation

Die Eigenschaften einer Strecke können vom Anwender festgelegt werden. Die Parameterliste eines Streckenabschnitts zeigt Bild 8.

> **Streckennummer**
> **Parkplatznummer**, falls diese Strecke als Parkplatz dient
> **Haltestellennummer**, falls diese Strecke eine Haltestelle besitzt
> **Kapazität**
> **Länge**
> **Überschiebezeit**

Bild 8: Parameterliste eines Streckenabschnitts

Sobald die Streckensteuerung den Transportwagen bis zum Ziel gebracht hat, meldet die Streckensteuerung diesen Sachverhalt an die Transportwagensteuerung. Der Fahrauftrag gilt als abgewickelt.

12.6 Die Transportwagensteuerung

Falls bei der Weiterleitung eines Werkstücks von Station zu Station das Transportsystem benötigt wird, meldet die Materialflußsteuerung diesen Sachverhalt über eine Nachricht an die Transportwagensteuerung.

Die Transportwagensteuerung verwaltet alle eingegangenen Transportwünsche und ordnet sie über eine Strategie den freien Transportwagen zu. Sobald für einen Auftrag ein freier Transportwagen gefunden werden konnte, schickt die Tranportwagensteuerung der Streckensteuerung eine Meldung, aufgrund deren die Streckensteuerung das leere Fahrzeug zum Beladen an eine Be- und Entladestation leitet.

Sobald die Streckensteuerung das Fahrzeug zum Be-/Entladeplatz geführt hat, und das Fahrzeug dort angekommen ist, erhält die Transportwagensteuerung die Meldung, daß das Ziel erreicht ist. Diese Information leitet die Transportwagensteuerung an die Materialflußsteuerung weiter, die sodann das Beladen besorgt. Nach dem Ende des Beladevorganges wird die Transportwagensteuerung vom Abschluß des Beladens in Kenntnis gesetzt.

Die Transportwagensteuerung kann jetzt die Streckensteuerung veranlassen, das Fahrzeug vom Beladeplatz zum Entladeplatz zu führen.

Sobald das Fahrzeug dort angekommen ist, wird dieser Sachverhalt der Transportwagensteuerung gemeldet, die dann die Materialflußsteuerung veranlaßt, den Transportwagen zu entladen und das Werkstück zur vorgesehenen Station zu befördern.

Die Modellierung von Produktionsanlagen 177

Wenn der Entladevorgang abgeschlossen ist, wird der Transportwagen der Transportwagensteuerung als frei gemeldet. Er kann dann erneut einem Transportauftrag zugewiesen werden.

ISIS weist eine klare Struktur auf. Die einzelnen Komponenten arbeiten selbständig. Hier zeigt sich der objektorientierte Ansatz, der der Modellbank ISIS zugrunde liegt.

12.7 Der Modellablauf

In der nachfolgenden Zusammenstellung werden noch einmal alle Aktionen in den Komponenten und den daraufhin ausgelösten Botschaften zusammengestellt. Man sieht auf diese Weise den Weg eines Werkstücks von der Ausgangsstation über das Transportsystem zur Nachfolgestation (siehe Bild 1).

Meldung StatMeld
von Station an MatSteu
Anlaß: Bearbeitung eines Werkstücks in einer Station abgeschlossen
Inhalt: Bearbeitung beendet

Meldung TPWAnf
von MatSteu an TPWSteu
Die MatSteu hat eine Nachfolgestation festgelegt, für die ein Transportauftrag erforderlich ist
Inhalt: Transportauftrag von der Startstation zur Zielstation

Meldung MoveMeld
von TPWSteu an SteSteu
TPWSteu hat dem Transportauftrag einen freien Wagen zugeordnet
Inhalt: Bewege freien Wagen vom Standplatz zum B/E-Platz

Meldung ZielMeld
von StreSteu an TPWSteu
StreSteu hat den freien Wagen zum B/E-Platz geführt
Inhalt: Wagen zum Beladen bereit

Meldung AuflMeld
von TPWSteu an MatSteu
TPWSteu leitet die Bereitmeldung an MatSteu weiter
Inhalt: Wagen zum Beladen bereit

Meldung BelMeld
von MatSteu an TPWSteu
MatSteu hat das Werkstück aus der Station übernommen und den Wagen beladen
Inhalt: Beladen beendet

Meldung MoveMeld
von TPWSteu an StreSteu
TPW Steuerung leitet die Meldung mit Ziel an StreSteu weiter
Inhalt: Bewege beladenen Wagen zum Ziel

Meldung ZielMeld
von StreSteu an TPWSteu
StreSteu hat den beladenen Wagen zum Ziel geleitet
Inhalt: Beladener Wagen am Ziel angekommen

Meldung AblMeld
von TPWSteu an MatSteu
TPWSteu leitet die Meldung an MatSteu weiter
Inhalt: Wagen zum Entladen bereit

Meldung TPW frei
von MatSteu an TPWSteu
MatSteu hat den Wagen entladen und das Werkstück an die Nachfolgestation übergeben
Inhalt: Wagen frei. TPWSteu reiht den Wagen in die Liste der freien Wagen ein und sucht nach einem neuen Transportauftrag.

12.8 Die Modellbeschreibungssprache SIMPLEX-MDL

Die Praxis hat gezeigt, daß mit vorgefertigten Standardmodellbausteinen nur eine sehr grobe Modellierung möglich ist. Einzelne Produktionsanlagen unterscheiden sich in der Regel ganz signifikant voneinander. Das bedeutet, daß die Modellbausteine den tatsächlichen Gegebenheiten angepaßt werden müssen. Häufig ist es auch erforderlich, neue Modellbausteine in die bereits bestehende Modellbank aufzunehmen.

Von besonderer Bedeutung ist die Möglichkeit, Strategien benutzerspezifisch zu beschreiben. Gerade auf diesem Gebiet erweist es sich als entscheidend, daß die entsprechenden Bausteine durch den Anwender modifiziert und ergänzt werden können.

Zu diesem Zweck wird eine Modellbeschreibungssprache zur Verfügung gestellt, die auf

Die Modellierung von Produktionsanlagen

hoher Ebene die folgenden Eigenschaften miteinander verbindet:

* Anschaulichkeit
* Anwendernähe
* Detailgenaue Modellierung

Ein kleines Beispiel soll einen Einblick in die Modellbeschreibungssprache geben. Bild 9 zeigt die Beschreibung einer Bearbeitungsstation:

```
# Verlassen der Warteschlange, Betreten der Bearbeitungsstation
# -------------------------------------------------
WHENEVER (NUMBER (Server) = 0) AND (NUMBER (Queue) > 0)
DO
   SERVER^ : FROM Queue GET Auftrag [1]
           CHANGING
           State^ := Working;
           END
END
```

Bild 9: Die Beschreibung einer einfachen Bearbeitungsstation

Wann immer der vorgeschaltete Puffer mit dem Namen Queue nicht leer ist und die Bearbeitungsstation mit dem Namen Server kein Werkstück enthält, wird ein Ereignis ausgelöst.

Das Ereignis holt in den Server den ersten Auftrag aus der Queue. Gleichzeitig wird der private Parameter State des Auftrages auf Working gesetzt.

Falls der Anwender beispielsweise wünscht, daß die Bedienstation bei Belegung eine grüne Lampe leuchten läßt, wäre das durch eine Einfügung möglich, die Bild 10 zeigt.

Eine derartige Modifikation eines bestehenden Bausteins ist durch den geübten Anwender jederzeit möglich. Man verschafft sich auf diese Weise ein hohes Maß an Flexibilität.

Es ist augenfällig, daß die Modellbeschreibungssprache SIMPLEX-MDL weitaus anschaulicher und damit anwendungsnäher ist als vergleichbare Beschreibungsverfahren wie z.B. Petri-Netze (siehe [4]).

```
# Verlassen der Warteschlange, Betreten der Bearbeitungsstation
#------------------------------------
WHENEVER (NUMBER (Server) = 0) AND (NUMBER (Queue) > 0)
DO
  SERVER^ : FROM Queue GET Auftrag [1]
      CHANGING
      State^ := Working;
      END
  Lamp^ := green;
END
```

Bild 10: Die anwendereigene Modifikation der Modellbeschreibung aus Bild 9

12.9 Zusammenfassung:

Mit SIMPLEX-Modellbank ISIS steht dem Anwender ein Hilfsmittel zur Verfügung, das hohe Leistungsfähigkeit mit Flexibilität der Bedienung verbindet.

Literaturverzeichnis

[1] Eschenbacher, P.; Die Modellbeschreibungssprache SIMPLEX-MDL, erschienen in: DGOR Jahrestagung Berlin 1988; Springer Verlag, 1989.

[2] Eschenbacher, P. et al.; Das Simulationssystem SIMPLEX II im Überblick; Simulationsmodelle als betriebswirtschaftliche Entscheidungshilfe II; Fachberichte Simulation in Band 15, Springer Verlag.

[3] Schmidt, B.; The Structure of the Simulation System SIMPLEX II; erschienen in: Simulation Environments, SCS Publication 1988.

[4] Krauth, J.; Modellierung und Simulation flexibler Montagesysteme mit Petri-Netzen; OR Spektrum 1990, 12.

13 Wissensbasierte Generierung komplexer Simulationsmodelle

Thomas Kretschmar

Zusammenfassung:

Im Rahmen einer ganzheitlichen Betrachtung von Unternehmen sind gesamtbetriebliche Simulationsmodelle ein wichtiges Instrument der Analyse und Planung [4]. Der Einsatz dieser komplexen Simulationsmodelle scheiterte jedoch in der Vergangenheit an der aufwendigen Erstellung und den enormen Rechenzeiten.

Mit Hilfe von Verfahren aus der Expertensystemtechnologie läßt sich die Generierung der Simulationsmodelle heute jedoch weitgehend automatisieren. In einem ersten Schritt werden auf Abteilungsebene durch Analyse der betrieblichen Informationen Modellgleichungen abgeleitet und in einer zentralen Datenbank gespeichert. Nach der Formulierung einer Fragestellung werden in einem zweiten Schritt die erforderlichen Modellgleichungen selektiert und es wird ein Simulationsmodell in Form von Programm-Quellcode generiert. Nach der Simulation werden die Ergebnisse in einem dritten Schritt analysiert und aufbereitet.

Für den Einsatz in der betrieblichen Praxis wurde unter dem Systemnamen SIMUPLAN II ein Client-Server Konzept entwickelt. Der Client verwaltet die Modellgleichungen, führt den Dialog mit dem Benutzer und generiert das Simulationsmodell. Diese Komponente wurde in COBOL implementiert und kann so einfach auf viele betriebliche DV-Anlagen portiert werden. Das Simulationsmodell kann wahlweise als FORTRAN- oder C-Programm generiert werden und wird auf einem leistungsfähigen Compute- Server übersetzt und ausgeführt.

Das System SIMUPLAN II soll dazu beitragen, daß bei der Modellierung der betrachtete Prozeß (nicht das Modell) im Vordergrund steht. Der Generator sollte so bedienungsfreundlich sein, daß er vom betrieblichen Entscheidungsträger selbst zur Generierung geeigneter Modelle eingesetzt werden kann [2].

13.1 Einführung

Für die betriebliche Diagnostik mit Hilfe numerischer Modelle lassen sich folgende Phasen formulieren:

- betriebliche Analyse
- Wissensakquisition
- Formulierung konkreter Fragestellungen
- Modellgenerierung
- Modellberechnung
- Analyse der Simulationsergebnisse
- Diagnosestellung

Im Rahmen der betrieblichen Analyse werden zunächst die relevanten betrieblichen Größen eingegrenzt und deren Beziehungen untereinander ermittelt. Bei großen Unternehmen können diese Daten nicht vom Diagnostiker ermittelt werden, sondern müssen bereits auf Abteilungsebene zur Verfügung gestellt werden. Der Diagnostiker kann die Unternehmensleitung in der Formulierung entsprechender Richtlinien unterstützen.

Die klassische Form der Modellierung kann bezüglich der Durchführung in die Phasen Wissensakquisition und problemspezifische Modellgenerierung unterteilt werden. Im Rahmen der Wissensakquisition werden unter der Leitung des Diagnostikers die Daten und Zusammenhänge aus der betrieblichen Analyse erfaßt. Diese Informationen sollten so exakt und detailliert erfolgen, daß alle zu erwartenden Fragestellungen auf dieser Basis bearbeitet werden können. Durch eine automatische Wissensaquisition in Form von Programmen, die Modellgleichungen aus dem betrieblichen Datenfluß ableiten, kann eine wesentliche Arbeitserleichterung erreicht werden.

Ein so vorbereitetes System steht nun den betrieblichen Entscheidungsträgern für Planung und Diagnostik zur Verfügung. Nach Formulierung einer konkreten Fragestellung (z.B.: welche Risiken entstehen bei Veränderung von Wechselkursen ?) erfolgt die problemspezifische Modellgenerierung. Diese umfaßt die Selektion relevanter Daten, die Aufstellung mathematischer Funktionen, die Formulierung von Simulationsroutinen und die Kodierung in einer geeigneten Programmiersprache. Dieser gesamte Aufgabenbereich soll mit SIMUPLAN II automatisiert werden.

Anschließend erfolgt die automatische Berechnung des generierten Modells und die Analyse und Ausgabe der Ergebnisdaten. Der Diagnostiker kann nun weitere Fragen formulieren (z.B. Welche Folgen hat die Rücknahme einer Entscheidung ?) und damit Annahmen über Fehlerursachen verwerfen oder erhärten.

13.2 Struktur einer modellorientierten Wissensbasis

13.2.1 Der Elementarbaustein des Modells

Da betriebliche Daten und Zusammenhänge oft unsicher oder unvollständig sind, soll das zu Grunde liegende Simulationsmodell stochastisch sein. Die Wissensbasis soll die Speicherung alternativer Werte und Beziehungen mit den zugehörigen Wahrscheinlichkeiten ermöglichen.

Als einziger Elementarbaustein für die Modellbildung sei die Variable

$$x_{i,t,s}$$

definiert, die für jede numerische Größe $i := 1..n$ (n = Anzahl der Variablen) in einem Betrieb in der Periode t steht. Da dieser Wert bei einem stochastischen Modell nicht eindeutig sein muß, wurde ein weiterer Index für eingetretene Situationen s eingeführt. Bei der Modellberechnung kann dieser Index für die aktuell entstandene Situation in der s-ten Simulation verwendet werden.

Die Verwendung eines einzigen Elementarbausteins läßt eine relativ einfache homogene Datenstruktur zu. Dies ist auch erforderlich, da die Modelle bereits durch eine sehr große Anzahl von Variablen äußerst komplex werden.

Gleichzeitig ist diese Darstellungsform hinreichend allgemein, um den unterschiedlichen Anforderungen an die Modellierung gerecht zu werden. Bei konstantem t lassen sich zudem statische Modelle, bei konstantem s deterministische Modelle erstellen.

Weiterhin sei die Situationsmenge

$$S_{i,t,s} = \begin{pmatrix} x_{1,1,s}, & \cdots, & x_{n,1,s}, \\ \vdots & \vdots & \vdots \\ x_{1,t-1,s}, & \cdots, & x_{n,t-1,s}, \\ x_{1,t,s}, & \cdots, & x_{i-1,t,s} \end{pmatrix}$$

definiert, die in der s-ten Simulation in der Periode t für die Berechnung der i-ten Variable zu Grunde liegt. Diese Menge enthält die Werte aller Variablen der vorangegangenen Perioden sowie die bereits errechneten Größen in der aktuellen Periode. Letzteres verhindert die gegenseitige Abhängigkeit mehrerer Variablen in einer Periode, wodurch bei der Modellrechnung auf die Lösung von Gleichungssystemen verzichtet werden kann. Die Möglichkeit simultaner Optimierung ist durch Vergleich der besten Simulationsergebnisse im Rahmen der gesamtbetrieblichen Zielsetzung weiterhin gegeben. Da für die ersten zu berechnenden Elemente in der erstenPeriode diese Situationsmenge leer ist, können nur konstante Werte zugewiesen werden. Diese beschreiben die Ausgangssituation für die Modellberechnung und sind durch eine Istanalyse zu ermitteln.

13.2.2 Beziehungen unter Elementarbausteinen

Die Beziehungen unter den Variablen $x_{i,t,s}$ seien durch Funktionen der Art

$$x_{i,t,s} = \begin{pmatrix} f_{i,t,1}(S_{i,t,s}), & p_{i,t,1} \\ f_{i,t,2}(S_{i,t,s}), & p_{i,t,2} \\ \vdots & \vdots \\ f_{i,t,m}(S_{i,t,s}), & p_{i,t,m} \end{pmatrix}$$

dargestellt. Hierbei errechnet sich eine Variable durch eine Funktion $f_{i,t,u}(u := 1..m, m :=$ Anzahl der Alternativen) in Abhängigkeit von den Variablen in der gegebenen Situationsmenge $S_{i,t,s}$. Für unterschiedliche mögliche Situationen lassen sich mehrere Funktionen f mit zugehörigen Wahrscheinlichkeiten $p_{i,t,u}$ formulieren. Die Summe der Wahrscheinlichkeiten über alle u ist 1.

In der Regel wird eine betriebliche Größe nicht von allen gegebenen Variablen aus S direkt abhängig sein. Diese nicht relevanten Variablen können, je nach Speicherungsform, bei der Formulierung der Funktion f entfallen oder mit dem Koeffizienten 0 versehen werden. In dem Sonderfall, in dem keine Variable für die Berechnung relevant ist, können alternative Ausgangswerte mit zugehörigen Wahrscheinlichkeiten zugewiesen werden; z.B.:

$$\text{Losgröße (t)} = \begin{pmatrix} 3000, & p = 0{,}3 \\ 4000, & p = 0{,}6 \\ 5000, & p = 0{,}1 \end{pmatrix}$$

Da durch diese diskrete Verteilung besonders interessante Kombinationen zwischen diesen Größen nie simuliert werden können (z.B. wenn die optimale Losgöße bei 4400 liegt), seien weiterhin stetige Zufallsverteilungen der Art

$$
\begin{array}{llll}
f_{i,t,1}(S_{i,t,s}) & < \quad x_{i,t,s} & f_{i,t,2}(S_{i,t,s}), & p_{i,t,1} \\
f_{i,t,2}(S_{i,t,s}) & < \quad x_{i,t,s} & f_{i,t,3}(S_{i,t,s}), & p_{i,t,2} \\
\vdots & & \vdots & \\
f_{i,t,m}(S_{i,t,s}) & < \quad x_{i,t,s} & f_{i,t,m+1}(S_{i,t,s}), & p_{i,t,m}
\end{array}
$$

definiert. Hierbei errechnen sich Grenzwerte für Intervalle durch Funktionen $f_{i,t,u}(u := 1..m+1, m :=$ Anzahl der Intervalle) in Abhängigkeit von den Variablen in der gegebenen Situationsmenge S_i, t, s. Für mehrere Intervalle lassen sich die zugehörigen Wahrscheinlichkeiten $p_{i,t,u}$ formulieren. Die Summe der Wahrscheinlichkeiten über alle u ist 1. Innerhalb eines Intervalls sei jede Größe gleich wahrscheinlich.

Wird angenommen, daß sich eine betriebliche Größe so weiterentwickelt wie bisher, so läßt sich beispielsweise folgende Verteilung formulieren:

$$
\begin{array}{llllll}
7000 & \leq & \text{Auftragsbestand (t)} & \leq & 8000, & p = 0{,}2 \\
8000 & < & \text{Auftragsbestand (t)} & \leq & 12000, & p = 0{,}5 \\
12000 & < & \text{Auftragsbestand (t)} & \leq & 13000, & p = 0{,}3
\end{array}
$$

Die Verteilung könnte beispielsweise auf Grund einer Ist- Analyse aufgestellt werden: So lag in der Vergangenheit in 50% der Fälle der Auftragsbestand in einer Periode zwischen 8000 und 12000 Einheiten (etc.).

Der Vorteil dieser Constraint-Systemen liegt in der hohen Flexibilität. So lassen sich neben beliebigen mathematischen Funktionen auch Regeln auf diese Struktur abbilden. So kann die Regel

```
If A ^ ( B v C ) THEN D
```

unter Verwendung boolscher Variablen in die Gleichung

```
D = A * ( max (B,1-C) )
```

überführt werden. Dazu wird der ODER-Operator in einen Maximierungs-Operator, der UND-Operator in den Multiplikationsoperator überführt. Eine Verneinung einer Aussage wird durch die Differenz zu 1 dargestellt. Die Variablen A, B und C sind Elemente der aktuellen Situationsmenge.

In dieser Darstellung sind nun bei unsicherem Wissen zusätzlich umfangreiche Monte-Carlo-Simulationen möglich. Ein solches Constraint-System ist damit mächtiger als eine rein regelorientierte Wissensbasis.

13.2.3 Bildung von Unternehmensmodule

Die außerordentlich große Menge von Variablen und Funktionen erfordert für die Erstellung und Pflege einer Wissensbasis eine Einteilung in Subsysteme. Diese Modularisierung sollte so vorgenommen werden, daß die Funktionen f eines Moduls überwiegend von Variablen des selben Moduls abhängen.

Dadurch läßt sich eine gewisse autonome Erstellung, Pflege und Nutzung eines solchen Subsystems realisieren. Bei der Einteilung 'Modul := betriebliche Abteilung' steht so jeder Abteilung eine eigene abteilungsspezifische Wissensbasis zur Verfügung.

In jedem Modul sollten zweckmäßigerweise einige Variablen definiert werden, die den Input bzw. den Output einer Abteilung repräsentieren. Hierdurch wird eine Schnittstellenbildung erreicht, die gewährleistet, daß bei abteilungsinterner Umstrukturierung keine großen Veränderungen in anderen Unternehmensmodulen vorzunehmen sind.

13.2.4 Strukturierung bei komplexen Wissensbasen

Bei komplexen Anwendungen kann für die Erstellung und Pflege von Daten und Wissen eine bottom-up-Strukturierung vorgenommen werden.

So kann aus Daten und Erkenntnissen einzelner Personen (Mitarbeiter, Forscher) Abteilungswissen gebildet werden. Das Wissen verschiedener Abteilungen kann wiederum zum Wissen des Betriebes zusammengeführt werden [1]. Dieser Prozeß kann bis zu Wissensbasen eines Konzerns oder einer gesamten Branche weitergeführt werden [4] [6].

Voraussetzung für eine fachgerechte Zusammenführung des Wissens in der nächst höheren Ebene ist der Einsatz eines Modell- und Wissensingenieurs, der die Aggregation von Informationen der tieferliegenden Ebenen und die Ableitung allgemeingültiger Regeln auf seiner Ebene überwacht. Weiterhin kann er Schnittstellen zur bestehenden Datenverarbeitung schaffen und so einen Teil der notwendigen Aktualisierungen automatisieren.

Der Diagnostiker setzt die technischen und organisatorischen Rahmenbedingungen, um eine Zusammenführung in die nächst höhere Ebene sicherzustellen. Weiterhin legt er fest, welche Informationen von Personen, Abteilungen oder Betrieben für eine aussagekräftige umfassende Diagnostik benötigt werden. Da das Wissen zu den einzelnen Modulen jeweils von den betroffenen Personen selbst zur Verfügung gestellt wird, ist eine hohe Qualität der Wissensbasis zu erwarten. Diese enthält implizit auch die Fehleinschätzungen einzelner Personen, was vom Diagnostiker durchaus beabsichtigt sein kann.

Die sukzessive Zusammenführung von Wissensbasen zu einer höheren Ebene im Rahmen einer bottom-up-Strategie sollte nur soweit geführt werden, wie die daraus resultierenden Systeme akzeptable Antwortzeiten gewährleisten. Diese maximale Grenze der Integration sollte vom Diagnostiker festgelegt werden, um die Probleme der damit verbundenen umfangreichen Datenbereitstellung und Kapazitätsanforderungen zu vermeiden, wie sie Anfang der 60er Jahre beim bottom-up-Design im 'corporate modeling' auftraten [2].

Der erste Schritt bei der Erstellung eines Unternehmensmodells ist die Definition der Unternehmensmodule. Hierbei wird die Struktur 'Modul : Abteilung' empfohlen. Es kann aber auch jede andere Einteilung erfolgen. Ein Modul ist dabei als Unternehmensbereich (Subsystem) zu verstehen.

Innerhalb jedes Moduls sind Elemente (vergleichbar mit Variablen) zu definieren. Elemente sind alle Größen innerhalb eines Unternehmensbereichs, die zahlenmäßig (wenn nötig mit Benotungssystemen) oder in Abhängigkeit von anderen Unternehmensdaten erfaßbar sind. (Beispiel: 'Element : Auftragsbestand Produkt A (Periode t)'.)

Für jedes Element können nun unterschiedliche Situationen definiert werden (z.B.: 'Auftragsbestand := höher, gleich oder niedriger als im Vormonat'). Dies ist insbesondere deshalb notwendig, weil einige Daten von Periode zu Periode variieren. Bei Zufallsgrößen können hier weiterhin die möglichen Fälle (z. B.: 'Auftragsbestand := 5000 oder 6000 oder 7000') definiert werden. Ist ein Element durch mehrere Falldefinitionen nicht mehr eindeutig, so müssen darüber hinaus relative Wahrscheinlichkeiten für jeden Fall erfaßt werden.

Zuletzt müssen für Elemente, die von anderen Elementen abhängen, Referenzen in Form von mathematischen Funktionen definiert werden (z.B.: 'Auftragsbestand(t) schlechter := 0.9 *Auftragsbestand(t-1)'). Bei einer Ist-Analyse sollte beachtet werden, daß nur die Ist-Beziehungen nicht jedoch Soll- Beziehungen erfaßt werden. Wenn sich also der Horizont eines Mitarbeiters beispielsweise nur auf die vorgeschaltete und die eigene Produktionsstufe beschränkt, dürfen hier keine übergeordneten Zusammenhänge und Zielsetzungen unterstellt werden. Bei realitätsgetreuer Abbildung erhält man so in der Regel einen sequentiellen Informationsfluß.

13.2.5 Die interne Struktur einer Wissensbasis

Zur Verwaltung und Speicherung der globalen Unternehmensstrukturen wurde für Module, Elemente, Fälle und Referenzen eine hierarchische Pointerstruktur mit Vorwärts- und Rückwärtsverkettung gewählt. Durch diese dynamische Speicherung wird erreicht, daß zu einem Bestandteil beliebig viele Unterbestandteile definiert werden können, ohne daß hierfür ein fester Speicherbereich reserviert werden muß. So kann ein Modul beliebig viele Elemente enthalten; zu einem Element können wiederum beliebig viele Fälle definiert werden (etc.).

Die Nummer eines jeden Bestandteiles (Modul, Element, Fall oder Referenz) stellt den Primärschlüssel dar. Für den benutzerfreundlichen Zugriff auf einzelne Bestandteile wird darüber hinaus ein Sekundärindex auf die Namen dieser Bestandteile erstellt.

Das Konzept gewährleistet auch bei großen Unternehmensmodulen schnellstmögliche Zugriffszeiten, da die physische Pointerstruktur auch dem logischen Zugriffsweg entspricht. So wird ein Benutzer zunächst das zu bearbeitende Modul, dann das Element in diesem Modul und zuletzt den Fall eingeben, der bearbeitet werden soll.

13.3 Wissensbasierte Ansätze bei der Simulation

13.3.1 Formulierung der Zielfunktion

Bei der beschriebenen deskriptiven Form der Modellierung ist die Formulierung einer Zielfunktion nicht zwingend notwendig, da nach Durchführung einer Simulation für jede betriebliche Größe die 'besten' simulierten Werte und ihr zugehöriges Umfeld (die eingetretene Situation s) betrachtet werden können.

Aus Kapazitätsgründen der verarbeitenden Rechenanlage können jedoch oft nicht alle Variablen über alle Simulationen und alle Perioden mitprotokolliert werden. Deshalb ist es sinnvoll, diejenigen Größen, die später bei der Analyse der Simulationsergebnisse von Interesse sein werden, gesondert aufzuführen, damit diese exakt protokolliert werden und somit Daten, beispielsweise für die Erstellung einer Verteilungsfunktion, zur Verfügung stehen. Einige Funktionen sollten so formuliert werden, daß in ihren Variablen diejenigen Zahlen stehen, die für eine aussagefähige betrieblicheDiagnostik notwendig sind (GuV, Bilanz, freie Kapazitäten, Engpässe etc.).

13.3.2 Problemspezifische Modellgenerierung

Da für Elementarbausteine nicht nur Beziehungen zu Größen der Vorperioden, sondern auch zu Größen der gleichen Periode formuliert werden können, ist zur korrekten Reihenfolge der Berechnung vor der Generierung eine Auswahl und Sortierung der Elemente notwendig. Unter der Annahme, daß im Modell zu Beginn einer Periode bereits alle Daten der Vorperioden bekannt sind, brauchen Beziehungen zu den Vorperioden bei der Sortierung nicht berücksichtigt zu werden. Der hier dargestellte Algorithmus wurde auf der Basis der zielgesteuerten Vorgehensweise bei regelbasierten Systemen entwickelt und führt die Auswahl der relevanten Größen und deren Sortierung durch: [3]

In der ersten Phase wird zunächst der Inhalt der Wissensbasis in einem gerichteten Graphen repräsentiert, dessen Knoten die betrieblichen Größen darstellen. Die Pfeile basieren auf den gespeicherten Funktionen und bezeichnen deren Beziehungen, wobei von einer Variablen auf diejenigen Variablen gezeigt wird, aus denen sie sich berechnet. Eine Markierung der Pfeile bezeichnet, ob sich die Berechnung ausschließlich auf Daten der Vorperioden (V) oder auch auf Daten in der aktuellen Periode (P) bezieht. Darüber hinaus werden bereits betriebliche Größen vorläufig markiert(*), die bei einer aktuellen Fragestellung von Interesse sind.

In der zweiten Phase wird eine beliebige vorläufig markierte Variable als aktuelle Variable ausgewählt. Von dieser ausgehend werden alle Variablen vorläufig markiert, auf die sich die aktuelle Variable im Simulationszeitraum bezieht (V und P) und die noch keine Markierung aufweisen. Die aktuelle Variable wird anschließend mit der Anzahl der Variablen markiert, auf die sie sich in der gleichen Periode bezieht (nur P). Diese zweite Phase wird solange wiederholt, wie vorläufig markierte Variablen existieren. Anschließend werden die nicht markierten Knoten entfernt.

In der dritten Phase wird ein beliebiger mit 0 markierter Knoten aus dem Graphen entfernt und in eine Liste eingetragen, in der laufende interne Variablennamen ($x_1...x_n$) vergeben werden. Bei denjenigen Variablen, die auf den entfernten Knoten mit einem mit P markierten Pfeil verwiesen haben, reduziert sich die Markierung um 1. Die dritte Phase wird solange wiederholt, wie Knoten mit der Markierung 0 existieren. Wurde das Modell bezüglich gleichperiodiger Beziehungen (P) zyklenfrei aufgebaut, so ist der Graph nach diesem Schritt vollständig in eine Variablenliste aufgelöst. Anderenfalls muß durch Modellveränderung zunächst der Zyklus beseitigt werden. Die Variablenliste enthält sämtliche für die aktuelle Fragestellung zu berechnenden Größen in der korrekten Reihenfolge der Berechnung.

Die Berechnung sämtlicher Größen, die für die aktuelle Fragestellung benötigt werden, kann nun in der erhaltenen Reihenfolge für jede Periode (t) in mehreren Simulationen (s) erfolgen.

13.3.3 Durchführung der Simulation

Simulation kann die betriebliche Diagnostik in mehreren Phasen unterstützen. So kann der Diagnostiker bereits im Rahmen der Teilsimulationen, die während der Modellerstellung zu Testzwecken durchgeführt werden, ein Bewußtsein für die betrieblichen Zusammenhänge entwickeln. Hierbei stellt die möglichst realitätsnahe Modellierung eine besonders aussagekräftige Form der gesamtbetriebliche Istanalyse dar. Es ist zu erwarten, daß erfahrene Diagnostiker bereits in dieser Phase Aussagen über betriebliches Fehlverhalten machen können.

Im Rahmen der Modellberechnung werden die definierten betrieblichen Größen, je nach Fragestellung, von Teilmodulen oder vom gesamten Modell für eine gewählte Anzahl von Perioden in einer großen Anzahl von Simulationsläufen berechnet. Ein Zufallsgenerator generiert hierbei die möglichen Situationen mit den gegebenen Verteilungen $p_{i,t,u}$. [5]. Bei Intervallen mit stetiger Zufallsverteilung entscheidet die Zufallszahl auch über den genauen Wert innerhalb des Intervalls.

Durch diese Simulation erhält der Diagnostiker nicht nur vergangenheitsbezogene Kennzahlen, sondern auch die zukünftige Entwicklung dieser Kennzahlen mit ihrer Verteilung. Vermutete Ursachen für Fehlverhalten können nun im Modell behoben werden. Eine weitere Simulation kann dann zum Verwerfen oder Erhärten einer Diagnose führen.

13.4 Realisierung in einem Cient-Server Konzept

13.4.1 Anforderungen an das System

Um die Datenmassen bei der Wissenserfassung bewältigen zu können, muß eine gute Strukturierbarkeit der Daten unterstützt werden. Die strukturierten Teilbereiche müssen von verschiedenen Mitarbeitern unabhängig von einander bearbeitet werden können. Daten müssen mit ihrer 'Entstehungsgeschichte' in Form von Zugriffswegen und Formeln und in ihrem Periodenbezug erfaßt werden. Dies erfordert ein neues Datenbankkonzept. Es müssen sowohl Istdaten als auch Plandaten verarbeitet werden können.

Die Struktur des Systems darf nicht durch feste Programmierung von den derzeit gültigen betrieblichen Abläufen abhängig sein. Vielmehr müssen alle Module so flexibel sein, daß beispielsweise bei Änderung der Rechtslage (z.B. Steuergesetzgebung, Arbeitsrecht etc.) eine einfache Anpassung der Ablaufstrukturen möglich ist. Die Implementierung flexibler Strukturen ist vom System zu unterstützen.

Die automatische Erstellung eines Simulationsmodelles auf Basis der eingegebenen Daten muß unterstützt werden. Die Simulationen dürfen nicht interpretativ auf der Datenbank durchgeführt werden, da dies zu viel Zeit beansprucht. Daher muß das System einen Modell-Compiler enthalten.

Zum Testen möglicher Alternativen wird ein 'reales' und mindestens ein 'alternatives' Modell benötigt. Alle Modelle müssen unabhängig gespeichert und verändert werden können.

Zum Vergleichen der Modelle muß das System die Analyse unterstützen. Das System muß das 'alternative' Modell selbständig verändern können. Bei unbekanntem Verhalten einiger Funktionsbereiche müssen optimale Reaktionsgleichungen aus praktischen Erfahrungen ermittelbar sein [7].

Das System muß die Ergebnisse in ihrer Entstehung dokumentieren können. Zur Ergebnisaufbereitung sollte ein Reportgenerator zur Verfügung stehen.

Um die Praktikabilität eines solchen Systems im routinemäßigen Einsatz sicherzustellen, sollte eine benutzerfreundliche Modellerstellung und Pflege sowie eine hohe Rechengeschwindigkeit bei der Simulation gewährleistet sein. Zur Formulierung spezieller Funktionen sollte eine Schnittstelle zu konventionellen Programmiersprachen bestehen.

13.4.2 Die Programmstruktur

Das System SIMUPLAN II besteht aus einem Modellarchitekturbereich (Client) und einem Simulationsbereich (Server). Der Modellarchitekturbereich umfaßt alle Module zur Erstellung, Wartung und Pflege von Unternehmensmodellen. Im Simulationsbereich wird die Berechnung der erstellten Modelle durchgeführt. Diese Unterteilung wurde vorgenommen, um später bei der Realisierung für den ersten Bereich möglichst benutzerfreundliche für den zweiten Bereich möglichst schnelle Hard- und Software auswählen zu können. Eine Datenübertragungsleitung oder Rechnerkopplung sorgt für die Modellübergabe.

Im Modellarchitekturbereich erzeugt sich der Benutzer zuerst mit Hilfe eines Modelleditors ein Unternehmensmodell in der beschriebenen Struktur. Ein Akquisitions-Modul bildet die Schnittstelle zwischen betrieblicher Datenbank und Modellbank. So können Ausgangsdaten übernommen und durch Regressionsanalyse Funktionen abgeleitet werden.

Mit eines Reporteditor werden dann Drucklisten definiert, die nach Beendigung der Simulation ausgegeben werden sollen. Hier wird der Umfang der Daten, die betreffenden Module und Perioden sowie die Art der statistischen Zusatzinformationen (Mittelwert, Standardabweichung, größter und kleinster Wert, usw.) festgelegt. Die Programmierung von Listen (z.B. Bilanzen, kurzfristigen Erfolgsberichten, Kalkulationen u. ä.) entfällt, da diese mit dem Reportgenerator in Form von Reportmodulen erstellt werden können.

Im nächsten Schritt wird ein Analysemodul erstellt. In diesem definiert der Benutzer die Rechenanlage, auf der simuliert werden soll, die Simulationssprache, die Anzahl der zu simulierenden Perioden und ob bestimmte Unternehmensbereiche konstant gehalten oder Veränderungen simuliert werden sollen. Bei Vergleichsanalysen werden darüber hinaus zu vergleichende Unternehmensmodelle angegeben.

Anschließend ist der Modellgenerator zu starten, der für die durchzuführende Analyse aus dem Unternehmensmodell ein Simulationsmodell in Form von Programm-Quellcode erzeugt. Soll auf einer anderen Rechenanlage simuliert werden, so kann das Modell mit Hilfe von Datenübertragung in eine Quelldatei auf dieser Rechenanlage geschrieben werden.

Zur entlastung der betrieblichen EDVA kann der Simulationsbereich auf einer zweiten Rechenanlage installiert sein. Er beinhaltet eine Bibliothek mit System- und Simulationsroutinen und ein Steuerprogramm. Dieses empfängt die erstellten Modelle, übersetzt sie mit dem systemeigenen Compiler, bindet die notwendigen Simulationsroutinen dazu und startet das erzeugte Programm. Das generierte Simulationsmodell wird so zum Teil des Systems. Die definierten Reporte werden vom generierten Programm auf einem Drucker der simulierenden Rechenanlage ausgegeben.

13.4.3 Hard- und Software

Durch die Trennung von 'Modellarchitektur' und 'Simulation' konnten Hard- und Software für beide Bereiche getrennt ausgewählt werden. Der Modellbank-Dialog im Modellarchitekturbereich erfordert keine besonders hohen Rechengeschwindigkeiten. Dagegen ist eine besonders hohe Benutzerfreundlichkeit für die Erstellung umfangreicher Unternehmensmodelle von entscheidender Bedeutung. Daher wurde hier die Programmiersprache MBP-COBOL85 verwendet. Das System der Indexdateien von MBP-COBOL85 dient als Basisbaustein für die Realisierung der beschriebenen Datenstruktur. Mit dem beigefügten Maskensystem läßt sich darüber hinaus eine komfortable Benutzerführung programmieren. MBP-COBOL85 läuft auf IBM-kompatiblen Personalcomputern und ist netzwerkfähig. Eine Portierung der COBOL-Programme auf andere betriebliche EDVA ist einfach zu realisieren.

Für den Simulationsteil sind wegen des Umfangs der Unternehmensmodelle die schnellstmöglichen Rechenzeiten erforderlich. Daher wurden die Programmiersprachen FORTRAN77 und C gewählt, die vom Modellgenerator wahlweise erzeugt werden. Da der Standard voll eingehalten wurde, kann auf jeder beliebigen Rechenanlage simuliert werden. Bei kleineren Problemen geschieht dies möglicherweise auf dem selben Personalcomputer, auf dem auch die Datenbank liegt. Hier wurde zu Testzwecken ein IBM-AT-kompatibler Personalcomputer (Prozessoren Intel 80386/80387, 20MHz) eingesetzt.

Für umfangreichere Simulationen kann ein Compute-Server verwendet werden. Hier wurde ein IBM RISC System/6000 eingesetzt. Die Kommunikation bei Verwendung verschiedener Rechner wurde durch eine Ethernet-Anbindung realisiert.

13.4.4 Beispiele und Zeitmessungen

Die Modellbildung für einen realen Betrieb hätte den Rahmen dieses Projektes überschritten. Um jedoch die Einsatzfähigkeit von SIMUPLAN II zu prüfen und Aussagen über Speicherplatzbedarf und Antwortzeiten zu erhalten, wurden zwei Beispiele für eine Wissensbasis erstellt.

Ein erstes Beispiel basiert auf einem stark aggregierten linearen Gleichungsmodell von Mertens, das um Fallunterscheidungen und stochastische Bestandteile erweitert wurde [5]. Die Wissensbasis umfaßt 133 Beziehungen zwischen 56 betrieblichen Größen. Die Entwicklungszeit für die Wissensbasis (Erstellung der Unternehmensmodule, Eingabe der betrieblichen Größen und deren Beziehungen untereinander sowie Definition einer einfachen Bilanz mit dem Reportgenerator) betrug 3 Stunden. Dabei bewährte sich die benutzerfreundliche Eingabe durch Masken und Menüs. Die Generierungszeit umfaßt die Erstellung der

Modelle im Quellcode und deren Compilierung. Auf dieser Grundlage wurde für die konkrete Frage "Wie entwickeln sich Umsatz und Kapazitätsauslastung in den nächsten zehn Perioden" automatisch ein Modell mit 51 Modellgleichungen und 42 Variablen generiert. Auf einem Personalcomputer betrug die Rechenzeit für Generierung und 500 Simulationen 3 Minuten. Der Speicherbedarf für die Wissensbasis betrug 73 KByte.

Ein weiteres Beispiel wurde mit einem Zufallsgenerator erstellt, um die Antwortzeiten bei größeren Wissensbasen zu testen. Hier umfaßte die Wissensbasis 3.000 Beziehungen zwischen 750 Variablen mit einem Speicherbedarf von 1,4 MByte. Es wurde daraus ein Modell mit 135 Modellgleichungen und 45 Variablen generiert. Auf einem Personalcomputer Betrug die Rechenzeit für Generierung und 500 Simulationen über 25 Perioden 6 Minuten. Durch Einsatz des Compute Servers IBM RISC System/6000 konnte eine Beschleunigung um den Faktor 8 erreicht werden.

Die Beispiele zeigen, daß zur Generierung und Berechnung einfacher Modelle Personalcomputer durchaus ausreichend sind. Bei größeren Modellen sollte, insbesondere wegen des begrenzten Datenbereichs, eine Übertragung auf eine geeignete Großrechenanlage erfolgen.

13.5 Abschließende Bewertung und Ausblick

Der Vorteil der Wissensverarbeitung mit Simulationsmodellen liegt vor allem in der hohen Verarbeitungsgeschwindigkeit, insbesondere bei unsicherem Wissen oder wenn viele alternative Annahmen durchgespielt werden sollen. Der hohe Zeitaufwand bei der Modellerstellung konnte durch den Generator von SIMUPLAN II stark reduziert werden.

Durch die universell einsetzbaren Elementarbausteine konnte eine Flexibilität erreicht werden, die mit Simulationssprachen durchaus vergleichbar ist, ohne daß der damit verbundene hohe Lernaufwand entsteht. Darüber hinaus wird die Modularisierung besonders unterstützt, so daß der Erstellungsaufwand komplexer Modelle sich weiter reduzieren läßt.

Weitere Vorteile gegenüber herkömmlichen Systemen sind die benutzerfreundliche Oberfläche und der geringe Speicherplatzbedarf, so daß auch andere Anwendungen neben SIMUPLAN II auf dem selben Personalcomputer installiert werden können.

Neben der automatischen Generierung der Simualtionsmodelle lassen sich auch für die Auswertung der Simualtionsergebnisse Ansätze aus wissensbasierten Systemen übernehmen. So wird zur Zeit parallel zu diesem Projekt das objektorientierte graphische Analyseinstrument AXIS++ (AXON Informationssystem) für die Auswertung von Daten in relationalen Datenbanken entwickelt. Eine individuelle Programmierung für das Anwendungsgebiet wird überflüssig durch allgemeine Anweisungen, wie z.B.:

1. Suche in einer Tabelle nach Spalten, die numerische Daten enthalten.

2. Sind mehrere Spalten dieser Art vorhanden, so präsentiere ein Menü. Wähle Spaltenbezeichnungen als Menüpunkte.

3. Präsentiere ein Menü zur Gruppierung der Daten. Wähle weitere Spaltenbezeichnungen als Menüpunkte.

So kann eine Kostentabelle graphisch präsentiert werden. Die Gruppierung und sukzessive Aufsplittung der Kostenblöcke erfolgt auf Basis der gegebenen Datenstruktur (z.B.: auf Grund der Spaltenbezeichnungen "Kostenarten", "Kostenstellen", "Kostenträger").

Aus der Einführung des vorgestellten Systems in die betriebliche Praxis werden sich neue Aufgabengebiete ergeben. So ist ein Modell-Ingenieur verantwortlich für die Aufnahme neuer Modellgleichungen und deren Wartung sowie für die Generierung der Modelle. Ein Modell-Administrator überwacht die Zugriffsrechte und die einheitliche Namensvergabe für die betrieblichen Größen.

Literaturverzeichnis

[1] Buchinger, G., Schwarz, A.: Das ÖIAG-Unternehmensmodell, a.a.O, S. 132.

[2] Hayes, R.H., Nolan, R.L.: What kind of corporate modeling functions best?, Harvard Business Review, May-June (1974).

[3] Kretschmar, T.: Wissensbasierte betriebliche Diagnostik, Deutscher Universitätsverlag, Wiesbaden 1990.

[4] Ludewig, J.: Grundlagen für Simulationsmodelle ganzer Unternehmen, Diss., Hamburg 1974, S. 36 f.

[5] Mertens, P.: Simulation, Poeschel 1982.

[6] Rosenkranz, F.: An Introduction to Corporate Modeling, Duke University Press Durham, North Carolina 1979, S. 83.

[7] Schober, F.: Interactive Simulation Models in Planning, in: Blaser, A., Hackl, C.(Hrsg.), Lecture Notes in Computer Science, Bd. 49, Springer, Berlin, Heidelberg, New York 1977

14 Zeitdynamische Simulation zur Fertigungsdisposition unterstützt durch Expertensysteme (Praxisbeispiel)

Günter Schmidt-Weinmar
Kent R. Snyder
Manfred Wirbel

Zusammenfassung:

Zeitdynamische Simulation wird zusammen mit einem Expertensystem zur Unterstützung der Fertigungsdisposition angewendet. Dabei stellt das Simulationssystem FACTOR die Schnittstelle für ein Expertensystem zur Verfügung, das auch der Anwender ohne EDV-Spezialkenntnisse mit Hilfe einer einfachen Regelsprache selbst erstellen kann. An einem Praxisbeispiel wird gezeigt, wie die vom Expertensystem vorgenommenen Änderungen der Einlastungsstrategie zu wesentlichen Verbesserungen der Produktion führen, wobei die Termintreue für Kundenaufträge als Zielsetzung für die Produktion erhalten bleibt.

Zeitdynamische Simulation zur Fertigungsdisposition

14.1 Einleitung

Das simulative Nachbilden einer Produktion schafft die Voraussetzungen zur Optimierung des Produktionsablaufs nach bestimmten Zielsetzungen. Insbesondere werden die Betriebsabläufe durch zeitdynamische Simulation transparent gemacht, wobei soviel Detail wie nötig in das Simulationsmodell eingebracht wird. Die zeitdynamisch-simulativ erzeugte Information ist heute unverzichtbar zur Verbesserung der Kapazitäts- und Terminwirtschaft traditioneller PPS-Systeme [1] und kann Entscheidungen wirkungsvoll unterstützen.

Zur Optimierung einer Produktion (nach bestimmten Kriterien) müssen jedoch neben Simulation noch andere Methoden eingesetzt werden, da zeitdynamische Simulation nichts anderes bewirkt als eine Berechnung des zukünftigen Produktionsgeschehens auf der Grundlage der zur Zeit Null vorliegenden Bedingungen; z. B. kann der Auftragsfluß in der kommenden Woche aufgrund von geplantem Schichtbetrieb und heutigem Ist-Zustand der Fertigung durch zeitdynamische Simulation berechnet und als Animation präsentiert werden. Die Aufgabe der Optimierung einer Produktion läuft jedoch darauf hinaus, eine Anzahl von Parametern bzw. Bedingungen, die das Produktionsgeschehen maßgeblich bestimmen, z. B. Losgrößen, Auftragsreihenfolgen oder Einlastungszeitpunkte, optimal einzustellen. fest eingestellt.

Zur Lösung dieser Optimierungsaufgabe bieten sich die klassischen Optimierungsverfahren der Operations Research (Netzplantechnik) an [2]; diese lösen zwar die Optimierungsaufgabe, müssen aber in praktischen Anwendungen meist so mit starken Vereinfachungen arbeiten, daß ihre Ergebnisse nur beschränkten Wert besitzen. Heute wird insbesondere der Eisatz von Expertensystemen untersucht, die Ihre Entscheidungen entweder unabhängig von einer simulativen Nachbildung der Produktion treffen [3] oder sich zur Entscheidungsfindung simulativ erzeugter Information bedienen [4]. In beiden Fällen kann das Expertensystem angemessene Entscheidungen nur auf der Grundlage umfassender und genauer Information über das zeitdynamische Verhalten eines Produktionssystems unter den jeweils vorliegenden Bedingungen treffen. Man erkennt, daß die zukünftige Lösung der Optimierungsaufgabe wahrscheinlich sowohl Expertensysteme als auch zeitdynamische Simulation erfordern wird, wobei mit der Simulation dem Expertensystem ein Teil der zur Entscheidungsfindung erforderlichen Information zur Verfügung gestellt wird.

Durch zeitdynamische Simulation erzeugte Information, insbesondere über die zeitliche Folge der simulierten Betriebsabläufe innerhalb eines ausgedehnten Zeithorizonts, wird in der Praxis oft zur Verbesserung [5] - d. h. nicht zur Optimierung - der Leistung der Produktion eingesetzt, z. B. um eine termingerechte Auslieferung bestimmter Aufträge abzusichern. Hierzu werden Was-Wenn-Szenarien mit bekanntem Ist-Zustand und gegebenen

Einlastungsbedingungen auf dem Rechner durchgespielt und nach bestimmten Zielfunktionen ausgewertet, z. B. nach der Terminlage der besonders kritischen Aufträge. Durch Ändern von Parametern, z. B. der Anzahl von Fertigungsmaschinen oder Mitarbeitern an einer kritischen Ressource während einer bestimmten Kalenderwoche oder der Größe der ausgelösten Teile-Lose, können so für die Praxis wichtige und nützliche Informationen gewonnen werden. Die Vorteile eines solchen heuristischen Verfahrens ergeben sich daraus, daß erst einmal ein genaues und realistisches Abbild des zeitdynamischen Verhaltens des vorliegenden Produktionssystems erstellt wird, ferner daraus, daß jede gewünschte, praktisch bedeutsame Änderung des Systems bequem in die Simulation eingebracht und mit dem simulierten System am Rechner experimentiert werden kann. Zum Beispiel lassen sich so die Termine kritischer Aufträge vorab sichern oder erforderliche Zusatzkapazitäten bestimmen.

Im folgenden Beitrag soll der Nutzen zeitdynamischer Simulation zusammen mit einem Expertensystem zur Unterstützung der Fertigungsdisposition als ein erster Schritt hin zur Produktionsoptimierung vorgestellt werden. Das zusammen mit dem Simulationssystem FACTOR [6-10] eingesetzte Expertensystem ist handgemacht, so daß das vor Ort vorhandene Expertenwissen eingesetzt werden kann. Mit Hilfe einer einfachen Regelsprache kann dieses Expertensystem auch von Mitarbeitern ohne EDV-Kenntnisse aufgebaut werden. FACTOR stellt dafür eine Schnittstelle bereit; Abbildung 1 veranschaulicht die gegenseitige Unterstützung von Simulation und Expertensystem. Nach dem Einlasten von Ist-Zustand der Fertigung (BDE) und dem Auftragsvorrat (PPS-System) wird ein erster Simulationslauf mit den vorliegenden, Produktionssystem, Aufträge und Einlastungszeitpunkte betreffenden, Ist-Parametern durchgeführt. Die erzielten Simulationsergebnisse werden bewertet, z. B. wird festgestellt, ob die eingelasteten Aufträge termingerecht durchgelaufen sind, gegebenenfalls werden die verspäteten Aufträge gesondert präsentiert. Falls die Ergebnisse zufriedenstellend sind, kann der simulativ erstellte Fertigungsablauf der Werkstatt zur Steuerung überstellt werden. Falls nicht, werden erforderliche Änderungen in das Simulationsmodell eingetragen, z. B. werden Losgrößen geändert oder Einlastungszeitpunkte neu gewählt. Sowohl zur Bewertung der Simulationsergebnisse als auch zur Bestimmung der zum Verbessern der Produktion erforderlichen Änderungen bedient sich FACTOR einer Anzahl vom Benutzer selbst erstellter Regeln, was im folgenden näher beschrieben wird. Schließlich wird mit den so geänderten Parameterwerten ein neuer Simulationslauf durchgeführt, und so fort, bis die Ergebnisse zufriedenstellend sind. Bei zufriedenstellendem Simulationsergebnis werden (in Abb. 1 nicht gezeigt) einige der durch Simulation bereitgestellten Daten, z. B. die neuen Einlastungszeitpunkte oder Losgrößen, dem PPS-System zur Weiterverwendung zur Verfügung gestellt (siehe Abbildung 3).

Zeitdynamische Simulation zur Fertigungsdisposition 201

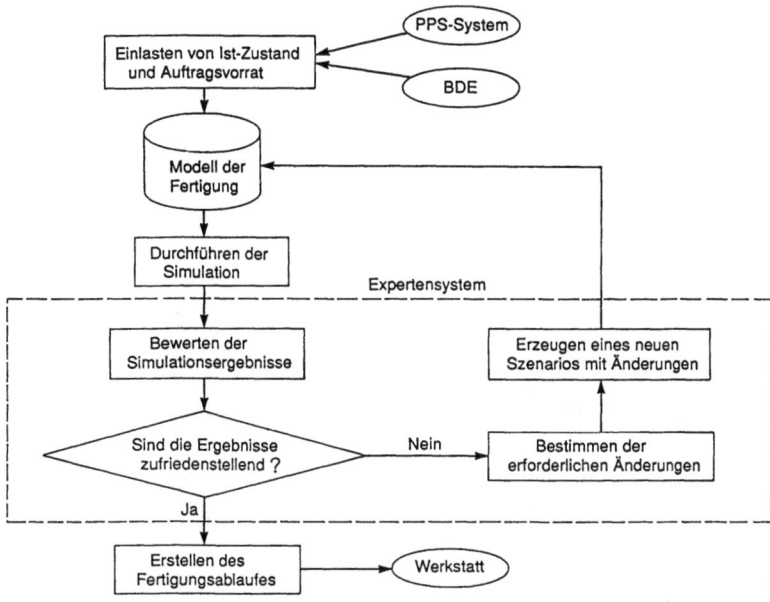

Bild 1: Durch Expertensystem unterstützte Simulation zur Fertigungsdisposition

14.2 Das Simulationssystem FACTOR

FACTOR ist ein hochentwickeltes, modular aufgebautes Simulationswerkzeug zum Einsatz in den Fertigungsbereichen Disposition und Steuerung. Dementsprechend ist FACTOR mehr zur Nachbildung deterministischer Vorgänge, weniger zur stochastischen Simulation ausgelegt. FACTOR kann allen Fertigungen angepaßt und über vorbereitete Schnittstellen in das PPS-System und die BDE intergriert werden kann. Wie erforderlich, können Daten aus den PPS- und BDE-Systemen entweder automatisch über vorbereitete Schnittstellen oder manuell durch Eintrag in vorbereitete Masken in FACTOR übertragen werden. Abbildung 2 zeigt als Beispiel die Eingabemaske für einen Arbeitsvorgang.

| Commands | | | | | | | F1 = Help |

Arbeitsplan: ET 3012   Seite 1/2
Art des Arbeitsvorganges: 4

Arbeitsvorgang: 0010
Beschreibung: Hobeln Flächen

Nächster Arbeitsvorgang: 0011

Auswahlregel für Arbeitsvorgang: 0   Zugeordnete/freie Ressource oder
Alternativer Arbeitsvorgang: Gruppe:

Ressourcen-Zuordnungsregeln: 2

Aktion	Menge	R/G	Name
H	1	R	220
H	1	R	130
	0	R	
	0	R	
	0	R	
	0	R	

Bearbeitungsregel: 0
Bearbeitungszeit: 0.08340

Freigabeprüfung: (Y/N) Y
Ressourcen befristet zuordnen: N

F4 = Add   F5 = Delete   F6 = Edit   F7 = Previous   F8 = Next   F3 = Exit

Bild 2: FACTOR Eingabemaske für einen Arbeitsvorgang der mehrstufigen Serienfertigung des Praxisbeispiels

Abbildung 3 zeigt die Architektur von FACTOR, in der besonders auf die zur Integration vorbereiteten Schnittstellen zum Austausch und Verarbeiten von PPS- und BDE-Daten hinzuweisen ist. Das Modul "Ergebnis-Analyse-System" enthält die im folgenden näher besprochene Expertensystem-Schnittstelle.

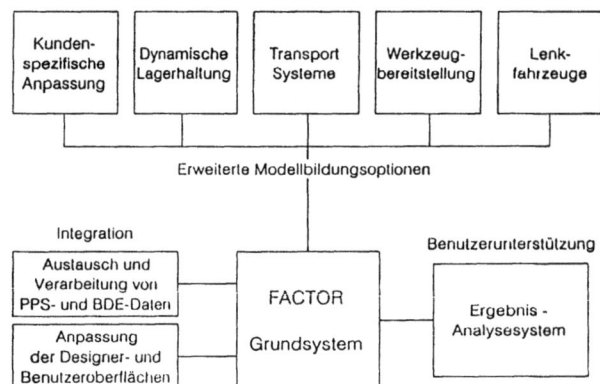

Bild 3: Modulare Architektur des Simulationssystems FACTOR zur zeitdynamischen Nachbildung komplexer Fertigungsprozesse

Abbildung 4 zeigt einen typischen Einsatz von FACTOR zur Unterstützung von Fertigungsplanung und -disposition; FACTOR erhält sowohl Daten von den PPS- und BDE-Systemen, stellt aber auch dem PPS-System die simulativ erzeugte Information zur weiteren Verwendung zur Verfügung. Die letztgenannte Schnittstelle muß kunden- und produktspezifisch gestaltet werden.

Zeitdynamische Simulation zur Fertigungsdisposition

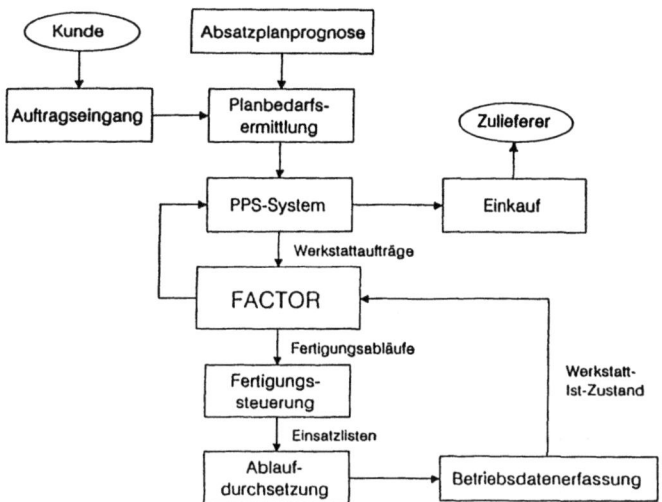

Bild 4: Das Simulationssystem FACTOR mit Schnittstellen zu PPS- und BDE-Systemen zur Unterstützung von Fertigungsplanung- und disposition

Abbildung 5 zeigt die Modellelemente des Simulationssystems FACTOR. Wesentlich sind die Aufträge, die von FACTOR simulativ durch die Fertigung geschleust werden. Die Aufträge haben Einlast- und Endtermin und definieren die herzustellenden Teile. Die Arbeitsvorgänge (Aktivitäten), mit denen die Teile gefertigt werden, bilden die Arbeitspläne. Bei den Arbeitsvorgängen können Ressourcen zugeordnet werden, kann Material aus Lagern abgerufen werden, können Transportbänder oder automatische Transportfahrzeuge belegt werden etc.

FACTOR benötigt zum Aufbau des Simulationsmodells einer Fertigung und zur Durchführung der zeitdynamischen Simulation die Daten, die die in Abbildung 5 gezeigten Modellelemente spezifizieren. Das Netzwerk der Produktion wird von FACTOR automatisch entworfen, sobald die benutzten Arbeitspläne hinterlegt sind.

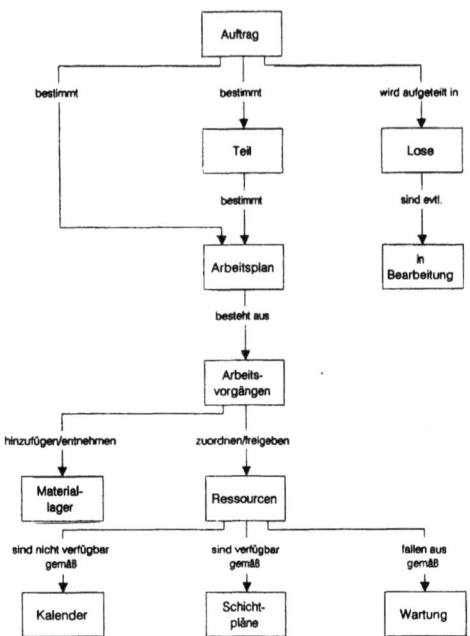

Bild 5: Modellelemente des Simulationssystems FACTOR

14.3 Schnittstellen zum Expertensystem

Die Datenbank, in der die Ergebnisse eines FACTOR Simulationslaufs - Statistiken, Überblicke, Terminpläne, ... - hinterlegt werden, kann leicht eine beachtliche Größe erreichen. Um dem Benutzer die Auswertung der Ergebnisse zu erleichtern, stellt FACTOR ein Werkzeug zur Verfügung, mit dessen Hilfe der Anwender leicht ein Expertensystem zur Analyse und Verbesserung der Simulationsergebnisse erstellen kann.

Die Auswertung der FACTOR-Datenbank erfolgt in drei Phasen (Abbildung 6):

In Phase 1 wird die Datenbank daraufhin untersucht, welche Probleme der Simulationslauf ergeben hat. Dabei ist die Definition dessen, was als Problem anzusehen ist, natürlich anwendungsspezifisch und muß vom Benutzer als Expertenwissen in Form von Regeln hinterlegt sein. Probleme können z. B. sein:

Zeitdynamische Simulation zur Fertigungsdisposition

- Verspätete Aufträge
- Engpässe bei Ressourcen (Flaschenhälse)
- Zu hohe Lagerbestände
- Zu große Durchlaufzeiten
- ...

Die in Phase 1 gefundenen Probleme werden in die FACTOR-Ausgabe-Datenbank geschrieben.

Anschließend werden in Phase 2 Lösungen für diese Probleme erzeugt. Die möglichen Lösungen sind wiederum anwendungsspezifisch und müssen vom Benutzer wieder als Expertenwissen in Form von Regeln hinterlegt sein. Lösungen können z. B. sein:

- Verschiebung von Einlastterminen
- Überstunden
- Zusätzliche Ressourcen
- Änderung von Prioritätsregeln zur Abarbeitung von Warteschlangen
- ...

Die in Phase 2 erzeugten Lösungen werden ebenfalls in die FACTOR-Datenbank geschrieben.

In Phase 3 schließlich wird - unter Berücksichtigung der in Phase 2 gefundenen Lösungen - ein neues Szenario erzeugt. In der Regel wird sich nun ein neuer Simulationslauf anschließen. Diese Auswertung der Ergebnisse mit Hilfe des Expertensystems kann entweder gesteuert vom Benutzer oder automatisch in Form einer Iteration ablaufen. Im ersten Fall kann der Benutzer die gefundenen Probleme und vorgeschlagenen Lösungen direkt editieren und möglicherweise - vom Expertensystem gefundene - Probleme und/oder Lösungen löschen oder auch neue erzeugen. Im zweiten Fall läuft die Auswertung automatisch ohne Eingriff des Benutzers, wobei er die Bedingungen für den Abbruch der Iteration vorgeben kann.

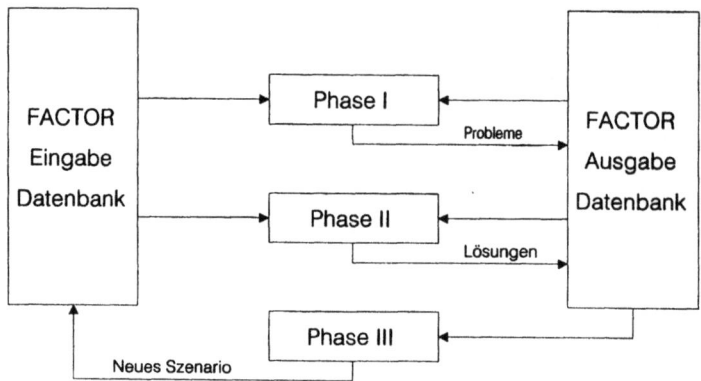

Bild 6: Die drei Phasen der FACTOR Ergebnis-Auswertung

14.4 Die Regelsprache

Das FACTOR Ergebnis-Analyse-System enthält ein Werkzeug zur Erstellung eines Expertensystems. Das Expertensystem behandelt Objekte mit Hilfe von Regeln, wobei gleichartige Objekte wiederum zu Klassen zusammengefaßt sind. Die Objekte sind hinterlegt entweder in der FACTOR Eingabedatenbank - z. B. Aufträge, Arbeitspläne, zur Verfügung stehende Ressourcen, ... - oder in der Ausgabedatenbank, z. B. Auftrags-Überblick, Terminpläne, ... Den einzelnen Objekten sind Attribute zugeordnet, z. B. hat das Objekt "Auftrag" u. a. die Attribute Auftrags-Nummer, Menge, Freigabetermin, Endtermin, etc. Da sich die im Expertensystem hinterlegten Regeln immer auf diese Objekte beziehen, bedeutet Anwenden der Regeln Durchsuchen der Datenbank nach diesen Objekten und Abfrage ihrer Attribute. Das Zusammenfassen von Objekten zu Klassen verringert dabei die Zugriffszeit. Die mit Hilfe der FACTOR Regelsprache zu formulierenden Regeln sind grundsätzlich von der Form IF ... Then ...:

```
IF exists
        an Objekt
                where (Test auf Objekts-Attribute)
THEN
        Aktion
```

D. h., eine Regel besteht aus einer Abfrage (IF) und einer Aktion (THEN). Dabei sind sowohl Abfrage als auch Aktion anwendungsspezifisch, d. h. hier ist das Expertenwissen

Zeitdynamische Simulation zur Fertigungsdisposition

der Anwender in einfacher Form hinterlegt. Dadurch, daß FACTOR nur die Regelsprache zur Verfügung stellt, mit deren Hilfe die Regeln selbst einfach zu schreiben sind, wird ein hoher Grad an Flexibilität erreicht.

14.5 Ein Beispiel aus der Serienfertigung

Das Zusammenspiel zwischen PPS-System, FACTOR-Simulation und -Expertensystem soll an Hand eines Praxisbeispiels einer mehrstufigen Fertigung gezeigt werden (Abbildung 7). Aus Rohmaterialien (HL2070, HL2060, ...) werden über hinterlegte Arbeitspläne Einzelteile (ET3051, ET3061, ...) gefertigt, die zu Baugruppen (BG101, BG118, ...) zusammengefaßt werden bis schließlich das Endprodukt (FZ1003) montiert wird. Insgesamt werden 20 verschiedene Teile (Einzelteile und Baugruppen) hergestellt. Die Arbeitspläne haben zwischen 5 und 18 Arbeitsvorgänge, wobei die Dauer jedes Arbeitsvorgangs fest ist und zwischen 5 Minuten und 24 Stunden liegt. Es wird von Montag bis Freitag in einer Schicht von 08.00 Uhr bis 16.00 Uhr gearbeitet.

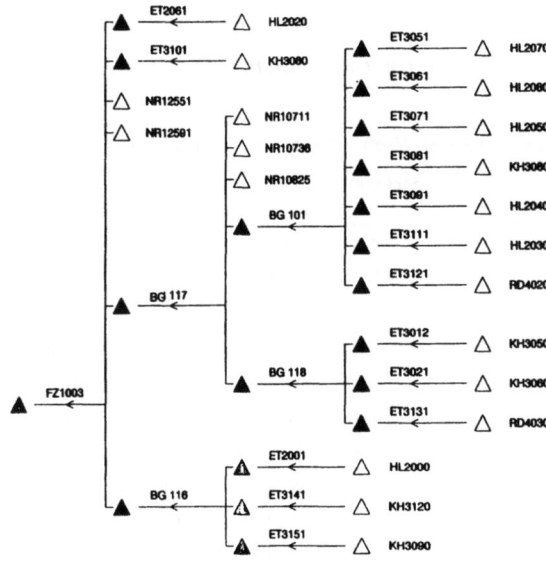

Bild 7: Die mehrstufige Serienfertigung des Praxisbeispiels

Der Simulationszeitraum umfaßt ca. 8 Wochen. Vom 20.05. bis 08.07.1991 werden insgesamt 40 Aufträge - also sowohl Kunden- als auch Werkstattaufträge - neu eingelastet. 8 Aufträge befinden sich bei Simulationsbeginn am 20.05.1991, 08.00 Uhr, bereits in verschiedenen Bearbeitungsstufen in der Produktion. Mit diesem Mengengerüst werden insgesamt ca. 1 300 Teile gefertigt.

Für die Simulation wird die Terminierung der Werkstattaufträge zunächst vom PPS-System übernommen, wobei das PPS-System ausgehend vom Endtermin für den Kundenauftrag rückwärts terminiert. Dabei werden unrealistischerweise starre Übergangszeiten (Liegezeiten) benutzt beim Übergang der Fertigungslose von einem Arbeitsvorgang zum nächsten. Neben Aufträgen, Arbeitsplänen etc. wird das Simulationsmodell auch durch die Fertigungsstrategien festgelegt, z. B. in Form von hinterlegten Prioritätsregeln für die Abarbeitung von Warteschlangen vor Ressourcen.

Einige der mit diesen Rahmenbedingungen erzielten Ergebnisse eines Simulationslaufs sind in Abbildung 8 angegeben, wobei nur 8 der insgesamt 48 Aufträge gezeigt sind. Für dieses Szenario (Nr. 11) wurde als Prioritätsregel "FIFO" benutzt. In Spalte 7 findet sich der vom PPS-System übernommene Endtermin und in Spalte 8 der von der FACTOR-Simulation ermittelte Fertigstellungstermin. Die Differenz zwischen diesen beiden Terminen, die Verspätung der Aufträge, ist in der letzten Spalte gezeigt, wobei negative "Verspätungen" hier zu früh fertiggestellte Aufträge bedeuten. Die durchschnittliche Verspätung aller 48 Aufträge beträgt für dieses Szenario ca. - 7 Tage.

FACTOR Auftragsüberblick

Seite: 1

Datum: 18.02.91 15:58 Modell: PRITSCHENWAGEN

Szenario: 11 - FIFO

Auftr.-nummer	Teile-nummer	An-zahl	Warte-zeit	Bearb.-zeit	Freigabe-termin	End-termin	Fertigst.-termin	Verspae-tung
			· Std. ·	· Std. ·				· Tage ·
40000059	FZ1003	20	363.1	5.4	16.05.91	05.06	28.05 13:30	-7.8
40000060	BG117	20	52.2	249.3	16.05.91	29.05	22.05 11:45	-6.8
40000073	BG116	20	688.5	488.6	16.05.91	29.05	28.05 10.50	-0.9
40000074	ET2001	20	191.6	11.5	29.04.91	16.05	24.05 15:47	8.3
40000075	ET3141	20	172.3	10.2	29.04.91	16.05	24.05 14:44	8.3
40000076	ET3151	20	57.2	4.4	29.04.91	16.05	21.05 15:16	5.3
40000077	ET2061	20	79.6	487.0	29.04.91	16.05	23.05 11:13	7.1
40000078	ET3101	20	120.0	488.5	29.04.91	16.05	24.05 09:16	8.1
40000199	FZ1003	20	1057.3	5.4	06.06.91	09.07	28.06 12:10	-10.8

. . .

Bild 8: FACTOR Ergebnis-Ausgabemaske für die mehrstufige Serienfertigung des Praxisbeispiels

Zeitdynamische Simulation zur Fertigungsdisposition

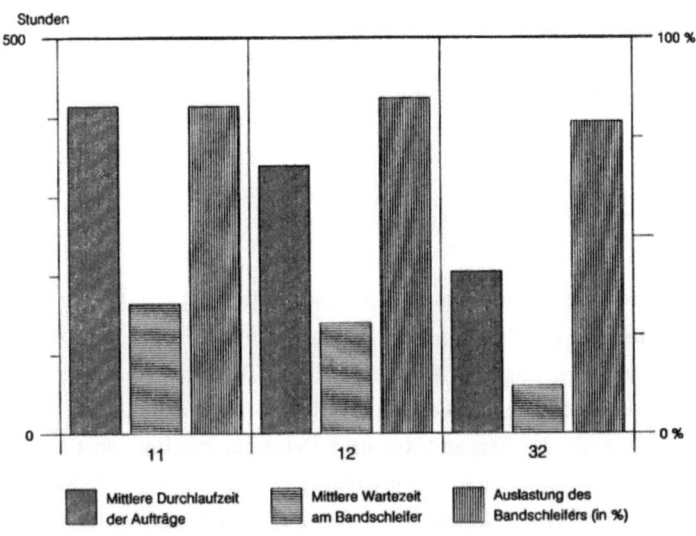

Bild 9: Erkundung von Einlastterminen mit dem Simulationssystem FACTOR zur Produktionsverbesserung in der mehrstufigen Serienfertigung des Praxisbeispiels

In Abbildung 9 werden weitere Simulationsergebnisse gezeigt: die mittlere Durchlaufzeit, die mittlere Wartezeit an einer Ressource (Bandschleifer) und die prozentuale Auslastung dieser Ressource. Der Vergleich von Szenario 11 mit Szenario 12, das sich von Szenario 11 nur durch die Verwendung der Prioritätsregel "Frühester Fälligkeitstermin" unterscheidet, zeigt die Bedeutung verschiedener Fertigungsstrategien: Die mittlere Durchlaufzeit der Aufträge sinkt von 441 Stunden (Szenario 11) auf 339 Stunden (Szenario 12). Für Szenario 12 ergibt die Simulation eine noch größere Terminabweichung von den Endterminen des PPS-Systems: Gemittelt über alle 48 Aufträge werden die Aufträge etwa 10 Tage zu früh fertiggestellt.

Dies zeigt, daß die zunächst vom PPS-System übernommene Terminierung erheblich verbessert werden kann: Mit Hilfe der im vorigen Abschnitt beschriebenen Regelsprache wurde nun ein einfaches Expertensystem erstellt, das in Phase 1 der Ergebnis-Analyse Aufträge, die mehr als 2 Tage zu früh fertiggestellt werden, als Problem erkennt. In Phase 2 wird als Lösung für dieses Problem der Einlasttermin der verfrüht fertiggestellten Aufträge um einen bestimmten Betrag in die Zukunft geschoben. In Phase 3 wird mit diesen Lösungen ein neues Szenario (Szenario 32) erstellt. Wiederum in Abbildung 9 sind einige Ergebnisse eines Simulationslaufs für Szenario 32 gezeigt. Der Vergleich der mittleren Durchlaufzeiten der Aufträge (nur noch 205 Stunden für Szenario 32) und der mittleren

Wartezeiten am Bandschleifer zeigt die enorme Verbesserung in der Produktion durch die geänderte Einlaststrategie. Betont werden muß, daß die Termintreue für Kundenaufträge dabei als Zielsetzung für die Produktion erhalten bleibt.

14.6 Diskussion

Heute erleben wir eine rasch zunehmende Bedarfsorientierung der Produktion, so daß zeitdynamische Simulation der Produktionsvorgänge zur Unterstützung der Kapazitätsbedarfs- und Terminplanung, zur Prüfung der Machbarkeit und Terminsicherung kritischer Aufträge unentbehrlich wird. Das Modell der Fertigung wird so realitätsnah wie möglich gestaltet. Es berücksichtigt das endliche Kapazitäts- und Personalangebot, so daß die Belastungsabhängigkeit des Produktionsablaufsrichtig wiedergegeben wird. Ist-Zustand der Fertigung und Auftragseinlastung werden ebenfalls im Simulationsmodell hinterlegt, und eine zeitdynamische Nachbildung der Betriebsabläufe über einem bestimmten Zeithorizont wird im Rechner durchgeführt. Die nachgebildeten Betriebsabläufe werden nach operativen oder betriebswirtschaftlichen Zielen bewertet, z. B. nach der termingerechten Auslieferung bestimmter Aufträge bei vorgegebenen Einlastungszeitpunkten und Prioritätsregeln. So kann zeitdynamische Simulation vorab die Fertigungsdisposition durch Einsicht in die terminliche Machbarkeit von Aufträgen unterstützen. Dabei können auch Schichtarbeit und Mitarbeiterqualifizierung berücksichtigt werden.

Zeitdynamische Simulation macht die Betriebsabläufe transparent. Alternativen ("Was-Wenn-Szenarien") können durchgespielt werden; ohne Eingriff in die tatsächliche Produktion lassen sich "Experimente" ausführen, z. B. zur Überprüfung einer geplanten Just-In-Time-Fertigung. FACTOR ist ein weitverbreitetes Simulationssystem auf einem hohen Entwicklungsstand, das auf einem großen Hardware-Spektrum (von Mainframe Rechnern bis zum PC) lauffähig ist. FACTOR selbst ist - ausgehend von einem Grundsystem - modular aufgebaut und bietet insbesondere ein Schnittstellenmodul zur Datenübernahme von vorhandenen PPS-Systemen bzw. der BDE. Über diese vorbereitete Schnittstelle können die notwendigen Informationen zur Erstellung eines Simulationsmodells, also insbesondere Auftragsvorrat und Arbeitspläne, und über den Ist-Zustand der Fertigung automatisch übernommen werden.

Ist das Simulationsmodell erstellt, kann ein Simulationslauf durchgeführt werden, um zukünftige Probleme in der Produktion rechtzeitig zu erkennen. Zur Analyse der Simulationsergebnisse, die schnell einen erheblichen Umfang erreichen können, stellt FACTOR ein Modul zur Verfügung, mit dessen Hilfe es leicht möglich ist, ein Expertensystem zur Ergebnis-Auswertung zu erstellen. Wie in dem vorigen Kapitel an Hand des Praxisbeispiels skizziert wurde, wird mit Unterstützung des Ergebnis-Analyse-Systems die FAC-

TOR Datenbank nach aufgetretenen Problemen untersucht, es werden Lösungen erzeugt und schließlich wird ein neues Szenario erstellt. In dem sich anschließenden Simulationslauf können diese Lösungen dann getestet werden. Auf diese Weise kann mit verschiedenen Szenarien experimentiert werden, bis eine zufriedenstellende Produktionsstrategie gefunden ist.

Mit den Ergebnissen dieses zufriedenstellenden Simulationslaufs kann dann auf verschiedene, anwendungsspezifische Weise verfahren werden. FACTOR kann, sofern gewünscht, minutengenaue Terminpläne erstellen über die Abarbeitung der Aufträge oder auch die Abfolge von Arbeitsvorgängen an Ressourcen. Auf diese Weise kann FACTOR direkt zur Fertigungssteuerung eingesetzt werden. Ebenso können die Ergebnisse der Simulation über die vorhandene Schnittstelle wieder an das PPS- System zurückgemeldet werden, und die Fertigungssteuerung wird vom PPS-System - nun allerdings mit wesentlich verbesserten Grundlagen - übernommen.

Literaturverzeichnis

[1] H. G. Schmidt-Weinmar und L. Ortmann, Zeitdynamische Simulation bei PPS-Systemen, CIM- Management, Heft 3, 1991, S. 57

[2] M. Meyer und K. Hansen, Planungsverfahren des Operations Research, 3. Auflage, 1985, Verlag Franz Vahlen, München

[3] T. Wedel, Die Einstellung von PPS-Parametern, PPS im Wandel, Tagungsbericht, 26.-27. Juni 1990, Frankfurt, Herausgeber: P. Mertens, H.-P. Wiendahl, H. Wildemann, gfmt-Verlags KG, München

[4] Operations Research-Spektrum, Band 11, Heft 4, 1989, Sonderheft: Simulation für betriebswirtschaftliche Entscheidungsprozesse, insbesondere hier die Beiträge von B. Schmidt und P. Mertens/T. Ringlstetter

[5] A.A.B. Pritsker, Manufacturing Capacity Management Through Modeling and Simulation, Forum on Foundations of World Class Manufacturing Systems, National Academy of Engeneering, June 19, 1991, Washington, D.C., U.S.A.

[6] SLAMSYSTEM und FACTOR sind eingetragene Produkte der PRITSKER CORPORATION, Indianapolis, Ind., U.S.A., die im deutschsprachigen Raum von der ExperTeam SimTec GmbH, Duisburg, eingesetzt und vertrieben werden. PRITSKER- Produkte sind weltweit mit über 4 500 Installationen auf dem Markt vertreten. Das Simulationssystem FACTOR ist auf dem nordamerikanischen Markt bereits eingeführt und dort vielfach bewährt (z. B. Pratt and Whitney, Boeing Aerospace, Caterpillar Inc., IBM).

[7] D. G. MacFarland, Shop Floor Scheduling and Control Using Simulation Technology, Integrated Manufacturing, May 1990, Croydon Group Ltd. Publishers

[8] F. H. Grant, Tutorial - Scheduling Manufacturing Systems with FACTOR, Proceedings of the Winter Simulation Conference, Washington D. C., 1989, E. MacNaiv, K. Musselman, P. Heidelberger, eds.

[9] Eric Nelson, NUCOR STEEL: Company Profile, Indiana Business, pp. 77-81, September 1990, Eric Servaas, Publisher

[10] Mike Bauer & Lins Alt, CIM At Work. An integrated finite scheduling and shop floor control system helps Circuit Center to keep the customer satisfied, Printed Circuit Fabrication, August 1990, Miller Freeman Publications

15 Tabellenfunktionen in SIMPLEX-II

Norbert Grebe

Zusammenfassung:

Tabellenfunktionen finden besonders dann Anwendung, wenn lediglich einige Meßwerte bei bestimmten Eingaben in ein System bekannt sind. SIMPLEX-II erlaubt die Berechnung ein- und zweidimensionaler kontinuierlicher und diskreter Tabellenfunktionen sowie von Treppenfunktionen.

Besondere Bedeutung kommt den kontinuierlichen Funktionen zu, deren Funktionswerte fast immer nur durch Interpolation zu ermitteln sind. Beim eindimensionalen Typ werden kritische Stellen im Funktionsverlauf berücksichtigt. Zur genaueren Interpolation besonders an Randbereichen ist die Vorgabe der ersten Ableitung möglich.

Der Vortrag beschäftigt sich anhand von Beispielen mit der Berechnung verschiedener Tabellenfunktionen aus den obengenannten Klassen.

15.1 Das Simulationssystem SIMPLEX-II

SIMPLEX-II ist ein Simulationssystem, das den Anwender bei der Modellerstellung, der Durchführung von Simulationsläufen und der Präsentation von Ergebnissen unterstützt.

Die Simulationsmodelle sind hierarchisch aufgebaut: Man unterscheidet BASIC COMPONENTen, die die Modelldynamik beinhalten, HIGH LEVEL COMPONENTen, die sich aus diesen zusammensetzen, sowie zum Austausch zwischen Komponenten die sogenannten MOBILE COMPONENTen.

Das bei SIMPLEX-II verfolgte modulare Konzept besagt, daß eine Komponente ihre eigenen Zustandsübergänge verwaltet und nur über die in der übergeordneten Komponente definierten Verbindungen Zugriff auf Variablen anderer Komponenten hat. Eine Komponente ist selbständig lauffähig.

Unterschiedliche Ausprägungen einer Komponentenklasse werden unter verschiedenen Versionsnamen gespeichert und können in einem Simulationsmodell ausgetauscht werden, solange ihre Schnittstellen identisch sind.

Die in SIMPLEX-MDL (= Model Description Language) deskriptiv formulierten Komponenten werden in einer Modellbank abgelegt und stehen dort dem Anwender zur Verfügung, um zu einem Simulationsmodell verschaltet zu werden. Anschließend unterstützt die Experimentierumgebung des Systems die Durchführung und Verwaltung von Simulationsläufen.

Nach der Simulation bieten sich verschiedene Möglichkeiten zur Ergebnispräsentation, beispielsweise in Form von Kurven-, Balken, Tortendiagrammen oder auch als Wertetabelle. Weiterhin kann ein vom Anwender frei zu gestaltendes Animationslayout den Verlauf der Simulation dokumentieren.

Die in diesem Aufsatz beschriebenen Tabellenfunktionen sind als Teil der Dynamikbeschreibung in die BASIC COMPONENTen eingebettet. Dabei handelt es sich um Abbildungsvorschriften, die tabellarisch mögliche Argumentwerte (die sogenannten Stützstellen) auf Funktionswerte abbilden. Da sie insbesondere dann benutzt werden können, wenn eine Funktion in geschlossener Form nicht bekannt ist, sondern lediglich einige Funktionswerte an ausgewählten Stützstellen, sind Tabellenfunktionen in der Simulation von großer Bedeutung, weil man dort oft nur Kenntnis von Meßwerten bei bestimmten Eingaben in ein System hat.

Besitzt die zugrundeliegende Funktion einen stetigen Verlauf, so spricht man von einer kontinuierlichen Tabellenfunktion. Anderenfalls bezeichnet man sie als diskret.

Von besonderem Interesse sind die kontinuierlichen Funktionen. Wird eine solche Tabellenfunktion mit einem Argument aufgerufen, das zwischen zwei Stützstellen liegt, wird der zugehörige Funktionswert durch Interpolation ermittelt. Im Simulationssystem SIMPLEX-II sind drei verschiedene Interpolationsverfahren implementiert:

Tabellenfunktionen in SIMPLEX-II 215

1. Die lineare Interpolation, die zwei benachbarte Stützstellen mit einem Geradenzug verbindet.

2. Die kubische Bessel-Interpolation, die eine stetige erste Ableitung der Interpolationskurve liefert.

3. Die kubische Spline-Interpolation, deren Interpolationsfunktion zweimal stetig differenzierbar ist.

Die lineare Interpolation ist vom Benutzer leicht nachvollziehbar; die kubischen Verfahren hingegen können bei ungünstiger Wahl der Stützstellen schwer vorhersehbare Interpolationsfunktionen liefern. Aus diesem Grunde kommt der Wahl der Stützstellen große Bedeutung bei für die Korrektheit der Ergebnisse. Die kubische Spline-Interpolation ermittelt eine glattere Kurve verglichen mit dem Bessel-Verfahren.

15.2 Allgemeiner Aufbau eines SIMPLEX-Modells

Die in diesem Zusammenhang interessante Grundstruktur eines Simulationsmodells in SIMPLEX-MDL sieht folgendermaßen aus:

```
BASIC COMPONENT name

LOCAL DEFINITIONS
tabular functions           # Definition der Tabellenfunktionen

DECLARATION OF ELEMENTS
list of variables

DYNAMIC BEHAVIOUR
algebraic equations
differential equations      # Aufruf der Tabellenfunktionen
events

END OF name
```

Die Tabellenfunktionen werden also bei den lokalen Definitionen vereinbart und im Abschnitt des dynamischen Verhaltens mit den im Deklarationsteil eingeführten Variablen aufgerufen.

15.3 Eindimensionale kontinuierliche Tabellenfunktionen

15.3.1 Ein praktisches Beispiel

In diesem Abschnitt geht es um stetige Funktionen, die lediglich von einer Variablen abhängen. Beispielsweise läßt sich der Bestand eines Lagers in Abhängigkeit von der Zeit ausdrücken und durch eine Sinusfunktion approximieren. Der entsprechende Code in SIMPLEX-MDL (= Model Description Language) hat folgende Gestalt:

```
BASIC COMPONENT shop      # Approximation durch Sinus

DECLARATION OF ELEMENTS
CONSTANT     PI      (REAL) := 3.1415927

STATE VARIABLE
DISCRETE     Tag     (REAL) := 1

DEPENDENT VARIABLE
CONTINUOUS   Lager   (REAL)

DYNAMIC BEHAVIOUR

ON ^T > Tag^ DO
    Tag^ := Tag + 1;
END

Lager := SIN (2 * PI * (Tag-1) / 29) * 50 + 50;

END OF shop
```

Dieser Lagerbestand beträgt am ersten und am dreißigsten Tag je 50 Mengeneinheiten, und schwankt während eines Monats zwischen 0 und 100 Einheiten.

Mit den Tabellenfunktionen ist man nun in der Lage, beliebige Bestandsverläufe durch Aufführen von Stützwerten beliebig genau darzustellen. Zum Beispiel habe eine wiederholte Zählung während eines Monats folgende Bestandszahlen erbracht:

Datum	1	4	8	11	15	18	22	25	29	31
Bestand	312	290	292	322	342	367	395	350	321	301

Tabellenfunktionen in SIMPLEX-II

In diesem einfachen Beispiel stellen die Tagesdaten die Stützstellen, die Bestände die zugehörigen Funktionswerte dar. Möchte man zum Beispiel den Bestand am 13. des Monats erfahren, wird der Funktionswert durch lineare oder kubische Interpolation ermittelt.

Dabei legen die kubischen Interpolationsverfahren unter Berücksichtigung der oben genannten Stetigkeitsbedingungen ein Polynom dritter Ordnung durch die Stützwerte. Näheres hierzu findet man zum Beispiel in [4] und [2].

15.3.2 Modellierung in SIMPLEX-MDL

Um das obige Beispiel mit Verwendung einer Tabellenfunktion in ein Simulationsmodell einzubringen, verwendet man folgende Schreibweise:

```
BASIC COMPONENT shop

LOCAL DEFINITIONS
TABULAR FUNCTION Bestand (REAL --> REAL)
CONTINUOUS
BY LINEAR INTERPOLATION
ON  ( [ 1,   4,   8,   11,  15,  18,  22,  25,  29,  31] )
--> ( [312, 290, 292, 322, 342, 367, 395, 350, 321, 301] )

DECLARATIONS OF ELEMENTS
STATE VARIABLE
DISCRETE    Tag   (REAL) := 1

DEPENDENT VARIABLE
CONTINUOUS Lager (REAL)

DYNAMIC BEHAVIOUR

ON ^T > Tag^ DO
    Tag^ := Tag + 1;
END

Lager := Bestand (Tag);

END OF shop
```

Enthält der Lagerbestandsverlauf Sprung- oder Knickstellen, so unterteilt man die Funktion in stetige Abschnitte:

```
TABULAR FUNCTION Bestand (REAL --> REAL)
CONTINUOUS
BY LINEAR INTERPOLATION
ON  ( [ 1,   4,   8,  11], ] 11,  15,  18,  22,  25,  29,  31] )
--> ( [312, 290, 292, 322], ]500, 342, 367, 395, 350, 321, 301] )
```

Dies bewirkt einen Sprung im Verlauf am 11. des Monats auf 500 Stück.

Weiterhin ist es in SIMPLEX-MDL möglich, die erste Ableitung an einer Stützstelle hinter dem zugehörigen Funktionswert vorzugeben. Dies ist vor allem bei den kubischen Interpolationsverfahren an den Randstellen der stetigen Funktionsabschnitte sinnvoll, da ansonsten der Simulator diese Ableitungen schätzt durch Annäherung mittels eines quadratischen Polynoms. Zum Beispiel:

```
TABULAR FUNCTION Bestand (REAL --> REAL)
CONTINUOUS
BY CUBIC SPLINE INTERPOLATION
ON  ( [ 1,      4,   8,  11    ], ] 11,       15,  18,  22,  25,
        29,  31    ] )
--> ( [312:-7, 290, 292, 322:10], ]500:-40, 342, 367, 395, 350,
        321, 301:-10] )
```

Darüber hinaus kann man den Simulator durch Extrapolation die Funktionswerte an den Randstützstellen berechnen lassen. Hat man zum Beispiel am 31. des Monats keine Zählung mehr durchgeführt, so kann man schreiben:

```
TABULAR FUNCTION Bestand (REAL --> REAL)
CONTINUOUS
BY CUBIC SPLINE INTERPOLATION
ON  ( [ 1,      4,   8,  11   ], ] 11,      15,  18,  22,  25,
        29,  31 ] )
--> ( [312:-7, 290, 292, 322:7], ]500:-40, 342, 367, 395, 350,
        321,   *  ] )
```

Mit den in diesem Abschnitt aufgeführten Beschreibungsmöglichkeiten von eindimensionalen kontinuierlichen Funktionen lassen sich viele Vertreter dieser Klasse sehr exakt nachbilden.

15.4 Zweidimensionale kontinuierliche Tabellenfunktionen

15.4.1 Allgemeines

Hängt eine Funktion von zwei Parametern ab, bezeichnet man sie als zweidimensional. Für die Tabellenfunktionen werden nun jeweils Stützstellen-Paare mit ihren zugehörigen Funktionswerten angegeben. Auch hier gilt, daß der Funktionswert durch Interpolation berechnet wird, wenn mindestens ein Aufrufparameter keine Stützstelle ist. Ein Verfahren, das immer anwendbar ist und analog zum eindimensionalen Fall die glatteste Fläche liefert, ist die bikubische Spline-Interpolation, die beispielsweise ausführlich nachzulesen ist in [4].

15.4.2 Ein praktisches Beispiel

Unter anderem gibt es im Bereich der Lagerhaltung eine sogenannte (s,S)-Politik. Bei ihr wird dann eine Bestellung aufgegeben, wenn der Bestand eines Artikels im Lager den festgelegten Bestellpunkt erreicht oder unterschritten hat. Die Bestellmenge ist dabei die Differenz zwischen dem ebenfalls festgelegten Richtbestand S und dem aktuellen Bestand. Zur Bestimmung einer optimalen Parameterfestlegung ist nun jeweils eine Simulation durchgeführt worden, die die Lagerhaltungskosten für den aktuellen Parametersatz (s,S) über einen bestimmten Zeitraum ermittelt. Anschließend erhält man folgendes Tableau:

S \ s	495	505	515	525	535
670	23961	24603	24898	24900	24900
680	24251	23881	24618	24900	24900
690	25436	24053	24016	24848	25159
700	25000	25278	24065	24326	25229
710	25000	25000	25430	24428	24908

Die Interpolation erlaubt nun, auch für nicht getestete Parametersätze (s,S) die Kosten zu berechnen, beispielsweise für s = 506 und S = 682.

15.4.3 Modellierung in SIMPLEX-MDL

Die Notation in SIMPLEX-MDL lehnt sich an die gebräuchliche Tableauform an:

```
TABULAR FUNCTION Kosten (REAL, REAL --> REAL)
CONTINUOUS
BY BICUBIC SPLINE INTERPOLATION
ON       (   495,   505,   515,   525,   535 ) ;
(670 --> ( 23961, 24603, 24898, 24900, 24900 ),
 680 --> ( 24251, 23881, 24618, 24900, 24900 ),
 690 --> ( 25436, 24053, 24016, 24848, 25159 ),
 700 --> ( 25000, 25278, 24065, 24326, 25229 ),
 710 --> ( 25000, 25000, 25430, 24428, 24908 )  )
```

Die Bedeutung der Zahlen ist durch einen Vergleich mit der Tabelle aus dem vorherigen Abschnitt unmittelbar abzuleiten.

Analog zum eindimensionalen Fall benutzt auch das bikubische Splineverfahren die erste Ableitung an den Stützstellen zur Interpolation. Um eine Schätzung zu vermeiden, die evtl. ungenau sein könnte, kann der Anwender wiederum die ersten partiellen Ableitungen vorgeben. Der Übersichtlichkeit halber sei diese weitere Beschreibungsmöglichkeit nur am Beispiel des ersten Funktionswerts im obigen Beispiel erläutert:

```
TABULAR FUNCTION Kosten (REAL, REAL --> REAL)
CONTINUOUS
BY BICUBIC SPLINE INTERPOLATION
ON       (   495,   505,   515,   525,   535 ) ;
(670 --> ( 23961:                          dx: 55; dy: 30;
                                           dxdy: 40,
          24603, 24898, 24900, 24900 ),
 680 --> ( 24251, 23881, 24618, 24900, 24900 ),
 690 --> ( 25436, 24053, 24016, 24848, 25159 ),
 700 --> ( 25000, 25278, 24065, 24326, 25229 ),
 710 --> ( 25000, 25000, 25430, 24428, 24908 )  )
```

Dabei bedeuten:

dx: partielle Ableitung in Richtung der ersten Variablen
dy: partielle Ableitung in Richtung der zweiten Variablen
dxdy: gemischte Ableitung

Mit Hilfe dieser übersichtlichen Tableaunotation gelingt es, die meisten zweidimensionalen kontinuierlichen Funktionen gut nachzubilden.

15.5 Eindimensionale diskrete Funktionen

15.5.1 Ein praktisches Beispiel

Wie bereits eingangs gesagt, ist eine diskrete Funktion nur für bestimmte Eingaben definiert. Ein Beispiel soll dies verdeutlichen: Die Bestandszahlen für verschiedene Artikel mögen folgendermaßen lauten:

Artikel	Hosen	Pullis	Hemden	Blusen
Bestand	1015	6213	4000	812

Hier macht es keinen Sinn, von Zwischenwerten zu sprechen. Eine Interpolation findet deshalb nicht statt. Der Anwender hat allerdings selbst dafür zu sorgen, daß seine Aufzählung möglicher Funktionsargumente vollständig ist.

15.5.2 Modellierung in SIMPLEX-MDL

Es besteht in SIMPLEX-MDL die Möglichkeit, Aufzählungstypen zu vereinbaren. So könnte man das obige Beispiel darstellen:

```
VALUE SET Artikel : ('Hosen', 'Pullis', 'Hemden', 'Blusen')
```

Die Tabellenfunktion lautet dann:

```
TABULAR FUNCTION Bestand (Artikel --> INTEGER)
DISCRETE
ON ('Hosen', 'Pullis', 'Hemden', 'Blusen')
--> ( 1015,    6213,    4000,    812   )
```

Im Deklarationsteil werden zwei Variablen vereinbart:

```
DEPENDENT VARIABLES
DISCRETE   Art (Artikel),
           Bst (INTEGER)
```

INTEGER bezeichnet die Menge der ganzen Zahlen.

Der Aufruf erfolgt durch:

Bst := Bestand (Art);

Durch die Möglichkeit, neben den reellen und ganzen Zahlen auch logische Werte (FALSE, TRUE) und Aufzählungstypen zu verwenden, ergibt sich eine Vielzahl von darstellbaren Funktionen.

15.6 Zweidimensionale diskrete Tabellenfunktionen

15.6.1 Ein praktisches Beispiel

Als anschauliches Beispiel einer Funktion dieser Klasse soll das des vorherigen Abschnitts verfeinert werden: Die einzelnen Artikel werden nun getrennt nach Unternehmensfilialen gezählt. Das ergebe folgendes Bild:

Filiale \ Artikel	Hosen	Pullis	Hemden	Blusen
Aplatz	305	2403	1450	250
Bplatz	460	2210	1380	362
Cplatz	250	1600	1170	200

Selbstverständlich wird auch bei diesem Funktionstyp nicht interpoliert.

15.6.2 Modellierung in SIMPLEX-MDL

Nach Einführung der Aufzählungsmengen in Abschnitt 5 und der Tableauform in Abschnitt 4 wird für zweidimensionale diskrete Tabellenfunktionen folgende naheliegende Schreibweise zur Darstellung des Beispiels aus Abschnitt 15.6.1 verwendet:

Tabellenfunktionen in SIMPLEX-II 223

```
VALUE SET Filiale : ('Aplatz', 'Bplatz', 'Cplatz')

TABULAR FUNCTION Bestand (Artikel, Filiale --> INTEGER)
DISCRETE
ON            ('Hosen', 'Pullis', 'Hemden', 'Blusen');
( 'Aplatz' --> ( 305,    2403,    1450,     250  ),
  'Bplatz' --> ( 460,    2210,    1380,     362  ),
  'Cplatz' --> ( 250,    1600,    1170,     200  ) )
```

zusätzliche Deklaration:

```
DEPENDENT VARIABLES
DISCRETE  Fil (Filiale)
```

Der Funktionsaufruf lautet:

Bst := Bestand (Art, Fil);

Durch die Vielzahl an Kombinationsmöglichkeiten der Grundmengen und durch Schachtelung von Funktionsaufrufen lassen sich sehr viele mehrdimensionale diskrete Funktionen berechnen.

15.7 Treppenfunktionen

15.7.1 Ein praktisches Beispiel

Treppenfunktionen gehören zur Klasse der diskontinuierlichen Funktionen, da sie nur abschnittsweise stetig sind. Eine Interpolation braucht nicht durchgeführt werden, weil die Steigung - falls definiert - überall gleich Null ist. Als Beispiel möge ein Lagerbestandsverlauf über vier Zeitabschnitte dienen, bei dem das Lager nur zu Beginn eines Teilabschnitts aufgefüllt und anschließend die Nachfrage des jeweiligen Abschnitts sofort und momentan befriedigt wird:

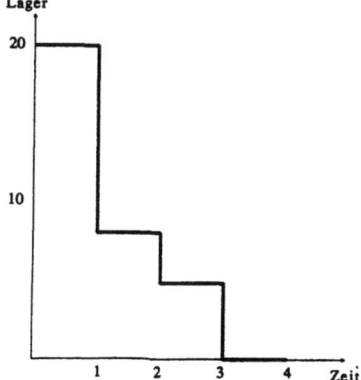

15.7.2 Modellierung in SIMPLEX-MDL

Neu ist bei diesem Funktionstyp das Schlüsselwort "STEPS", das die Treppenfunktion anzeigt. Die Aufzählung der einzelnen Stufen erfolgt ähnlich wie bei den eindimensionalen kontinuierlichen Tabellenfunktionen durch explizite Trennung in stetige Abschnitte, wobei jetzt aber nur der Anfang und das Ende der jeweiligen Stufe zu nennen sind:

```
TABULAR FUNCTION Lager (REAL --> REAL)
STEPS
ON  ( [0,1], ]1,2], ]2,3], ]3,4] )
--> (  20,     8,     5,     0   )
```

Neben der Abbildung in die reellen Zahlen ist auch die Menge der ganzen Zahlen "INTEGER" als Wertebereich zulässig.

Literaturverzeichnis

[1] Dörnhöfer, K.; Eschenbacher, P.; Langer, K.-J.: Das Simulationssystem SIMPLEX-II Referenzhandbuch, Universität Erlangen-Nürnberg IMMD IV

[2] Grebe, Norbert: Konzeption und Implementierung mehrdimensionaler Tabellenfunktionen für das Simulationssystem SIMPLEX-II, Universität Erlangen-Nürnberg IMMD IV, Diplomarbeit

[3] Meyer, Manfred; Hansen, Klaus: Planungsverfahren des Operations Research, 3. Auflage Verlag Vahlen 1985

[4] Späth, Helmut: Spline-Algorithmen zur Konstruktion glatter Kurven und Flächen, R. Oldenbourg Verlag München Wien 1986

16 Möglichkeiten zur Unterstützung der Simulation durch wissensbasierte Systeme

Wolfgang Fenske, Harry Mucksch

Zusammenfassung:

Im vorliegenden Beitrag werden Möglichkeiten untersucht, inwieweit und in welchen Phasen das Simulation-Life Cycle wissensbasierte Systeme zur Unterstützung und Verbesserung der Simulation herangezogen werden können. Grundsätzlich kann man zwei Ziele unterscheiden, die mit dem Einsatz derartiger Systeme verfolgt werden und damit einem breiteren Anwenderkreis zur Problemlösung zur Verfügung stehen, zum anderen wächst heutzutage die NOtwendigkeit der Modellierung immer komplexer werdender Systeme.

16.1 Einleitung und Motivation

Im vorliegenden Beitrag wird untersucht, inwieweit wissensbasierte Systeme bzw. Expertensysteme - als ein Teilgebiet der Künstlichen Intelligenz - zur Unterstützung und Verbesserung der Simulation herangezogen werden können. Dabei sollen generell zwei Ziele verfolgt werden:

Zum einen soll die Anwendung der Simulation als Methode einfacher gestaltet werden und damit einem breiteren Anwenderkreis (zum Beispiel Ingenieuren und Managern) zur Problemlösung zur Verfügung stehen, ohne daß dieser Anwenderkreis ein exorbitantes Training absolvieren muß [25]; zum anderen wächst die Notwendigkeit der Modellierung immer komplexer werdender Systeme, die verstärkt auch den Bereich menschlicher Entscheidungsfindung umfassen [17].

Beschäftigt man sich mit den Möglichkeiten, die die Künstliche Intelligenz bietet, um die Simulation zu unterstützen, so stellt sich zunächst die folgende Frage: Welcher Zusammenhang besteht zwischen der Simulation und der Künstlichen Intelligenz?

Mit der traditionellen Simulation will man bekannterweise das Verhalten des für ein Problem relevanten Realitätsausschnittes in einem Modell darstellen [28]. Simulation wird in Bereichen eingesetzt, in denen komplexe Systeme mathematisch nicht mehr beschrieben werden können oder die Konsequenzen, die sich aufgrund einer realen Situation ergeben, nicht mehr absehbar sind. Beispielhaft sei hier auf die Einsatzplanung der Rettungsdienste in Katastrophenfällen hingewiesen, bei der ein Experimentieren im realen System aus naheliegenden Gründen nicht verantwortbar ist [27] Wissensbasierte Systeme werden in ähnlichen Bereichen eingesetzt, und zwar zur Entscheidungsunterstützung in komplexen Systemen. Der Unterschied zwischen der Simulation und wissensbasierten Systemen besteht darin, daß die Simulation auf einem vollständigen Modell basiert, während die Modelle, auf denen wissensbasierte Systeme beruhen, nicht vollständig formalisiert sein müssen.

Simulationsmodelle und wissensbasierte Systeme unterstützen also den Menschen in komplexen Handlungs- und Entscheidungssituationen. Ein wissensbasiertes System schlägt aufgrund der Vorgabe eines bestimmten Zieles eine Handlung vor, während ein Simulationssystem die Konsequenzen einer ausgewählten Handlung prognostiziert. Zusammenfassend kann man somit festhalten, daß sowohl die Künstliche Intelligenz als auch die Simulation mit Modellen arbeiten, die Wissen enthalten [28].

Für die Aufstellung und den richtigen Gebrauch der Simulation benötigt man Wissen aus den folgenden sechs Fachgebieten [30] [24]:

1. Systemanalyse

2. Mathematik

3. Informatik (insbesondere eine Programmiersprache)

4. Simulation als Methode

5. Statistik

6. jeweiliges Fachgebiet

Außerdem benötigt man Erfahrung im Aufstellen von Simulationsmodellen und in der Durchführung von Simulationsexperimenten. Nicht ganz unbegründet ist daher die Aussage, daß Simulation nur von wenigen Fachleuten oder "Experten" richtig betrieben werden kann. Die Verarbeitung von (Experten-) Wissen ist wiederum ein Teilgebiet der Künstlichen Intelligenz, so daß es naheliegt, die dort erzielten Forschungsergebnisse für die Simulation zu nutzen.

Warum sollte die Simulation aber durch Systeme aus dem Bereich der Künstlichen Intelligenz, insbesondere durch wissensbasierte bzw. Expertensysteme unterstützt werden?

Es existieren zwar Simulationssysteme und Simulationssprachen mit deren Hilfe die Ursache-Wirkungszusammenhänge der Realität nachgebildet werden können, jedoch unterstützen diese den Anwender bislang kaum oder nur in unzureichendem Maße bei der Auswahl und der Aufstellung eines adäquaten Modells. Gerade in diesem Bereich könnten wissensbasierte Systeme den Anwender unterstützen.

Weiterhin sind bei traditionellen Simulationssystemen Informationen und Kontrollstrukturen integriert und gemeinsam gespeichert. In Systemen der Künstlichen Intelligenz sind dagegen Wissensbasis und Kontrollstrukturen voneinander getrennt gespeichert und jeder Teil kann unabhängig von den anderen geändert werden, was diese Systeme zur Laufzeit sehr flexibel macht.

Ein weiterer Aspekt besteht darin, daß es in der traditionellen Simulation bisher kaum möglich war, intelligentes Verhalten in einem Modell abzubilden. Man benutzt in vielen Fällen nur Approximationen (Vereinfachungen), ohne aber intelligentes Verhalten modellieren zu können. Am Beispiel der Simulation von Servicestationen im Kaufhaus sei dies verdeutlicht: Der Weg der Aktivitäten eines Kunden wird aufgrund von Wahrscheinlichkeiten, die auf Beobachtungen basieren, simuliert. Der Entscheidungsprozeß des Kunden bei der Auswahl der Wege konnte bisher nicht simuliert werden. Das Verhalten eines Kunden wird aufgrund von einfachen Handlungsregeln, wie zum Beispiel: "Ein Kunde schließt sich immer der kürzesten Warteschlange an.", simuliert. Diese einfache Regel muß aber nicht für alle Fälle zutreffen. Vielleicht bevorzugt der Kunde eine bestimmte Verkäuferin beziehungsweise einen bestimmten Verkäufer, weil er diese beziehungsweise diesen kennt.

Viele Systeme der realen Welt enthalten zudem einen Entscheidungsträger, der das Verhalten des Systems erheblich beeinflußt, wie zum Beispiel ein Produktionsleiter in einer Fabrik oder ein General in einer Armee. Um das System realitätsgetreu nachbilden zu können, müßte das intelligente Verhalten des Entscheidungsträgers simuliert werden, was bisher weitgehend unmöglich ist [16].

Zur Verdeutlichung sei an dieser Stelle auf die Unterschiede, die zwischen wissensbasierten Systemen und Simulationssystemen - die wir hier den konventionellen Programmen zuordnen - bestehen, hingewiesen:

1. Art der verarbeiteten Daten: Im Rahmen der Künstlichen Intelligenz werden vorwiegend nicht-numerische (symbolische) Daten, das heißt Begriffe, Konzepte, Sachverhalte und Objekte der realen Welt verarbeitet; traditionelle Programme verarbeiten dagegen vornehmlich numerische Daten, das heißt, sie führen vorwiegend Rechenoperationen mit Zahlen durch [8],[30]. Diese sehr strikte Abgrenzung läßt sich allerdings durch die sogenannte objektorientierte Programmierung in Frage stellen.

2. Art der Problemlösung: Das Verhalten von KI-Programmen läßt sich in der Regel nicht ausschließlich mit Algorithmen beschreiben (deklarative Programmierung). Der Lösungsweg ist in KI-Programmen vom aktuellen Problem und von zur Laufzeit ermittelten Ergebnissen abhängig und damit nicht eindeutig. Im Gegensatz dazu basieren traditionelle Programme auf einem Algorithmus, der sequentiell abgearbeitet wird und letztlich die Lösung liefert (prozedurale Programmierung) [30]. KI-Programme beruhen zudem häufig auf heuristischen Regeln oder Faustregeln während konventionelle Programme auf Algorithmen und einer festen Abfolge von Operationen basieren [8]. Weitere Problemlösungsmethoden, die der Künstlichen Intelligenz entstammen:

    - Problemdekomposition/-zerlegung
    - Generate-and-Test
    - heuristische Suche
    - logische Deduktion
    - Gebrauch von Meta-Informationen [30]

3. Aufbau von Simulations- und wissensbasierten Systemen: Wissensbasierte Systeme enthalten (zum Teil unvollständiges) kontextabhängiges und -unabhängiges Wissen in ihrer sogenannten Wissensbasis. Der eigentliche Problemlösungsmechanismus ist

davon unabhängig in der Problemlösungskomponente implementiert. Im Gegensatz dazu existiert in konventionellen Programmen, auch in Simulationsprogrammen, eine derartige Zweiteilung nicht, da das Wissen über einen Problembereich implizit im Programmcode untergebracht ist, der gleichzeitig die Kontrollstrukturen darstellt [30]. In konventionellen Programmen ist also das anwendungsabhängige Wissen mit dem anwendungsunabhängigen Wissen vermischt.

4. Erklärungsfähigkeit: KI-Programme, insbesondere Expertensysteme, sollen ausgehend von ihrer Konzeption, die gezogenen Schlußfolgerungen erklären sowie den Lösungsweg und die Lösung rechtfertigen können. Traditionelle Programme sind zur Erklärung der von ihnen produzierten Ergebnisse nicht in der Lage [30] [19]. Anzumerken ist an dieser Stelle allerdings, daß die Erklärungsfähigkeit existierender Expertensysteme noch sehr zu wünschen übrig läßt und somit noch Raum für Forschungen bleibt. Im Allgemeinen werden lediglich die zur Problemlösung genutzten Regeln und Fakten als Erklärungstext angezeigt.

Aus den aufgeführten Punkten kann man ableiten, daß ein Einsatz von Methoden der Künstlichen Intelligenz, besonders der Einsatz von wissensbasierten Systemen, zur Unterstützung der Simulation generell sinnvoll und wünschenswert erscheint.

Im weiteren Vorgehen dieses Beitrages werden zunächst kurz die Basiskonzepte der Simulation und der Künstlichen Intelligenz sowie die möglichen Kooperationsformen zwischen Expertensystemen und Simulationssystemen vorgestellt. Im Anschluß daran werden die Möglichkeiten zur Unterstützung der Simulation durch Methoden der Künstlichen Intelligenz im Rahmen des Simulation-Life-Cycle sowie die mögliche Vereinfachung der Simulation durch Methoden der Künstlichen Intelligenz dargestellt. Abschließend wird dann die Konzeption eines idealtypischen wissensbasierten Simulationssystems skizziert.

16.2 Basiskonzepte

16.2.1 Simulation

Im Rahmen der Simulation wird durch das Aufstellen von Modellen versucht, die Struktur und das Verhalten (Ursache-Wirkungszusammenhänge) von Systemen der Wirklichkeit nachzubilden [22]. Um dies zu erreichen, ist das System der realen Welt in Elemente zu zerlegen, deren Verhalten vorhergesagt werden kann [9].

Für den Begriff "Simulation" existieren in der Literatur eine Fülle von Definitionen, von denen einige im folgenden kurz Erwähnung finden sollen:

"Computer simulation is the problem-solving process of predicting the future state of a real system by studying an idealized computer model of the real system." [30]

Simulation kann als "...heuristische Methode zum Entwurf eines realitätsbezogenen Modells..." [10] verstanden werden, "...um anhand einer computergestützten Darstellung die quasi-experimentelle Nachahmung von Systemabläufen in der Zeit im Sinne eines Verhaltensmodells (unbeeinflußt oder gezielte Strategien auswertend) zu bewerkstelligen." [10]

J. McLeod definiert den Begriff Simulation als "The use of a model to perform experiments to predict the probable behavior of a system or situation under study...". [11]

Bei J. Biethahn ist Simulation ein "...numerisches Verfahren, um Experimente durchführen zu können, die das Verhalten eines Systems beschreiben. Dabei werden mathematische und logische Modelle verwendet. Die Simulation ist also ein Mittel zur Untersuchung des Verhaltens eines realen Systems im Zeitablauf. Das Simulationsmodell hat dabei verschiedene Eingangsgrößen, in die die zu steuernden Systemgrößen eingegeben werden, und Ausgänge, aus denen die Ergebnisse ermittelt werden. Durch Veränderung der Eingangsgrößen werden die Veränderungen der Ausgangsgrößen ermittelt, ohne daß ein geschlossener Lösungsalgorithmus existieren muß." [3]

Eine Definition des Begriffes "Simulation", die den für die Künstliche Intelligenz zentralen Begriff "Wissen" benutzt, stammt von T.I. Ören: "Simulation is experimentation with dynamic models. Simulation of a system necessitates 1) a model which can be conceived as a pair of parametric model and a relevant parameter set, 2) experimental conditions, and 3) a behavior generator. ... Perceived from a higher and abstract point of view, simulation is a form of knowledge generation based on three types of knowledge which are

1. descriptive knowledge,

2. intentional knowledge, and

3. knowledge processing knowledge." [14]

Ören untergliedert descriptive knowledge weiter in generative knowledge, - dies ist Wissen über die Modellstrukturen - und factual knowledge, das Wissen über die Parameterwerte. Als intentional knowledge kann das Wissen über die Problemstellung und die verfolgte Zielsetzung verstanden werden. Knowledge processing knowledge bezeichnet das Wissen über den Einsatz von Wissen (Meta-Wissen) und zwar über Modellbildung und die Simulation an sich, Software-Engineering-Knowledge und Knowledge-Engineering-Knowledge.

Bevor grundlegende Begriffe aus dem Bereich der Künstlichen Intelligenz erläutert werden, soll an dieser Stelle der Simulation-Life-Cycle kurz vorgestellt werden, da er für die nachfolgenden Ausführungen eine Rolle spielt. Der Simulation-Life-Cycle umfaßt die folgenden Phasen: [7] [23] [29]

1. Problemformulierung und Zielbeschreibung [7]

   - Festlegung des für die Simulation relevanten Realitätsausschnittes
   - Identifizierung des Problems und Formulierung des Zieles der Simulationsstudie

2. Entwicklung des Simulationsmodells
   Für die Durchführung einer Simulation ist ein adäquates Simulationsmodell aufzustellen, das einen Ausschnitt der realen Welt abbildet. Das Modell muß die Sachverhalte der realen Welt nachbilden, die das Verhalten des Systems beeinflussen [30]. Um dies zu erreichen, sind die folgenden Punkte zu beachten: [7]

   - Beschreibung der Elemente des Simulationsmodells
   - Ableitung der Beziehungen zwischen den Elementen
   - Formale Darstellung des Simulationsmodells

3. Datenerhebung [7]

   - Ermittlung von Parameterwerten (nicht veränderbare Modellgrößen)
   - Ermittlung von Werten der Inputvariablen (variable Modellgrößen)

4. Übersetzung des Simulationsmodells in ein Computerprogramm

5. Validierung und Verifikation

   - Das Modell muß noch darauf geprüft werden, ob es den gewünschten Realitätsausschnitt auch wirklich repräsentiert [30]. "Unter Validität ist dabei die Gültigkeit des Modells im Sinne der Übereinstimmung mit dem untersuchten Realitätsausschnitt zu verstehen." [7]
   - Die Verifikation ist sodann die Bestätigung der Gültigkeit des Simulationsmodells [23].

6. Planung und Durchführung von Simulationsläufen

   - Im Rahmen der Planung von Simulationsläufen zur stochastischen Simulation sind zum Beispiel Wahrscheinlichkeitsverteilungen von Variablen zu schätzen, der Anfangszustand des Simulationslaufes festzulegen und der Umfang des Simulationsexperimentes zu bestimmen. Weiterhin sind in dieser Teilphase die zielgetriebenen Strategien für die Simulation zu planen.

Unterstützung der Simulation durch wissensbasierte Systeme

- Anschließend ist das eigentliche Simulationsexperiment durchzuführen [7]. Die Simulation ist dabei mit verschiedenen Parameterwerten durchzuführen, um möglichst viel über das Verhalten des Systems in Erfahrung zu bringen (Sensitivitätsanalyse). Eventuell muß anschließend noch die optimale Parameterkonstellation ermittelt werden [30].

7. Analyse und Interpretation der Simulationsergebnisse sowie Entscheidungsunterstützung Nach Abschluß der Simulationsläufe sind die erhaltenen Ergebnisse zu analysieren, zu interpretieren und den Entscheidungsträgern vorzutragen, die dann eine Entscheidung zu treffen haben.

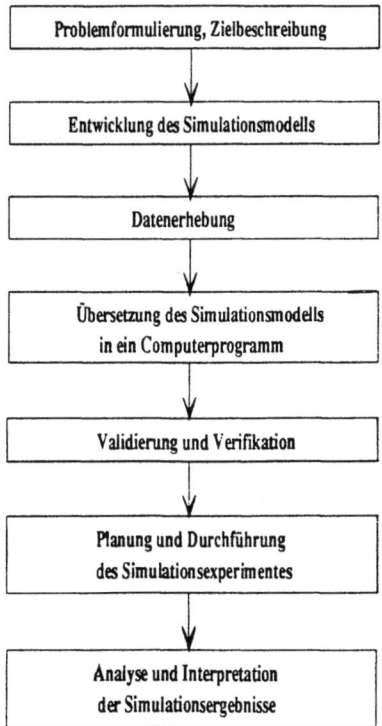

Bild 1: Phasen des Simulation-Life-Cycle

Zum Simulation-Life-Cycle bleibt noch anzumerken, daß die einzelnen Phasen natürlich nicht linear durchlaufen werden, sondern daß die Simulation in einem iterativen Prozeß abläuft.

16.2.2 Künstliche Intelligenz

Der Begriff Künstliche Intelligenz (KI) beziehungsweise Artificial Intelligence (AI) beschreibt ein eigenständiges Wissenschaftsgebiet, dessen Aufgabe in der Erforschung und Konstruktion intelligenter Systeme liegt.

Auch für den Begriff "Künstliche Intelligenz" existieren eine Vielzahl an Definitionen, von denen einige an dieser Stelle Erwähnung finden sollen:

"Künstliche Intelligenz (KI) ist die Forschung darüber, wie man Computer Dinge ausführen lassen kann, die zur Zeit noch vom Menschen besser beherrscht werden." [20]

Eine weitere Definition des Begriffes Artificial Intelligence stammt von A. Barr und E.A. Feigenbaum: "Artificial Intelligence (AI) is the part of computer science concerned with designing intelligent computer systems, that is, systems that exhibit the characteristics we associate with intelligence in human behavior - understanding language, learning, reasoning, solving problems, and so on." [2]

Der Begriff des "KI-Verfahrens" wird von E. Rich folgendermaßen definiert:

"...ein KI-Verfahren ist eine Methode, die Wissen ausnutzt, das so dargestellt werden sollte, daß:

- es Verallgemeinerungen erfaßt;...

- es von den Leuten verstanden werden kann, die es liefern müssen;...

- es leicht abgeändert werden kann;...

- es in vielen Situationen verwendet werden kann, auch wenn es nicht ganz genau oder vollständig ist;...

- es dafür verwendet werden kann, die eigene Masse zu überwinden, indem der Bereich der Möglichkeiten, die normalerweise betrachtet werden müssen, eingeengt werden kann." [20]

Die Begriffe "Expertensystem" und "wissensbasiertes System" werden im vorliegenden Beitrag synonym verwendet. Dies wird auch anhand der folgenden Definitionen deutlich:

"An expert system is regarded as the embodiment within a computer of a knowledge-based component, from an expert skill, in such a form that the system can offer intelligent decision about a processing function. A desirable additional characteristic, which many would consider fundamental, is the capability of the system, on demand, to justify its own line of reasoning in a manner directly intelligible to the enquirer." [5]

Appelrath definiert den Begriff der wissensbasierten Systeme folgendermaßen: Wissensbasierte Systeme sind "...Informationssysteme, die

1. (meist grosse) Mengen von (evtl. auch heterogenem und vagem) Wissen eines eng abgegrenzten Fachgebietes in problemangepasster Weise zu repräsentieren versuchen,

2. helfen, dieses Wissen zu akquirieren (erstmals zu beschaffen) und zu verändern und

3. aus solchem Wissen mit meist heuristischen Methoden Schlußfolgerungen ziehen - damit neues Wissen ableiten - und auf Anfragen eines Benutzers hin Wissen erklärend und bewertend bereitstellen." [1]

16.2.3 Kooperationsformen zwischen Expertensystemen und Simulationssystemen

Robert O'Keefe stellte 1986 eine Klassifikation der Kooperationsformen zwischen Expertensystemen und Simulationssystemen nach der Architektur auf, die kurz dargestellt werden soll. Er unterscheidet vier grundlegende Architekturen: [15], [12]

1. Eingebettete Systeme, bei denen entweder das Expertensystem Bestandteil des Simulationssystems oder das Simulationssystem Bestandteil des Expertensystems ist.

2. Parallele Systeme, die dadurch gekennzeichnet sind, daß ein Expertensystem durch ein Simulationssystem oder ein Simulationssystem durch ein Expertensystem unterstützt wird, das heißt, daß beide Systeme miteinander kommunizieren können. Ein Expertensystem kann somit ein Simulationssystem nutzen und umgekehrt.

3. Kooperierende Systeme sind dadurch gekennzeichnet, daß sie bei der Aufgabenerfüllung zusammenarbeiten.

4. Bei intelligenten Front-End-Systemen arbeitet das Expertensystem als intelligente Schnittstelle zwischen Anwender und Simulationssystem.

Ein intelligentes Front-End-System ist ein Expertensystem, das als Schnittstelle zwischen dem Anwender und einem Simulationssystem agiert. Das KI-System kann für die folgenden Aufgaben zum Einsatz kommen:

1. Dialogführung mittels einer natürlichsprachigen und/oder grafischen Benutzerschnittstelle.

2. Das System sollte die Möglichkeit aufweisen, sich auf die Bedienungskenntnisse der verschiedenen Benutzer einzustellen, das heißt es sollte die Dialogmodi an die Erfahrung der Benutzer anpassen können.

3. Erklärung der Simulationsergebnisse für die Benutzer.

Festzuhalten ist hier, daß lediglich die Benutzerschnittstelle eine Verbindung zur Künstlichen Intelligenz aufweist. Das eigentliche Simulationssystem ist und bleibt in diesem Fall traditionell. Das Ziel, das mit einem derartigen intelligenten Front-End-System verfolgt wird, ist die Vereinfachung bei der Aufstellung eines Simulationsmodells und der Interpretation der Ergebnisse.

Die ideale Möglichkeit der Verbindung von Simulationssystemen und Expertensystemen sehen wir allerdings in einem integrierten System, das sowohl Elemente von Simulationssystemen als auch Elemente von Expertensystemen enthält. Ein solches "Wissensbasiertes Simulationssystem" sollte in die bestehende Informationssystemumgebung eingebettet sein und somit auch Zugriff auf Datenbanken und andere Softwaresysteme besitzen, sofern dies für die Problemlösung erforderlich ist.

16.3 Unterstützung der Simulation durch Methoden der Künstlichen Intelligenz im Rahmen des Simulation-Life-Cycle

Das Ziel dieses Abschnittes besteht in der Untersuchung und Darstellung von Möglichkeiten zur Unterstützung der Simulation durch Methoden der Künstlichen Intelligenz im Rahmen des Simulation-Life-Cycle. Die zentrale Frage, die es zu beantworten gilt, ist die folgende: In welchen Phasen des Simulation-Life-Cycle könnten Methoden der Künstlichen Intelligenz eingesetzt werden, um den in der Einleitung genannten Zielen näher zu kommen?

16.3.1 Unterstützung von unerfahrenen Anwendern (Anfängern) in der Phase der Modellentwicklung

Damit auch unerfahrene Anwender (Manager, Ingenieure) die Simulation als mächtiges Werkzeug zur Problemlösung nutzen können, sollte man versuchen ein "Modellentwicklungsexpertensystem" zu entwerfen, das über eine natürlichsprachige Schnittstelle und/oder eine grafische Benutzeroberfläche verfügt, mit deren Hilfe ein Anwender die verschiedenen Elemente und Relationen des im Simulationsmodell abzubildenden Systems darstellen kann [13], [30].

Denkbar wäre im Rahmen der Simulation von Warteschlangensystemen die Unterstützung der Benutzer bei der Ermittlung der Verteilungsfunktionen für die Ankunfts- und Bedienzeiten durch eine statistische Methodenbank, auf die über ein wissensbasiertes System zugegriffen wird.

Die Unterstützung von unerfahrenen Anwendern in der Phase der Modellentwicklung durch die Technik wissensbasierter Systeme kann zur Zeit allerdings nur dann erfolgreich sein, wenn der Problembereich in dem ein derartiges System eingesetzt werden soll relativ eng abgegrenzt ist, da bislang nur in diesem Fall eine effektive Gestaltung eines wissensbasierten Systems möglich ist. Expertensysteme, die für weite Problemfelder eingesetzt werden können gibt es bis heute noch nicht. Eine denkbare zukünftige Lösung könnte aber in einem Expertensystem mit verschiedenen problembereichsabhängigen Wissenbasen liegen.

16.3.2 Unterstützung in der Phase der Datenerhebung

Durch statistische Methoden lassen sich Modell-Parameter schätzen und Input-Daten testen. Anwender, deren statistisches Wissen nicht sehr umfassend ist, können hier leicht die Übersicht verlieren, welche statistischen Methoden, in welchen Fällen am besten einzusetzen sind. Denkbar und wünschenswert wäre hier also der Einsatz eines wissensbasierten Systems, das beispielsweise aufgrund bestimmter Benutzereingaben die beste Schätzmethode für die Parameter ermittelt und gleichzeitig eine Schnittstelle zu einem Statistik-Software-Paket besitzt, um diese Methode dann auch anwenden zu können [30]. Beispiel: EDA ist ein Expertensystem, das Benutzern von großen Statistik-Software-Paketen die statistischen Methoden vorschlägt, die das von ihnen zu lösende Problem am besten berücksichtigen [21].

Die Voraussetzung für den erfolgreichen Einsatz eines derartigen Expertensystems ist eine sogenannte offene Systemarchitektur, das heißt, daß auch Schnittstellen zu anderen Software-Produkten existieren.

16.3.3 Unterstützung der Simulation durch Automatisches Lernen

Für die Verbesserung traditioneller Simulationssysteme könnte man sich KI-Programme vorstellen, die auf dem Ansatz des automatischen Lernens basieren. Eine theoretische Möglichkeit wäre die automatische Erzeugung eines Simulationsmodells aus der Beschreibung eines beobachteteten Zustands des zu simulierenden Systems. Mit Hilfe der Induktion könnten mögliche Systemzustände aus Fallbeispielen erzeugt werden. Ein solches System, das den von J.R. Quinlan entwickelten Induktionsalgorithmus ID3 anwendet, ist EXPERT-EASE von Intelligent Terminals Ltd. [18]. Mit Hilfe dieses Algorithmus' kann beispielsweise aus einer Tabelle mit booleschen Ausdrücken (Attributen) eine Regel hergeleitet werden.

Das Beispiel, das in den folgenden drei Abbildungen dargestellt ist, bezieht sich auf die Produktion von zwei Produkten E und F aus den Rohstoffen A, B, C und D auf den Produktionslinien 1 oder 2.

Herstellung der Produkte E und F

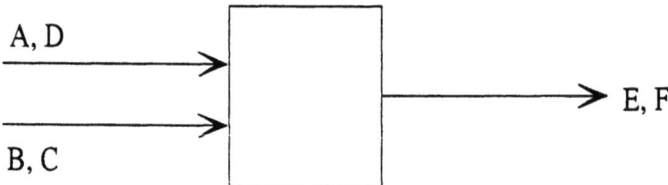

Bild 2: Herstellung der Produkte E und F

Eingabedaten

Aon1	Don1	Bon2	Con2	Ergebnis
n	n	n	n	nichts
n	n	n	j	nichts
n	n	j	n	nichts
n	n	j	j	nichts
n	j	n	n	nichts
n	j	n	j	f
n	j	j	n	nichts
n	j	j	j	f
j	n	n	n	nichts
j	n	n	j	nichts
j	n	j	n	nichts
j	n	j	j	e
j	j	n	n	nichts
j	j	n	j	f
j	j	j	n	nichts
j	j	j	j	e

Bild 3: Induktions-Algorithmus ID3: Eingabedaten

Unterstützung der Simulation durch wissensbasierte Systeme 239

Regel, die von EXPERT-EASE erzeugt wird

```
Con2
    yes: Don1
        yes: Aon1
            yes: Bon2
                yes: e
                no: f
            no: f
        no: Aon1
            yes: Bon2
                yes: e
                no: nothing
            no: nothing
    no: nothing
```

Bild 4: Induktions-Algorithmus ID3: Resultierende Regel

16.3.4 Unterstützung in der Phase der Validierung und Verifikation von Simulationsmodellen

Nach Ansicht mehrerer Autoren, ist das Fachwissen, das man für die Validierung und Verifikation von Simulationsmodellen benötigt, in Form von Regeln darstellbar und kann somit in wissensbasierte Systeme eingebracht werden. Für die Modellvalidierung benötigt man Wissen über die folgenden Sachgebiete: [4], [30]

1. Wissen über das Verhalten des realen Systems (Wissen über das Anwendungsgebiet)

2. Wissen über das Simulationsmodell (Wissen über die Simulationstechnik und die Systemanalyse)

3. Wissen über die Validierungskriterien

    (a) für alle Modelle gültige Kriterien (Beispiel: Wenn das Simulationsmodell andere Ergebnisse hervorbringt als das reale System, dann kann das Modell nicht als gültig angesehen werden.)

    (b) für das entwickelte Modell gültige spezifische Kriterien

4. Wissen über statistische Validierungsmethoden (Wissen über statistische Verfahren)

Wenn es möglich wird, die oben genannten vier Wissensgebiete in Wissensbasen einzubringen, so ist ein großer Schritt in Richtung auf die breitere Anwendung der Simulation als

Methode getan, denn die Phase der Validierung und Verifikation von Simulationsmodellen kann als die wohl schwierigste Phase im Simulationslebenszyklus angesehen werden. Bedingt durch die Situationsabhängigkeit der Modellvalidierung (siehe 3b)) wird eine derartige Wissensbasis wiederum nur für eng abgegrenzte Problembereiche Gültigkeit besitzen können.

16.3.5 Unterstützung in der Phase der Planung von Simulationsexperimenten

Die Planung und Ausgestaltung des Simulationsexperiments hängt von der Zielsetzung ab, die verfolgt wird. Das Ziel kann beispielsweise in einer Systemoptimierung, einem Systemvergleich oder einer Prognose des Systemverhaltens bestehen. Für einen Experten auf dem Gebiet der Simulation ist die Planung relativ einfach zu handhaben, für einen Neuling auf diesem Gebiet kann ein Expertensystem hilfreich sein. Dieses könnte nach Ansicht einiger Autoren in Abhängigkeit von der Zielsetzung bei der Ermittlung der wichtigen Systemelemente (kritische Ressourcen oder Aktivitäten) und der Auswahl der wichtigen zu beobachtenden Systemvariablen helfen [30].

Berücksichtigt man die Möglichkeit, daß Expertensysteme in Zukunft auch automatisch aus "Erfahrung" beziehungsweise aus Fallbeispielen lernen können, so ist es ebenfalls denkbar, daß ein oder mehrere Benutzer bei mehrmaliger Verwendung eines Simulationsmodells oder bei der Verwendung ähnlicher Modelle von dem Expertensystem Vorschläge zur Änderung des Simulationsmodells erhalten, um dem Ziel des Simulationslaufes näher zu kommen [30].

16.3.6 Unterstützung in der Phase der Durchführung von Simulationsexperimenten

Es ist denkbar, während des Simulationslaufes wissensbasierte Systeme für das sogenannte Feintuning von Systemparametern einzusetzen. In diesem Fall müßten die Parameter des Modells so lange durch das Expertensystem geändert werden, bis das Simulationsziel erreicht ist [26]. Die Voraussetzung für ein solches Expertensystem ist die Angabe eines Simulationszieles, denn ohne diese Angabe ließen sich Parameter vom Expertensystem nicht verändern.

Derzeit ist eine Unterstützung in dieser Phase jedoch durch die unzureichende Hardware nicht möglich, da bekanntlich sehr viele Simulationen in ihrer Durchführung als zeitkritisch anzusehen sind.

16.3.7 Unterstützung in der Phase der Analyse von Simulationsergebnissen

In der Analysephase kann man den Anwender eines Simulationssystems ebenfalls durch Methoden der Künstlichen Intelligenz unterstützen, indem die großen Mengen an Ergebnisdaten, die bei einem Simulationsexperiment anfallen durch ein Expertensystem ausgewertet werden. Derartige Systeme nennt man Interpretationssysteme und ihre Aufgabe besteht in der Analyse von Daten, vor allem von Meßdaten. Im Rahmen der Simulation wären also die Ergebnisdaten eines Simulationsexperimentes zu interpretieren.

Beispielsweise ließen sich die folgenden Fragen durch ein derartiges Expertensystem beantworten: Beschreibt das Simulationsmodell einen stabilen oder einen instabilen Zustand? Bei welcher Parameterkonstellation geht das System von einem stabilen in einen instabilen Zustand über? Wie hoch ist die Autokorrelation zwischen den einzelnen Variablen?

Auch Anwender, die keine Experten auf dem Gebiet der Statistik sind, könnten durch ein Expertensystem besser unterstützt werden. So wäre eine Erklärung der während des Simulationslaufes festgehaltenen statistischen Größen sehr hilfreich.

Ebenso wäre es denkbar, ein wissensbasiertes System für die Feststellung von Engpässen im simulierten System und für die Unterbreitung von Vorschlägen zu deren Beseitigung, eventuell durch Parameteränderungen einzusetzen. Eine einfache Regel zur Ermittlung eines Engpasses in einem Industriebetrieb zeigt das folgende Beispiel:

Wenn eine Maschine eine große Schlangenlänge und einen hohen Auslastungsgrad besitzt

dann könnte die Maschine ein Engpaß sein.

16.4 Ein wissensbasiertes Simulationssystem

Die Unterstützung und Verbesserung der Simulation mittels wissensbasierter Systeme ist gegenwärtig noch nicht sehr weit fortgeschritten. Die vorangestellten Ausführungen haben gezeigt, daß seitens der Ansätze aus dem Bereich der Künstlichen Intelligenz bislang nur Teilaspekte im Rahmen des Simulation-Life-Cycle unterstützt werden. Einen integrierten Ansatz wollen wir abschließend mit der Skizzierung eines wissensbasierten Simulationssystems aufzeigen. Ein wissensbasiertes Simulationssystem (WBSS) sollte den Anwender während des gesamten Simulationslebenszyklus' unterstützen.

Wie könnte und sollte ein solches wissensbasiertes Simulationssystem aussehen und welche Aufgaben sollte es übernehmen?

Aus dem Bereich der Künstlichen Intelligenz sollten die folgenden Konzepte in Simulationssysteme integriert werden:

1. Für den Bereich der Systemarchitektur sollte die Simulation die Modularität, Transparenz und die Bedienbarkeit von wissensbasierten Systemen beachten. Übertragen auf die Simulation bedeutet dies, daß der "Simulationsmechanismus" gänzlich von den Daten getrennt sein sollte [28].

2. Bezüglich der Wissensrepräsentation bietet die Künstliche Intelligenz Möglichkeiten zur strukturierten Darstellung des Wissens an, denn in jedem Simulationsmodell sind Fakten und Wissen über Verarbeitung der Fakten lediglich implizit dargestellt [28].

3. Für eine Erhöhung der Modellierungskapazität sollte man die deskriptiven Prozessmodelle der traditionellen Simulation mit den konstruktiven Modellen menschlicher Denk-, Entscheidungs- und Handlungsprozesse der wissensbasierten Systeme verbinden [28].

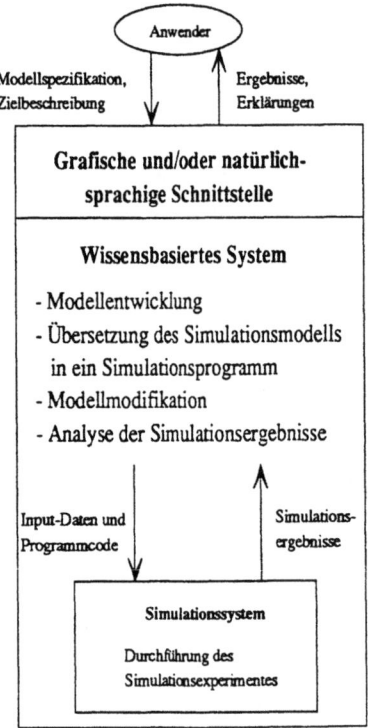

Bild 5: Wissensbasiertes Simulationssystem (WBSS)

Der Anwender spezifiziert mit Hilfe einer grafischen und/oder natürlichsprachigen Benutzerschnittstelle ein Modell und beschreibt die Ziele, die verfolgt werden sollen. Das wissensbasierte System unterstützt ihn bei der Modellentwicklung (auch durch die Bereitstellung von Wissensrepräsentationstechniken aus der Künstlichen Intelligenz), bei der

Übertragung des entwickelten Modells in eine adäquate Simulationssprache, macht Vorschläge für die Modellmodifikation, um die angegebenen Ziele zu erreichen und unterstützt ihn schließlich bei der Analyse der Simulationsergebnisse. Nachdem die Input-Daten und der Programm-Code an das Simulationssystem übergeben wurden, führt dieses das Simulationsexperiment durch und die Simulationsergebnisse werden wiederum an die wissensbasierte Komponente übergeben. Hier werden die Ergebnisdaten analysiert, gegebenenfalls aufbereitet und über die Benutzerschnittstelle an den Anwender ausgegeben.

In das wissensbasierte System sollten verschiedene Wissensbasen integriert sein, die jeweils auf eine bestimmte Problemstellung zugeschnitten sind. Es könnte beispielsweise eine Wissensbasis für Fertigungssysteme, eine für die Lagerhaltung usw. bestehen, die in Abhängigkeit von der Problemstellung konsultiert werden.

Weiter ist es denkbar, daß eine Schnittstelle zu einem Statistik-Programm-Paket besteht, das die statistischen Aufgaben löst. Auch eine Schnittstelle zu Datenbanken wäre hier sinnvoll, wenn man auf sonstige Unternehmensdaten zurückgreifen muß.

Literaturverzeichnis

[1] Appelrath, H.-J.: Die Erweiterung von DB- und IR-Systemen zu wissensbasierten Systemen, in: Strohl-Goebel, H. [Bearb.]: Deutscher Dokumentartag 1984, München 1984, S. 408-421.

[2] Barr, A.; Feigenbaum, E.A.: The Handbook of Artificial Intelligence, Volume 1, Reading, Mass. - Menlo Park, Cal. 1981, S. 3-11.

[3] Biethahn, J.: Simulation - eine Methode zur Findung betriebswirtschaftlicher Entscheidungen?, in: Biethahn, J.; Schmidt, B. [Hrsg.]: Simulation als betriebliche Entscheidungshilfe, Methoden, Werkzeuge, Anwendungen, Berlin - Heidelberg - New York 1987, S. 79-92.

[4] Deng, D.; Jenkins, J.O.: Artificial Intelligence validation of simulation models, in: Uttamsingh, R.; Wildberger, A.M. [Hrsg.]: Advances and AI and Simulation, Proceedings of the SCS Multiconference on AI and Simulation, 28-31 March, 1989, Tampa, Florida, San Diego, Cal. 1989, S. 80-84.

[5] Forsyth, R.: Expert Systems, Principles and case studies, London 1984.

[6] Fox, M.S.; Husain, N.; McRoberts, M.; Reddy, Y.V.: Knowledge-based Simulation: An Artificial Intelligence Approach to System Modeling and Automating the Simulation Life Cycle, in: [31], S. 447-486

[7] Gehring, H.: Simulation, in: Gal, T. [Hrsg.]: Grundlagen des Operations Research, Band 3, Berlin - Heidelberg - New York 1987, S. 290-339.

[8] Gieszl, L.R.: The expert system applicability question, in: Luker, P.A.; Birtwistle, G. [Hrsg.]: Simulation and AI, Proceedings of the Conference on AI and Simulation, 14-16 January 1987, San Diego, Cal., San Diego, Cal. 1987, S. 17-20.

[9] Hillier, F.S.; Lieberman, G.J.: Operations Research, Einführung, 4. Auflage, München - Wien 1988.

[10] Kulla, B.: Ergebnisse oder Erkenntnisse - liefern makroanalytische Simulationsmodelle etwas Brauchbares?, in: Biethahn, J.; Schmidt, B. [Hrsg.]: Simulation als betriebliche Entscheidungshilfe, Methoden, Werkzeuge, Anwendungen, Berlin - Heidelberg - New York 1987, S. 3-25.

[11] McLeod, J.; McLeod, S.: What is simulation?, in: Simulation 48:5 1987, S. 219.

[12] Mertens, P.; Ringlstetter, T.: Verbindung von wissensbasierten Systemen mit Simulation im Fertigungsbereich, in: OR Spektrum (1989) 11, S. 205-216.

[13] Montan, V.; Reddy, Y.V.: An expert systems approach to the analysis of discrete event simulations, in: Uttamsingh, R.; Wildberger, A.M. [Hrsg.]: Advances and AI and Simulation, Proceedings of the SCS Multiconference on AI and Simulation, 28-31 March, 1989, Tampa, Florida, San Diego, Cal. 1989, S. 189-193.

[14] Ören, T.I.: Artificial intelligence and simulation, in: Kerckhoffs, E.J.H.; Vansteenkiste, G.C.; Zeigler, B.P. [Hrsg.]: AI applied to Simulation, Proceedings of the European Conference at the University of Ghent, February 25-28, 1985, Ghent, Belgium, San Diego, Cal. 1986, S. 3-8.

[15] O'Keefe, R.M.: Simulation and expert systems - A taxonomy and some examples, in: Simulation 46:1, 1986, S. 10-16.

[16] O'Keefe, R.M.; Roach, J.W.: Artificial Intelligence Approaches to Simulation, in: Journal of Operational Research Society, Vol. 38, No. 8, 1987, S. 713-722.

[17] O'Keefe, R.M.: The Role of Artificial Intelligence in Discrete-Event Simulation, in: [31], S. 359-380.

[18] Quinlan, J.R.: Discovering Rules by Inductionb from Large Collections of Samples, in: Michie, D. [Hrsg.]: Expert Systems in the Microelectronic Age, Edinburgh 1979, S. 169-201.

[19] Reddy, R.: Epistemology of knowledge based simulation, in: Simulation 48:4 1987, S. 162-166.

[20] Rich, E.: KI - Einführung und Anwendungen, Hamburg - New York 1988.

[21] Roberts, N.; Anderson, D.F.; Deal, R.M.; Garet, M.S.; Shaffer, W.A.: Introduction to Computer Simulation: The System Dynamics Approach, Reading, MA 1983.

[22] Runzheimer, B.: Operations Research II, Methoden der Entscheidungsvorbereitung bei Risiko, Wiesbaden 1978.

[23] Sathi, N.; Fox, M.; Baskaran, V.; Bouer, J.: An Artificial Intelligence Approach to the Simulation Life Cycle, in: Bernold, T. [Hrsg.]: User Interfaces, Gateway or Bottleneck?, Proceedings of the Technology Assessment and Management Conference of the Gottlieb Duttweiler Institute, Rüschlikon/Zürich, Switzerland, 20-21 October 1986, Amsterdam - New York - Oxford - Tokyo 1988, S. 163-180.

[24] Schmidt, B.: Expertensysteme und Simulationsmodelle, in: OR Spektrum (1989) 11, S. 191-195.

[25] Shannon, R.E.; Mayer, R.; Adelsberger, H.H.: Expert systems and simulation, in: Simulation 44:6, June 1985, S. 275-284.

[26] Spiegel, J.R.; LaVallee, D.B.: Using an expert system to drive a simulation experiment, in: Uttamsingh, R. [Hrsg.]: AI Papers, 1988, Proceedings of the Conference on AI and Simulation, 18-21 April 1988, Orlando, Florida, San Diego, Cal. 1988, S. 108-112.

[27] Stähly, P.: Einsatzplanung für Katastrophenfälle mittels Simulationsmodellen auf der Basis von SIMULA, Vortrag, 2. Symposium: Simulationsmodelle als betriebswirtschaftliche Entscheidungshilfe, Braunlage, 6.-8.März 1989.

[28] Unseld, S.: Künstliche Intelligenz und Simulation in der Unternehmung, Wissensbasierte Systeme im Dienste des Managements, Stuttgart 1990.

[29] Watson, H.J.; Blackstone, J.H.: Computer Simulation, 2. Auflage, New York - Chichester - Brisbane - Toronto - Singapore 1989.

[30] Widman, L.E.; Loparo, K.A.: Artificial Intelligence, Simulation, and Modeling: A Critical Survey, in: [31], S. 1-44.

[31] Widman, L.E.; Loparo, K.A.; Nielsen, N.R. [Hrsg.]: Artificial Intelligence, Simulation, and Modeling, New York - Chichester - Brisbane - Toronto - Singapore 1989.

17 Die Simulation von Losgrößen- und Reihenfolgeproblemen unter Einsatz der Lagrange-Relaxation exakter Optimierungsmodelle

Wilhelm Hummeltenberg

Zusammenfassung:

Losgrößen- und Reihenfolgeprobleme sind wegen ihrer Komplexität einer exakten Optimierung i.a. nur schwer zugänglich. In der Praxis wird deshalb unter Verzicht auf einen Optimalitätsnachweis auf die Simulation ausgewichen. Der Beitrag zeigt am Beispiel der Fließfertigung mit beschränkter Aggregatkapazität, wie die Simulation durch die Lagrange-Relaxation mathematischer Modelle effizient unterstützt werden kann. Das Verfahren der Lagrange- Relaxation wird mit dem Ziel angewendet, Steuergrößen für die Simulation zu gewinnen und die Güte der mit der Simulation auf heuristischen Wege gefundenen Ablaufpläne abzuschätzen.

17.1 Einleitung

Mathematische Optimierung und Simulation gelten oft als konkurrierende Methoden des Operations Research. Die Simulation ist dabei aus folgenden Gründen attraktiv:

1. Sie erlaubt die effektive Modellierung von Systemen in variabler, nahezu beliebiger Genauigkeit (Homomorphie); sie wird deshalb in der Praxis angesehen als "Technik für den Fall, wenn alle anderen Methoden versagen".

2. Simulationsmodelle basieren nicht auf einer mathematisch abstrakten Formulierung, sondern gestatten, die Beziehungen zwischen System und Modell leicht nachzuvollziehen.

Beide Aspekte gewinnen vor dem Hintergrund immer leistungsfähigerer Arbeitsplatzrechner an Bedeutung. Ihre interaktiven und dezentralen Betriebsweisen stimulieren die Entwicklung dedizierter Entscheidungsunterstützungssysteme (Decision-Support-Systeme) und binden den Anwender aktiv in den Analyse- und Planungsprozeß ein. So gehen heute von Hardware und Software praktisch keine Beschränkungen mehr für den Einsatz von Decision-Support-Systemen aus; den Engpaß bilden vielmehr die Vorstellungskraft, die Methodenkenntnisse und die Erfahrungen des Anwenders.

Verfechter exakter analytischer Methoden haben eine klare Vorstellung davon, wie rationale Entscheidungen zu fällen sind. Sie mögen dem Einsatz von Decision-Support-Systemen entgegenhalten: Wieso sind bessere Entscheidungen zu erwarten, wenn man einer unkundigen Person erlaubt, mehrere schlechte Alternativen durchzurechnen, um dann rasch schlechte Schlußfolgerungen zu ziehen?

Dieser Einwand richtet sich auch gegen die Simulation. Denn Simulieren heißt, ein Modell unter Verzicht auf einen exakten Optimalitätsnachweis experimentell betreiben, um aus seinem Verhalten Rückschlüsse auf das zugrundeliegende System zu ziehen. Die Güte der ermittelten Konstellationen hängt dabei wesentlich von der Güte der gewählten Simulationsstrategie ab.

Welche Methoden und Verfahren aber sind geeignet, um die Entwicklung von Simulationsstrategien zu unterstützen? - Diese Frage wird im folgenden für die Losgrößen- und Reihenfolgeplanung untersucht. Ihre Probleme führen, sofern nicht stark vereinfachende Annahmen getroffen und die Interdependenzen der Fertigung vernachlässigt werden, rasch zu so komplexen mathematischen Modellen, daß sie nicht mit ökonomisch vertretbarem Aufwand exakt lösbar sind (vgl. [3]). Jene Modelle aber können eine Bezugsbasis bilden, um die Güte der durch Simulation auf heuristischem Wege gefundenen Lösungen abzuschätzen.

Einsatz der Lagrange-Relaxation exakter Optimierungsmodelle

Gelingt es leicht, eine die ursprüngliche Problemstellung erweiternde Modellformulierung (Relaxation) zu optimieren, so können über ihren optimalen Zielfunktionswert effizient Schranken für den optimalen Zielfunktionswert des eigentlichen Problems abgeleitet werden. Die Technik der Relaxation läßt sich ebenso für die Einstellung von Simulationsparametern einsetzen. Ein Optimum der Relaxation liefert Anhaltspunkte, die als "tendenzielle Handlungsempfehlungen" interpretierbar sind. Ihre Eignung sowie die Güte der Schranken hängen von der "Schärfe" der Relaxation ab. Die Schärfe wiederum läßt sich durch die Problemformulierung und den Einsatz der Technik der Lagrange-Relaxation beeinflussen.

17.2 Losgrößen- und Reihenfolgeprobleme bei Fließfertigung

17.2.1 Problemstellung

Bei der Losgrößen- und Reihenfolgeplanung sind diejenigen Losgrößen und Reihenfolgen gesucht, die für gegebene Bedarfsmengen die Gesamtkosten minimieren. Das Grundmodell geht von folgenden Prämissen aus:

1. Die Nachfragemengen der einzelnen Sorten sind bekannt, die Absatzgeschwindigkeiten konstant und Fehlmengen ausgeschlossen.

2. Die Auflage eines Loses ruft reihenfolgeabhängige Umrüstkosten und -zeiten hervor.

3. Bei der Produktion fallen variable Produktionskosten an; die Produktionsgeschwindigkeit ist endlich und konstant.

4. Durch die Lagerung einer Sorte entstehen von der Lagermenge abhängige Lagerkosten.

Das Grundmodell wird im folgenden durch die Forderung erweitert, daß alle Sorten auf einer Anlage zu fertigen sind. Die Betriebszeit der Anlage teilt sich auf in: Betriebszeit = Laufzeit + Rüstzeit + Leerzeit. Die Laufzeit ergibt sich aus der Summe der Produktionszeiten, die Rüstzeit aus der Summe der Umrüstzeiten. Eine Beschränkung der Betriebszeit führt dazu, daß die Rüstzeit und somit die Summe der Umrüstungen beschränkt ist. Bei gegebenen kumulierten Produktionsmengen und -zeiten resultieren hieraus implizit Mindestlosgrößen.

Die Losgrößen- und Reihenfolgeplanung liefert einen Belegungsplan, der für die Lose j der Sorten i die Auflegungszeitpunkte TA(i,j), die Losgrößen q(i,j) und die Endzeitpunkte TE(i,j) der Losauflage enthält. Bei stationärer Losgrößen- und Reihenfolgeplanung wird

250 Einsatz der Lagrange-Relaxation exakter Optimierungsmodelle

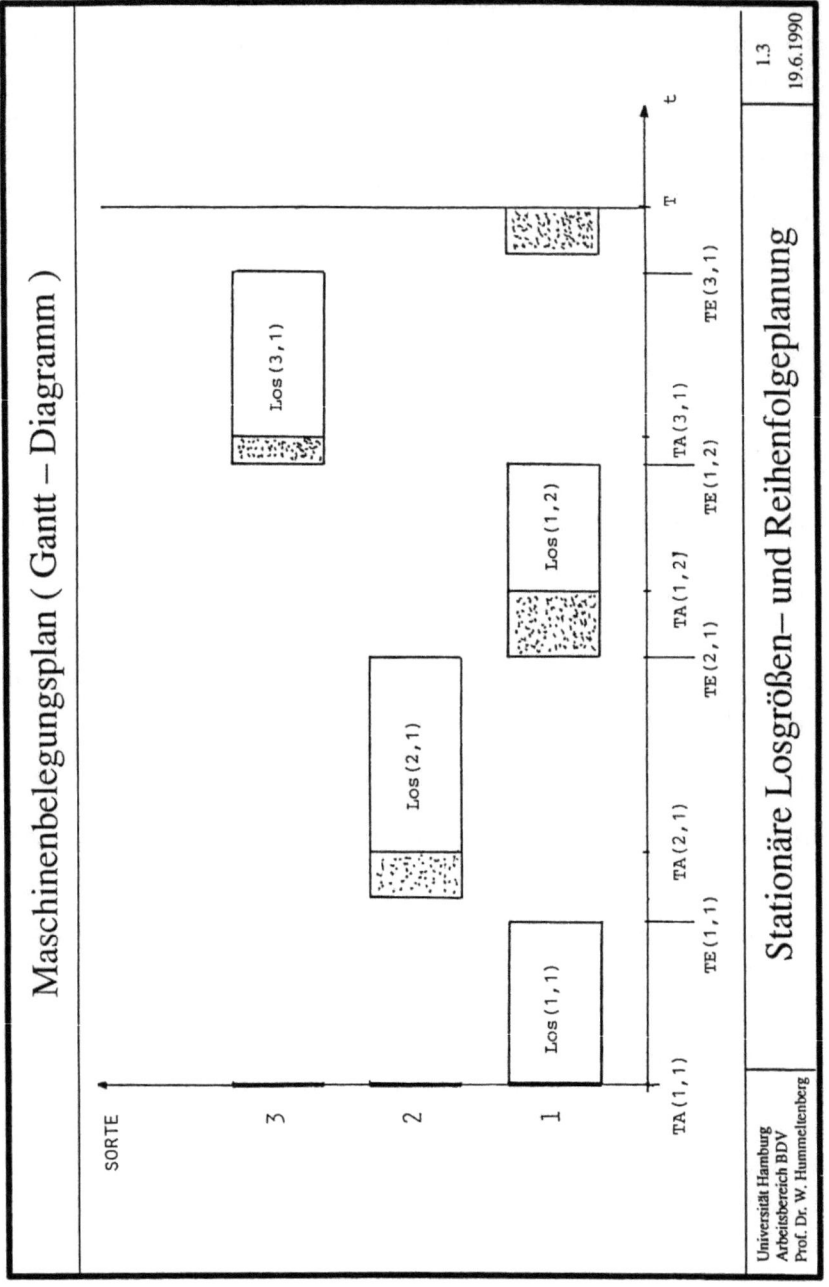

Bild 1: Maschinenbelegungsplan (Gantt-Diagramm)

er für eine Planperiode angegeben. Nach ihrem Ablauf wiederholen sich die Auflagezyklen. Die Planperiode kann für eine Sorte mehrere, unterschiedlich lange Zyklen umfassen. Bild 1 zeigt einen Belegungsplan als Gantt-Diagramm.

17.2.2 Vereinfachtes Modell

Obige Problemstellung führt bereits auf ein relativ komplexes mathematisches Modell. Es besteht aus:

Zielfunktion: Minimiere die mittleren Gesamtkosten

Restriktionen: (*I*) Identität von kumulierter Produktions- und Absatzmenge

(*II*) Ausschluß von Fehlmengen

(*III*) Reihenfolgen / Umrüstzeiten

(*IV*) Anlagenkapazität.

Um lediglich untere Schranken für den optimalen Zielfunktionswert und "tendenzielle" Losgrößen zur Steuerung der Simulation zu ermitteln, kann das Modell wie folgt vereinfacht werden:

1. Die n(i) Teillose einer Sorte i seien gleich groß; die Nebenbedingungen (*I*) vereinfachen sich dann zu:

$$t(i) = q(i)/va(i) \quad \text{und} \quad n(i) * t(i) = T, \quad (Ia)$$

wobei q(i) Losgröße bei Sorte i in [ME]
t(i) Zyklusdauer bei Sorte i in [h]
va(i) Absatzgeschwindigkeit von Sorte i in [ME/h].

2. Die reihenfolgeabhängigen Umrüstkosten und -zeiten werden durch die minimalen Umrüstkosten FK(i) und minimalen Umrüstzeiten tr(i) nach Sorte i ersetzt.

Die 1. Prämisse läßt eine überlappende Fertigung der Lose zu. Sie relaxiert also die Reihenfolgebedingungen (*III*), ohne aber die Umrüstzeiten und -kosten zu vernachlässigen, die bei Fertigung der Lose auf nur einer Anlage anfallen. Die 2. Prämisse stellt sicher, daß die kumulierten Bearbeitungs- und Rüstzeiten die Betriebszeit der Anlage nicht überschreiten, sofern jeweils von der günstigsten Vorgängersorte umgerüstet werden kann.

Mit den weiteren Bezeichnungsweisen:

c(i) variable Produktionsstückkosten von Sorte i ([DM/ME])
K   mittlere Gesamtkosten (quasistationär)
L(i) Lagerkostensatz von Sorte i ([DM/(ME*h)])
NF(i) Nutzfaktor von Sorte i: NF(i) = va(i) / vp(i))
vp(i) Produktionsgeschwindigkeit von Sorte i ([Menge/h])

erhält man unter Berücksichtigung der vereinfachten Nebenbedingungen (Ia) das Modell (1):

Zielfunktion : Minimiere für $q(i) \geq 0$

$$K = \sum_i FK(i) * va(i)/q(i) + \sum_i c(i) * va(i) + \sum_i L(i)\frac{q(i)}{2}(1 - NF(i)). \tag{1}$$

Anlagenkapazitätsbedingung :

$$\sum_i tr(i) * va(i)/q(i) - (1 - \sum_i NF(i)) \leq 0.$$

17.3 Lagrange-Relaxation bei der Losgrößen- und Reihenfolgeplanung

17.3.1 Das Verfahren der Lagrange-Relaxation

Den Begriff "Lagrange-Relaxation" prägte Geoffrion [2], um das "partielle" Dualisieren, d.h. eines Teils der Restriktionen eines mathematischen Programmierungsproblems, zu bezeichnen. Das Dualisieren erfolgt mit dem Ziel, das so "Lagrange-relaxierte" Problem, i.e. seine Lagrange-Relaxation, mit einfacheren Verfahren lösen zu können als das ursprüngliche (primale) Problem. Eine Vereinfachung ist z.B. dann gegeben, wenn die Lagrange-Relaxation in isolierte Teilprobleme (einfacher Struktur) zerfällt. Unbeantwortet bleiben dabei zunächst die Fragen, ob überhaupt eine Lagrange-Relaxation existiert, deren optimale Lösung zugleich eine optimale Lösung des ursprünglichen Problems ist, und wie ggf. der diese Lagrange-Relaxation erzeugende (duale) Lagrange-Vektor auf effiziente Weise bestimmt werden kann.

Die Theorie der Lagrange-Relaxation bildet eine Verallgemeinerung der für konvexe nichtlineare Programmierungsprobleme entwickelten Dualitätstheorie auf nichtkonvexe, insb. ganzzahlige Programmierungsprobleme. Einen Überblick über ihren Stand, Lösungverfahren und über ihre Anwendungen geben Fisher[1] und Shapiro [6].

Die Anwendung der Lagrange-Relaxation kann vorteilhaft sein, wenn durch sie die Bestimmung einer optimalen Lösung erleichtert wird, die Güte einer (bekannten) Lösung leicht abgeschätzt oder ausgehend von einer optimalen, für das primale Problem allerdings unzulässigen Lösung der Lagrange-Relaxation leicht eine "gute" Lösung ermittelt werden kann. Dieses Vorgehen wird auch als "Lagrange-Heuristik" bezeichnet.

Für die Erörterung der Lagrange-Relaxation betrachte man Programmierungsprobleme in der Form des Systems (2):

$$z^0 = Min f(x) \tag{2.1}$$

so daß

$$g(x) \leq b \quad \text{(m1 Zeilen)} \quad \text{CC-Part} \tag{2.2}$$
$$h(x) \leq d \quad \text{(m2 Zeilen)} \quad \text{SC-Part} \tag{2.3}$$
$$x \leq 0 \tag{2.4}$$

wobei $x = x(n), b = b(m1), d = d(m2), f(x)$ konvex und $f(x), g(x)$ und $h(x)$ von geeigneter Dimension. Die Restriktionen wurden so aufgeteilt, daß die Bedingungen (2.3) einfach zu handhaben sind (simple constraints - SC-Part), während die Bedingungen (2.2) die Berechnung erschweren (complicating constraints - CC-Part).

Die durch (2.2-4) definierte Lösungsmenge wird mit X, die durch (2.3-4) definierte mit S bezeichnet; X ist dann Teilmenge von S. Ferner sei $\pi \leq 0 (\pi = \pi(m1))$ der Vektor der Dualvariablen zu den Zeilen (2.2). Dann heißt

$$L(\pi) = Min_{\rightarrow bfx \in S}\{L(x,\pi) = f(x) + \pi(g(x) - b)\} \tag{3}$$

Lagrange-Relaxation von (2) bzgl. (2.2).

Im folgenden wird unterstellt, daß das System (2) eine zulässige Lösung besitzt, d.h. X nicht leer ist. Ferner sei die Menge S abgeschlossen, so daß der Fall $L(\pi) = \infty$ ausgeschlossen ist. Die Lagrange-Relaxation (3) besitzt dann für alle dualen Vektoren $\pi \leq 0$ eine optimale Lösung $x^\sim$, und für eine optimale Lösung x^0 des primalen Problems (2) gilt:

$$L(\pi) = L(x^\sim, \pi) \leq f(x^0) + \pi(g(x^0) - b) \leq f(x^0) = z^0 \tag{4}$$

Die linke Ungleichung gilt, weil $L(\pi)$ ein gegenüber dem ursprünglichen Problem relaxiertes Problem ist, so daß $x^\sim$ nicht notwendig auch in X enthalten ist, und $L(\pi)$ ein

Minimierungsproblem darstellt. Die rechte Ungleichung folgt aus $(\mathbf{g}(\mathbf{x^0}) - \mathbf{b}) \leq \mathbf{0}$ wegen $\pi \leq \mathbf{0}$ und $\mathbf{g}(\mathbf{x^0}) - \mathbf{b} \leq \mathbf{0}$. $L(\pi)$ liefert also eine untere Schranke für den optimalen Zielfunktionswert z^0 des primalen Problems. Für $\pi = \mathbf{0}$ stellt (3) die "einfache" Relaxation durch Fortlassen von Restriktionen dar. Die "schärfste" Lagrange-Relaxation liefert der Vektor π^0 des dualen Problems

$$L(\pi^0) = Max\{L(\pi) | \pi \geq \mathbf{0}\}. \tag{5}$$

π^0 ergibt sich als Lösung von

$$Max \quad Min\{f(\mathbf{x}) + \pi(\mathbf{g}(\mathbf{x}) - \mathbf{b}) | \pi \geq \mathbf{0} \quad \mathbf{x} \in Co\},$$

wobei Co die konvexe Hülle der Menge S bezeichnet.

Bei konvexen Optimierungsproblemen ist (4) für π^0 mit Gleichheit erfüllt (starke Dualitätsbeziehung), bei nichtkonvexen besteht für π^0 nur die schwache Dualitätsbeziehung gemäß (4). Die Differenz $z^0 - L(\pi^0)$ heißt duale Lücke der Lagrange-Relaxation $L(\pi)$. Ihre Höhe ist im vorhinein i.a. unbekannt. Von ihr aber hängt ab, inwieweit eine Lagrange-Relaxation für die Abschätzung der Güte einer Lösung geeignet ist.

Eine optimale Lösung $\mathbf{x}^\sim$ der Lagrange-Relaxation (3) ist nur dann zugleich Lösung des ursprünglichen Problems (2), wenn sie primal zulässig ist und die complementary slackness-Bedingung erfüllt:

$$\mathbf{g}(\mathbf{x}^\sim) \leq \mathbf{b} \qquad \text{(primale Zulässigkeit)} \tag{6.1}$$

$$\pi(\mathbf{g}(\mathbf{x}^\sim) - \mathbf{b}) = 0 \quad \text{(complementary slackness)} \tag{6.2}$$

Offensichtlich erfüllt $\mathbf{x}^\sim$ nur dann zugleich (6), wenn die duale Lücke Null ist. Aber auch dann stellt sich die Frage nach der Bestimmung eines Vektors π^0, der (5) löst.

17.3.2 Lagrange-Relaxation des Modells

Modell (1) wird Lagrange-relaxiert, indem die Anlagenkapazitätsbedingung dualisiert wird:

$K(\pi) = Min \sum_i FK(i) * va(i)/q(i) + \sum_i c(i) * va(i)$

$+ \sum_i L(i) * q(i) * (1 - NF(i))/2$ (8)

$+ \pi(\sum_i tr(i) * va(i)/q(i) - (1 - \sum_i NF(i)))$,

wobei $q(i) \geq 0$. Für $\pi = 0$ folgt der bekannte Ansatz bei isolierter Losgrößenbetrachtung (vgl. z. B. [7]). Ist die Anlagenkapazitätsbedingung wirksam, so erhöhen sich wegen $\pi > 0$ die relevanten sortenfixen Kosten proportional zur Rüstzeit $tr(i)$.

Modell (8) zerfällt in m Partialmodelle und läßt sich für ein beliebiges, festes π durch Differentation leicht lösen. $K(\pi)$ ist über $\pi \geq 0$ stetig differenzierbar und konkav. Bild 2 zeigt den für eine knappe Ressource typischen Verlauf.

Im oberen Teil von Bild 2 ist $K(\pi)$ jeweils unter der Annahme der minimalen (untere Kurve) und der maximalen (obere Kurve) sortenspezifischen Umrüstzeiten aufgetragen. Die aus der Lagrange-Relaxation ableitbare Schranke $K(\pi)$ weist folgende Merkmale auf:

- Sie ist schärfer, als wenn die Restriktion nur "einfach" relaxiert, d.h. fallengelassen worden wäre, was dem Fall $\pi = 0$ entspricht.

- Ihre Schärfe nimmt mit wachsender Gewichtung der Kapazitätsbedingung zunächst zu, um danach wieder abzunehmen.

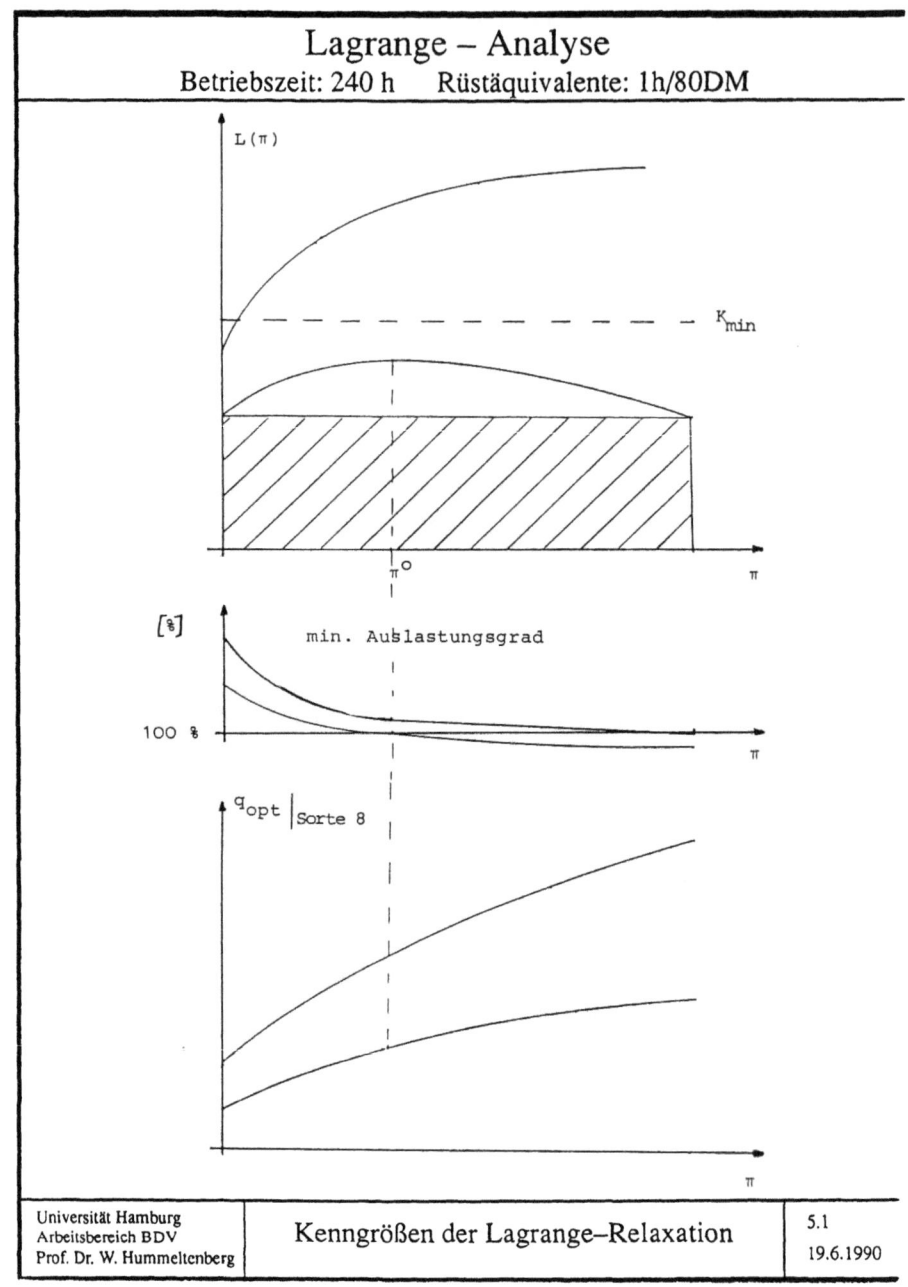

Bild 2: Lagrange-Analyse für variablen Lagrange-Multiplikator: Verlauf von unteren Schranken, minimalem Auslastungsgrad und optimalen Losgrößen

Einsatz der Lagrange-Relaxation exakter Optimierungsmodelle

In der Mitte von Bild 2 sind für dasselbe Beispiel, wiederum unter minimalen und maximalen sortenspezifischen Umrüstzeiten, auf der Basis der Lagrange-Relaxation untere Schranken für die Auslastung der Anlage aufgetragen. Ein Vergleich der oberen und der mittleren Bildhälfte zeigt:

- Die Schranke ist am schärfsten, wenn die Kapazitätsbedingung so gewichtet wird, daß sich eine Auslastung von 100% einstellt.

Wäre die Kapazität kein Engpaß, so läge das Maximum von $K(\pi)$ über $\pi = 0$. Der theoretische Hintergrund ist: Aus der Konvexität von Problems (1) folgt, daß für die schärfste Lagrange-Relaxation $K(\pi^0)$ gemäß (5) die complementary slackness-Bedingung (6.2) gilt:

$$\pi^0 * (\sum tr(i) * va(i)/q(i) - (1 - \sum_i NF(i))) = 0. \quad (9)$$

Hieraus folgt eine einfache Vorschrift zur Ermittlung von π^0. π^0 läßt sich zwar nur implizit darstellen; da π skalar ist, bereitet seine iterative Bestimmung aber keine Schwierigkeiten.

Aus der Lagrange-Relaxation lassen sich neben einer schärferen unteren Schranke tendenzielle Losgrößen und Auflagezyklen für die Einstellung der Simulationsparameter ermitteln. Der untere Teil von Bild 2 demonstriert zunächst:

- Die optimalen Losgrößen werden um so größer, je stärker die Kapazitätsbedingung gewichtet wird.

Dies erklärt sich aus dem schwindenden Anteil der zur Verfügung stehenden Rüstzeit.

Für die Entwicklung geeigneter Losgrößenpolitiken (siehe Kapitel 17.4.1) ist die Kenntnis der optimalen Losgrößen und Zyklusdauern unter der schärfsten Lagrange-Relaxation wichtig. Es interessiert, wie sich die Losgrößen und Zyklusdauern der Sorten untereinander verhalten. Die Lagrange-Analysen in Bild 3 geben typische Verläufe wieder. Folgendes ist zu erkennen:

- Die Losgrößen wachsen bei knapper Kapazität um so stärker, je größer die Rüstzeiten für eine Sorte sind.
- Die grafische Gegenüberstellung der Zyklusdauern gestattet eine rasche Gruppierung von Sorten, für die einheitliche Zyklusdauern vereinbart werden können.

258 *Einsatz der Lagrange-Relaxation exakter Optimierungsmodelle*

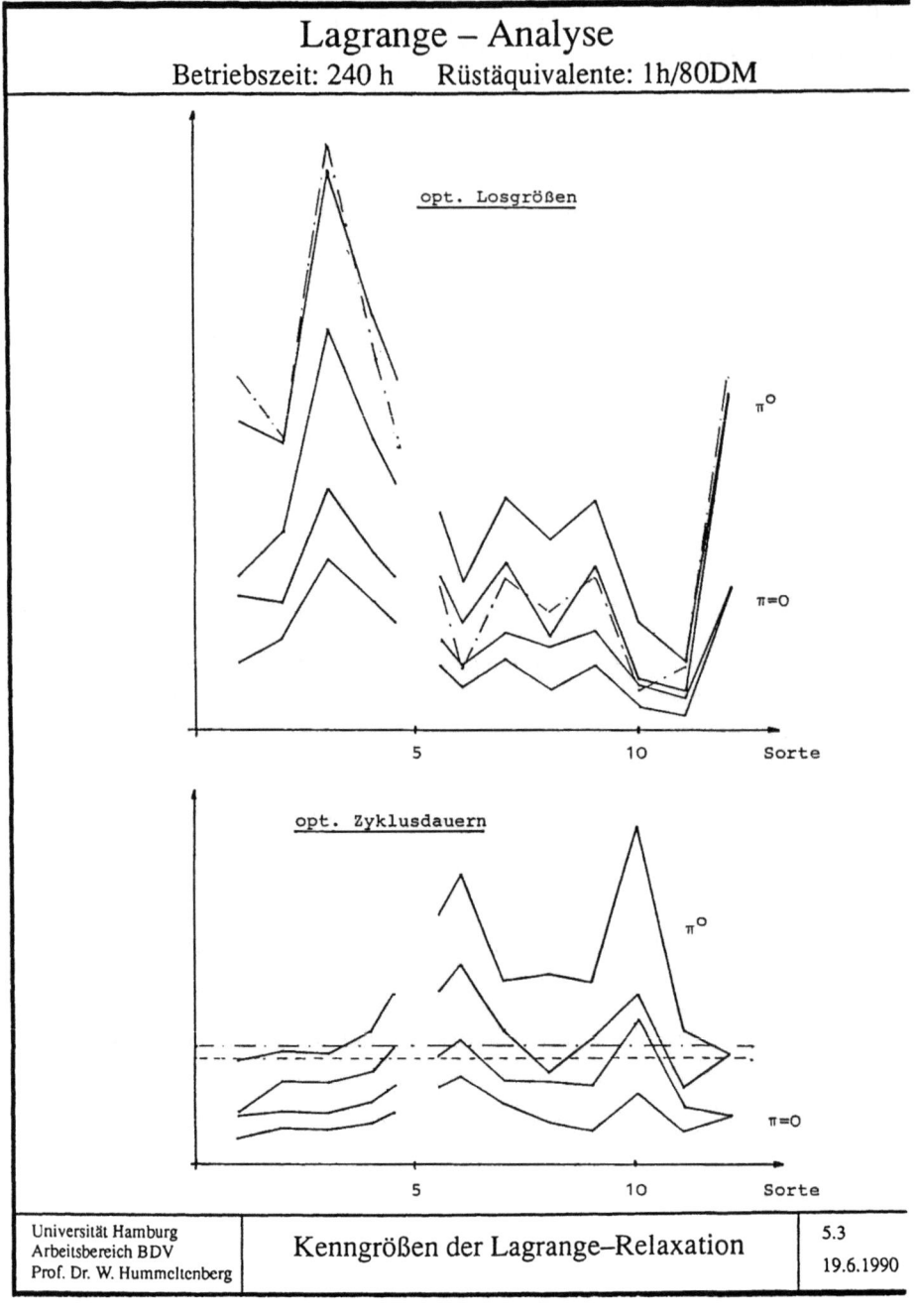

Bild 3: Lagrange-Analysen für schärfste Lagrange-Relaxation: optimale sortenspezifische Losgrößen und Zyklusdauern

17.4 Ein Simulationssystem zur Losgrößen- und Reihenfolgeplanung

17.4.1 Das Simulationsmodell

Für die Simulation wird das Losgrößen- und Reihenfolgeproblem in ein Warteschlangenproblem überführt (Bild 4). Diese Darstellung entspricht einem Planungsverhalten, bei dem zu gewissen Melde- bzw. Bestellzeitpunkten Losaufträge generiert und freigegeben werden. Liegen mehrere Aufträge vor, mit deren Bearbeitung noch nicht begonnen wurde, so bildet sich eine Auftragswarteschlange. Ihr Auftreten führt zwar zu positiven Bereitstellungszeiten, und der Ausschluß von Fehlmengen erfordert, daß Lose geordert werden, bevor der Bestand einer Sorte aufgezehrt ist; eine Warteschlange bietet aber andererseits die Chance, die Bearbeitungsreihenfolge der sich in ihr befindlichen Aufträge zu optimieren.

Die Überführung in ein Warteschlangenmodell trennt die Losgröße von der Reihenfolgeplanung. Diese Konsequenz vereinfachter Modellbildung in Decision-Support-Systemen bedeutet jedoch keinen Verlust an erreichbarer Lösungsqualität, wenn es gelingt, eine solche Losgrößen- und Reihenfolgestrategie zu ermitteln, die im Sinne einer simultanen Betrachtungsweise optimal ist. Somit kommt der Ermittlung geeigneter Losgrößenpolitiken eine zentrale Bedeutung zu. Bei den Simulationsstudien wurden folgende Politiken untersucht:

1 (t,S)-Politik mit einheitlichem Bestellrhythmus

2 (t,S)-Politiken mit individuellen Bestellrhythmen

3 (t,s,q)-Politiken mit individuellen Kontrollrhythmen und flexiblen Losgrößen.

Eine Beschreibung der Politiken findet sich z. B. in [4].

An den Bestell- bzw. Meldezeitpunkten t werden zunächst die Losgrößen festgesetzt. Sodann wird für die wartenden Aufträge die Reihenfolge geplant. Um die Untersuchungen nicht zu komplex zu gestalten, wurden folgende einfache Regeln implementiert:

1. Die Lose werden in der Reihenfolge der Orderzeitpunkte aufgelegt.

2. Unter gleichzeitig georderten Losen wird die Reihenfolge aufgrund einer (statischen) Prioritätenmatrix bestimmt.

Das Modell wurde in GPSS-F-II programmiert [5].

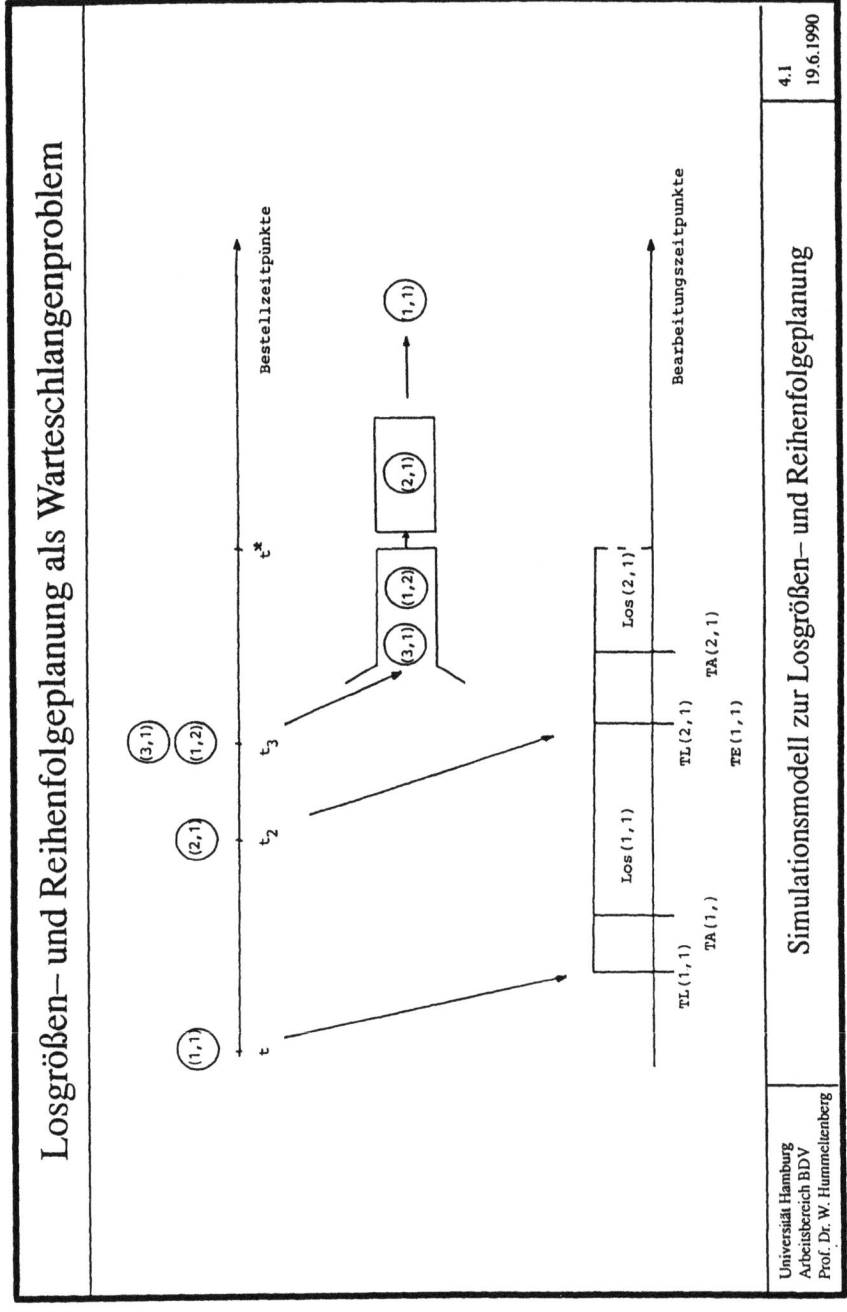

Bild 4: Losgrößen- und Reihenfolgeplanung als Warteschlangenproblem

17.4.2 Der Simulationsablauf

Die Simulationsstudien erfolgen in drei Phasen:

I : Problemanalyse
II : Modellexperimente
III : Auswertung der Planperiode.

Phase I dient der Aufbereitung der Problemdaten und der Lagrange-Analyse. Ihre Ergebnisse bilden die Basis für die Entwicklung der Simulationsstrategien in Phase II. Nachteil bei der Simulation dynamischer Systeme ist, daß im vorhinein unbekannt ist, wann das System vom Ausgangszustand in den eingeschwungenen (stationären) Zustand eingetreten ist. Die Länge dieser Initialisierungsphase hängt maßgeblich von der Wahl des Ausgangszustands ab. Für die Bewertung der endogenen Größen aber sind die Einflüsse der Initialisierungsphase zu eliminieren. In Phase III wird deshalb, wenn der eingeschwungene Zustand festgestellt worden ist, eine Planperiode isoliert ausgewertet. Bild 5 zeigt den Systemablauf.

Indem die Lagrange-Relaxation Aussagen über die Güte der mit der Simulation erzielten Ergebnisse erlaubt, kann mit ihr ein Abbruchkriterium für die Simulationsstudien angegeben werden. Von Nachteil ist dabei nur, daß die Höhe der dualen Lücke $z^0 - K(\pi^0)$ (vgl. (4)) im allgemeinen unbekannt ist.

17.5 Simulation unter Einsatz der Lagrange-Relaxation

17.5.1 Untersuchungsergebnisse

Die folgenden Untersuchungsergebnisse berichten über die Simulation einer Abfüllanlage für Motorenöle. Es gelten die Prämissen der Problemstellung aus Kapitel 17.2.1. Die spezifische Problemstellung zeichnet sich dadurch aus, daß im Base Case bei einer Betriebszeit von TBetr = 240 h die Produktionszeit 92% der Betriebszeit beträgt. Würden die isoliert ermittelten optimalen Losgrößen aufgelegt, so wäre die Anlage zu mindestens 110,7% ausgelastet.

Tabelle 1 erlaubt, den Nutzen der Lagrange-Relaxation von Modell (1) bei der Simulation von Losgrößen- und Reihenfolgeproblemen zu quantifizieren. Die Subtabellen enthalten je im oberen Teil Problemcharakteristika und im unteren Teil Kenngrößen zur Beurteilung des Nutzens der Lagrange-Relaxation.

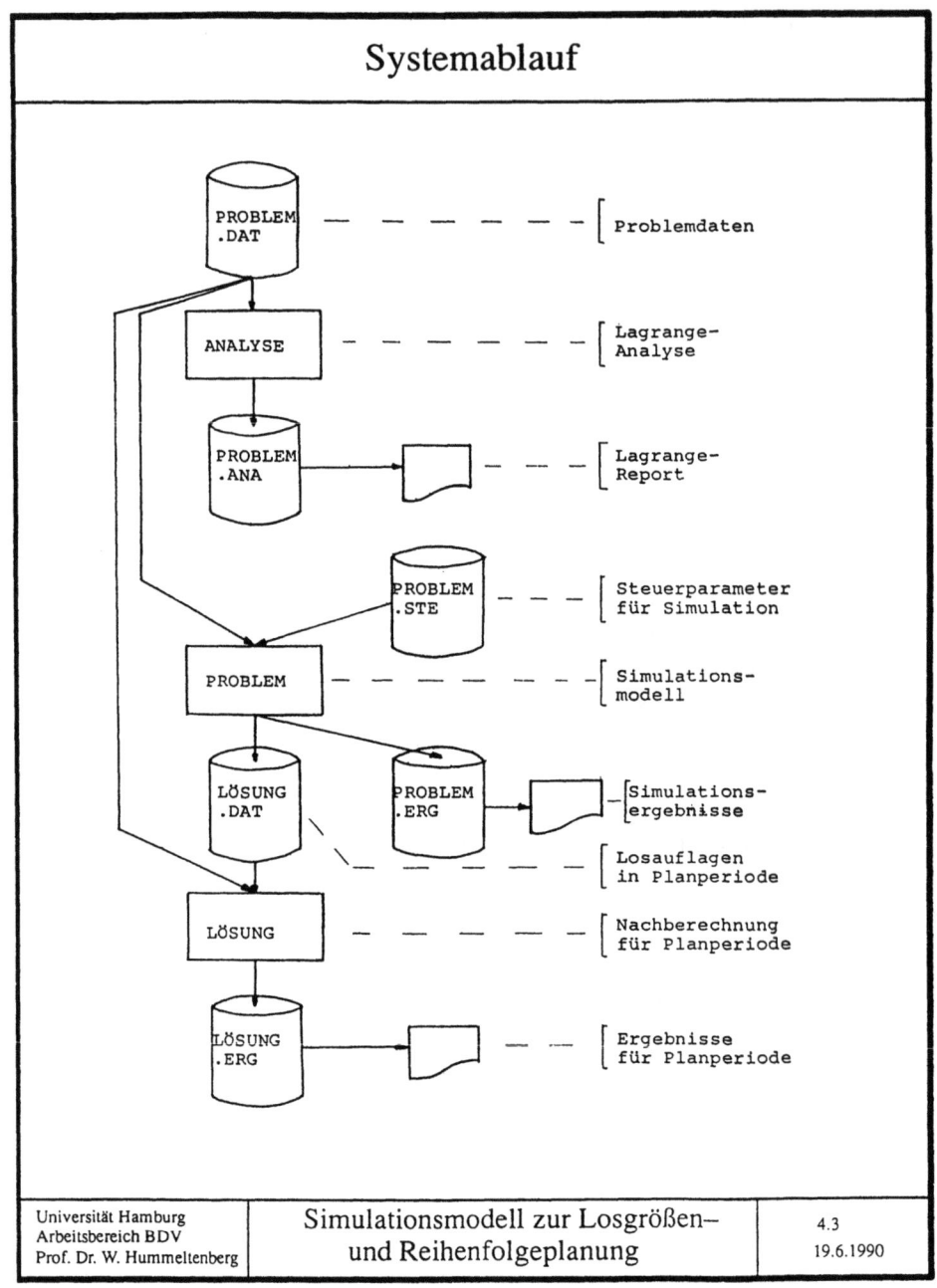

Bild 5: Systemablauf

Tabelle 1: Untersuchungsergebnisse

Untersuchungsergebnisse

(TRüst/KRüst = 1h/80DM)

TBetr	225 h	240 h	255 h	270 h
α	117,36 %	110,69 %	104,78 %	99,51 %
ß	98,17 %	92,03 %	86,62 %	81,61 %
TRh	1009,1 h	232,2 h	138,2 h	101,7 h
TRh	1170 h	270 h	161 h	118 h
L(π=0)	147,53	139,37	132,14	125,68
L(π°)	278,77	150,84	133,51	125,68
δ	427,8 %	38,4 %	4,0 %	-
Kmin(1)	326,51	161,25	139,36	129,70
σ(π=0)	121,3 %	15,7 %	5,2 %	3,2 %
σ(π°)	17,1 %	6,9 %	4,4 %	3,2 %

(TBetr = 240h)

TRüst/KRüst	1h/ 40DM	1h/ 80DM	2h/ 80DM	2h/160DM
α	118,42 %	110,69 %	129,35 %	118,42 %
ß	92,03 %	92,03 %	92,03 %	92,03 %
TRh	232,2 h	232,2 h	464,3 h	464,3 h
TRh	270 h	270 h	539 h	539 h
L(π=0)	130,63	139,37	139,37	151,74
L(π°)	147,66	150,84	182,61	185,79
δ	80,5 %	38,4 %	144,7 %	80,5 %
Kmin(1)	158,06	161,25	203,35	206,54
σ(π=0)	21,0 %	15,7 %	45,9 %	36,1 %
σ(π°)	7,0 %	6,9 %	11,4 %	11,2 %

TBetr TRüst/KRüst	240 h 1h/40DM	240h 1h/80DM	255h 1h/80DM
α	118,42 %	110,69 %	104,78 %
ß	92,03 %	92,03 %	86,62 %
TRh	232,2 h	232,2 h	138,2 h
Kmin(1)	158,06	161,25	139,36
TRh	270 h	270 h	161 h
σ(π°)	7,0 %	6,9 %	4,4 %
Kmin(3)	157,73	160,93	139,19
Zyklus	513 h	513 h	306 h
σ(π°)	6,8 %	6,7 %	4,3 %

Universität Hamburg Arbeitsbereich BDV Prof. Dr. W. Hummeltenberg	Simulationssystem LOTSIM	6.2 19.6.1990

Bezeichnungsweisen:

α	Mindest-Auslastungsgrad
β	Anteil der Produktionszeit an der Betriebszeit
TRh	untere Schranke für einen einheitlichen Bestellrhythmus
TRh	minimaler einheitlicher Bestellrhythmus
$L(\pi = 0)$	untere Schranke (ohne Lagrange-Relaxation)
$L(\pi^0)$	untere Schranke bei schärfster Lagrange-Relaxation
δ	relative der Erhöhung der unteren Schranke durch Lagrange-Relaxation nach Abzug der Produktionskosten
$Kmin(1)$	minimale Kosten unter (t,S)-Politik mit einheitlichem Bestellrhythmus
$Kmin(3)$	minimale Kosten unter (t*,S,q*)-Politik mit individuellen Bestellrhythmen und variablen Losgrößen
$\sigma(\pi)$	Gütenachweis aufgrund $L(\pi)$, wobei

$$\sigma(\pi) = (Kmin(*) - L(\pi))/L(\pi) * 100[\%]$$

Zyklus   Planperiode unter $(t*, S, q*)$-Politik

Tabelle 1 demonstriert im oberen und mittleren Teil die qualifiziertere Abschätzung der Güte der ermittelten Ergebnisse; dabei wurden die (entscheidungsirrelevanten) Produktionskosten eliminiert:

1. Die relative Erhöhung δ der unteren Schranke aufgrund der Lagrange-Relaxation ist um so höher, je restriktiver die Anlagenkapazität ist.

2. Die Lagrange-Relaxation verbessert den Gütenachweis $\sigma(\pi^0)$ gegenüber dem Gütenachweis $\sigma(\pi = 0)$ bei "einfacher" Relaxation um so mehr, je restriktiver die Anlagenkapazität ist.

Die Stärke der Lagrange-Relaxation liegt also darin, trotz einfacher Berechnungsverfahren die Interdependenzen zu berücksichtigen.

Der untere Teil von Tabelle 1 demonstriert den Nutzen der Lagrange-Relaxation bei der Ableitung differenzierter Losgrößenpolitiken. So läßt sich aufgrund der Lagrange-Analysen in Bild 3 eine gegenüber einer starren (t,s)-Politik (Gesamtkosten Kmin(1)) differenziertere (t*,s,q*)-Politik mit wenngleich auch nur marginal verbessertem Gesamtergebnis Kmin(3) ableiten.

Tabelle 2: Rechenzeiten

Rechenzeiten

	IBM PS/2 – Modell 60		IBM PS/2 – Modell P70	
Techn. Daten:				
Prozessor (Takt)	Intel 80286 (10 MHz)		Intel 80386 (20 MHz)	
Hauptspeicher	1 MB (150 ns)		8 MB (85 ns)	
Festplatte	70 MB (30 ms)		120 MB (23 ms)	
Problemdaten:				
Losgrößenpolitik	(t,s)	(t*,s,q*)	(t,s)	(t*,s,q*)
Modellzeit	10.000 h $\hat{=}$ 1250 Schichten			
Planperiode [h]	270	520	270	520
Losanzahl	407	390	407	390
max. Orderzahl	10	11	10	11
Rechenzeiten [sec]:				
Lagrange – Analyse	5,71	5,71	3,02	3,02
Simulation	9,74	9,32	4,78	4,73
Nachberechnung	2,09	2,26	1,20	1,21

Simulationssystem LOTSIM

Universität Hamburg
Arbeitsbereich BDV
Prof. Dr. W. Hummeltenberg

6.1
19.6.1990

Die Ergebnisse lassen den Schluß zu, daß Politiken mit mehr Freiheitsgraden auch zu besseren Ergebnissen führen. Eine natürliche Grenze ergibt sich daraus, daß die Länge der Planperiode mit zunehmenden Freiheitsgraden wächst und ab einer gewissen Größe wegen der zunehmenden Ungewißtheit der Datenprognose als zu lang erachten ist.

17.5.2 Rechenzeiten

Die Ausführungen haben gezeigt, daß Mathematische Optimierung und Simulation sich auf der Basis der Lagrange-Relaxation in sinnvoller Weise ergänzen können. Im Hinblick auf den Rechenaufwand erweist sich die Simulation dem Optimierungsansatz deutlich überlegen: Die Rechenzeiten bewegen sich, wie Tabelle 2 für die beiden oben erwähnten Politiken zeigt, auf Personal Computern im Sekundenbereich, so daß zutreffend von einer interaktiven Entscheidungsunterstützung gesprochen werden kann.

17.6 Zusammenfassung und Ausblick

Die Leistungsfähigkeit heutiger Arbeitsplatzrechner ermöglicht den Einsatz der Simulation als Instrument der Entscheidungsunterstützung für den Anwender. Gelingt es ihm, zielsicher die relevanten Regeln und Politiken zu definieren, und beherrscht er die Technik, die Simulationsstudien nach einer adäquaten Strategie durchzuführen, so kann die Simulation Ergebnisse von hoher Qualität bringen. Dies setzt im praktischen Einsatz eine Endbenutzerorientierung von Simulations-Tools mit einer entsprechenden Entwicklungsumgebung, Benutzeroberfläche und -führung, ggf. unter Einbeziehung von Methoden der Künstlichen Intelligenz, voraus.

Die Technik der Lagrange-Relaxation erlaubt dabei die Verknüpfung der Simulation mit komplexen Optimierungsmodellen, um die Grundlage für die Entwicklung geeigneter Simulationsstrategien zu liefern und die Bezugsbasis für die Bewertung der erzielten Ergebnisse zu bilden. Der eingangs zitierte Einwand von Verfechtern exakter analytischer Methoden gegenüber der Simulation wird hinfällig, wenn man Simulationssysteme nicht nur als technische Möglichkeit begreift, Daten und Modelle interaktiv einzusetzen, sondern als Systeme, die auch die intellektuellen Techniken bereitstellen, um die in ihnen enthaltenen Modelle und Methoden intelligent einzusetzen.

Literaturverzeichnis

[1] Fisher, M.L. [1981]: The Lagrangean relaxation method for solving integer programming problems, Management Science 27 (1981), pp. 1-18

[2] Geoffrion, A.M. [1974]: Lagrange relaxation for integer programming, Mathematical Programming Study 2 (1974), pp. 82-114

[3] Hummeltenberg, W., Preßmar, D.B. [1989]: Vergleich von Simulation und Mathematischer Optimierung an Beispielen der Produktions- und. Ablaufplanung, OR-Spektrum 11(1989), S. 217-229

[4] Naddor, E. [1971]: Lagerhaltungssysteme, Frankfurt/M., Zürich 1971

[5] Schmidt, B. [1978]: GPSS-FORTRAN, Version II, Berlin/... 1978

[6] Shapiro, J.F. [1979]: A survey of Lagrangean techniques for discrete optimization, Annals of Discrete Mathematics 5 (1979), pp. 113-138

[7] Zäpfel, G. [1982]: Produktionswirtschaft, Berlin/New York 1982

18 Unternehmensplanspiel EPUS - eine experimentell ausgerichtete Unternehmenssimulation

Jürgen Bloech, Herbert Rüscher

Zusammenfassung:

Das Unternehmensplanspiel EPUS ist eine spezielle Unternehmenssimulation und konkurrenzbezogen auf den Absatzmärkten mit besonderen Eignungen für Modellexperimente.

Ein Unternehmen wird von Teilnehmern geleitet und steht in Konkurrenz mit vier anderen Unternehmen, denen Entscheidungen bereits für eine Zahl von Entscheidungsrunden fest vorgegeben sind.

Die Teilnehmer haben die Möglichkeit, die Ergebnisse ihrer Entscheidungen zu kontrollieren und jeweils in einem Wiederholungslauf zu korrigieren. Die Entscheidungen der vier Konkurrenten bleiben unveränderlich.

Das Planspiel EPUS eignet sich so besonders für die Beobachtung von Lehr- und Lerneffekten und für Experimentierzwecke in speziell eingestellten Unternehmenssituationen.

18.1 Lehr-Lern-Experimente als Einsatzzweck für Planspiele

Obwohl der Lehrzweck den Unternehmensplanspielen seit dem Beginn ihrer Entwicklung zugeordnet ist, ergeben sich noch verschiedene Verbesserungsmöglichkeiten, um die Zweckerfüllung zu erreichen. In den seit 1956 mit Computerhilfe eingesetzten Planspielen liegt eine beachtliche Variantenvielfalt vor: Es gibt Planspiele mit breiter Vielfalt des betriebswirtschaftlichen Instrumentatiums wie MARGA, Planspiel Elektrizitätswirtschaft [1] [3], die den Teilnehmern neben dem Überblick über Gesamtzusammenhänge auch die Beherrschung einzelner Teilbereiche abfordern, und es gibt viele kleine Planspiele mit eingeengtem Entscheidungsraum.

Es werden auch zahlreiche Planspiele eingesetzt, welche spezielle Merkmale der Unternehmungen einzelner Branchen herausstellen, wie dies in dem Versicherungsplanspiel, den Planspielen für Kreditinstitute [2], den Planspielen Sim-Log und SUBPRO für Industriebetriebe sowie STRUPO und anderen für Verwaltungsinstitutionen erfolgt, und es gibt Planspiele, die nur grundlegende wirtschaftliche Zusammenhänge berücksichtigen.

Generell kann für fast alle Business-Games, Unternehmenssimulationen und Planspiele festgestellt werden, daß sie sich gut für das Lehren und Lernen der Wesensmerkmale und Wirkungen wirtschaftlicher Entscheidungen eignen. Die Unterstützung der Simulation durch Computer erlaubt auch die Ausgabe umfassender Informationen über die Situationen der simulierten Unternehmungen.

In den konkurrenzorientierten Unternehmensplanspielen besteht oft die Möglichkeit der Wiederholung von Entscheidungen, um den Teilnehmern einen besseren Überblick über die Zusammenhänge und Wirkungen ihrer Entscheidungen zu ermöglichen. Dies ist insbesondere in den Situationen wichtig, in welchen beispielsweise die Grundinformationen über Märkte und absatzpolitische Instrumente oder Aufwand- und -Ertragsrechnungen und Finanzrechnungen oder ähnliche Komplexe zu vermitteln sind. Die Handhabung solcher Wiederholungen ist aufwendig und zeitraubend.

Auch für die eingehenden Beobachtungen von Lehr- und Lerneffekten bietet sich die Wiederholung von Entscheidungssituationen als ein Instrument an. Für diesen Zweck ist das Planspiel

        EPUS   'Ein-Platz-Unternehmens-Simulation'

konzipiert worden.

In diesem Planspiel ist das Experimentieren von einem simulierten Unternehmen aus vorgesehen. Dieses Unternehmen befindet sich in einer Konkurrenzsituation zu 4 anderen Unternehmungen und kann seine Entscheidungen wiederholen.

18.2 Die Konkurrenzsituation des Planspiels EPUS

Der Teilnehmer des Planspiels EPUS hat sich gegen die vier Konkurrenten zu behaupten und durch eine Folge von 5-12 Entscheidungsschritte sein Unternehmensergebnis zu maximieren. Die Entscheidungen der vier Konkurrenten sind dem Teilnehmer vorher nicht bekannt, wurden dem Computer allerdings bereits fest vorgegeben. Somit kann der Teilnehmer im Dialog mit dem Computer eine Folge von Entscheidungen fällen und Ergebnisinformationen aufnehmen.

Die Unternehmungen sind einfach und einstufig strukturiert und produzieren zwei Produkte aus zwei Rohstoffen. Zur Fertigung werden nur Maschinen des gleichen Typs eingesetzt. Der Maschineneinsatz führt zu einem bestimmten Verbrauch an Hilfs- und Betriebsstoffen und verlangt ein gewisses Maß an Instandhaltung. Durch Investitionen und Einstellung von Personal läßt sich die Produktionskapazität erweitern.

Die beiden Produkte werden auf zwei getrennten Märkten von allen fünf Unternehmen angeboten, es herrscht eine oligopolistische Marktform. Die Absatzmenge eines Unternehmens kann durch eine aktive Preispolitik und durch den Einsatz von Werbung und Kundendienst beeinflußt werden. Die Kunden orientieren sich bei ihren Kaufeintscheidungen an den Preisen eines Unternehmens und dem Marktdurchschnittspreis, an den Werbeausgaben sowie an den durchschnittlichen Ausgaben für Kundendienst (Branchendurchschnitt).

Neben den Konkurrenzbeziehungen auf dem Absatzmarkt bestehen Umweltbeziehungen zum Beschaffungsmarkt (Rohstoffpreise), zum Arbeitsmarkt (Entlohnung), zum Staat (Steuern), zu den Banken (Finanzierung) und zu den Eigentümern (Dividenden).

Die Entscheidungen der vier Konkurrenzunternehmen sind von der Spielleitung bereits für die gewünschte Anzahl von Spielperioden vorgegeben. Die übrigen Umweltparameter wurden ebenfalls bereits von der Spielleitung für alle Spielperioden gesetzt.

Um dem Teilnehmer die Auswirkungen seiner Entscheidungen zu verdeutlichen, erhält er am Ende jeder Periode umfangreiche Übersichten mit den Unternehmensergebnissen (Beschaffung, Produktion, Absatz, Finanzierung und Jahresabschluß).

Eine Entscheidung betrifft eine Periode von einem Monat. Für die Steuerung aller Betriebsabläufe sind die Entscheidungen jeweils am Anfang des Monats festzulegen. Wir bezeichnen diese Periode immer als die aktuelle Periode (auch als Periode T).

Unternehmensplanspiel EPUS

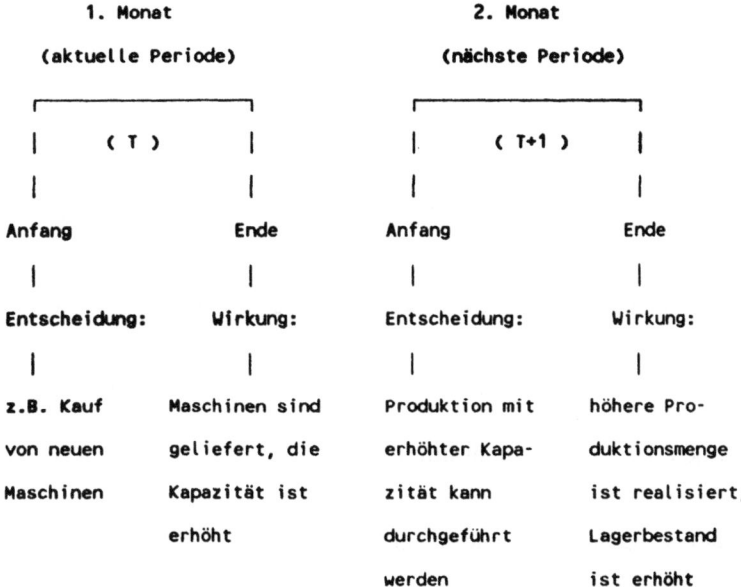

Die Periode wird mit allen Ihren Entscheidungen, den Werten und den Beständen des Monatsanfangs verarbeitet. Das Modell simuliert in kurzer Zeit einen Monat und meldet dann die Ergebnisse vom Monatsende. Diese Werte werden als Anfangswerte des neuen Monats gesetzt, soweit es sich dabei um Bestandsdaten handelt. Die Endbestände an Rohstoffen, Fertigerzeugnissen und Maschinen einer Periode, werden automatisch zu Anfangsbeständen der nächsten Periode. Ebenso werden Kassenbestände, Kredite, Schulden und auch der Bestand an Arbeitskräften übernommen. Dieser Zustand wird in den Ergebnisberichten mit einer Bilanz, Gewinn- und Verlustrechnung und Nebenberichten festgehalten.

Die Ergebnisberichte am Ende einer aktuellen Periode (eines Monats) zeigen die Konsequenzen der Entscheidungen vom Anfang der aktuellen Periode auf.

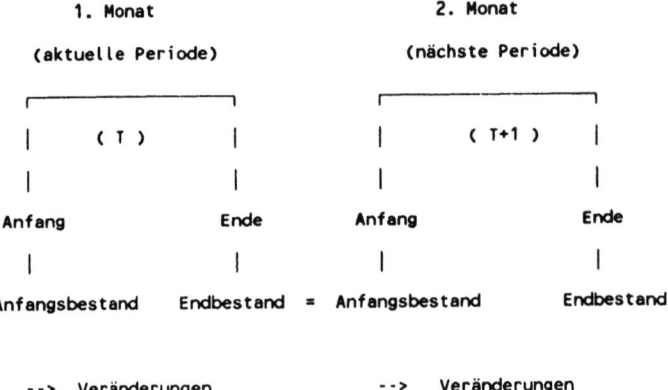

Veränderungen können eintreten durch:

- getroffene eigene Entscheidungen
- Konkurrentenentscheidungen der Unternehmen 2-5
- Marktreaktionen, Konsumentenverhalten
- Umweltreaktionen

Die Entscheidungen vom Anfang der aktuellen Periode können z.B. folgende Auswirkungen zeigen:

- gekaufte Maschinen sind geliefert und einsatzbereit
- die Produktionsmenge liegt im Lager verkaufsbereit
- das Personal ist eingestellt und arbeitsbereit
- Rohstoffeinkaufsmengen liegen im Lager einsatzbereit
- Kredite sind gewährt und haben den Kassenbestand erhöht

Der Einfachheithalber werden alle Finanztransaktionen auf das Ende der aktuellen Periode verlegt und vollzogen.

18.3 Planspielentscheidungen

Die Anzahl der Entscheidungen ist im Planspiel EPUS knapp bemessen. Für die Marktbeeinflussung sind Entscheidungen über Preise, Werbeausgaben und Ausgaben für den Kundendienst zu treffen.

Die Produktionsentscheidung ist für den Absatzbereich von besonderer Bedeutung, sie bestimmt neben den vorhandenen Lagerbeständen an fertigen Erzeugnissen die verfügbare Angebotsmenge der nächsten Periode.

Die vorgegebenen Produktionsmengen werden im Modell immer bereitgestellt. Für den Absatz der nächsten Periode stehen auf jeden Fall die Produktionsmengen und der Lagerrestbestand der laufenden Periode zur Verfügung. Kann die vorgegebene Produktionsmenge mit den vorhandenen Anlagen wegen Personal- oder Faktormangel nicht durchgeführt werden, erfolgt eine automatische Einstellung von Leiharbeitern oder/und eine Notbeschaffung von Material, beides zu hohen Kosten. Liegt die Produktionsmenge über der vorhandenen Produktionskapazität, werden Fertigerzeugnisse auf dem Weltmarkt beschafft.

Die sofortige Bereitstellung von fehlendem Personal und fehlenden Rohstoffen (Notbeschaffung) sichert zwar die geplante Auslastung der vorhandenen Anlagen, ist in der Regel aber erheblich teurer als eine planmäßige, d.h. rechtzeitige Beschaffung.

Die Entscheidungen betreffend den Rohstoffeinkauf, Einkauf bzw. Verkauf von Maschinen und Einstellungen bzw. Entlassungen von Arbeitskräften sind periodenübergreifend, sie wirken sich erst am Ende der aktuellen bzw. am Anfang der nächsten Periode aus.

Zur Finanzierung der betrieblichen Entscheidungen können Kredite aufgenommen werden, bzw. Kassenbestände nach Tilgung laufender Kredite am Kapitalmarkt zinsbringend angelegt werden.

18.3.1 Komponentenbeschaffung

Die für die Produktion benötigten Komponenten bzw. Rohstoffe können auf dem Beschaffungsmarkt zu vorgegebenen Preisen eingekauft werden. Die Spielleitung kann die Preisentwicklung der Nachfrage bzw. der Konjunkturentwicklung anpassen. Zu unterscheiden ist zwischen Normaleinkauf für die nächste Periode und Notbeschaffung (beschleunigte Lieferung) von Rohstoffen für die Produktion in der aktuellen Periode. Transport- und Bestellkosten sind in den Beschaffungskosten enthalten.

Die für die Produktion einer Periode benötigten Rohstoffe müssen eine Periode vorher bestellt werden, die Lieferzeit beträgt eine Periode. Die Lieferung erfolgt zum Ende der Bestellperiode, die Zugänge werden im Lagerbestand erfaßt. In der folgenden Periode kann der Einsatz der Rohstoffe in die Produktion erfolgen. Die Bezahlung der Rohstoffe erfolgt nach Lieferung, eine Periode nach der Bestellung.

Übersteigt der Rohstoffbedarf einer vorgegebenen Produktionsmenge den verfügbaren Lagerbestand, wird die fehlende Menge notbeschafft. Die beschleunigte Bereitstellung der Rohstoffe erfolgt zu höheren Kosten. Die Bezahlung der notbeschafften Rohstoffe erfolgt in der gleichen Periode.

Über die Produktionsmengenentscheidung wird auch der Zukauf von Fertigerzeugnissen bestimmt. Liegt die angegebene Produktionsmenge über der vorhandenen Produktionskapazität (Maschinenkapazität), wird diese Menge an Fertigerzeugnissen auf dem Weltmarkt zu vorgegebenen Preisen beschafft und steht für den Absatzmarkt in der nächsten Periode zur Verfügung. Die Bezahlung der eingekauften Erzeugnisse erfolgt in der nächsten Periode. Im Normalfall werden die Weltmarktpreise deutlich über den Selbstkosten der Eigenfertigung liegen.

18.3.2 Lagerhaltung

Das Unternehmen verfügt nicht über eigene Lagerkapazitäten. Nach Bedarf werden für Rohstoffe und Fertigerzeugnisse Lagerräume unbeschränkt angemietet. Für die Lagerhaltung und -verwaltung fallen Fixkosten an, zusätzlich Lagerkosten pro gelagertem Stück. Die Lagerkosten sind als Parameter gegeben. Kosten für den innerbetrieblichen Transport fallen nicht an.

Die Lagerkosten werden aus dem durchschnittlichen Bestand aus Anfangs- und Endbestand einer Periode ermittelt. Der durch die Lagerhaltung entstandene Aufwand wird der laufenden Periode zugeordnet und ist auch auszahlungswirksam.

18.3.3 Produktion

Die Produktion der Produkte 1 und 2 erfolgt in einem einstufigen Fertigungsprozeß auf den vorhandenen Anlagen.

Die für eine Produkteinheit notwendigen Einheiten der Rohstoffe 1 und 2 sowie die erforderliche Maschinenleistung (Leistungseinheiten) sind in der Stückliste beschrieben.

Die von der Spielleitung vorgegebene Stückliste wird in den Unternehmensdaten (Parameter) angegeben.

Bei geplanter Produktionsmenge ergibt sich unter Berücksichtigung der Stückliste der Bedarf an bereitzustellenden Rohstoffen, der benötigten Fertigungskapazität und den erforderlichen Arbeitskräften.

Rohstoffe und Maschinen und das entsprechende Bedienungspersonal müssen eine Periode vorher eingekauft bzw. eingestellt werden.

Die Rohstoffe sind eine Periode vorher auf dem Rohstoffmarkt einzukaufen, sonst erfolgt automatisch eine Notbeschaffung der fehlenden Mengen.

Reichen die vorhandenen Fertigungskapazitäten nicht aus, sind ebenfalls eine Periode vorher entsprechend zusätzliche Maschinen einzukaufen.

Das für die Bedienung der Maschinen erforderliche Personal ist eine Periode vor der Produktionsaufnahme einzustellen. Bei unzureichender Arbeitskräfteausstattung erfolgt sonst die kurzfristige Einstellung von Leiharbeitern.

Reichen die Fertigungskapazitäten nicht aus, werden die fehlenden Erzeugnisse notbeschafft.

Für die Produktion werden zusätzlich Hilfs- und Betriebsstoffe benötigt, die direkt und ohne Lagerung in den benötigten Mengen automatisch bereitgestellt werden. Der Verbrauch an Hilfs- und Betriebsstoffen ist an die abgegebene Leistung der Maschinen gebunden, er wird als Aufwand verrechnet und ist auch auszahlungswirksam.

Die Abnutzung der Maschinen wird durch Instandhaltungsaufwand ausgeglichen. Der Anlagenwert und die Kapazität entspricht so stets den Ausgangsgrößen.

Andere zur Produktion notwendige Faktoren wie Gebäude, Grundstücke, Werkzeuge und sonstige Betriebsmittel werden als gegeben angenommen und damit im Modell vernachlässigt.

Die Leistungs- und Kostendaten der Anlagen werden von der Spielleitung festgelegt, sie können im Spielverlauf verändert werden.

18.3.4 Fertigungsprozeß

Auf dem angebotenen Maschinentyp werden beide Produktarten produziert. Der Kapazitätsbedarf einer Periode errechnet sich aus den Leistungseinheiten der Stückliste und der vorgegebenen Produktmenge.

Produktionsmengen, die die vorhandene Kapazität überschreiten, werden auf dem Weltmarkt beschafft, sie können wie selbst erstellte Produkte in der nächsten Periode auf dem

Absatzmarkt angeboten werden.

Bei Faktormangel (Rohstoffe, Personal) werden Fehlbestände durch Rohstoffnoteinkäufe bzw. durch Einstellung von Leiarbeitern ausgeglichen.

Liegt die vorgegebene Produktionsmenge unterhalb der Kapazitätsgrenze, werden die Anlagen nicht ausgelastet.

Da für alle vorhandenen Produktionsanlagen das Bedienungspersonal bereitstehen muß, und auch die Instandhaltungskosten in voller Höhe anfallen, entstehen so Leerkosten. Diese Leerkosten stellen Aufwand dar, können aber nicht den produzierten Stücken angerechnet werden.

Die Produktion der Fertigerzeugnisse vollzieht sich innerhalb einer Periode. Die in einer Periode erstellten Produkte können erst in der nächsten Periode auf dem Absatzmarkt angeboten werden.

18.3.5 Absatz Fertigerzeugnisse

18.3.5.1 Absatzmärkte
Die beiden Produkte P1 und P2 können auf jeweils zwei räumlich getrennten Märkten M1 und M2 zusammen mit den übrigen Konkurrenten (Unternehmen 2 bis 5) angeboten werden. Es besteht eine oligopolistische Marktform, fünf Anbieter stehen einer großen Zahl von Nachfragern gegenüber.

18.3.5.2 Absatzinstrumente
Das Unternehmen kann auf die sie entfallende Nachfrage nach einem Produkt auf einem Markt durch folgende Instrumente beeinflussen:

- Verkaufspreis

- Werbung

- Kundendienst

Zusätzlich können nicht bediente Kunden aus der Vorperiode erneut das Produkt nachfragen.

18.3.6 Verkaufspreis

Die Kunden haben auf einem oligopolistischen Markt keine vollkommene Markttransparenz, bzw. entwickeln (in Grenzen) Präferenzen für die Produkte einzelner Unternehmen.

Geringere Preisabweichungen von den Preisen der Konkurrenten führen deshalb nicht zu einem vollkommenen Verlust der Nachfrage, bzw. wird sich bei günstigen Preisen die Nachfrage nicht auf ein einzelnes Unternehmen konzentrieren.

Im Planspielmodell wird diese Marktsituation durch eine Preis-Absatz-Funktion für jeden Markt und für jedes Produkt abgebildet. Es existiert ein Höchstpreis (Parameter), bei dem die Nachfrage null ist, unabhängig von der Ausgestaltung der sonstigen Instrumente.

Die Sättigungsmenge (Parameter) beschreibt die maximale Aufnahmefähigkeit des Marktes bei einem Preis von null. Zwischen diesen beiden Extrempunkten wird eine funktionale Verbindung hergestellt, die jedem Marktpreis eine bestimmte Nachfragemenge zuordnet. Aus den geforderten Preisen aller Unternehmen für ein Produkt auf einem Markt wird ein Durchschnittspreis gebildet und über die Preis-Absatz-Funktion eine durchschnittliche Nachfragemenge je Unternehmen bestimmt.

Bei einer Hochpreispolitik aller Marktteilnehmer wird so automatisch das Marktvolumen geringer und umgekehrt bei niedrigen Preisen größer.

Über die Abweichungen der einzelnen Verkaufspreise vom Marktdurchschnittspreis wird die Nachfragemenge je Unternehmen differenziert. Unternehmen mit unterdurchschnittlichen Verkaufspreisen vergrößern ihre Absatzmenge und umgekehrt.

Die Preisänderung eines Unternehmens hat so eine doppelte Wirkung. Sie beeinflußt den Marktdurchschnittspreis und damit die Gesamtnachfrage aller Unternehmen, sie beeinflußt außerdem die individuelle Nachfrage durch die erhöhte Abweichung vom Marktdurchschnittspreis.

18.3.7 Werbung

Durch Ausgaben für Werbung wird versucht, die Aufmerksamkeit bisher unentschlossener Kunden auf das eigene Produkt zu lenken und ihn in seiner Kaufentscheidung zu beeinflussen. Der Absatz der eigenen Produkte soll durch Werbemaßnahmen erhöht werden.

Mit vorgenommenen Werbeausgaben einer Periode wird eine Werbekampagne durchgeführt, die bei potentiellen Kunden eine nachhaltige Wirkung hat, d.h. der Kunde erinnert sich auch noch in der Folgeperiode.

Die Verteilung der Werbung auf die beiden Perioden wird durch Parameter bestimmt, üblich ist eine Verteilung von 60 und 40 Prozent. Maßgebend für die Kundenbeeinflussung ist also die Summe der werbewirksamen Teilbeträge aus der aktuellen Periode und aus der Vorperiode.

Über die Ausgabenhöhe wird somit die Werbewirkung bestimmt. Eine bestimmte Mindestausgabenhöhe muß überschritten werden, um überhaupt eine spürbare Resonanz zu erzielen. Danach steigt die Werbewirkung mit abnehmender Rate an. Zuerst ist ein steiler Anstieg zu beobachten, der mit zunehmenden Ausgaben abflacht, bis er ein Maximum (Werbesättigung) erreicht hat. Bei weiteren Ausgabensteigerungen treten sogar wieder negative Effekte durch eine Überladung der Kunden mit Werbung auf.

18.3.8 Kundendienst

Durch einen leistungsfähigen Serviceapparat (Beratung, Reparatur, Gewährleistung) können potentielle Kunden gewonnen werden, bzw. wollen ehemalige Kunden bei Ersatzbeschaffungen das gleiche Produkt kaufen.

Maßgröße für die Qualität und den Umfang des Kundendienstes sind die wirksamen Kundendienstausgaben für jedes abgesetze Stück. Dabei werden nur die abgesetzten Stücke der vergangenen fünf Perioden berücksichtigt, nicht die Absatzmenge der aktuellen Periode. Die ersten Kundendienstausgaben sind also erst eine Periode nach dem ersten Absatz vorzunehmen. Höhere Absatzzahlen bedeuten also tendenziell auch höhere Kundendienstausgaben.

Die wirksamen Kundendienstausgaben errechnen sich aus den Ausgaben der aktuellen Periode und den abgewerteten Ausgaben der vier Vorperioden (geometrische Reihe mit $1/1 + 1/2 + 1/3 + 1/4 + 1/5$). Es wird dabei angenommen, daß die Produkte etwa eine Lebensdauer von fünf Perioden haben.

Aus den wirksamen Kundendienstausgaben pro abgesetztes Stück aller Unternehmen wird der Branchendurchschnitt ermittelt. Die Abweichungen von diesem Branchendurchschnitt beeinflussen den Absatz eines Unternehmens positiv oder negativ. Unternehmen mit überdurchschnittlichen Ausgaben für Kundendienst können so eine höhere Nachfrage erwarten und umgekehrt.

18.3.9 Unbefriedigte Nachfrage der Vorperiode

Die aus Preis, Werbung und Kundendienst resultierende Nachfrage nach einem Produkt eines Unternehmens kann in einer Periode die vorhandenen Lagerbestände überschreiten, so daß nicht alle Kunden bedient werden können. Die Verteilung der knappen Produkte erfolgt im gleichen Verhältnis auf beide Märkte. Ein Teil der nicht bedienten Kunden (Parameter) ist von der Güte und der Qualität des Produktes überzeugt und wartet mit dem Kauf bis zu nächsten Periode (Warteliste). In der nächsten Periode treten diese Kunden zusätzlich als Nachfrager auf.

Bei Preiserhöhungen reduziert sich jedoch die Zahl der wartenden Kunden aus der Vorperiode. Bei Preissteigerungen von mehr als 10% nehmen diese Kunden von Ihren Kaufabsichten vollständig Abstand.

18.3.10 Marktforschung

Neben den eigenen Absatzergebnissen können im Rahmen der Marktforschung auch entsprechende Informationen über die Konkurrenten gegen Gebühr (Parameter) angefordert werden.

Der Marktforschungsbericht liefert folgende Informationen aller Unternehmen (in der letzten Periode auch grafisch):

- Angebotspreise   (je Markt und je Produkt)
- Absatzmengen   (je Markt und je Produkt)
- Umsätze   (je Markt und je Produkt)
- Marketingausgaben   (Werbung und Kundendienst)
- Periodenergebnisse   (Gewinn/Verlust je Unternehmen)
- kumulierter Gewinn

18.3.11 Personalwesen

Neue Mitarbeiter müssen erst angeworben und eingearbeitet werden, sie können nach der Einstellungsentscheidung erst in der Folgeperiode (nächste Periode) in der Produktion eingesetzt werden. Kündigungen werden ebenso erst zum Ende einer Periode wirksam. Die Arbeitskräfte stehen also für die laufende (aktuelle) Periode noch zur Verfügung. Die Lohnkosten (DM/Mann/Periode) und die Sozialkosten werden als Parameter vorgegeben und können von den Unternehmen nicht beeinflußt werden. Bei Einstellungen und Entlassungen fallen zusätzlich fixe Kosten (Parameter) pro Mitarbeiter an, die in der gleichen Periode zu bezahlen sind.

Die Einstellung von Leiharbeiten erfolgt indirekt über die Produktionsmengenentscheidung. Wenn die vorhandenen Anlagen voll ausgelastet werden und nicht ausreichend Stammpersonal vorhanden ist, werden Leiharbeitskräfte für eine Periode eingestellt.

Für Leiharbeitskräfte ist ein Pauschallohnsatz incl. Nebenkosten (Parameter) vorgegeben, der in der Regel über dem Lohnsatz für Stammpersonal liegt. Leiharbeiter werden immer nur für eine Periode beschäftigt.

18.3.12 Investitionen

Bei Kauf von Anlagen ist die Liefer- und Bauzeit von einer Periode zu beachten. Die neuen Anlagen werden in der aktuellen Periode bestellt, geliefert und installiert, sie sind auch in der Bilanz der Periode enthalten. Die Produktion kann jedoch erst in der folgenden Periode aufgenommen werden. Auch die Bezahlung erfolgt in der Folgeperiode.

Der Verkauf von vorhandenen Anlagen vermindert die Produktionskapazität erst in der Folgeperiode. In der laufenden Periode kann die Anlage noch voll genutzt werden. In der Bilanz zum Periodenende ist die veräußerte Anlage nicht mehr enthalten, sie wird jeweils kurzfristig zum Periodenende demontiert. Der Zahlungseingang des Verkaufserlöses erfolgt in der Folgeperiode.

Der Verkauf von Anlagen erfolgt zu einem festen Verkaufspreis (Parameter). In der Regel liegt dieser unter dem Anschaffungspreis. Ein Anlagenverkauf ist darum mit Verlusten in Höhe der Differenz aus Anschaffungs- und Verkaufspreis verbunden.

Die Anlagen werden nicht abgeschrieben. Durch entsprechende Instandhaltungs- und Wartungsmaßnahmen bleibt der Wert und die Leistungsfähigkeit der Anlagen voll erhalten. Die Instandhaltungskosten (Parameter) fallen unabhängig von der Auslastung jeder Periode in voller Höhe an.

18.3.13 Finanzierung

Das Grundkapital ist allen Unternehmen in gleicher Höhe bei der Unternehmensgründung in liquider Form (Kasse) zur Verfügung gestellt worden. Eine weitere Eigenfinanzierung durch Kapitalerhöhung ist möglich, sie wird jedoch nur von der Spielleitung nach Ankündigung im Newsletter und dann für alle Unternehmen durchgeführt.

Fremdmittel können bei der Bank als langfristiger Kredit aufgenommen werden. Ungeplante Kassenfehlbestände werden automatisch durch einen kurzfristigen Kontokorrentkredit (in beliebiger Höhe) gedeckt. Kontokorrentkredite sind in der folgenden Periode zu tilgen. Die Rückzahlung kann durch die Aufnahme eines langfristigen Krediten oder durch einen erneuten Kontokorrentkredit (automatisch) erfolgen. Für langfristige Kredite gibt es ein Kreditlimit (Parameter).

Bei ausreichenden eigenen liquiden Mitteln kann bei der Bank eine Terminanlage vorgenommen werden.

Die Sollzinssätze (langfristiger Kredit, Kontokorrentkredit) und der Habenzinssatz sind Parameter. Die anfallenden Soll- und Habenzinsen sind jeweils in der folgenden Periode zahlungs- und erfolgswirksam.

18.4 Das Experimentierpotential von EPUS

Die Grundversion der Simulation EPUS setzt mit gleicher Ausgangslage für alle konkurrierenden Unternehmen auf. Die Wirtschaftslage ist erfolgversprechend. Der Teilnehmer (oder eine Gruppe als Unternehmensleitung) kann in eine Folge von Entscheidungen und Ergebnisdarstellungen eintreten, in der jede Entscheidung entweder einmal oder in mehrfacher Wiederholung getroffen wird.

Er kann sich in einigen Ergebnisgrößen laufend mit seinem Konkurrenten vergleichen und diese Informationen ggfs. bei Wiederholungen berücksichtigen. Bei dem Einsatz in einem Seminar können mehrere Teilnehmer (Gruppen) ihre Entscheidungen gegen ihre Konkurrenz parallel treffen und die Ergebnisse vergleichen. Für jeden Teilnehmer sind außer den Informationen aus den eigenen Ergebnisse auch die aus den Parallelgruppen nutzbar.

Es besteht dadurch ein erhöhter Umfang des Lernmaterials. Am Ende einer Folge von Entscheidungen stehen auch die Verhaltensweisen und Ergebnisse der vorher festgelegten Konkurrenten bereit, so daß auch deren Entscheidungsfolgen für die Analysen des Experiments zur Verfügung stehen.

Zukünftige Experimente können auf kritischen Wirtschaftslagen aufbauen um gewisse Komponenten eines Krisenmanagements enthalten. Auch kann die Entscheidung in ungleich strukturierten Oligopolen trainiert werden, indem eine ungleiche Ausgangslage durch die Seminarleitung eingestellt wird.

Auch die Wahrnehmung von Krisensignalen, welche durch die Seminarleitung über die Einstellung einer sukzessiven Verschlechterung der Wirtschaftslage hervorgerufen werden, kann beobachtet und analysiert werden. Durch Entscheidungsvorgaben kann EPUS für gezielte Beobachtungen vereinfacht werden.

Literaturverzeichnis

[1] Lienhard, H.; Steyer, F.; Weber, K.: Planspiel Elektrizitätswirtschaft, Bern-Stuttgart 1975

[2] Benner, W.: Planspiele für Kreditinstitute, Göttingen 1972

[3] Bloech, J.; Rüscher, H.; Dick, M.: PUMA, Modellbeschreibung und Entscheidungsunterlagen zur Unternehmenssimulation, Göttingen 1990

19 Unternehmenssimulation für Produktionssysteme als Ausbildungsinstrument

Jürgen Bloech, Hannelore Goertzen, Uwe Maurer

Zusammenfassung:

Simulationen auf Unternehmensebene werden in der Ausbildung von Führungskräften eingesetzt, um das Handeln in komplexen ökonomischen Situationen zu trainieren. Am Interdisziplinären Graduiertenkolleg der Universität Göttingen wurde unter Anleitung von Prof. Dr. Bloech das Unternehmensplanspiel SUBPRO entwickelt, welches im Beitrag dargestellt wird. Aufbauend auf der langjährigen Erfahrung mit solchen Ausbildungsinstrumenten und anhand der Entwicklung von SUBPRO werden Überlegungen angestrengt, die Entwicklung und den Einsatz komplexer Management-Spiele zu erleichtern und attraktiver zu gestalten.

19.1 Ausbildung in Produktionswirtschaft durch Simulation

Die Verbindung von Produktionsplanung in mehrstufigen Produktionssystemen und Absatzplanung in oligopolistischen Märkten stellt ein komplexes zusammenhängendes Entscheidungsproblem dar. Das Unternehmensplanspiel SUBPRO soll die didaktischen Möglichkeiten der Unterrichtung in Produktionswirtschaft, Produktions- und Kostentheorie und Simultanplanung von Produktion, Absatz- und Lagerhaltung erweitern.

Die Planungs- und Anpassungssituationen in Produktionssystemen mit mehrstufiger Mehrproduktartenfertigung zeichnen sich durch eine beachtliche Vielfalt der Ausgestaltungsmöglichkeiten aus.

Die Produktion in jeder Stufe erfordert die Bereitstellung der Kapazitäten, Personen und Werkstoffe in hinreichendem Maße, um den Fertigungsprozeß durchführen zu können. Dies gilt für alle industriellen Produktionsbereiche und ist in dieser Unternehmenssimulation berücksichtigt worden. Durch die Zeitbedarfe für die Beschaffungs-, Produktions- und Absatzvorgänge ergeben sich Notwendigkeiten des Lageraufbaus und der Disposition der Lagerbewegungen. Die Steuerung eines komplexen produktiven Systems wirkt in ausgeprägtem Maße auf die Höhe der entstehenden Kosten.

Die Simulation eines Produktionssystems muß wesentliche Zusammenhänge und Kostenwirkungen aufweisen, um ein Entscheidungstraining zu gewährleisten.

In der Unternehmenssimulation SUBPRO werden Produktionsprozesse mit substitutionalen Werkstoffen nachgebildet. Dies stellt für die Teilnehmer eine besondere Herausforderung dar. Die Entscheidungen im Produktionsbereich betreffen auch die Kombination der substitutionalen Werkstoffe. Die Werkstoffpreise und die Lagerkosten der Werkstoffe können bei der Produktionsplanung berücksichtigt werden.

Das Produktionssystem ist in ein einfaches Unternehmenssystem eingebettet. Jede Unternehmung befindet sich in oligopolistischer Konkurrenz mit Konkurrenten und verfügt auch über ein begrenztes absatzpolitisches Instrumentarium.

In der Lehre und in der Literatur werden die Studierenden an wirtschaftliche Zusammenhänge der Produktion meist über die Darstellung einzelner Teilbereiche herangeführt. Die Kombination substitutionaler Produktionsfaktoren bildet einen fundamentalen Darstellungsbereich der Produktions- und Kostentheorie [1],[2], [3]. Die Bedingungen der Minimalkostenkombinationen gehören zu den wesentlichen Aussagen dieses Problembereichs. Im Zusammenhang mit den Kosten- und Umsatzverläufen werden auch optimale Produktionsmengen einzelner Perioden bei verschiedenen Zielsetzungen dargestellt. Die Steuerung der Werkstoff- und Fertigproduktläger wird meistens getrennt von der Produktionstheorie wie ein eigenständiges Problem dargestellt. Die Lagerkosten, Bestell- oder Rüstkosten, der Wert der zu lagernden Güter sowie in einigen Ansätzen die Fehlmengenkosten bilden die Komponenten der zu minimierenden Zielgröße "'Kosten"'.

Die in diesen Modellen ermittelbaren optimalen Bestell- oder Produktionsmengen setzen verschiedene Annahmen, welche das Produktionssystem betreffen, voraus.

Die Ermittlung und Analyse des Periodenerfolges der produzierenden Unternehmung gehört

Unternehmenssimulation

zu einem weiteren Lehrgebiet. In dem Planspiel SUBPRO erfährt der Teilnehmer das Zusammenwirken der Produktions- und Lagersteuerung in einem Gesamtsystem. Über die Konkurrenzsituation wird die gleichzeitige Planung des Absatzes und der Produktion erforderlich. Über die Preisverhältnisse auf den Werkstoffmärkten ergeben sich beachtenswerte Einflüsse auf die Produktions- und Lagerplanung. Die Leitung der simulierten Unternehmung hat gleichzeitig mit den Entscheidungen für alle Teilbereiche des Absatzes, der Produktion und der Lagerdisposition auch die Investitionsentscheidungen für die Produktionskapazitäten zu treffen. Ihre Planungen sind auf mehrere Perioden auszurichten, um nachhaltig die Unternehmensziele zu verwirklichen. Das in dem Simulationssystem enthaltene Marktsystem ermittelt anhand der Entscheidungen aller Konkurrenzunternehmungen die Absatzmengen und Marktstellungen, die aktuellen Bestände und stellt auch Berichte über die Märkte, die Finanzberichte, die Gewinn- und Verlustrechnungen sowie die Bilanzen zusammen. Der Teilnehmer kann somit die Zusammenhänge zwischen den Periodeerfolgen und der Produktionssteuerung kennenlernen.

Die Unternehmenssimulation läßt sich vielfältig einsetzen. In Planspielseminaren mit begleitender Betreuung und Lehre kann ein Training für die Führung von Unternehmungen mit komplexen Produktionsbereichen durchgeführt werden. Die Seminarleitung kann über die Einstellung der Rahmenparameter die wirtschaftlichen Erfolgsmöglichkeiten großzügig oder bedrohlich gestalten. Auch in Vorlesungen und Übungen lassen sich Entscheidungssituationen einer mehrstufigen Mehrproduktartenfertigung mit Hilfe der Simulationsdaten darstellen und erläutern. Die Präsentation einer Folge von Entscheidungen und ihren wirtschaftlichen Effekten kann die perioden- und bereichsübergreifenden Wirkungen zeigen. Ein bisher noch nicht oft genug mit Unternehmenssimulationen angereichertes Lehrgebiet der Betriebswirtschaftslehre stellt die Kostenplanung und -rechnung sowie das Controlling dar. Die Planung der Produktion und des Einsatzes der absatzpolitischen Instrumente stützt sich stark auf die Kalkulation der Erzeugnisse und die Variabilität der Kosten. In der oligopolistischen Konkurrenzsituation wirken die Preispolitik von der einen Seite direkt auf die Deckungsbeiträge der Erzeugnisse, während die Werkstoffkosten ebenso direkt als Teil der variablen Stückkosten von der anderen Seite wirken.

Sowohl eine Istkostenrechnung auf Vollkostenbasis als auch eine Teilkostenrechnung zur Information über Kostenwirkungen der betrieblichen Entscheidungen finden in dieser Simulation interessante Anwendungsgebiete. Soweit eine Erfolgsplanung für die simulierten Unternehmungen aufgestellt wird, kann nach durchgeführter Marktsimulation und Ergebnisrechnung auch eine Abweichungsanalyse und Kennzahlenauswertung vorgenommen werden, um Controllingaspekte zu diskutieren.

Der Einsatz von Entscheidungsmodellen und Informationssystemen kann an dieser Unternehmenssimulation erprobt werden. Ausgehend von diesem Planspiel und den bei der Entwicklung gemachten Erfahrungen wird im weiteren an einem Hilfsmittel zur Flexibilisierung des Ausbildungsinstruments Unternehmensplanspiel und zur Unterstützung bei dessen Erstellung geforscht werden.

19.2 Simultanmodelle zur Planung von Produktion und Beschaffung bei substitutionalen Produktionsfaktoren - Eine Entscheidungshilfe im Planspiel SUBPRO

19.2.1 Problemdarstellung

Die Themenstellung zeigt, daß in meinem Dissertationsprojekt zwei wesentliche Gesichtspunkte eine Rolle spielen:

1. die Entwicklung von Optimierungsmodellen und
2. die Konstruktion eines Planspiels

Ausgangspunkt der überlegung, Optimierungsmodelle als Entscheidungshilfe für ein computergestütztes Unternehmensplanspiel zu entwickeln, war u.a. die Untersuchung von:

1. Müller-Merbach [6],[8],[9], der festgestellt hat, daß in der Praxis erhebliche Widerstände gegenüber Methoden der mathematischen Verfahrensforschung auftreten, und die Untersuchungen von:
2. Börsig und Frey [4], die u.a. festgestellt haben, daß die Zustimmung zu mathematischen Problemlösemethoden größer ist, wenn die Methoden präsentiert und angewendet werden.

Die Optimierungsmodelle bilden betriebliche Prozesse ab, siehe Abb. 1.

Beispielhaft liegt in einem Unternehmen ein einstufiger Produktionsprozeß vor, in dem mit Hilfe der Rohstoffe r_1, r_2 und r_3 das Endprodukt X hergestellt wird. Weiterhin sei angenommen, daß die Rohstoffe auf einem Beschaffungsmarkt beschafft (r_{b1}, r_{b2} und r_{b3}) und im Unternehmen gelagert werden (keine beschaffungssynchrone Produktion). Die für die Produktion von X benötigten Rohstoffe sind substitutionale Einsatzgüter, d.h. die Einsatzmengen der Rohstoffe können beliebig variiert werden, ohne daß die Qualität oder die geforderte Produktionsmenge des herzustellenden Gutes verletzt wird.

Die Frage ist nun, welche Rohstoffmengenkombination in den Produktionsprozeß einzusetzen ist, und wie groß die Bestellmengen $r_{bi}, i = 1, 2, 3$ zu wählen sind. Um diese Frage zu beantworten, werden folgende Kosten betrachtet:

$$Gesamtkosten = Lagerkosten + Bestellkosten + Produktionskosten$$

Das Ziel ist nun, die Einsatzmengen r_i und die Bestellmengen $r_{bi}, i = 1, 2, 3$ so zu planen, daß die gesamten Kosten unter Einhaltung der Produktionsfunktion und eventuell auftretenden Lager- und Finanzrestriktionen minimal werden.

Es soll nun anhand eines Beispieles verdeutlicht werden, daß eine sukzessive Vorgehensweise mit Hilfe der Minimalkostenkombination und der optimalen Bestellmengenformel nur suboptimale Lösungen garantiert.

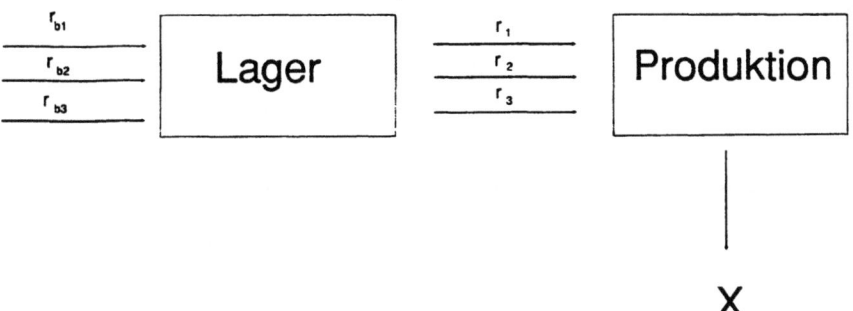

Abb. 1: Einstufiger Produktionsprozeß

Beispiel 1:

Die Faktormengenplanung wird auf der Grundlage folgender Daten durchgeführt:

- der Produktionsprozess wird durch eine linear-homogene Produktionsfunktion beschrieben

$$X(r_1, r_2, r_3) = c \cdot r_1^{\alpha_1} \cdot r_2^{\alpha_2} \cdot r_3^{\alpha_3}$$

- die Faktorpreise (q_i) der Einsatzgüter und die geplante Produktionsmenge sind gegeben:

$$q_1 = 15\ GE, \qquad q_2 = 25\ GE, \qquad q_3 = 10\ GE, \qquad \overline{X} = 300000\ ME$$

- der Effizienzparameter und die Distributionsparameter sind gegeben:

$$c = 30; \qquad \alpha_1 = 0,3; \qquad \alpha_2 = 0,2; \qquad \alpha_3 = 0,5$$

Daraus folgt:

(MKK) Minimiere

$$K(r_i) = 15 \cdot r_1 + 25 \cdot r_2 + 10 \cdot r_3$$

auf $M :=$

$$\{r \in \mathbb{R}^3 \mid 30 \cdot r_1^{0,3} \cdot r_2^{0,2} \cdot r_3^{0,5} = 300000$$
$$r > 0\}$$

Die partiellen Ableitungen der entsprechenden Lagrangefunktion:

$$L(r_1, r_2, r_3) = 15 \cdot r_1 + 25 \cdot r_2 + 10 \cdot r_3 + \lambda \cdot (30 \cdot r_1^{0,3} \cdot r_2^{0,2} \cdot r_3^{0,5} - 300000)$$

lauten demnach:

$$\frac{\partial L(r_1, r_2, r_3)}{\partial r_1} = 15 - 0,3 \cdot \lambda \cdot (30 \cdot r_1^{-0,7} \cdot r_2^{0,2} \cdot r_3^{0,5}) = 0$$

$$\frac{\partial L(r_1, r_2, r_3)}{\partial r_2} = 25 - 0,2 \cdot \lambda \cdot (30 \cdot r_1^{0,3} \cdot r_2^{-0,8} \cdot r_3^{0,5}) = 0$$

$$\frac{\partial L(r_1, r_2, r_3)}{\partial r_3} = 10 - 0,5 \cdot \lambda \cdot (30 \cdot r_1^{0,3} \cdot r_2^{0,2} \cdot r_3^{-0,5}) = 0$$

$$\frac{\partial L(r_1, r_2, r_3)}{\partial \lambda} = 30 \cdot r_1^{0,3} \cdot r_2^{0,2} \cdot r_3^{0,5} - 300000 = 0$$

Durch Auflösung des Gleichungssystems erhält man eine Einsatzmengenkombination:

$$r_{1_{opt}} = 7596,1369 \, ME$$
$$r_{2_{opt}} = 3038,85821 \, ME$$
$$r_{3_{opt}} = 18991,53378 \, ME$$

Die Kosten dieser Lösung betragen:

$$K_{min} = 379828,84733 \, GE$$

Aufgrund dieser Faktormengenkombination können mit Hilfe des klassischen Losgrößenansatzes die optimalen Bestellmengen bestimmt werden [14]. In einer Periode werden folglich:

$$r_1 = 7596,1369 \, ME$$
$$r_2 = 3038,85821 \, ME$$
$$r_3 = 18991,53378 \, ME$$

benötigt. Die Bestellmengenplanung beruht auf folgenden Daten:

- Kosten einer Bestellung:

$$k_{b_1} = 1000 \, GE, \quad k_{b_2} = 50 \, GE, \quad k_{b_3} = 1200 \, GE$$

- Lagerkosten pro ME pro ZE:

$$k_{l_1} = 15\,GE, \quad k_{l_2} = 30\,GE, \quad k_{l_3} = 75\,GE$$

- Periodenlänge:

$$T = 200\,Tage$$

Somit stellt sich das Problem:

(LOS) Minimiere

$$K(r_b) = \frac{1}{2} \cdot 200 \cdot (15 \cdot r_{b_1} + 30 \cdot r_{b_2} + 75 \cdot r_{b_3}) + 1000 \cdot \frac{7596.1369}{r_{b_1}}$$
$$+ 50 \cdot \frac{3038.8582}{r_{b_2}} + 1200 \cdot \frac{18991.5337}{r_{b_3}}$$

$auf\ M :=$

$$\{r_b \in \mathbb{R}^3 \mid r_b > 0\}$$

Nach Auflösung der partiellen Ableitungen erhält man folgende Lösung:

$$r_{b_1,opt} = 71,1624\,ME$$
$$r_{b_2,opt} = 7,1167\,ME$$
$$r_{b_3,opt} = 55,1239\,ME$$

Die Kosten dieser Lösung betragen:

$$K_{min} = 1083046,2059\,GE$$

Bei der hier dargestellten Vorgehensweise wird eine Faktormengenkombination bestimmt, ohne die, durch die Beschaffung und Lagerung der Materialarten r_i, $i = 1, \ldots, n$, anfallenden Kosten explizit zu berücksichtigen. Die Bestimmung der optimalen Bestellpolitik erfolgt im zweiten Schritt daher auf der Grundlage eines vorgegebenen, nicht unbedingt kostenminimalen Materialbedarfs.

Um jedoch die Beschaffungs- und Lagerkosten ($K_B(r_{b_i})$ und $K_L(r_{b_i})$) in die Bestimmung der Faktormengenkombination einzubeziehen, sollten die Bestellmengen r_{b_i}, $i = 1, \ldots, n$ bereits ermittelt worden sein. Diese können wiederum nur disponiert werden, wenn die Faktorbestände und somit der Materialbedarf bekannt ist.

Die erläuterten Interdependenzen sollen durch Abbildung 2 verdeutlicht werden.

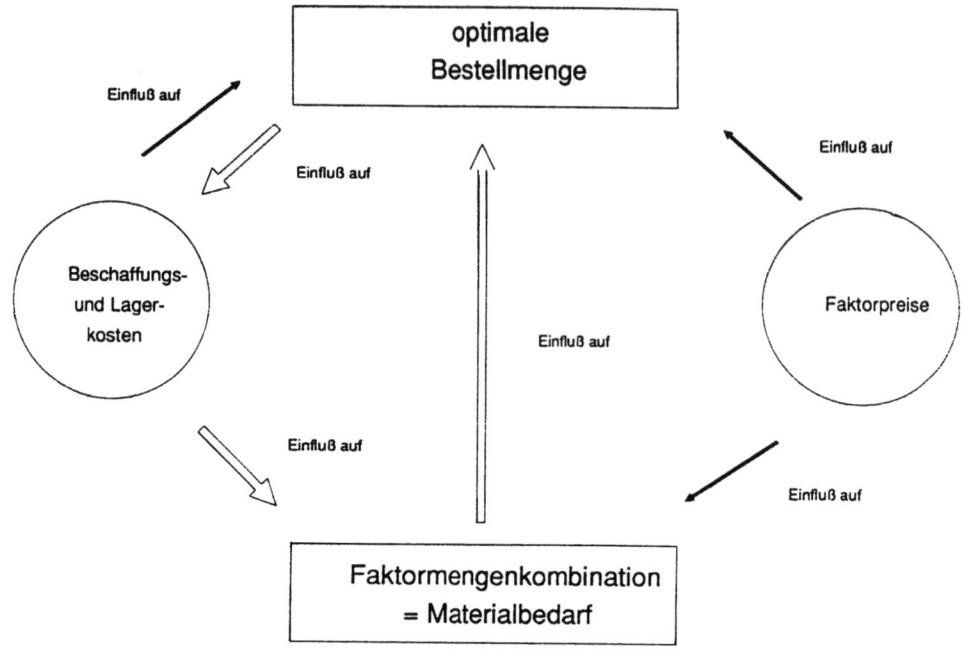

Abb. 2: Abhängigkeiten zwischen Faktor- und Bestellmengenermittlung

Eine Lösung dieses Dilemmas ergibt sich durch eine simultane Ermittlung von Faktor- und Bestellmengen, wie sie nachfolgend dargestellt werden soll. Um das Ziel, die kostengünstigste Produktionsfaktorkombination und eine optimale Bestellpolitik zu erreichen, werden die Gesamtkosten aus Produktion, Beschaffung und Lagerung, unter Beachtung der Produktionsfunktion, der Nicht-Negativitäts-Bedingungen und der Forderung, daß das Lager einen Endbestand von Null aufweist, minimiert.

Faßt man die fixen Produktions-, Lager- und Beschaffungskosten zu einem fixen Kostenposten zusammen (die Fixkosten beeinflussen die Optimierung dieses Problems nicht und werden nur aus Gründen der Vollständigkeit einbezogen):

$$K_F = K_F P + K_F L + K_F B$$

lautet das Optimierungsmodell des Grundmodells:

(OPG) Minimiere

$$K(r, r_b) = K_F + \sum_{i=1}^{n} q_i \cdot r_i + \sum_{i=1}^{n} \frac{1}{2} \cdot k_{l_i} \cdot r_{b_i} \cdot T + \sum_{i=1}^{n} k_{b_i} \cdot \frac{r_i}{r_{b_i}}$$

auf $M :=$

$$\{r, r_b \in \mathbb{R}^n \mid X(r_1, \ldots, r_n) = \overline{X} \tag{1}$$
$$r_{b_i} - r_i \leq 0 \quad f"ur \quad i = 1, \ldots, n \tag{2}$$
$$r > 0 \tag{3}$$
$$r_b > 0\} \tag{4}$$

Gleichung (1) sagt aus, wieviel in der betrachteten Periode unter Beachtung der substitutionalen Produktionsfunktion hergestellt werden muß.

Die Faktor- und Bestellmengen müssen größer als Null sein (Bedingung (3) und (4)), weil von peripher Substitution ausgegangen wird. Weil ein Lageranfangs- sowie Lagerendbestand von Null vorausgesetzt wird [14], müssen die Bestellmengen r_{b_i}, $i, j = 1, \ldots, n$ im Zeitraum T kleiner oder gleich den Bedarfsmengen $r_i, i = 1, \ldots, n$ sein (Bedingung (2)).

Daß mit Hilfe dieses Grundmodells beachtliche Kosten- und Mengenabweichungen gegenüber einer sukzessiven Ermittlung der Faktor- und Bestellmengen erreicht werden, soll folgendes Beispiel demonstrieren.

Beispiel 2:

Um zu zeigen, daß eine simultane Planung der Faktor- und Bestellmengen zu einer erheblichen Kostenersparnis führt, werden die Daten des ersten Beispiels vorausgesetzt.

- Substitutionale Produktionsfunktion:

$$X(r_1, r_2, r_3) = 30 \cdot r_1^{0,3} \cdot r_2^{0,2} \cdot r_3^{0,5} - 300000$$

- Periodenlänge:

$$T = 200$$

- Kosten der Produktion:

$$K_P(r_1, r_2, r_3) = 15 \cdot r_1 + 25 \cdot r_2 + 10 \cdot r_3$$

- Kosten der Lagerhaltung:

$$K_L(r_{b_1}, r_{b_2}, r_{b_3}) = \frac{1}{2} \cdot 200 \cdot (15 \cdot r_{b_1} + 30 \cdot r_{b_2} + 75 \cdot r_{b_3})$$

- Kosten der Beschaffung:

$$K_B(r_1, r_2, r_3, r_{b_1}, r_{b_2}, r_{b_3}) = 1000 \cdot \frac{r_1}{r_{b_1}} + 50 \cdot \frac{r_2}{r_{b_2}} + 1200 \cdot \frac{r_3}{r_{b_3}}$$

Man erhält folgendes Problem:

(SIMULT) Minimiere

$$K_B(r_i, r_{b_i}) = 15 \cdot r_1 + 25 \cdot r_2 + 10 \cdot r_3 + \frac{1}{2} \cdot 200 \cdot (15 \cdot r_{b_1} + 30 \cdot r_{b_2}$$
$$+ 75 \cdot r_{b_3}) + 1000 \cdot \frac{r_1}{r_{b_1}} + 50 \cdot \frac{r_2}{r_{b_2}} + 1200 \cdot \frac{r_3}{r_{b_3}}$$

auf $M :=$

$$\{r, r_b \in \mathbb{R}^3 \mid X(r_1, r_2, r_3) = 30 \cdot r_1^{0,3} \cdot r_2^{0,2} \cdot r_3^{0,5} - 300000$$
$$r_{b_i} - r_i \leq 0 \quad f\ddot{u}r \quad i = 1, \ldots, n$$
$$r, r_b > 0\}$$

Mit Hilfe eines Opimierungsverfahrens erhält man folgende Lösung [10] [11] [12],

Mengenart	optimale Faktormengenkombination	optimale Bestellmengen
1	9992,9658 ME	81,6209 ME
2	6062,7644 ME	10,0521 ME
3	12 221,2311 ME	44,2198 ME

die Kosten in Höhe von $K_{min} = 1392149,7926$ GE verursacht. Die nächste Tabelle verdeutlicht die Kosten- und Mengenabweichungen zwischen der sukzessiven und der simultanen Planung der Faktor- und Bestellmengen.

Materialart	Sukzessivplanung		Simultanplanung	
	Faktormengen	Bestellmengen	Faktormengen	Bestellmengen
1	7596,1369 ME	71,1624 ME	9992,9658 ME	81,6209 ME
2	3038,8582 ME	7,1167 ME	6062,7644 ME	10,0521 ME
3	18 991,5337 ME	55,1239 ME	12 221,2311 ME	44,2198 ME

Es findet eine eindeutige Verschiebung zugunsten des Einsatzes der Rohstoffe r_1 und r_2 statt, die darauf zurückzuführen ist, daß in der simultanen Planung die hohen Bestell- und Lagerkosten des Rohstoffs r_3 explizit berücksichtigt werden können und die Entscheidung der optimalen Faktor- und Bestellmengenkombination somit nicht nur von den Produktionskosten abhängt. Die Faktor- und Bestellmengenverschiebung verursacht eine Kostenverminderung von 5.08 %, wie in den folgenden Tabellen gezeigt wird.

Unternehmenssimulation

Materialart	Absolut		Prozent	
	Faktormengen	Bestellmengen	Faktormengen	Bestellmengen
1	2396,8289	10,4585	23,98 %	12,81 %
2	3023,9062	2,9354	49,87 %	29,20 %
3	-6770,3026	-10,9041	-55,39 %	-24,65 %

Kostenarten	Sukzessiv	Simultan	Relativ	Prozentual
Produktionskosten	379 828,84 GE	423 675,91 GE	43 847,06	10,34 %
Lagerkosten	541 522,95 GE	484 236,15 GE	-57 286,80	-11,83 %
Bestellkosten	541 523,25 GE	484 237,72 GE	-57 285,52	-11,83 %
Gesamtkosten	1 462 875,03 GE	1 392 149,79 GE	-70 725,24	-5,08 %

Weil einerseits die Annahme bzgl. des Lagerendbestands einen Bestandteil des Modells darstellen muß, und andererseits eine Anpassung der Bestellmenge an die Faktormenge, wie im 1. Fall vollzogen, nicht berücksichtigt, daß eine andere Faktor- und Bestellmengenkombination niedrigere Kosten verursachen kann (wie im 2. Fall), müssen die Restriktionen $r_{b_i} - r_i \leq 0$, $i = 1, 2, 3$ explizit berücksichtigt werden.

19.2.2 Darstellung des Unternehmensplanspiels SUBPRO

Um Studenten die Problematik derartiger substitutionaler Produktionprozesse zu verdeutlichen, wurde das computerunterstützte Unternehmensplanspiel SUBPRO konstruiert. Im Bereich der Betriebswirtschaftslehre spielen Planspielmodelle, in denen ein breites Spektrum von betrieblichen Entscheidungsprozessen abgedeckt wird, eine bedeutende Rolle. Ein Unternehmensplanspiel setzt sich aus zwei Modellen, wie in Abbildung 3 ersichtlich, zusammen.

1. Das Steuerungsmodell legt den Spielhintergrund fest und stellt den Rahmen für Entscheidungen durch Begrenzung von Entscheidungsalternativen mittels Spielregeln dar.
2. Das Simulationsmodell verarbeitet die Entscheidungen der Unternehmen.

Die beteiligten Spieler müssen in jeder Spielperiode betriebliche Entscheidungen treffen, deren Auswirkungen auf die Unternehmensentwicklung und auf die Umweltsituation mit Hilfe eines Computers simuliert werden. Die Auswirkungen werden als Ergebnisbericht an die Spieler zurückgemeldet, die anschließend für die nächste Periode neue Entscheidungen zu treffen haben. Durch die dynamische Entscheidungssituation können die Teilnehmer die Qualität ihrer Planungen und Entscheidungen überprüfen und korrigieren.

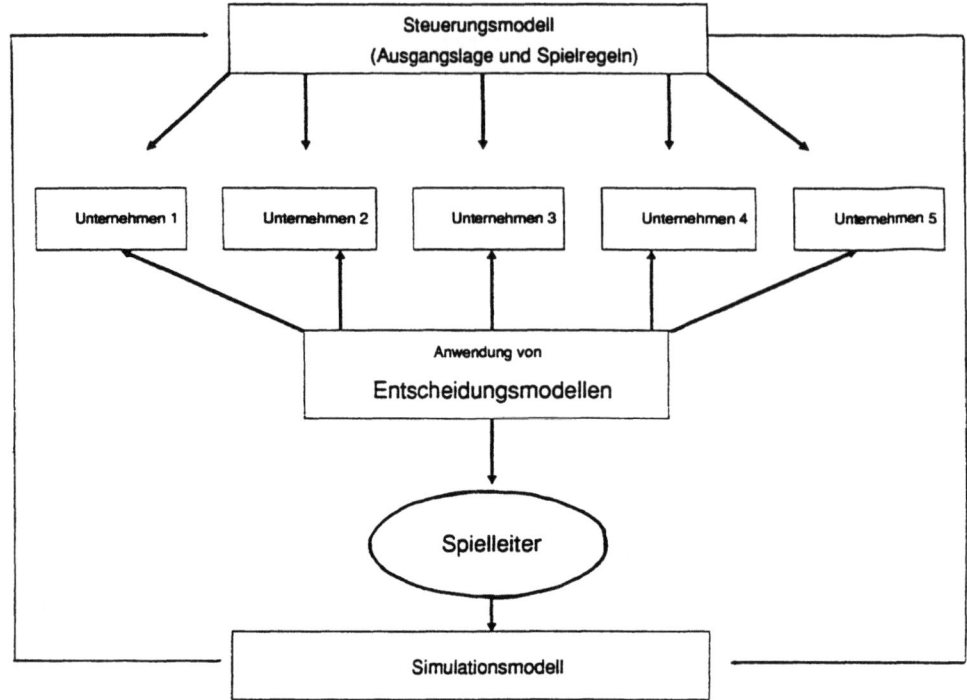

Abb. 3: Unternehmensplanspielzusammenhang

Das Unternehmensplanspiel SUBPRO (SUBstitutionale PROduktion) ist ein interaktives Planspiel, an dem bis zu fünf Industrieunternehmen, die jeweils durch Teilnehmergruppen repräsentiert werden, beteiligt sind. Die Entscheidungen der Spielunternehmen können jedoch auch von der Spielleitung in jeder Periode fixiert werden, so daß das Spiel auch als Ein-Personen-Spiel (ein real existierendes Spielunternehmen spielt mit simulierten Unternehmen) eingesetzt werden kann. Die erste Möglichkeit soll Untersuchungen der Kleingruppenforschung berücksichtigen. Es wurde in Differenzmaximierungsspiele beobachtet, daß die Versuchspersonen nicht an der Maximierung deseigenen Gewinns, sondern an der Maximierung der Gewinndifferenz zum Gegenspieler interessiert sind [5]. Weiterhin konnte man feststellen, daß die Versuchspersonen, in Konfliktsituationen mit Bekannten, intensiver und auch motivierter arbeiteten als mit unbekannten Partnern, die in anderen Räumen beschäftigt oder nur simuliert wurden [13]. Ob diese Ergebnisse auch auf Konfliktsituationen im Planspiel zu übertragen sind, kann nicht ohne weiteres angenommen werden und bedarf noch einer eingehenden Untersuchung, die den Rahmen dieses Projektes jedoch sprengen würde. Die zweite Spielalternative, eine Teilnehmergruppe spielt gegen simulierte Unternehmen, soll das Problem der Gruppenvergleichbarkeit reduzieren [7].

Das Unternehmensplanspiel kann in verschiedenen Komplexitätsstufen durchgeführt werden. Die Spielleitung besitzt die Möglichkeit, die vorgegebene Komplexitätsstufe während eines Spieldurchgangs zu ändern. Dies erscheint z.B. dann sinnvoll, wenn die Spielteilnehmer aufgrund einer zu hohen oder auch zu niedrigen Stufe die Motivation am Spiel verlieren. In dem Planspiel SUBPRO sind keine zufallsabhängigen Variabeln berücksichtigt worden. Das Argument, daß ein Spielmodell durch Einführung von Zufallselementen realistischer würde, weil auch in der Realität eine exakte Vorhersage über die Auswirkungen der eigenen Entscheidungen unmöglich ist, erscheint aus folgenden Gründen nicht haltbar: Einmal wirkt das Verhalten der anderen Spielunternehmen für die Teilnehmer auch in einem deterministischen Planspielmodell wie eine stochastische Größe. Darüberhinaus können die Spielteilnehmer die Zusammenhänge eines komplexen Modells nicht sofort erkennen, so daß eine Einführung von zusätzlichen Zufallselementen die Analyse daher nur zusätzlich erschweren würde. Unmutsäußerungen wie "'da habe ich diese Periode so gut disponiert, was kann ich also dazu, daß ein Verrückter meine Lagerhallen in Brand gesteckt hat"' sind durchaus denkbar und schon deshalb nicht außer Acht zu lassen, da sie sich demotivierend auf den weiteren Spielverlauf auswirken können.

Die Teilnehmergruppen müssen in jeder Simulationsperiode, die 12 Monate bzw. 360 Tage entspricht, Entscheidungen treffen, die im wesentlichen den gesamten Entscheidungsbereich eines Industrieunternehmens (Beschaffungs-, Investitions-, Produktions-, Personal-, Absatz- und Finanzbereich) umfassen. Für eine Anzahl von Unternehmensentscheidungen, z.B. Personaleinsatz von Zeitarbeitskräften, ergibt sich ein kurzfristiger Wirkungsbereich. Andere Entscheidungen bewirken nachhaltige, länger wirkende Veränderungen der Unternehmenssituation. Hierzu zählen z.B. Investitionsentscheidungen oder die Aufnahme von längerfristigen Krediten. Einige Entscheidungsvariablen wirken erst mit zeitlicher Verzögerung, dies trifft z.B. für Investitions- und Absatzentscheidungen zu.

Das Simulationsmodell ist so konzipiert, daß die Spielergruppen im Beschaffungs-, Personal- und Absatzbereich auf Konkurrenzsituationen treffen; das bedeutet, daß die periodenweise ausgegebenen Unternehmensergebnisse nicht nur von der Wahl der eigenen Entscheidungen abhängen, sondern auch vonden Entscheidungen der anderen beteiligten Unternehmen. Der Produktionsbereich eines jeden Unternehmens umfaßt einen zweistufigen mehrperiodigen Kombinationsprozeß. Der substitutionale Produktionsprozeß I stellt aus drei Rohstoffen ein Endprodukt und ein Zwischenprodukt her. In dem limitationalen Produktionsprozeß II werden aus dem Zwischenprodukt und einem weiteren Rohstoff zwei weitere Endprodukte erzeugt (Abb. 4).

Die Unternehmungen können die drei verschiedenen Endprodukte auf bis zu zwei inländischen Absatzmärkten veräußern. Um das Kaufverhalten der Kunden anzuregen, können verschiedene Marketinginstrumente eingesetzt werden (z.B. Preispolitik).

Die betriebliche Struktur der am Spiel teilnehmenden Unternehmen ist in Abbildung 5 dargestellt.

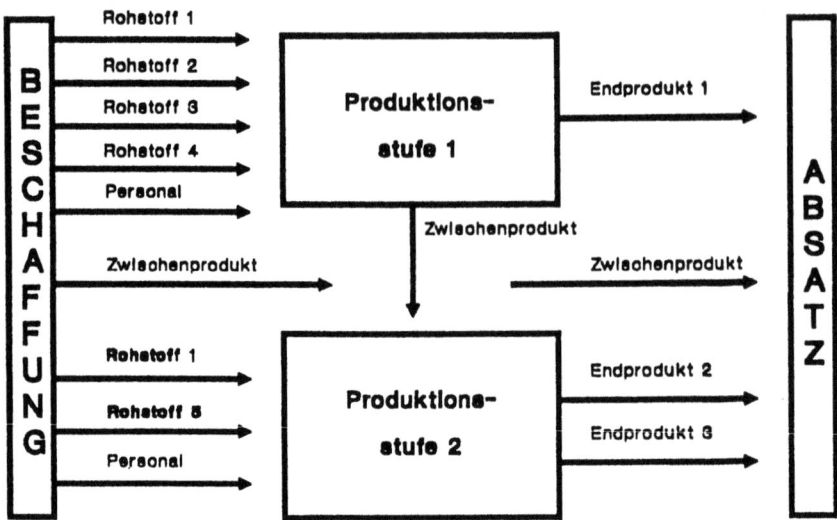

Abb. 4: Produktionsstruktur im Planspiel SUBPRO

Die für die Produktion benötigten Produktionsfaktoren (Rohstoffe, Zwischenprodukte, Betriebsstoffe, Betriebsmittel und menschliche Arbeit) müssen von den Unternehmen auf den entsprechenden Märkten beschafft werden. Um das Zwischenprodukt und die Endprodukte herzustellen, müssen die Rohstoffe dem jeweiligen Lager entnommen und mit der Personal- und Maschinenleistung kombiniert werden. Die Endprodukte können erst nach einer einperiodigen Lagerung auf den drei verschiedenen Absatzmärkten verkauft werden. Die Unternehmen erhalten die Möglichkeit das Kaufverhalten der Kunden zu beeinflussen, indem sie gezielte Marketingaktivitäten (Preispolitik, Werbemaßnahmen, Einhaltung und Verbesserung der Produktqualität) einsetzen.

Das Unternehmen, das am Ende einer vorher festgesetzten Anzahl von Spielperioden den höchsten Gewinn ausweist, hat gewonnen.

In hochschuldidaktischer Hinsicht stellt das Unternehmensplanspiel **SUBPRO** den Versuch dar, als Alternative zu herkömmlichen Lehrmethoden des wirtschaftswissenschaftlichen Hochschulunterrichts ein *handlungsorientiertes* Lernverfahren zu entwickeln, das die Möglichkeit schafft, die am Anfang beschriebene Abneigung gegen Verfahren des Operations Research zu verringern.

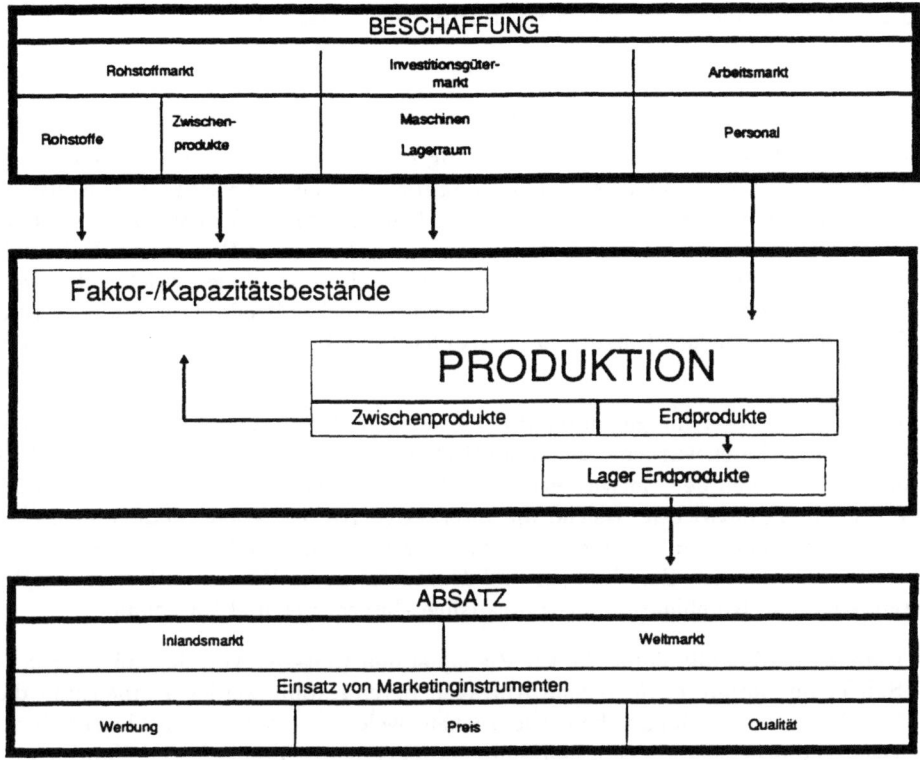

Abb. 5: Die betriebliche Struktur im Planspiel SUBPRO

19.3 Effiziente Erstellung von adaptiven komplexen Unternehmensplanspielen

Unternehmensplanspiele bieten in der universitären betriebswirtschaftlichen Ausbildung die Möglichkeit, sonst schwer zu formalisierendes Wissen zu transferieren. Sie erlauben das Anstreben von Lernzielen höherer Ebene: Fähigkeiten im Bereich der Faktenanalyse, des Erkennens von Problemen, des Datenmanagements, des selbständigen Aneignens von Wissen, der Begründung und Verteidigung von Entscheidungen, der Teamfähigkeit und ähnlicher "'Skills"', die von Managern erwartet und in der Praxis benötigt werden.

Bei der Auswahl oder Anpassung von Planspielen als Ausbildungsinstrumente für den Einsatz in der Lehre ist deren übereinstimmung mit den vorgegebenen Lernzielen und -inhalten zu überprüfen [19]. Dabei ist es notwendig, das Planspiel genau zu analysieren. Wenn eine strukturelle übersicht nicht geboten wird, kann dabei ebenso wie bei einer erforderlichen Anpassung erheblicher Aufwand entstehen. Oft werden daher in der Praxis die Lerninhalte an verfügbare Instrumente angepaßt - mit den entsprechenden Nachteilen.

19.3.1 Erfahrungen aus der Erstellung von SUBPRO

Noch mehr Aufwand ist mit der Entwicklung eines neuen Planspiels verbunden. Es ist nicht überzogen, bei der Zeitdimensionierung für die Phasen Spezifikation, Konstruktion, Implementierung mit Tests und Erstellung der Dokumentation für ein komplexes Planspiel über "'Mannmonate"' zu sprechen. Beispielsweise haben an SUBPRO zwei Entwickler gemeinsam 8 Monate gearbeitet. Es handelt sich dabei um ein Spiel, welches die simultane Planung von Absatz und Produktion vier unterschiedlicher Produkte und die Bestimmung der Bestellmengen für den Einsatz von drei substitutierbaren und zwei limitationalen Rohstoffen erwartet.

Anforderungen, Vorstellungen über die Leistungen des zu entwickelnden Systems und Design-Informationen wurden dabei analytisch und graphisch aufbereitet und so die Kommunikation zwischen den Entwicklern vereinfacht. Zudem wurde das Modell zunächst in einer Umgebung entwickelt, welche die interaktive Konstruktion zuläßt und die Anlage eines Data-Dictionary unterstützt, d.h. einer sortierten Liste aller verwendeten Variablen mit deren funktionalen Beziehungen und Kommentaren. Wir entwickelten am PC und verwendeten eine Kombination aus Spreadsheet-Interpreter und Datenbank.

Die Datenbank-Technik bietet für ein Planspiel den weiteren Vorteil, daß Ergebnisse für den Spieler im Computer für eigene Abfragen bereitgestellt werden können und die Zeit zur Erstellung von umfangreichen Ausdrucken, welche die tatsächliche Reaktionszeit für den Benutzer wesentlich bestimmen kann, gespart wird. Zur besseren Handhabung der Programmentwicklung wurden Module identifiziert und teilweise parallel entwickelt. Die Module konnten einzeln getestet und Ergebnisse schnell sichtbar gemacht werden. Solch eine Vorgehensweise des explorativen Prototypings ist aufwendig, fördert aber die Abstimmung bei Entwurf und Entwicklung komplexer Programmsysteme. Um die Arbeiten planen und kontrollieren zu können, wurde die Netzplantechnik eingesetzt. Entsprechend der Systemstruktur wurden Teilaufgaben bestimmt und die vermutete Realisationsdauer geschätzt. Dies gelingt nur unscharf, aber bei kompakten Modulen ausreichend gut.

Die Anforderungen an das Planspiel waren weit gefaßt: es sollte einerseits das gewünschte Modell möglichst weitgehend abbilden und andererseits für möglichst viele Schulungszwecke bzw. in unterschiedlichen Lehr-Lern-Umgebungen einsetzbar sein. Damit wird eine weitere vermutete Schwierigkeit des Einsatz von Planspielen, der Lernaufwand für den Lehrer zur Beherrschung immer neuer Spielprogramme vermindert.

Bisher wurde erreicht, daß das Spiel so konfiguriert werden kann, daß ein oder mehrere Unternehmen gegeneinander antreten, teils durch Spieler gelenkt, teils mittels gespeicherter Spielzüge simuliert. Mit etwas Aufwand kann die Anzahl der Mitspieler bzw. der berücksichtigten Konkurrenzunternehmen, die Anzahl der Märkte und die Anzahl der Produkte modifiziert werden. Selbstverständlich sind die Rahmenbedingungen für die Unternehmen, wie Zinsen, Löhne, Subventionen oder Steueränderungen vom Spielleiter einstellbar. Die Parameter der verwendeten Funktionen, wie Preis-Absatz- oder Produktionsfunktion sind einstellbar, es kann zusätzlich zwischen der Verwendung der Cobb-Douglas- oder der CES-Produktionsfunktion gewählt werden.

Unternehmenssimulation

19.3.2 Erweiterungsmöglichkeiten

Um zu mehr Flexibilität und Effizienz zu gelangen, sollen in einem neuen Forschungsvorhaben die Anforderungen der potentiellen Benutzer, die typischen Komponenten von Planspielen und die Arbeitsschritte bei der Erstellung so analysiert werden, daß aus den Erkenntnissen ein Hilfsmittel zur Erstellung von Unternehmensplanspielen mit Schwerpunkt integrierte Produktionsplanung konzipiert und programmiert werden kann.

Beim Entwurf eines konkreten Planspiels ist es zunächst wichtig, dessen Verwendungszweck zu kennen bzw. zu formulieren. Dazu muß der Entwickler aber die darzustellenden Inhalte im einzelnen kennen, das kann am besten der Ausbilder selbst, der meist allerdings weder über die Zeit noch über die Erfahrung verfügt, ein Planspiel-Programm zu implementieren. Beim Einsatz sollte das Ausbildungsinstrument auf die betreffenden Inhalte, nicht umgekehrt abgestimmt werden.

19.3.3 Modellierung

Das allgemeine Ziel der Modellbildung für Unternehmensplanspiele sei der Transfer von ökonomischem Handlungswissen, dargestellt an Simulationen von Unternehmen.

Daraus ergeben sich folgende Modellierungsdimensionen:

1. Unternehmensmodell (Modell des betrachteten Unternehmens und seiner Umgebung). Die Ableitung aus konkreten Bildern eines exemplarischen Betriebs, in:

    (a) Eine situative Repräsentation in Form von Dokumentationen ähnlich einer Fallstudie und

    (b) eine strukturelle Abstraktion in Form von adäquaten und idealisierten wissenschaftlichen Zusammenhängen.
    Bei der dabei erfolgenden Modellierung muß bedacht werden, daß eine Vorstrukturierung in der Form stattfindet, daß vereinfacht, substituiert und auch akzentuiert wird.

2. Benutzermodell. Es sollten getrennte Modelle über die Benutzertypen Spielentwickler, Spielleiter und Spieler vorgesehen sein. Während beim Spielentwickler und Spielleiter Kriterien wie Erfahrung im Umgang mit dem Programm die Oberflächengestaltung bestimmen, sind beim Spieler oder Lernenden Eigenschaften wie die Lernbarkeit, Komplexität oder Erklärungsbedürftigkeit zu beachten.

    Eine Möglichkeit der Adaptivität in dieser Hinsicht ergibt sich bei Einsatz und laufender Analyse von Nutzungsprotokollen.

3. Spielsteuerungsmodell. Modell des spielerischen Konzepts, des Spielverlaufs und der Unterrichtssequenz, in die das Spiel eingebettet sein soll:

(a) Ein Konkurrenzspiel kann zwischen Spielern bzw. Gruppen oder zwischen einzelnem Spieler und durch das Programm simulierten Konkurrenten stattfinden. Ebenso denkbar ist ein Spiel, welches den besonderen Wert auf die Kooperation zwischen Abteilungen eines Unternehmens legt, z.B. um die Organisation von Produktinnovationen zu üben.

(b) Das Spiel kann mit definierten Unterbrechungen (period modelling) oder als selbstlaufendes System, bei dem der Benutzer bei nicht-gewünschten Zuständen eingreift (activity scanning [24]) konzipiert werden.

(c) Die Spieler sitzen je nach Ausstattung am Terminal einer Workstation, einem evtl. vernetzten PC oder geben ihre Entscheidungen auf Papier oder Diskette ab.

(d) Das Spiel kann mit mehr oder weniger Zufallseinflüssen oder mit einer Bewertungsfunktion für den Spielerfolg ausgestattet werden.

19.3.4 Strukturanalyse

Eine schwierige Arbeit bei der Planspiel-Entwicklung, die Strukturanalyse und der Entwurf der Modellgleichungen sollte weitgehend, zum Teil graphisch unterstützt werden. Dabei sollte zudem eine Konsistenz- und Laufzeitanalyse durchgeführt werden, die bei überschreitung eines bestimmten Wertes für die Laufzeit-Komplexität den entwickelnden Benutzer informiert.

Die strukturelle Manipulationsmöglichkeit bestimmt weitgehend die Flexibilität von Planspielen.

über das eigentliche Spielen d.h. die Belegung von Aktionsparametern durch die Spieler hinaus können Unternehmensplanspiele oft nur durch das Setzen von Umgebungsparametern durch den Spielleiter verändert werden. Die Parameter werden in Funktionen eingesetzt und berechnet.

Eine Erweiterungsmöglichkeit besteht darin, die zugrundeliegenden Funktionen (oder Funktionstypen) selbst auswählen oder bestimmen zu lassen. Der Spielleiter kann in die funktionale Struktur eingreifen.

Die nächste Ebene der Flexibilisierung wird erreicht durch die änderungsmöglichkeit der Variablen- bzw. Komponentenanzahl und -struktur. Das ergäbe die Möglichkeit der Einbeziehung neuer Handlungsvorschläge der Spieler in den Simulationsablauf, der Spieler kann z.B. neue Produkte beschreiben und einsetzen, neue Märkte erschließen, er kann Finanzanlagen tätigen, Möglichkeiten der Umstrukturierung des Unternehmens ausprobieren und vieles mehr.

Durch Offenlegung der Struktur eines Planspiels wird das von Pädagogen geforderte "'Lernen am Modell"' gefördert, welches die überprüfung zum Gegenstand hat, ob sich das im Modell Gelernte in der Praxis anwenden läßt und durch diese Abstraktionsmöglichkeit wird die Gefahr der Verwechslung von Modell und Original vermindert und die übertragung des Wissens verbessert.

Es kann so zudem eine weitergehende Verwendung von Planspielmodellen möglich werden: Der Entwickler hält sein Wissen über eine betriebswirtschaftliche Situation im Planspielmodell (einer Version) fest. Im spielerischen Umgang mit diesem Modell werden ihm Spezifika der inhärenten Probleme bewußt und er exploriert und verfeinert das Modell. Das Planspiel kann so als Modellierungstechnik zur Erklärung einer ökonomischen Umgebung genutzt werden.

19.3.5 Realisierungskonzept

Ein wesentlicher Teil der Forschungsbemühungen soll darin bestehen, die typischen Komponenten von Planspielen so zu identifizieren, daß einerseits die Abbildungsziele möglichst erreicht werden und andererseits die Menge der Komponenten überschaubar bleibt.

Dabei ist eine geeignete Systemanalysetechnik zu beschreiben, deren Ergebnis die Liste der Systemkomponenten enthält. Denkbar ist die taxonomische Zergliederung des darzustellenden Systems und die Klassifikation der Handlungselemente. Die identifizierten Objekte und Beziehungen mit ihren Abläufen und Schnittstellen werden anhand ihrer Eigenschaften dargestellt. Die enthaltenen funktionalen Abhängigkeiten werden dabei analog zur mathematischen Modelltheorie selbst als Objekte behandelt und spezifiziert. Durch Angabe einer Verarbeitungsvorschrift für die Komponenten oder Symbole wird so eine Art Sprache für Planspielmodellierung entwickelt.

Im Endprodukt sollten die programmierten Komponenten durch graphische Icons darstellbar und durch bestimmte Regeln verknüpfbar sein. Für jedes Objekt kann eine Routine für den Dialog mit dem Benutzer oder eine Simulationsroutine vorgesehen werden.

Die definierten und programmierten Komponenten sollen als Subprogramme bzw. Module in einem Interpreter-Rahmenprogramm durch den Spielgestalter so einsetzbar sein, daß der Ablauf als Planspiel gestartet werden kann.

Die Möglichkeiten des Programmsystems sollen anhand der Abbildung von realen Unternehmen und bei der dynamischen Aufbereitung von Fallstudien zu unterschiedlichen Ausbildungszwecken durch Studenten getestet werden. Dabei sollen Erkenntnisse über die Eignung solcher Programme für den Wissenstransfer und die weitere Verbesserung gewonnen werden.

Erreicht werden soll neben einer Vereinfachung der Spielerstellung, -anpassung und -verfeinerung die Möglichkeit des Einbezugs neuer Handlungsmöglichkeiten und letztlich die Erweiterung des Ausbildungsinstruments Unternehmensplanspiel zu einer Modellierungstechnik zur Erklärung betrieblicher Zusammenhänge.

Literaturverzeichnis

[1] Bloech, J., Lücke, W.: Produktionswirtschaft, Stuttgart 1982, S. 112 ff

[2] Gutenberg, E.: Grundlagen der Betriebswirtschaftslehre, Bd. 1: Die Produktion, Berlin-Heidelberg-New York 1983, S. 302 ff

[3] Lücke, W.: Produktions- und Kostentheorie, Würzburg-Wien 1969, S. 19 ff

[4] Börsig, C.; Frey, D.: Widerstand und Unterstützung bei Operations Research. Ergebnisse aus einem Gruppenexperiment, München 1976, S. 4

[5] Crott, H.: Soziale Interaktion und Gruppenprozesse, Stuttgart-Berlin-Köln-Mainz 1979, S. 142

[6] Heinold, M.; Nitsche, C.; Papadopolous, G.: Empirische Untersuchung von Schwerpunkten der OR-Praxis in 525 Industriebetrieben der BRD, in: Zeitschrift für OR, Bd. 22, 1978, B185-B218

[7] Kießler, K.; Scholl, W.: Partizipation und Macht in aufgabeorientierten Gruppen, Frankfurt/Main 1976, S. 298 ff

[8] Müller-Merbach, H.: Empirische Forschung für OR, in: Bloech, J. et. al.: Operations Research Proceedings, Berlin-Heidelberg-New York 1981, S. 645-653

[9] Müller-Merbach, H.; Möser, M.; Selig, J.: The Process of Operations Research and Software Engineering Empirical Findings, in: Witte, E.; Zimmermann, H.J.: Empirical Research on Organizational Decision-Making, Amsterdam-New York-Oxford-Tokyo 1986, S. 99-112

[10] Schittkowski, K.: The Nonlinear Programming Method of Wilson, Han and Powell with an Augmented Lagrangian Type Line Search Function. Part 1: Convergence Analysis, in: Numerische Mathematik, 38 (1981), S. 83-114; Part 2: An Efficient Implementation with Linear Least Squares Subproblems, in: Numerische Mathematik, 38 (1981), S. 115-127.

[11] Schittkowski, K.: On the Convergence of a Sequential Quadratic Programming Method with an Augmented Lagrangian Line Search Function, in: Mathematische Operationsforschung und Statistik, 14 (1983), S. 197-216.

[12] Schittkowski, K.: A FORTRAN Subroutine Solving Constrained Nonlinear Programming Problems, in: Anals of Operations Research, 5 (1985), S. 485-500.

[13] Schneider, H.-D.: Kleingruppenforschung, 2. Aufl. Stuttgart 1985, S. 248

[14] Zwehl v., W.: Analyse des Modells der optimalen Bestellmenge, Wiesbaden 1973, S. 6 ff

[15] Bakken, B.E. (1989): Learning in Dynamic Simulation Games; Using Performance as a Measure, in: Milling, P.M., Zahn, E.O.K.: Computer-Based Management of Complex Systems, Proceedings of the 1989 International Conference of the System Dynamics Society, Stuttgart, July 10-14 1989, Berlin-Heidelberg-New York, S. 309-342.

[16] Biethahn, J. (1987): Simulation eines Marktes zum Zwecke der Ausbildung: Eine Darstellung des Planspiels OPEX, in: Biethahn, J., Schmidt, B. (Hrsg.): Simulation als betriebliche Entscheidungshilfe, Berlin-Heidelberg-New York.

[17] Bleicher, K. (1984): Unternehmensplanspiele, in: Management-Enzyklopädie, Landsberg am Lech: Moderne Industrie, S. 399-408.

[18] Bloech, J. (1989): Modellierung komplexer betrieblicher Situationen und ihre didaktische Vermittlung mit Hilfe neuerer Informations- und Kommunikationstechniken, in: Neue Informationstechniken in kaufmännischen Modellversuchen, hrsg. vom Bundesminister für Bildung und Wissenschaft, Bad Honnef 1989, Schriftenreihe Studien zu Bildung und Wissenschaft Bd. 74, S. 102-119.

[19] Duke, R.D. (1980): A Paradigm for Game Design, in: Simulation & Games 11, H. 3, S. 364-377

[20] Fritzsche, David J. (1987): The Impact of Microcomputers on Business Educational Simulations, in: Simulation & Games 18, H. 2, S. 176-191.

[21] Getsch, U. (1990): Möglichkeiten einer Förderung von Betriebswirtschaftlichem Zusammenhangwissen - Eine empirische Analyse mit Hilfe eines Unternehmensplanspiels bei angehenden Industriekaufleuten, Göttingen (Berichte aus dem Seminar für Wirtschaftspädagogik Bd. 13).

[22] Jauch, L.R., Snodgrass, C., Szewcak, E.J. (1989): Capstone Renaissance = Simulation + Interaction + DSS, Simulation & Games 20, H. 1, S. 3-13.

[23] Kahle, E., Achtenhagen, F. (1979): Evaluation des Einsatzes von Unternehmensplanspielen - eine Fallstudie am Beispiel der Betriebswirtschaftslehre, in: ZfbF 31, S. 620-634.

[24] Niemeyer, G. (1990): Simulation, in: Kurbel, K., Strunz, H. (Hrsg.): Handbuch Wirtschaftsinformatik, Stuttgart.

[25] Rohn, W. E. (1980): Methodik und Didaktik des Planspieles, Köln (Beiträge zur Gesellschafts- und Bildungspolitik Bd. 50).

[26] Schober, F. (1987): Unternehmensplanspiel, in: Mertens, P. (Hrsg.): Lexikon der Wirtschaftsinformatik, Berlin-Heidelberg-New York, S. 349-350.

[27] Teach, R.D. (1990): Profits: The False Prophet in Business Games, in: Simulation & Games 21, H. 1, S. 12-26.

[28] Weber, K. (1975): Struktur, Entwicklung und Verwendung computergestützter Unternehmensplanspiele, in: Zeitschrift für Organisation, H. 3, S. 147-152

[29] Wolfe, Joseph/Guth, Gary R. (1975): The Case Approach versus Gaming in the Teaching of Business Policy: An Experimental Evaluation, in: Journal of Business 48, S. 349-364.

[30] Zernik, Wolfgang (1987): Economic Theory and Management Games, in: Simulation & Games 18, H. 3, S. 360-384.

[31] Zernik, Wolfgang (1988): Economic Theory and Management Games II, in: Simulation & Games 19, H. 1, S. 59-81.

20 Informationssysteme in heterogenen Computernetzwerken

Jorge Cendales

Zusammenfassung:

Die Verbindung von EDV-Anlagen zu Kommunikationszwecken erlebt eine rasche und turbulente Verbreitung. Lokale Kommunikationsnetzwerke werden über private und/oder öffentlichen Leitungen zu großflächigen Netzwerken verbunden. Dies führt zwangsläufig zur vermehrten bezugslosen Ablage von Information auf einer EDV-Anlage. Die Information ist in der Regel sehr heterogen (Text, Tabellen, Bilder) und weist unterschiedliche Quellen auf. Das vorgestellte Informationssystem verbindet interne und externe Information in innerbetriebliche (Datenbank-)Beziehungsnetze ein (auch Bilder). Grundlage ist die einfache aber sehr wirkungsvolle Philosophie, eine Datenbank zur Steuerung der gesamten EDV-Anlage einzusetzen. Die Menge bezugsloser Dokumente in einem EDV-System wird dadurch reduziert bzw. vollständig beseitigt. Vom Informationssystem heraus kann direkt die heterogene Information gesichtet, verarbeitet, ausgegeben und neu zugeordnet werden.

20.1 Problemstellung: Betriebssimulation mit heterogener Informatik

Ein Betrieb besteht öfters aus sehr unterschiedlichen Einzel-Komponenten mit einem charak- teristischen Betriebsablauf. Jede Komponente setzt dabei entsprechend dem Aufgabengebiet unterschiedliche Informatikmittel ein. Gesamtbetrieblich betrachtet, führt dies zu einem heterogenem Informatikbestand sowohl in der Geräteart (Hardware) wie auch in den benutzten Programmen (Software). Oft bilden dadurch ganze Abteilungen und Produktionsgruppen selbständige Informatikinseln im gesamten Informatik-Betrieb.

Die fehlende Integration der Informatikkomponenten erschwert nicht nur den Produktionsablauf, sondern insbesondere auch die Auswertung von Betriebsdaten für die Betriebsführung. Eine gesamtheitliche Betriebsplanung erfordert den aktuellen Stand verschiedener Betriebsparameter. Erst nach der INTEGRATION aller relevanten EDV-Daten zu einem EDV-Gesamtsystem kann mit einer Rechenanlage eine Betriebssimulation durchgeführt werden. Die Integration von EDV-Komponenten geschieht auf zwei Stufen:

- Stufe 1: Die physikalische Verbindung (hardwaremässige Verbindung der Komponenten)
- Stufe 2: Die logische Verbindung (Datenübertragung und Datenkompatibilität der ver- schiedenen Programmpakete)

Die Verbindung von EDV-Systemen auf der pysikalischen Ebene und auch zum Teil auf der logischen Ebene (Teil: Betriebssysteme) ist in der Ära der Kommunikations-Netzwerke bereits fortgeschritten. Sich zum Standard herausgebildete Protokolle und die Normierungen von Institutionen wie IEEE (Institut of Electrical and Electronics Engineers) und CCITT (Comité Consultatif International de Téléphon et Telegraphiqué) lassen auch die Vermutung zu, dass in Zukunft jedes EDV-System zu einem Gesamtsystem verbunden werden kann. Als markantes Beispiel sei das 7-Schichten-OSI- Kommunikationsmodell der ISO erwähnt.

Auf der logischen Verbindungsebene dagegen sind zwar theoretische Grundlagen durch die Normierung von Protokollen vorhanden, doch in der Praxis hat sich, durch die Fülle der Anbieter und Neuentwicklungen, noch keine eindeutige Linie entwickeln können. Zwar erlauben normierte Formate die Übergabe von Daten zwischen unterschiedlichen Anwendungsprogrammen, doch noch geschieht dies über Import- und Export-Funktionen. Ein direkter Zugriff auf Daten unterschiedlicher Herkunft ist z. Z. nur eingeschränkt möglich.

Durch die Verbindung von EDV-Anlagen zu Kommunikationsnetzwerken wächst die Datenmenge, die in eine EDV-Anlage einfliessen und in ihr abgelegt werden. Lokale Kommunikationsnetzwerke werden über private oder/und öffentliche Leitungen zu grossflächigen

Netzwerken zusammengebunden. Aufgrund der heterogenen Herkunft der Daten können diese bisher nicht in einer allgemein gültigen Form in die EDV-Anlage integriert werden. Die Folge ist oft die bezuglose Ablage von Dokumenten. Die Folge davon sind Mehrfachanfragen und redundante Information, die die Effizienz einer EDV- Anlage reduzieren.

20.2 Lösung: Integration

Eine Lösungsmöglichkeit wäre eine homogene Informatikwelt aufzubauen. Damit ist gemeint: die Benutzung von nur einen Gerätetyp und einem festdefinierten Programmpaket.

Die Benutzung von homogenen Lösungen ist nicht immer möglich. Eine homogene Lösung setzt nur einen Gerätetyp voraus, so dass bestehende Investitionen nicht genutzt werden können. Die Programme der homogenen Lösungen sind auch nur auf ein begrenztes Spektrum des Betriebsablau- fes zugeschnitten. Zusatzmodule oder Änderungen sind dann meist nicht möglich oder sehr kostenintensiv.

Eine bessere Lösung ist sicherlich die Benutzung einer Programmphilosophie, die eine Integration von Programmen, Daten und Geräten (Hardware) zulässt.

Die Holinger AG - Niederlassung Baden/Schweiz hat 1990 im Rahmen eines Betriebsoptimierungsauftrages eine Programmphilosophie entwickelt, die als Grundlage für jedes EDV-System benutzt werden kann.

Das System besteht aus zwei Komponenten:

1. Der Integrator

2. Die Datenbank

Die zwei Komponenten sind zusammengefasst zu einem System mit dem Namen InfoSYS.

Die Philosophie von InfoSYS basiert auf der Überlegung, Daten jeglicher Art in einem Daten- banksystem einzugliedern. Dadurch können die Daten einem Fachgebiet zugeordnet werden. Wichtig ist dabei der Umgang mit den Daten: diese sollen nicht importiert werden, sondern mit der Herkunftsangabe vollständig verarbeitbar sein. Das heisst, die Daten werden zusammen mit der erforderlichen Programm-Quelleninformation abgelegt.

Das Informationssystem ist dadurch in der Lage, externe Daten zusammen mit dessen Erstellungs- programmen aufzurufen. "Externe"Daten können somit vollumfänglich bearbeitet werden, ohne redundant abgelegt zu sein.

InfoSYS kann dadurch die vollständige Kontrolle einer EDV-Anlage übernehmen. InfoSYS fasst alle auf einem EDV-System abgelegte Daten und Programme zu einem Gesamtsystem zusammen.

20.3 InfoSYS - Datenbank zur Steuerung einer EDV-Anlage

InfoSYS - Technische Beschreibung

Grundlage von InfoSYS ist die dBase-Kompatible Datenbank Superbase 4 unter der Benutzeroberfläche Windows 3.0.

Windows 3.0

Windows 3.0 ist eine grafische Benutzeroberfläche, die den Umgang mit der Rechenanlage vereinfacht. Durch intuitive Bedienungsvorgänge ist für den Benutzer ein schneller Einstieg ohne lange Schulung möglich.

Weitere Merkmale von Windows sind:

- Darstellung am Bildschirm entspricht dem Ausdruck auf Papier. (What You See Is What You Get - WYSIWIG)

- Programme werden innerhalb von ähnlich gestalteten Fenstern bearbeitet. Dies erleichtert den Einstieg in verschiedene bzw. neue Programme.

- Mehrere Programme können gleichzeitig am Bildschirm angezeigt und bearbeitet werden. Programme können im "Hintergrund" weiterlaufen (Multitasking).

- Zwischen den Programmen ist ein einfacher Datenaustausch von sowohl Texten wie Graphiken über eine Zwischenablage (Clipboard) möglich. Die Kommunikation zwischen den Programmen ist durch einen "dynamischen Datenaustausch" (DDE) möglich.

- Bestehende "DOSProgramme lassen sich einfach aus der Windows-Benutzeroberfläche aufrufen.

Superbase 4

Superbase 4 ist ein Datenbanksystem, das unter der Benutzeroberfläche Windows einsatzfähig ist.

Merkmale:

- 100

- Externe Programme können von Superbase 4 aus aufgerufen werden.

- einfache Definition von Datenbanken und Eingabemasken

- Einbindung von Bildern in die Datenbank

- Password-Schutz auf verschiedenen Ebenen (nur Lesen, nur Ändern, Ändern und Löschen)

InfoSYS - Funktionalität

DER INTEGRATOR durchsucht die Speicherträger (lokale Platten sowie auch Netzwerkplatten) auf Daten, die ohne Bezug abgelegt wurden. Der Benutzer wird angewiesen, diese Daten (Texte, Tabellen, Grafiken) mit den notwendigen Merkmalen zu versehen, um einen Bezug zu den Informationsgebieten der Betriebsdatenbank herzustellen.

Nach der Zuordnung übernimmt der Integrator auch die korrekte Ablage der Daten. Wird z. B. ein Dokument einem Projekt zugeordnet, so wird das Dokument in das Projektverzeichnis übertragen. Dabei wird auch der Name des Dokumentes in eine für das Projekt sinnvolle Bezeichnung umgewandelt.

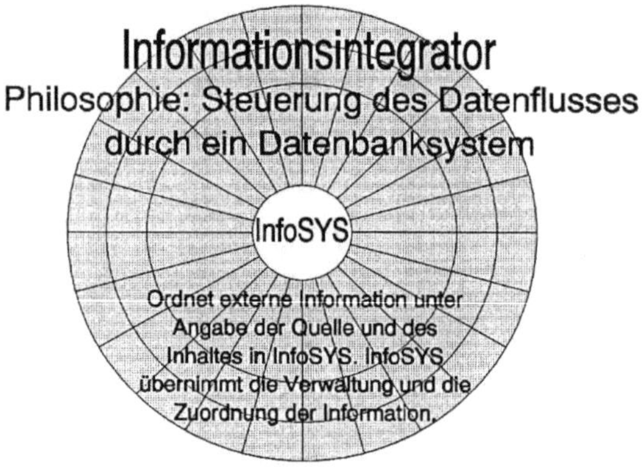

Informationsintegrator
Philosophie: Steuerung des Datenflusses durch ein Datenbanksystem

InfoSYS

Ordnet externe Information unter Angabe der Quelle und des Inhaltes in InfoSYS. InfoSYS übernimmt die Verwaltung und die Zuordnung der Information.

Bild 1: Eigenschaften des Integrators

Informationssysteme in heterogenen Computernetzwerken 309

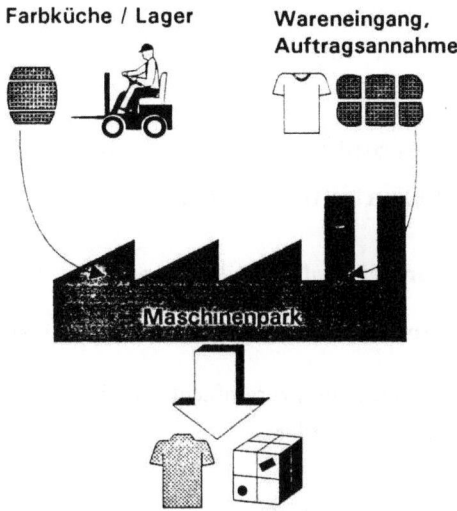

Bild 2: Betriebskomponentenbei der Textilveredlung

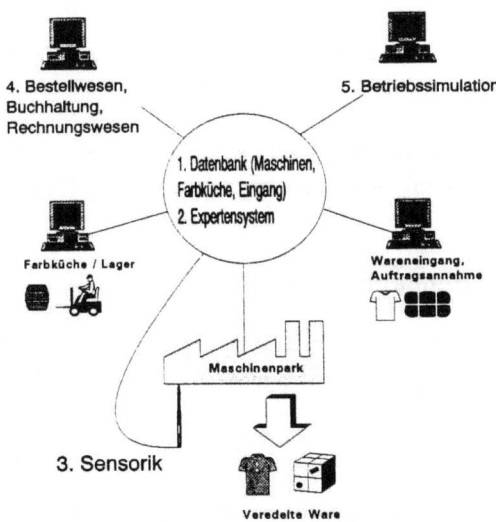

Bild 3: Integrierte Informatik der Textilveredelung

DIE DATENBANK übernimmt die vom Integrator übergebene Daten-Zuordnungsbeziehung und bindet dies in das festgelegte Datenbank-Beziehungsnetz. Das Beziehungsnetz abhängig von der Betriebsstruktur und beschreibt die charakteristischen Verknüpfungen der einzelnen Abteilungen/Komponenten untereinander. Das Beziehungnetz spiegelt eine mehrdimensionale Beziehungsmatrix der Unternehmung wieder.

20.4 Anwendungsbeispiel für InfoSYS als Bindeglied in einer heterogenen Informatikumgebung

InfoSYS - Bindeglied für heterogene Informatikkomponenten. Einsatzbeispiel:

Betriebsoptimierungssystem für die Textilveredelungsindustrie

In der Textilveredelungsindustrie stehen, vereinfacht schematisiert, hauptsächlich drei Komponenten in Wechselbeziehung zueinander:

- Auftragsannahme/Warenannahmestelle
- Farbküche mit Rezepturen und Lager
- Maschinenpark

In einem optimal gesteuerten Betriebsablauf muss zum richtigen Zeitpunkt die richtige Farbmixtur an der richtigen Maschine in der richtigen Menge zur Verfügung stehen. In einem dynamischen Auftrags- und Bearbeitungsprozess erfordert dies eine flexible und rasche Koordinierung der Ressourcen (Maschinenauslastung). Wichtig dabei ist, zu erkennen, welche Aufträge sinnvoll miteinander oder hintereinander ablaufen können (z. B. bei Benutzung gleicher Farbrezepturen).

Eine gut funktionierende Betriebsplanung sollte eine Auftragsentgegennahme und Integration in den laufenden Betrieb mit einer Vorlaufzeit von nur 2 Stunden berücksichtigen können.

Bereich 1: Vernetztes Datenbanksystem

Ein vernetztes Datenbanksystem enthält charakteristische Informationen über die zentralen Maschinenparkkomponenten, den Auftragsbestand und die Farbrezepturen. Durch diese Verbindung lassen sich Koordinierungsparameter für die verbesserte Ausnutzung des Maschinenparks ermitteln.

Das vernetzte Datenbanksystem dient als Informationsmittel bei der Betriebsplanung und kann in einer Vorstufe bereits Entscheidungshilfen für die Ressourcenausnutzung bieten.

Bereich 2: Expertensystem

Durch die Kopplung der Datenbank mit einem Expertensystem können unvorhergesehene Betriebszustände in der Betriebsplanung berücksichtigt werden. Ein Expertensystem ist lernfähig. Das heisst, dass Merkmale noch nicht berücksichtigter Betriebszustände erfasst und bei erneutem Vorkommen in das Entscheidungsspektrum einbezogen werden können.

Bereich 3: Sensorik und Monitoring (Automation)

Die Koppelung der Betriebsüberwachung ausgewählter Komponenten des Maschinenparks verbessert die Optimierung dynamischer Produktionsprozesse. Geeignete Sensoren liefern die erforderlichen Daten sowohl für die Qualitätskontrolle als auch für die verbesserte Betriebsplanung aufgrund der tatsächlichen Maschinenverfügbarkeit. Die von der Sensorik überwachten Maschinen können durch den Einbau von Regelgliedern automatisch gesteuert werden. Dadurch kann die Einhaltung von Sollwerten zu jedem Zeitpunkt gewährleistet und die gleichbleibende gewünschte Qualität erreicht werden.

Bereich 4: Kommunikation mit Bestellwesen, Buchhaltung, Rechnungswesen

Eine Verbindung der Betriebsplanung mit dem Bestellwesen und der Buchhaltung führt zu einer integrierten Betriebsführung. Aufgrund des aktuellen Auftragsbestandes, des Materiallagers und der laufenden Produktionsabwicklung kann das Bestellwesen gezielt und transparent auf den Bedarf reagieren.

Die Ausgaben und Einnahmen können direkt in die Buchhaltung einfliessen. Das automatisierte Rechnungs- und Mahnwesen beschleunigt den Zahlungsverkehr.

Bereich 5: Betriebssimulation und Kostenrechnung

Die Geschäftsführung kann vor Investitionsvorhaben oder Änderung der Betriebsführung die verschiedenen Betriebszustände am Bildschirm fiktiv simulieren. Damit steht ihr ein Instrument der Entscheidungsfindung zur Verfügung, das ihr auch ermöglicht, kritische Zustände früh zu erkennen.

Die Betriebssimulation liefert eine Abschätzung des zu erwartenden Erfolgs und der Auswirkungen durch die Veränderung von Betriebskennwerten.

Der gesamte Betrieb kann dabei fiktiv unter veränderten Bedingungen simuliert werden, ohne den tatsächlichen Betriebsablauf zu beeinträchtigen.

Bereich 6: Integration der Bereiche 1 bis 5 zu einem Gesamtsystem durch InfoSYS

Die Informatikbereiche 1 bis 5 sind so unterschiedlich, dass diese durch eine Integrationskomponente zu einem Gesamtsystem verbunden werden müssen. Erst als Gesamtsystem sind einzelnen Komponenten effizient einsetzbar. InfoSYS übernimmt die Integration aller Komponenten und steuert den erforderlichen Datenfluss zwischen den einzelnen Bereichen.

20.5 Ausblick

Die bisherigen Erfahrungen haben gezeigt, dass die Philosophie, eine Datenbank als Steuerglied für ein EDV-System auszubauen, neue Einsatzgebiete für die EDV-Anlage eröffnet. Bisher hat sich dieses System auf Rechnern mit dem Betriebssystem DOS bewährt. Auch innerhalb von lokalen Netzwerken mit dem Betriebssystem Novell ab der Version 2.12 sind vollständig stabile Ergebnisse erzielt worden.

Da die Integration von Rechenanlagen gerade dann interessant wird, wenn unterschiedliche Betriebssysteme aufeinanderstossen, setzt die Holinger AG - Niederlassung Baden den Schwerpunkt auf die Einbindung von UNIX-Systeme mit InfoSYS. Ein Vorstoss in dieser Richtung könnte zu einer einfachen Handhabung eines EDV-Systems mit einer gemischten UNIX- und DOS-Welt führen.

Für grosse heterogene Betriebe sowie auch für kleine homogene Unternehmungen bietet das Konzept von InfoSYS ein gesamtbetrieblich umfassendes Informationsinstrumentarium. Damit werden aus allen EDV-Komponenten des Betriebes die relevanten aktuellen Daten abgefragt und in der Betriebsplanung und Betriebssimulation berücksichtigt.

Eine weitere wesentliche Eigenschaft von InfoSYS liegt in der Fähigkeit, Bilder zusammen mit Daten abzulegen. InfoSYS kann damit eine Grundlage für Bildinformationssysteme sein.

21 Anwendung der Simulationsmodelle "Reservekapazität und -volumina im Erdgassystem BEB" als Hilfsmittel für strategische Investitionsentscheidungen

Veit Kolar, Dieter Sieber

Zusammenfassung:

In einem Erdgasproduktions- und Liefersystem sind Störungen nicht auszuschließen. Um eine sichere Versorgung der Erdgas-Abnehmer mit den vertraglich festgeschriebenen Leistungen gewährleisten zu können, muß das Erdgas-Versorgungssystem mit entsprechenden Reservekapazitäten ausgestattet werden. Die Höhe der zu installierenden Reservekapazität bestimmt den Umfang der zu tätigenden Investitionen.

Im Auftrag von BEB, einer Gesellschaft, die sich mit der Produktion, dem Import und der Verteilung von Erdgas befaßt, hat das Institut für Bergbauwissenschaften der TU Berlin zu diesem Zwecke Analyse- und Simulationsmodelle entwickelt, mit denen die Betriebsaufschreibungen aller BEB-Aufkommen analysiert werden können. Die Analyse-Ergebnisse können in Simulationsmodellen benutzt werden, um jede Art von Liefer- und Bedarfssituation zu simulieren. Aus den Ergebnissen kann die erforderliche Reservekapazität abgeleitet werden.

Auf dem Simulationsmodell der Reservekapazität aufbauend wurde ein Modell entwickelt, das Entscheidungshilfen für die Festlegung der Höhe von Reservevolumina liefert.

Die aus den Simulationsrechnungen resultierenden Reservevolumina sind an die bereitzustellende Reservekapazität gekoppelt und werden zusätzlich durch Jahresvolumenbeschränkungen in den Aufkommen beeinflußt.

21.1 Einleitung / Problemstellung

Die BEB Erdgas und Erdöl GmbH, die die betrieblichen Aufgaben der Unternehmen Brigitta Erdgas und Erdöl GmbH und Elwerath Erdgas und Erdöl GmbH wahrnimmt, ist der führende Produzent von Erdgas und Erdöl in Deutschland. Sie verfügt über erhebliche Erdgasreserven, vorwiegend in tiefen Lagerstätten Norddeutschlands. Darüber hinaus ist BEB eine bedeutende Ferngasgesellschaft. An der Deckung des Erdgasbedarfes der alten Bundesländer ist BEB mit 25 % beteiligt. Da der Bedarf der Kunden die eigene Produktion übersteigt, bezieht BEB auch Erdgas aus den Niederlanden, dem norwegischen und dänischen Teil der Nordsee und aus der Sowjetunion. Zum Transport der Erdgasmengen zu ihren etwa 120 Abnehmern (Ferngasgesellschaften, Industrie und Versorgungsunternehmen) verfügt BEB über ein eigenes Pipelinesystem (Bild 1).

In diesem technisch komplexen und teilweise unter erschwerten Bedingungen zu betreibenden Aufbereitungs- und Versorgungssystem sind Störungen nicht auszuschließen, die zu Reduzierungen der Kapazitäten aus den o.g. Aufkommen führen können. Um im Falle auftretender Störungen eine kontinuierliche Belieferung der Abnehmer sicherzustellen, ist das System mit einer entsprechenden Reservekapazität auszustatten. Da je nach Umfang der erforderlichen Reservekapazität erhebliche Investitionen in dem Erdgasproduktions-/Liefersystem erforderlich sind, ist die richtige Bemessung der Reservekapazität von großer wirtschaftlicher Bedeutung.

Die Bemessung der Reservekapazität für die Einhaltung der vertraglich vereinbarten Abgabeverpflichtungen (commitments) beantwortet noch nicht die Frage, ob die Summe aller auf der Aufkommenseite verfügbaren Volumina die tatsächlich nachgefragten Mengen (Demand) abdeckt.

In der vorliegenden Arbeit soll ein Verfahren beschrieben werden, wie aus den vorhandenen Betriebsdaten des BEB-Erdgasproduktions- und Liefersystems mittels Monte-Carlo-Simulation Entscheidungshilfen für die Festlegung von Reservekapazität und Reservevolumina geliefert werden können.

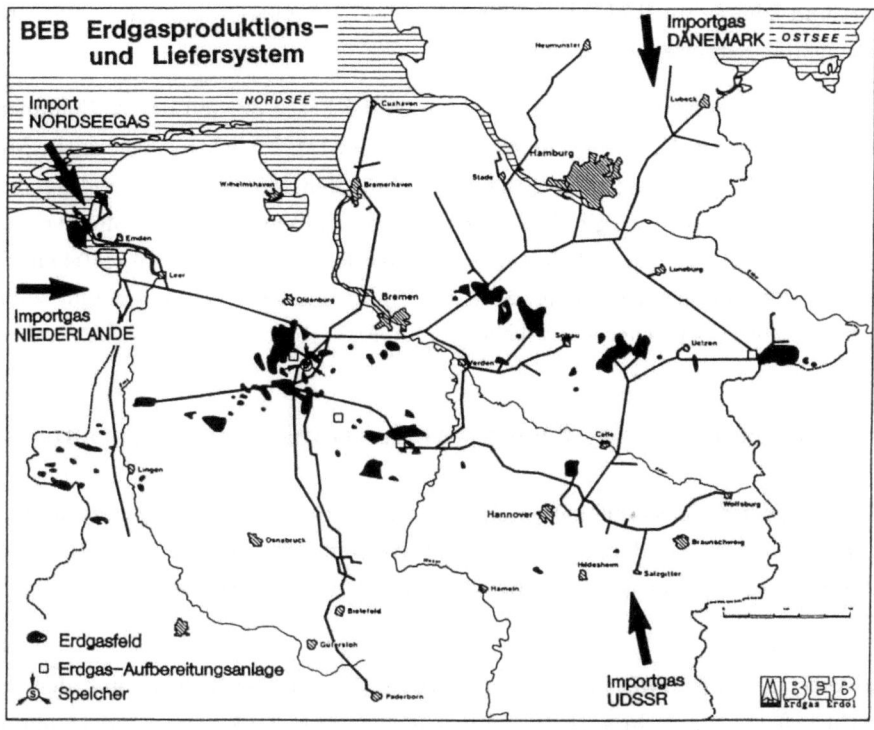

Bild 1: BEB Erdgasproduktions- und Liefersystem

21.2 Aufgabenstellung

Das Erdgasproduktions-/Liefersystem setzt sich aus einer Vielzahl von Einzelkomponenten zusammen, die als technische Systeme auf den Erdgasbohrungen im Feld und in den komplizierteren prozeßtechnischen Aufbereitungsanlagen auch ausfallen können. Die Summe dieser möglichen Störungen zu einem bestimmten Zeitpunkt kann Kapazitätsreduktionen im System zur Folge haben, die nicht zu einer Unterdeckung des Kundenbedarfs im System führen dürfen.

Um die Größe der erforderlichen Reservekapazität im Versorgungssystem für definierte Bedingungen auf der Aufkommens- und Abnehmerseite zu ermitteln, sind in einem Simulationsmodell die stochastischen Kapazitätsschwankungen für jedes Einzelaufkommen zu analysieren und statistisch auszuwerten. Sie bilden dann die Grundlage für die Simulation eines definierten Zeitraums (z.B. 1 Jahr). Dabei wird untersucht, inwieweit das Versorgungssystem in der Lage ist, jeden Tag die höchstmögliche Kapazität bereitzustellen. Simulierte Fehl- und Überschußkapazitäten sowie deren Verteilungen werden dabei registriert und können im Hinblick auf die Höhe der im Versorgungssystem erforderlichen Reservekapazität ausgewertet werden.

Getrennt von der Problematik der Kapazitäten ist die Frage der auf der Aufkommenseite tatsächlich verfügbaren Volumina für die Deckung der tatsächlich nachgefragten Mengen zu untersuchen. Unter Berücksichtigung der technischen Möglichkeiten und der flexibel zu bestimmenden BEB-Strategie der Fahrweise des Systems sind Verteilungen der zur Abdeckung von Aufkommensausfällen erforderlichen Reservevolumina zu erstellen, die die Überprüfung der bisherigen Planung, auch im Hinblick auf die Kapazität und Volumina der unterirdischen Gasspeicher ermöglichen.

21.3 Beschreibung des Erdgasproduktions-/Liefersystems

Die Belieferung der Erdgasabnehmer erfolgt über das vorhandene Leitungsnetz aus den heimischen Erdgasfeldern und den in das Netz eingespeisten Importgasmengen. Die Fahrweise der Aufkommensquellen insgesamt wird durch das Abnahmeverhalten der Erdgaskunden bestimmt.

Bei den Aufkommen ist zwischen der Eigenproduktion aus den Feldern und den ausländischen Gaslieferungen als Importe zu unterscheiden. Zur Strukturierung der anfallenden Erdgasmengen und zur Abdeckung von Bedarfsspitzen dienen Untergrundspeicher (Bild 2).

Die Gasproduktion aus den Feldern erfolgt über Produktionsbohrungen, die in die gasführende Schicht hinabreichen. Je nach Größe des Gasfeldes sind zur Ausbeute der Lagerstätte zwischen einer und bis zu 20 Produktionsbohrungen notwendig. Das anfallende Gas wird bereits im Feld in dort installierten Trocknungsanlagen für den Weitertransport in den Pipelines aufbereitet.

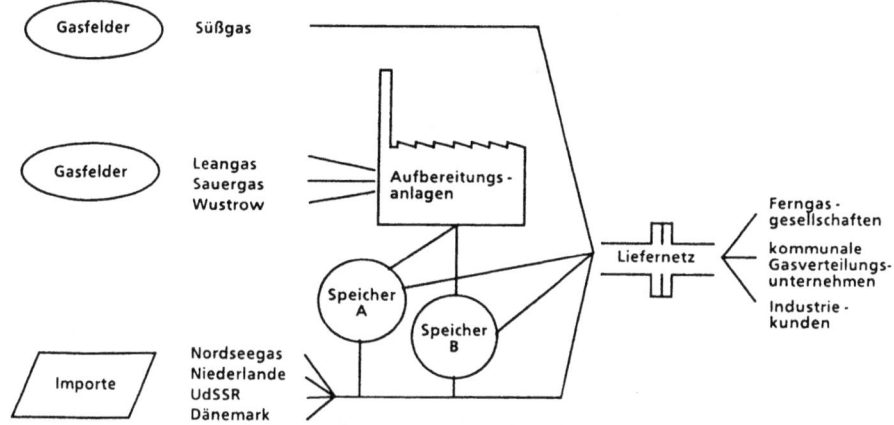

Bild 2: Schematische Darstellung des BEB-Erdgasproduktions- und Liefersystems

Die Nutzung der eigenen Erdgasfelder und der Felder, an denen BEB beteiligt ist, ist von der Art des dort produzierbaren Gases und der Erfordernis zu dessen Aufbereitung abhängig. Die Qualität des Erdgases schwankt in Abhängigkeit von seiner Herkunft zwischen hoch- und niederkalorigem Gas mit zum Teil hohen Beimengungen an Schwefelwasserstoff und Stickstoff. Dieses macht den Bau und Betrieb von technisch aufwendigen Aufbereitungsanlagen erforderlich, in denen diesen Gasen die oben genannten Beimengungen entzogen werden. Gasfelder, deren Produktionsmengen in diesen aufwendigen Anlagen aufbereitet werden, müssen kontinuierlich maximale Mengen produzieren, um eine möglichst hohe Auslastung der Anlagen zu gewährleisten. Die Durchsatzkapazität der Anlagen bestimmt die maximal in den Feldern zu installierenden Kapazitäten. Aufgrund ihrer Fahrweise sind diese Aufkommen als inflexibel einzustufen. Felder, die an keine großtechnischen Anlagen gebunden sind, gelten in der Regel als flexible Aufkommen, die je nach Bedarf zwischen Null und voll verfügbarer Kapazität genutzt werden können. Die in diesen Feldern zu installierende Kapazität wird bestimmt durch die geplante Produktionsdauer des Feldes und die im Gesamtsystem vorzuhaltende Kapazität.

Die Gasbezüge aus Importen sind - abhängig von der Bezugsquelle - sowohl flexibel als auch inflexibel in ihrer Fahrweise. Sie können auf Null, bzw. auf eine Mindesttagesmenge zurückgefahren oder mit der täglich zulässigen Höchstmenge bezogen werden. Die Tagesmenge wird außerdem durch vorgegebene Quartals- und Jahresminimal- und -maximalmengen bestimmt.

Zur Strukturierung der inflexiblen Aufkommensquellen sowie zur Deckung von Bedarfsspitzen steht z.Z. der Untergrundspeicher Dötlingen zur Verfügung, der in einer ausgeförderten Erdgaslagerstätte des Buntsandsteins eingerichtet wurde. Das Arbeitsvolumen ist nach der Winterentnahme in den folgenden Sommermonaten aus den inflexiblen Quellen wieder aufzufüllen. Der Untergrundspeicher konnte zum Zeitpunkt der Untersuchung nicht kurzfristig von Aus- auf Einspeichern umgeschaltet werden.

Die Abnehmer beziehen ihr Gas entsprechend ihren eigenen Bedürfnissen oder entsprechend den Bedürfnissen ihrer Kunden. Ihr Gasbezugsverhalten ist gekennzeichnet durch die vorzuhaltende Gesamtkapazität (peak commitments) und dem an jedem Tag tatsächlich anfallenden Bedarf (Demand), der kleiner oder gleich den peak commitments ist.

Die Kurve der aktuellen täglichen Gaslieferungen wird wesentlich durch das besondere Abnahmeverhalten im Sommer und Winter bestimmt. Aufgrund niedriger Temperaturen ergeben sich hohe Tagesabsatzmengen im Winter, die bis zum peak commitment hinausgehen können. Diesen Höchstmengen stehen verhältnismäßig niedrige Lieferungen in den Sommermonaten gegenüber. Ebenso sind Wochenenden und Feiertage wie Weihnachten und Ostern durch reduzierte Gasbezüge klar erkennbar. Tagesschwankungen sind weitgehend die Folge von kurzfristigen Temperaturänderungen (Bild 3).

Die peak commitments sind für ein vorgegebenes Gaswirtschaftsjahr immer gleich. Ihre Höhe ist in den meisten Fällen vertraglich vereinbart und muß im Versorgungssystem vorgehalten werden. Sie wird im Versorgungssystem nur an extrem kalten Wintertagen erreicht, wenn alle Abnehmer die vertraglich vereinbarte Höchstkapazität beziehen.

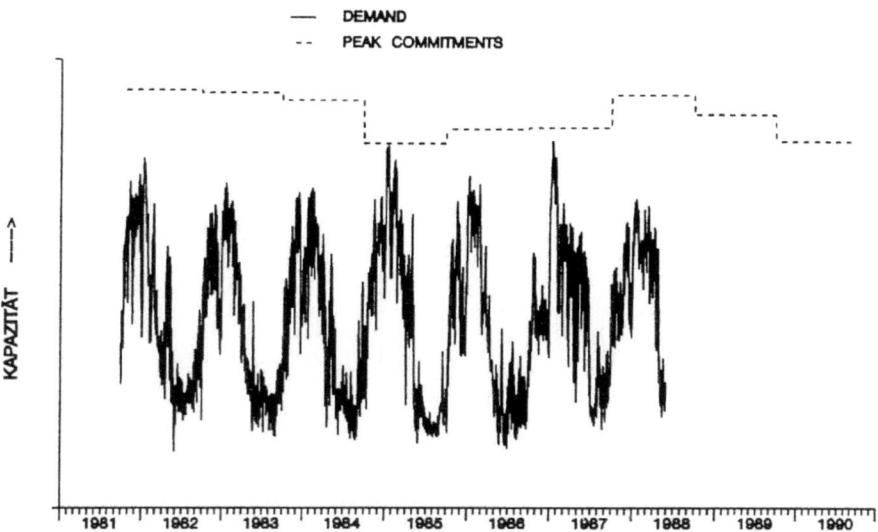

Bild 3: Demand / Peak Commitments

Für das Simulationsmodell zur Bestimmung der Reservekapazität im Versorgungssystem müsen als Basisdaten reale Betriebsdaten erfaßt werden. Im vorliegenden Fall sind die Betriebsaufzeichnungen von 1981 bis 1988 aufgezeichnet und ausgewertet worden. Dabei handelt es sich um die Daten der in Bild 2 dargestellten Komponenten des Systems. Bei den einzelnen Aufkommen sind die Tageswerte der tatsächlich verfügbaren Feldeskapazitäten und evtl. zugehöriger Anlagenkapazitäten ermittelt worden. Ausfälle von Einzelsonden etc. sind darin enthalten und ergeben die tageweisen Schwankungen der Verfügbarkeit. Für die Importe wird die maximal verfügbare Tageskapazität unter Berücksichtigung von Ausfällen/ Reduzierungen angesetzt. Technische Probleme in den Feldern, in den Anlagen auf den Bohrplattformen, Streiks etc. sind die Gründe für solche Ausfälle oder Reduzierungen (Bild 4).

Bei der Datenerfassung ist zwischen geplanten und zufälligen, die Verfügbarkeit reduzierenden Ereignissen zu unterscheiden. Nur zufällige Ereignisse werden in die Monte-Carlo-Simulation des Versorgungssystems einbezogen.

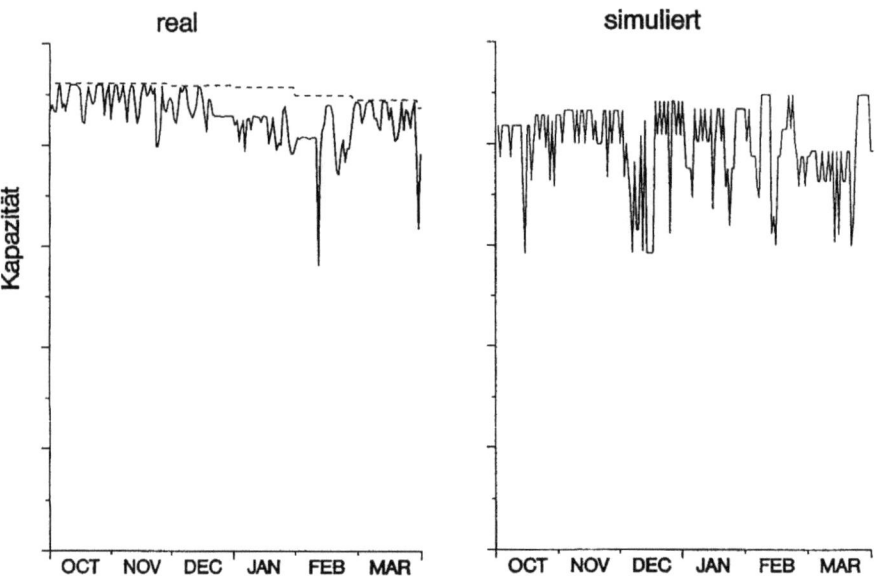

Bild 4: Verfügbare Kapazität eines Aufkommens

Das Leitungsnetz wird im gesamten System vereinfacht als frei von technischen Problemen und verzögerungsfrei reagierend behandelt. Das ist deshalb zulässig, weil die Leitungssysteme eine außerordentlich hohe Verfügbarkeit haben und ein häufig vorhandenes Puffervolumen in der Leitung kurzzeitig Störungen zu überbrücken hilft.

21.4 Systemmodell

Das Systemmodell soll im Sinne der Aufgabenstellung Aussagen darüber ermöglichen, mit welcher Zuverlässigkeit die Erdgasaufkommen der BEB die Planvorgaben erreichen, um daraus die Größenordnung einer Reservekapazität und von Reservevolumina ermitteln zu können, damit die Versorgung der Abnehmer jederzeit sichergestellt ist, wenn im BEB-System bestimmte unvorhersehbare Ereignisse bezüglich der Aufkommen auftreten. Von besonderem Interesse sind dabei zwei Fragestellungen, nämlich:

1. Mit welcher Sicherheit deckt die Summe aller auf der Aufkommenseite verfügbaren Kapazitäten die vertraglich vereinbarten Abgabeverpflichtungen (commitments) ab (Kapazitätsvergleich) ?

2. Mit welcher Sicherheit deckt die Summe aller auf der Aufkommensseite tatsächlich verfügbaren Volumina die mögliche Bandbreite nachgefragter Mengen (Demand) ab (Volumenvergleich) ?

Die Simulationsmodelle "Reservekapazität und -volumina im Erdgassystem BEB" wurden am Institut für Bergbauwissenschaften II der Technischen Universität Berlin (Prof. Dr.-Ing. F.L. Wilke) entwickelt.

Die wesentlichsten Einflußgrößen für die Untersuchung der ersten Fragestellung sind die peak commitments, also die auf der Seite der Abnehmer kontrahierten Kapazitäten und die auf der Seite der BEB tatsächlich verfügbaren Kapazitäten. Im Unterschied zum relativ einfachen Verlauf der durch Lieferverträge festgelegten peak commitments stellt sich der Verlauf der tatsächlich verfügbaren Kapazitäten der einzelnen Gasquellen und deren Gesamtkapazität wesentlich komplizierter dar, wie es am Beispiel eines Aufkommens in Bild 4 gezeigt wird. Es sind hier Kapazitätsverläufe in bestimmten Verfügbarkeitslevels erkennbar, für die sowohl planerische als auch zufällige Gründe ursächlich sind. Diese Verfügbarkeitslevels sind von häufigen Tagesabweichungen überlagert, und ein Teil der Aufkommen mit nachgeschalteten Gasaufbereitungsanlagen wird zusätzlich zu dem Verlauf der Kapazitäten der Gasbohrungen im Feld noch durch den ähnlich komplizierten Verlauf der Kapazitäten der Reinigungsanlagen beeinflußt.

Diese schwierigen Zusammenhänge mußten für jeden Verfügbarkeitslevel jedes Aufkommens einzeln analysiert und nach einer Trennung der geplanten von zufälligen Ursachen in Verteilungen beschrieben werden. Da die saisonalen Einflüsse eine entscheidende Rolle spielen, können die interessanten Zeitabschnitte, wie z.B. die Winterperiode, selbständig untersucht werden. Der Datenfluß dieser Informationsaufbereitung und der Informationsbereitstellung ist in Bild 5 dargestellt.

322 *Simulationsmodelle "Reservekapazität und -volumina im Erdgassystem BEB"*

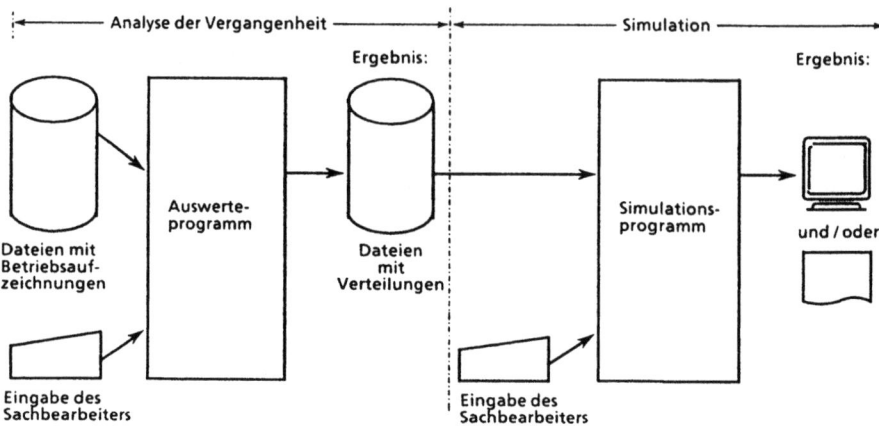

Bild 5: Datenflußplan der EDV-Modelle

Im Simulationsteil der Systemmodelle werden Grundlagen für eine Wahrscheinlichkeitsaussage darüber ermittelt, ob zu einem bestimmten Zeitpunkt, mit bestimmten Plangrößen der BEB,

1. die jeweils simulierten Kapazitäten stets größer/gleich der Summe aller peak commitments zu diesem Zeitpunkt sind,

2. die jeweils simulierten Volumina stets größer/gleich dem aufgetretenen Bedarf sind.

Das entwickelte Programmsystem erzeugt - wie in Bild 4 gezeigt ist - für jeden Tage eines untersuchten Zeitabschnittes den Kapazitätsverlauf dieser einen Gasquelle künstlich. Die Nachbildung ist sehr realitätskonform. Bei gleichen Plangrößen ist die künstliche Summenkurve aller Quellen von den realen Betriebsaufschreibungen praktisch nicht zu unterscheiden. Die Simulation von Untersuchungszeiträumen wird so oft wiederholt, bis eine verlangte statistische Sicherheit der Wahrschseinlichtskeitsaussage erreicht ist. Als Ergebnis für die jeweils eingegebenen Plangrößen liefert das Systemmodell "Reservekapazität" Verteilungen der Fehl- und/oder Überschußkapazitäten der jeweiligen Rechnung.

21.5 Besonderheiten des Simulationsmodells "Reservevolumina"

Grundsätzlich stimmt die Vorgehensweise bei der Durchführung des Volumenvergleichs mit der beim Kapazitätsvergleich insofern überein, als über einen ausreichend großen Zeitraum hinweg der hier auftretende Bedarf mit dem auf der Aufkommenseite verfügbaren Mengenangebot verglichen, die Über- bzw. Unterdeckung ermittelt und für die anschließende zusammenfassende Auswertung in Form einer Wahrscheinlichkeitsaussage festgehalten werden. Aufgrund der speziellen Aufgabenstellung ergeben sich jedoch zwei wesentliche Erweiterungen im Untersuchungsgang, nämlich einmal hinsichtlich der Berücksichtigung der Jahresgangslinie und der stochastischen Mengenschwankungen auf der Abnehmerseite und zweitens in bezug auf die Nachbildung der Prioritätsreihenfolge bei der Inanspruchnahme der verschiedenen Quellen.

Auf der Abnehmerseite zeigt sich, was die tatsächlichen Bezugsmengen angeht, in den Betriebsaufschreibungen ein deutlicher saisonaler Trend (Ganglinie), der natürlich von Zufallsschwankungen beträchtlichen Ausmaßes überlagert ist. Diese Gegebenheiten waren durch die Informationsaufbereitung so zu berücksichtigen, daß während des Programmlaufes für den Volumenvergleich eine entsprechend synthetische Bedarfsentwicklung nachgebildet werden kann.

Dazu mußte zunächst die Charakteristik der Jahresganglinie erfaßt werden. Eine Nachbildung durch eine funktionale Abhängigkeit mittels einer mathematischen Formel wurde deshalb nicht ins Auge gefaßt, weil sich in der Ganglinie nicht nur die langfristigen saisonalen Einflüsse wiederspiegeln, sondern daneben auch sehr kurzfristige, aber dennoch sehr ausgeprägte Datumsabhängigkeiten in Erscheinung treten. Das Weihnachts-/ Neujahrstief in der Mengennachfrage stellt beispielsweise eine deutliche Abweichung von dem längerfristigen winterlichen Nachfragehoch dar.

Wenn man davon ausgeht, daß es eine kalenderzeitabhängige Jahresganglinie gibt, die für jeden einzelnen Tag einen "Normalbedarf" in Abhängigkeit von der Jahreszeit bzw. dem Datum angibt, und daß dieser Normalbedarf lediglich durch zufallsabhängige Einflüsse (Witterung, Temperatur) überlagert wird, so läßt sich durch Mittelwertbildung aus einer hinreichend großen Anzahl von Nachfragewerten für den gleichen Kalendertag dieser Normalbedarf wieder ermitteln, da sich ja die zufallsbedingten Abweichungen gegenseitig aufheben müssen. Diese Mittelwertbildung darf jedoch nicht mit den absoluten Zahlenwerten der Betriebsaufschreibung geschehen, da hierbei langfristige Trends in der Absatzentwicklung (allgemeine Verbrauchszunahme) das Ergebnis verfälschen könnten. Verwendet man für die Mittelwertbildung jedoch relative Angaben (Tagesnachfrage als Prozentwert der Jahresmenge), so wird nicht nur dieser langfristige Trendeinfluß eliminiert, sondern zugleich auch die Möglichkeit geschaffen, die Jahresgangkurve synthetisch für jede beliebige Jahresgesamtnachfrage zu erzeugen, wie dies für zukunftsgerichtete Simulationen erforderlich ist.

Eine graphische Darstellung einer solchen simulierten, synthetischen Jahresganglinie erlaubt eine sehr einfache visuelle Plausibilitätskontrolle des Demands für die Richtigkeit der Auswertungen. Natürlich darf man dabei keineswegs eine völlige Übereinstimmung in allen Einzelheiten mit irgendeinem der Basisjahre erwarten, aus denen die Ausgangswerte der Untersuchung stammen, jedoch müssen die Charakteristiken der Profile übereinstimmen.

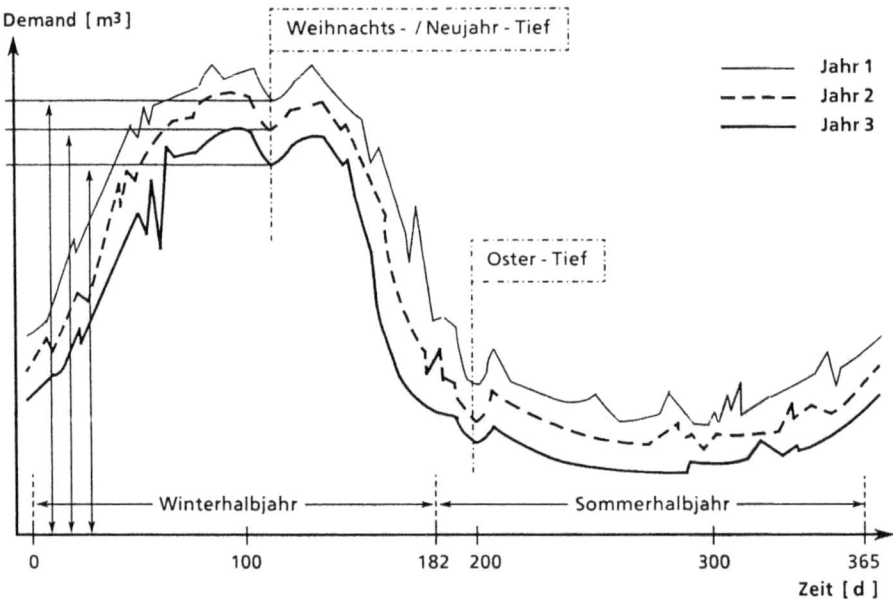

Bild 6: Berücksichtigung der Jahresganglinie des Demands

In der gegenwärtigen Ausbaustufe ist in dem Simulationsmodell eine vorgegebene Strategie in der Beschäftigungsreihenfolge der einzelnen Aufkommentypen realisiert.

Der implementierte Untersuchungsgang sieht vor, daß für jeden Tag innerhalb des Untersuchungszeitraumes von dem stochastisch ermittelten Demand schrittweise in der für die Aufkommenstypen geltenden Reihenfolge das innerhalb der gesetzten Schranken jedes Aufkommenstyps maximal mögliche Liefervolumen subtrahiert wird, solange bis

- entweder der Demand voll abgedeckt werden konnte - die dann noch bis zur an diesem Tage theoretisch verfügbaren Gesamtkapazität aller Aufkommen verbleibende **Menge** stellt das Überschußvolumen dieses Tages dar,

- oder bis die Liefermöglichkeiten aller Aufkommen voll in Anspruch genommen wurden - der dann noch nicht abgedeckte Demand ist das Fehlvolumen dieses Tages. Überschuß- oder ggf. Fehlvolumina werden in entsprechenden Dateien zur abschließenden Auswertung in Form von Wahrscheinlichkeitsaussagen abgelegt.

In dem skizzierten Untersuchungsgang werden auch die ggf. vorhandenen Speicher mit ihren Charakteristika berücksichtigt, bzw. können auch geplante Speicher mit erwarteten Charakteristika untersucht werden.

Bei dieser Vorgehensweise, die schematisiert in Abbildung 7 dargestellt ist, haben Aufkommen vom Typ 1 wegen ihres inflexiblen Charakters die höchste Priorität. Sie sollen immer mit der maximal zur Verfügung stehenden Kapazität beschäftigt werden. Sofern kein entsprechender Demand auf der Abnehmerseite vorhanden ist, sind die nicht absetzbaren Mengen bevorzugt einzuspeichern, selbstverständlich nur innerhalb der durch die Einspeicherkapazität der Speicher oder durch deren noch verfügbares Speichervolumen gesetzten Grenzen.

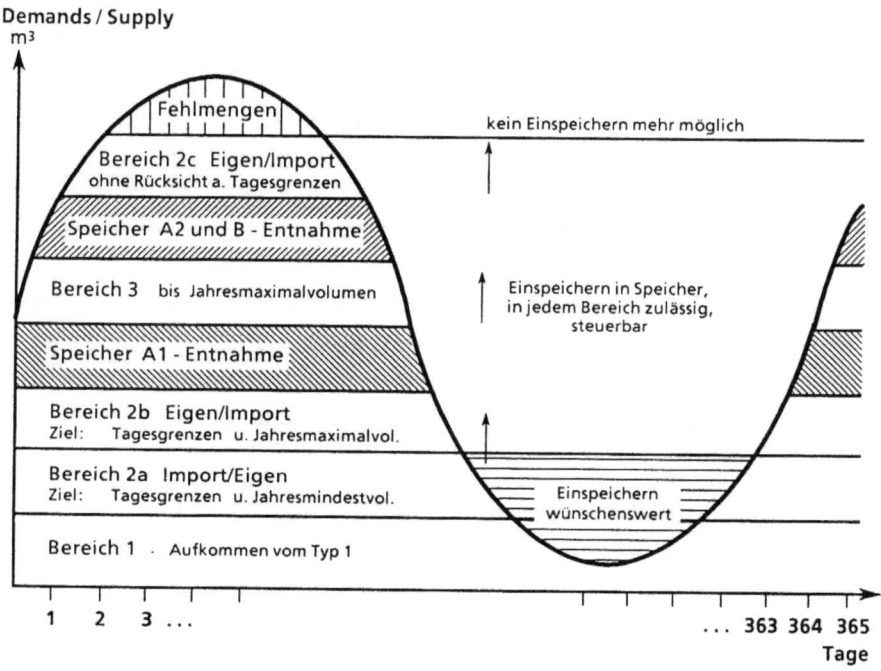

Bild 7: Prioritätsreihenfolge der Quellen beim Volumenvergleich

Bei den Speichern werden grundsätzlich zwei Typen unterschieden. Typ A (Porenspeicher) ist durch ein großes Gesamtvolumen, aber geringerer Flexibilität insofern gekennzeichnet, als während bestimmter Perioden nur entweder ein- oder ausgespeichert werden kann. Der Speicher B (Kavernenspeicher) mit geringerem Volumen ist dagegen wesentlich flexibler einsetzbar, da hier tageweise von Ein- auf Ausspeicherung und umgekehrt umgeschaltet werden kann.

Aufkommen vom Typ 2 sind dadurch charakterisiert, daß ihre Beschäftigung je nach der Bedarfslage innerhalb bestimmter Schranken sehr flexibel angepaßt werden kann. Diese Schranken definieren einmal tägliche Mindest- bzw. Höchstvolumina, außerdem sind jedoch auch noch Jahresmaximal- und -minimalvolumina zu beachten. In der Prioritätsreihenfolge wird bei der Beaufschlagung dieser Aufkommen vom Typ 2 zwischen BEB-eigenem Aufkommen und Importverträgen unterschieden.

Aufkommen vom Typ 3 zeichnen sich durch eine hohe Flexibilität in der Fahrweise dadurch aus, daß sie bis zu der vorgegebenen Maximalkapazität (bzw. der stochastisch für den betrachteten Tag ermittelten verfügbaren Kapazität) kurzfristig mit jeder von dem Aufkommen darstellbaren Menge (einschließlich 0) beaufschlagt werden können. Als weitere Grenze ist lediglich ein definiertes Plan-Jahresgesamtvolumen zu beachten. Ist dieses erreicht, steht für die Simulation keine Lieferkapazität der Aufkommen vom Typ 3 für den Rest des Untersuchungszeitraumes mehr zur Verfügung.

21.6 Untersuchungsergebnisse

Als Grundlage für die durchzuführenden Simulationen zur Bestimmung der Reservekapazität sind die Betriebsaufzeichnungen aller Aufkommen auf ihre stochastischen Ereignisse hin analysiert worden. Die Analyse beschränkt sich auf die Daten der Gaswirtschaftswinterhalbjahre, da aufgrund der Abnahmestruktur des Gasabsatzes (Bild 3) nur in diesem Zeitraum die maximale kontrahierte Spitze abverlangt wird.

Auf dieser Grundlage sind die Winterhalbjahre über einen längeren Zeitraum simuliert und ausgewertet worden. Bei der Simulation werden die für jeden einzelnen Tag simulierten und aufaddierten verfügbaren Einzelkapazitäten aller Aufkommen mit den kontrahierten peak commitments verglichen. Da nicht gegen die Daten des tatsächlichen Demand gerechnet wird, erhält man eine sehr verschärfte Ergebnisaussage. Simulierte Unterdeckungen werden als Fehlkapazitäten, überschüssige Mengen als Überschußkapazitäten erfaßt und abgespeichert.

Diese Aufzeichnungen der Fehl- bzw. Überschußkapazitäten als Simulationsergebnis eines Zeitraumes lassen sich als Summenkurve darstellen. Das Ergebnis ist eine S-Kurve, aufgetragen gegen die kumulative Wahrscheinlichkeit.

Der Steilanstieg der S-Kurve gibt den kritischen, instabilen Bereich des Systems wieder, in dem geringe Änderungen in der verfügbaren Kapazität große Verschiebungen in der Versorgungssicherheit nach sich ziehen. Für eine sichere Versorgung muß als die verfügbare Kapazität des Systems mindestens im stabilen Kurvenverlauf liegen, d.h. im flachen Bereich mit geringem Anstieg. Größere Kapazitätsabweichungen führen hier zu nur sehr kleinen Änderungen in der Versorgungssicherheit. Aus der Summe der aufgetretenen Überschuß- und Fehlkapazitäten ergibt sich die für eine praktisch 100 %ige Versorgungssicherheit im System zu installierende Reservekapazität (s. Bild 8).

Im realen System ist es in der Vergangenheit nie zu Unterdeckungen gekommen. Die Simulationsergebnisse haben in diesem Zusammenhang die Größenordnung der bislang in den früheren Jahren bereitgestellten Reservekapazität bestätigen können. Die sehr hohe Versorgungssicherheit des Systems spiegelt sich zusätzlich darin wieder, daß die aus der Simulation für das System ermittelte Reservekapazität gegen den täglichen Höchst-Demand berechnet wurde, der tatsächliche tägliche Gasabsatz aber auch im Winterhalbjahr nur in ganz wenigen Fällen die vorzuhaltende Vertragsspitze erreicht (s. Bild 3).

Mit dem Simulationsprogramm zur Bestimmung der erforderlichen Reservevolumina sind verschiedene Stichjahre untersucht worden. Um die erforderlichen Reservevolumina möglichst genau beurteilen zu können und die Ursachen für simulierte Fehl-/Überschußvolumina zu finden, wurden unterschiedliche Varianten geprüft.

Die einzelnen Untersuchungen ergaben Wahrscheinlichkeitsverteilungen des Verlaufs der Fehl-/Überschußvolumina für die jeweils gerechnete Variante und ermöglichen es, die Ursache für simulierte Fehl-/ Überschußvolumina feststellen zu können.

Es können Aussagen über die Umschlagshäufigkeit des Arbeitsgasvolumens sowohl vom Poren- als auch vom Kavernenspeicher gewonnen werden. Bei der Simulation aller Aufkommen gegen einen zufällig eintretenden maximalen Demand können Fehl- oder Überschußvolumina auftreten. Das im negativen Fall entstehende Risiko kann durch Maßnahmen wie z.B. den Ausbau von Speichern oder die Erhöhung von Zukaufmengen abgefangen werden.

328 Simulationsmodelle "Reservekapazität und -volumina im Erdgassystem BEB"

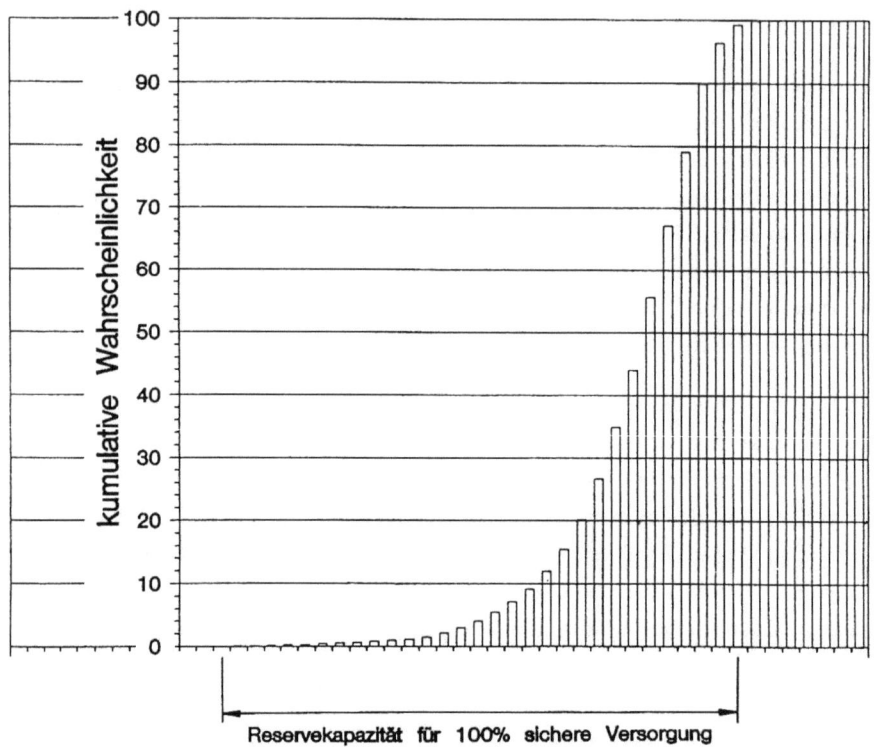

Bild 8: Simulation eines Winterhalbjahres

21.7 Bewertung der Untersuchung

Alle simulierten Zeiträume zeigten, daß die Struktur der Felder trotz des relativ geringen Datenumfanges an Betriebsaufschreibungen realitätsgetreu gut wiedergegeben wurde.

Die Datenbasis der Betriebsaufzeichnungen muß für weitere Untersuchungen auf dem laufenden gehalten und kontinuierlich ergänzt werden. Es zeigte sich z.B., daß nach Erweiterung der Datenbasis vormals berechnete Ergebnisse aus Simulationsläufen nicht unerheblich beeinflußt wurden. Das bedeutet wiederum, daß die Ergebnisse für das heute praktizierte Abnahmeverhalten bei den gegebenen Vertragsspitzen und der jetzigen Verfügbarkeit der Aufkommen gelten und bei Änderungen neu festzulegen sind.

Die einzelnen Simulationsberechnungen erfordern jeweils nur wenige Minuten. Dagegen ist die Bereitstellung der korrekten Basisdaten für die Analyse und die Simulation sehr zeitaufwendig.

Mit dem Simulationsmodell kann sowohl die erforderliche Reservekapazität als auch das vielfach komplexere Problem der über einen bestimmten Zeitraum bereitzustellenden Reservevolumina untersucht werden. Die daraus resultierenden Ergebnisse liefern Entscheidungshilfen für die Festlegung der angemessenen Höhen der erforderlichen Reservekapazitäten und Reservevolumina zur Abdeckung von Aufkommensausfällen. Das wesentliche Problem liegt selbst bei realistischer Abbildung der Simulationsbedingungen/-prämissen in der Festlegung des tolerierbaren Unsicherheitsbereichs/Wahrscheinlichkeitsbereichs.

INDEX

A

Absatz 276
Aktienkursprognose 73
Aktivierungsfunktion 67
Analyse 95
Anwendungsobjektklasse 53
Arbeitsvorgabezeit 115
Assoziativspeicher 72
Attribut, unveränderliches 45
Auftragseinplanung 57
Ausgabefunktion 67
Auslastung 113

B

Bedingung, complementary slackness 254
Beschreibungssprache, graphische 96
Bessel-Interpolation, kubische 215
Bestellmenge, optimale 288
Beurteilungssystem 73
Botschaft 168

C

CAD 166
CAD-System 162
Controllingaspekt 285

D

Daten, variable 45
Datenbank 52
Decision-Support-System 248
Design-Information 298
Dimensionierung 115
Dualisieren, partielles 252
Durchlaufzeit 157
Durchlaufzeit 164
Dynamic Alternate Routing 122

E

Ein-Personen-Spiel 294
Eingabedatum, verrauschtes 78
Entscheidungstraining 284
Entscheidungsunterstützungssystem 248
Ereignisroutine 45
Ergebnis-Analysesystem 202
Ergebnisbericht 271
Erklärungsfähigkeit 80
Experimentierpotential 281
Expertensystem-Schnittstelle 202

F

Fabrikorganisation 157,162
Fabrikplanung 157, 166
FACTOR 200, 203, 206, 207
Faktormengenplanung 287
Farbblockbildung 112
Fehlertoleranz 81
Fertigungsdisposition 198
Fertigungsprozeß 275
Finanzierung 280
Fixed Alternate Routing 122

G

Gesamtsystem 285
GPSS-FORTRAN 123
Graphikschnittstelle 18

I

Interpolation, lineare 215
Investitionsplanung, Methoden der 95
Investitionsrisiko 84
ISIS 168

J

Jahresabschlußanalyse 82
just-in-time 112
Just-In-Time-Fertigung 210

Index

K

Kapazitätsbedarfsplanung 210
Komponente 168
Konjunkturindexwert 86
Kreditwürdigkeit 74
Kundendienst 276, 278

L

Lagerhaltung 274
Lagrange-Analyse 261
Lagrange-Heuristik 253
Lagrange-Relaxation 249
Lebensplan 52
Lehr-Lern-Experimente 269
Lernregel 69
Lernstrategie 70
Lernverfahren, handlungsorientiertes 296
Losgrößenplanung 248
Loßgrößenpolitik 259
Lücke, duale 254

M

Machbarkeit 210
MARGA 269
Marktforschung 279
Marktsystem 285
Materialflußsteuerung 168
Minimalkostenkombination 286
Modell-Mix 110
Modell-Mix-Verlust 110
Modellbank 168
Modellelement 203
Modellierungstechnik 301
Modula-2 52
Mustererkennung 72, 79

N

Nacharbeitenquote 113
NET 96
Netz, neuronales 65
Netzmanagement 121
Netztypologie 69

Neuron 67

O

Objektklasse 2
Online-System 116
Optimierung 1
Optimierung, kombinatorische 17,18
Optimierung, mathematische 248
Optimierungsmethode 2
Optimierungsmodell 286
Optimierungsrechnungen 72
ORACLE 53

P

P-Median-Problem 17,18,22,23,25,29
Parameter 179
Perceptron-Netz 83
Personalberatung 84
Personaleinsatzplanung 75
Personalwesen 279
Petri-Netze, Anwendungsfelder von 95
Planspiel 158,159
Planspiel 286
Planspiel Elektrizitätswirtschaft 269
Planspiel, Anpassung von 297
Planspiel, Auswahl von 297
Planspielentscheidung 273
Planspielmodellierung, Sprache für 301
Planspielseminar 285
Planung 120
Planungsproblem 73
Planungsprozeß 95
Praxisbeispiel 207
Prädikats-Transitionsnetz 96
Prioritätsregel 58
Prioritätsregel 84
Produktion 274
Produktion, Optimierung einer 199
Produktionsablauf, Optimierung des 199
Produktionsfaktor, substitutionaler 286
Produktionsfunktion, substitionale 291
Produktionsprozeß 286
Produktionsstruktur 296
Prognosesystem 73

Programmierungssystem, mathem. 252
Propagierungsfunktion 67
Proportional Bidding 122
PROSIMO 52
Prototyping 116

R

Regelsprache 200, 206
Reihenfolgebildung 111
Reihenfolgeplanung 248
Rohstoff 273

S

Schnittstelle zum Expertensystem 204
Sensitivität 17, 23, 24
SIMAN 134
SIMPLEX 168
SIMPLEX-II 214
Simulation, ereignisorientierte 41
Simulation, zeitdynamische 199
Simulationsstrategie 248
Spline-Interpolation, bikubische 219
Spline-Interpolation, kubische 215
Springereinsatz 113
Station 169
Steuerungssystem 73
Strategie 168
Streckenereignis 41
Streckensteuerung 168
Struktur, betriebliche 297
Strukturanalyse 300
SUPRO 293, 294
System, kombiniertes 4
System, konnektionistisches 65
Systemanalysetechnik 301

T

Tabellenfunktion 214
Terminierung 208
Terminplanung 210
Terminsicherung 210
Tourenzuordnungsproblem 86
Trailerport 137

Trailerzug-System 128
Transportwagensteuerung 168
Trunk Reservation 122

U

Umdisposition 88
Unterlast 113
Unternehmensmodell 299
Unternehmensplanspiel
Unternehmensziel 285

Ü

Überlast 113
Überlastsituation 120

V

Verbindungsgewicht 67
Verkaufspreis 276
Verkehr 120
Verkehrslenkung 119
Vorhersagemethode, statistische 72

W

Warteschlangenproblem 259
Wartezeit 113
Werbung 276, 277
Werkstattfertigung 84
Werkstattplanung 63
Werkstattsteuerung 63
Wissenstransfer 301

Z

Zufallselement 295
Zuordnungsproblem 72
Zwischenlager 111

Fachberichte Simulation

Herausgeber: D. Möller, B. Schmidt

Band 1 · **B. Schmidt**
Systemanalyse und Modellaufbau
Grundlagen der Simulationstechnik
1985. VIII, 248 S. 92 Abb. Brosch. DM 84,–
ISBN 3-540-13784-X

Band 2 · **B. Schmidt**
Der Simulator GPSS-FORTRAN Version 3
1984. Nachdr. 1989. VIII, 336 S. 50 Abb.
Brosch. DM 84,– ISBN 3-540-13782-3

Band 3 · **B. Schmidt**
Modellbildung mit GPSS-FORTRAN Version 3
1984. IX, 307 S. 25 Abb. Brosch. DM 78,–
ISBN 3-540-13783-1

Band 4 · **H. Bossel, W. Metzler, H. Schäfer (Hrsg.)**
Dynamik des Waldsterbens
Mathematisches Modell und Computersimulation
1985. VII, 265 S. 94 Abb. Brosch. DM 68,–
ISBN 3-540-15475-2

Band 5 · **E.-H. Horneber**
Simulation elektrischer Schaltungen auf dem Rechner
1985. XII, 401 S. Brosch. DM 98,–
ISBN 3-540-15735-2

Band 6 · **J. Biethahn, B. Schmidt (Hrsg.)**
Simulation als betriebliche Entscheidungshilfe
Band 1
Methoden, Werkzeuge, Anwendungen
1987. XI, 282 S. Brosch. DM 88,–
ISBN 3-540-17353-6

Band 15 · **J. Biethahn, W. Hummeltenberg, B. Schmidt (Hrsg.)**
Simulation als betriebliche Entscheidungshilfe
Band 2
1991. XIII, 238 S. 35 Abb.
Brosch. DM 88,– ISBN 3-540-53289-7

Band 7 · **B. Schmidt**
Transportmodelle
1987. X, 294 S. Brosch. DM 88,–
ISBN 3-540-18186-5

Band 8 · B. Page, R. Bölckow, A. Heymann, R. Kadler, H. Liebert

Simulation und moderne Programmiersprachen

Modula 2, C, Ada

1988. IX, 275 S. 26 Abb. Brosch. DM 78,-
ISBN 3-540-18982-3

Band 9 · A. Laschet

Simulation von Antriebssystemen

Modellbildung der Schwingungssysteme und Beispiele aus der Antriebstechnik

1988. XIX, 440 S. 268 Abb. Brosch. DM 88,-
ISBN 3-540-19464-9

Band 10 · K. Feldmann, B. Schmidt (Hrsg.)

Simulation in der Fertigungstechnik

1988. IX, 450 S. 197 Abb. Brosch. DM 84,-
ISBN 3-540-50250-5

Band 11 · H. B. Keller

Echtzeitsimulation zur Prozeßführung komplexer Systeme

Entwurf und Realisierung eines Systems zur interaktiven graphischen Modellierung und zur modularen/verteilten Echtzeitsimulation verkoppelter dynamischer Systeme

1988. XIV, 286 S. 112 Abb. Brosch. DM 74,-
ISBN 3-540-50256-4

Band 12 · K.-H. Fasol, K. Diekmann (Hrsg.)

Simulation in der Regelungstechnik

1990. XII, 495 S. Brosch. DM 88,-
ISBN 3-540-52942-X

Band 13 · T. Frauenstein, U. Pape, O. Wagner

Objektorientierte Sprachkonzepte und diskrete Simulation

Klassifikation, Vergleich und Bewertung von Konzepten der Programmiersprachen Simula-67, Modula-2, Pascal, Smalltalk-80 und Beta aus objektorientierter Sicht vor dem Hintergrund des Anwendungsgebietes der diskreten Simulation

1990. XI, 293 S. 4 Abb. Brosch. DM 78,-
ISBN 3-540-53288-9

Band 14 · B. Hornung

Simulation paralleler Roboterprozesse

Ein System zur rechnergestützten Programmierung komplexer Roboterstationen

1990. IX, 148 S. Brosch. DM 54,-
ISBN 3-540-53046-0

Band 16 · A. Obermayer

Simulation in Anästhesie und Intensivmedizin

1992. Etwa 205 S. 61 Abb. 7 Tab.
Brosch. DM 98,-
ISBN 3-540-54660-X

Springer-Verlag
Berlin
Heidelberg
New York
London
Paris
Tokyo
Hong Kong
Barcelona
Budapest

MIX
Papier aus verantwortungsvollen Quellen
Paper from responsible sources
FSC® C105338

If you have any concerns about our products,
you can contact us on
ProductSafety@springernature.com

In case Publisher is established outside the EU,
the EU authorized representative is:
**Springer Nature Customer Service Center GmbH
Europaplatz 3, 69115 Heidelberg, Germany**

Printed by Libri Plureos GmbH
in Hamburg, Germany